全国一级造价工程师职业资格考试十年真题·九套模拟

建设工程技术与计量

(土木建筑工程)

上册　十年真题

主编　李毅佳

中国建筑工业出版社
中国城市出版社

图书在版编目（CIP）数据

建设工程技术与计量. 土木建筑工程 / 李毅佳主编. 北京 ：中国城市出版社，2025. 6. --（全国一级造价工程师职业资格考试十年真题 · 九套模拟）. -- ISBN 978-7-5074-3837-6

Ⅰ. TU723. 3-44

中国国家版本馆 CIP 数据核字第 2025051A9R 号

本书由“十年真题”和“九套模拟”上下两册组成，分别对考生复习备考起到不同的指导和帮助作用。

其中，“十年真题”通过关注高频考点、常见考试题型、考题中干扰项的选择等三方面的研读层层推进，带动考生深刻了解考试的内涵及发展趋势，不仅帮助考生牢固掌握知识点，还可以帮助考生对考试的各项要求了如指掌、成竹于胸，使考生具备深厚的考试基础知识的沉淀。同时，在通过“十年真题”牢固掌握基础知识、熟悉考试规律的基础上，通过“九套模拟”不断训练及提升考生运用知识及应对考试的能力。与其他的模拟试卷相比，九套模拟试题具有循序渐进、循环提高、关注新版教材中新增及修订的知识点、配合解析、掌握易错考点等特色。

责任编辑：朱晓瑜　张智芊

责任校对：芦欣甜

全国一级造价工程师职业资格考试十年真题 · 九套模拟

丛书主编　柯　洪

建设工程技术与计量（土木建筑工程）

主编　李毅佳

*

中国建筑工业出版社、中国城市出版社出版、发行（北京海淀三里河路 9 号）

各地新华书店、建筑书店经销

北京鸿文瀚海文化传媒有限公司制版

建工社（河北）印刷有限公司印刷

*

开本：787 毫米×1092 毫米　1/16　印张：25　字数：590 千字

2025 年 8 月第一版　　2025 年 8 月第一次印刷

定价：**79.00** 元（上、下册）

ISBN 978-7-5074-3837-6

（904846）

前　言

一、2025年一级造价工程师职业资格考试的变化

2025年一级造价工程师职业资格考试发布了新的考试大纲，考试教材也发生了较大的变化。

1. 考试大纲的变化

2025年一级造价工程师职业资格考试发布的新考试大纲对各门课程的内容要求均未发生变化，但调整了“建设工程造价案例分析”科目的试题类型，如表1所示。

表1　　2025年一级造价工程师职业资格考试各科目考试时间和试题类型

<table>
<tr><td rowspan="2">项目</td><td colspan="7">科目</td></tr>
<tr><td>建设工程造价管理</td><td>建设工程计价</td><td>建设工程技术与计量（土木建筑工程、交通运输工程、水利工程、安装工程）</td><td colspan="2">建设工程造价案例分析（土木建筑工程、安装工程）</td><td>建设工程造价案例分析（交通运输工程、水利工程）</td></tr>
<tr><td>考试时间（小时）</td><td>2.5</td><td>2.5</td><td>2.5</td><td colspan="2">4</td><td>4</td></tr>
<tr><td>满分记分</td><td>100</td><td>100</td><td>100</td><td>约20</td><td>约100</td><td>120</td></tr>
<tr><td>试题类型</td><td>客观题</td><td>客观题</td><td>客观题</td><td>客观题</td><td>主观题</td><td>主观题</td></tr>
</table>

在“建设工程造价案例分析”科目中首次出现了20分左右的客观题，但具体会采用与其他三门课程一样的方式命题，还是采用小案例的方式，即在某一个案例下出3~5道选择题，尚不明确，给考生备考造成难度。

2. 考试教材的变化

2024年11月26日，《建设工程工程量清单计价标准》GB/T 50500—2024及九个专业的工程量计算标准发布，并将于2025年9月1日实施，2025年各科目一级造价工程师职业资格考试教材均根据新版清单计价标准及工程量计算标准做出了较大的修改，在各门课程中均出现了20%~40%的新知识点，对于这些新知识点将如何出题，分值如何重新分布都是影响考生备考的大问题。

2025年“十年真题●九套模拟”系列辅导书将针对上述变化进行大篇幅

地修订，帮助考生科学备考，以期顺利通过一级造价工程师职业资格考试。

二、考生在复习备考时遇到的困难

经过长期以来对考生复习状况的跟踪调研，以及“十年真题•九套模拟”系列辅导书自2019年出版以来各位主编通过线上直播和线下授课方式与部分考生代表的沟通，大部分积极备考的考生普遍反映教材的内容并不难理解和掌握，但在考试时还是会不断出现判断、选择或计算错误。造成这些应考困境的主要原因是：

（1）一级造价工程师职业资格考试的教材内容就专业知识的层面来说并不是很深，大多是从事专业领域工作应具备的基础知识。很多考生学习起来并不是很吃力，但经常出现顾此失彼的现象。因为同时进行四门课程的备考，不免在时间和精力分配上力不从心，并且各门课程的内容容易相互干扰，每一个知识点内容都不难掌握，但把四门课的知识点都集中在一起不免有顾此失彼之感。

（2）经过20多年的发展，一级造价工程师职业资格考试已经形成了比较稳定的模式，也就是不仅仅要求考生能够学会教材中的各个知识点，还必须牢固掌握并灵活运用。一级造价工程师职业资格考试有时可能在一个相对简单的知识点上设计一些难度较大的题目，考生如不能掌握考试规律，很难取得理想的分数。

（3）考生备考时有时会有无从下手之感。面对厚厚的几百页教材，考生往往会抓不住重点，不了解主要的考点，不了解主要的题型，不了解主要的考试方式。如果在复习备考中不辅以大量的高质量习题训练，最终会有事倍功半的结果。

三、本丛书的主要特点

本丛书由“十年真题”和“九套模拟”两部分组成，分别对考生复习备考起到不同的指导和帮助作用。

1. “十年真题”部分①

对真题的详细研读永远是复习备考的不二法门，但很多考生只满足于用历年真题测试自己的知识掌握程度，殊不知这种方法的帮助是很有限的。有时用某一年真题自行测试效果较为理想，用另一年真题自行测试却成绩较差。因此直接采用真题进行模拟考核并不是效率很高的学习方法，即使测试效果较好也并不能必然表示今年的考核就可以顺利通过。再加上2025年教材进行

① 为便于读者理解与学习，本书引用的历年真题中的相应规范、标准均改为最新版本。

了重大更新，很多考生并不了解历次教材的修订情况，反而会被过去的知识点所影响，对目前教材的内容产生理解困惑。基于这些困境，本丛书“十年真题”部分主要通过真题研读的方式帮助考生掌握每门课程的核心考点和要求，同时避免常犯的考试错误：

（1）研读要点一：关注高频考点。虽然在这十年中，教材已多次更新，既包括知识点范畴的更新，也包括某知识点具体内容的更新，但是在历次变化中，高频考点表现出相对的稳定性，通过“十年真题”中各考点的出现频次，可以准确掌握全书的考试重点，事半功倍。

（2）研读要点二：关注常见考试题型。在掌握高频考点的基础上，还应进一步熟悉各考点在历次考核中的常见题型。从历年真题的情况来看，通常每一高频考点会有两到三种常见的考试题型，包括计算题、概念填选题、综合理解题、比较选择题，掌握了常见题型，就可以应对考试时可能出现的各种变化。

（3）研读要点三：关注考题中干扰项的选择。这是广大考生最容易忽略的一点，恰恰也是最重要的一点。很多考生在看历年真题时，重点关注的都是正确答案的选择，鲜有关注其他干扰项的设置。其实干扰项的设置是大有道理的，都是根据考生对知识点的常见错误理解而设计的，并且对于大多数考点来说，干扰项的选择也有其规律性，很多干扰项的重复使用率非常高。熟悉常见考点的常用干扰项，避免众多考生常犯的错误（对于案例来说，就是在计算时经常出现的计算遗漏、计算错误或者考虑欠缺等情况），才能真正做到知己知彼，百战不殆。

“十年真题”通过以上三方面的研读层层推进，带动考生深刻了解考试的内涵及发展趋势，不仅帮助考生对知识点的掌握更加牢固，还可以使考生对考试的各项要求了如指掌，成竹于胸。

2. “九套模拟”部分

在通过“十年真题”牢固掌握基础知识、熟悉考试规律的基础上，本丛书通过“九套模拟”不断训练及提升考生运用知识及应对考试的能力。与其他的模拟试卷相比，本丛书独具以下特点：

（1）循序渐进，循环提高。本丛书主要针对参加土建和安装专业考试的考生，各专业课程都准备了九套模拟题，并创新性地将其分为逆袭卷（五套）、黑白卷（三套）和定心卷（一套）。逆袭卷用于考前45~60天的阶段，主要特点是全面覆盖所有知识点和考点，以帮助考生深入掌握教材内容；黑白卷用于考前30天的阶段，主要特点是模拟题集中于教材的重点、难点及高频考点，以帮助考生最快速度最大程度掌握考试中分值占比最大的知识点；

定心卷用于考前7~15天的阶段，主要特点是全真模拟考题难度，考生可以更加真实地测定出知识的掌握程度。

（2）关注考试的发展趋势。2025年采用了全新的一级造价工程师职业资格考试教材。本丛书的各套真题针对变化的知识点重点关注，反复用不同题型进行训练，提高考生对新知识点的掌握程度，做到对考试可能出现的题型成竹于胸。

（3）配合解析，掌握易错考点。考生往往面临“知其然不知其所以然”的困境。针对这一难题，本丛书选择了部分模拟题进行详细解析，详尽深入阐述各易错考点，同时还在一些重要题目上配备了视频或音频讲解。考生可以举一反三，避免在考试中被类似题型迷惑，帮助考生取得更好的成绩。

“十年真题●九套模拟”系列辅导书自发行以来受到了广大考生的欢迎，同时也提出了很多建设性批评意见，编写者针对这些意见对2025年版辅导书进行了完善修订。相信通过对本丛书的学习，考生可以大幅度提高对各知识点的掌握程度，取得理想的考试成绩。由于编者水平有限，书中难免会有疏漏，还望各位考生谅解并提出宝贵意见。

目　录

上册　十年真题

下册　九套模拟

第一章　工程地质

2025 年一级造价工程师土建计量科目备考指导 001

2025 年一级造价工程师土建计量科目备考指导 002

2025 年一级造价工程师土建计量科目备考指导 003

一、本章概览

参见图 1-1。

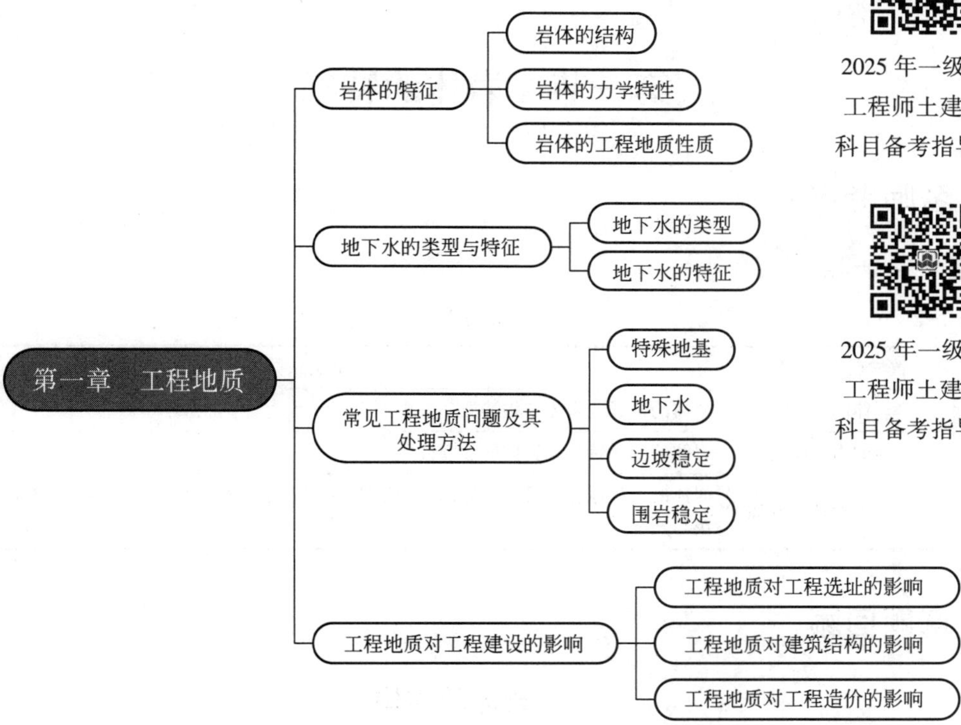

图 1-1　本章知识概览

二、考情分析

参见表 1-1。

表 1-1　本章考情分析

考试年度	2024 年				2023 年				2022 年			
题目类型	单选题		多选题		单选题		多选题		单选题		多选题	
第一节　岩体的特征	2 道	2 分	1 道	2 分	3 道	3 分	0 道	0 分	1 道	1 分	1 道	2 分
第二节　地下水的类型与特征	1 道	1 分	0 道	0 分	0 道	0 分	1 道	2 分	1 道	1 分	0 道	0 分

续表

考试年度	2024 年				2023 年				2022 年			
题目类型	单选题		多选题		单选题		多选题		单选题		多选题	
第三节　常见工程地质问题及其处理方法	2 道	2 分	1 道	2 分	2 道	2 分	1 道	2 分	3 道	3 分	1 道	2 分
第四节　工程地质对工程建设的影响	1 道	1 分	0 道	0 分	1 道	1 分	0 道	0 分	1 道	1 分	0 道	0 分
本章小计	6 道	6 分	2 道	4 分	6 道	6 分	2 道	4 分	6 道	6 分	2 道	4 分
本章得分	10 分				10 分				10 分			

第一节　岩体的特征

一、名师考点

参见表 1-2。

表 1-2　　本节考点

教材点		知识点
一	岩体的结构	岩体的构成、岩体结构特征
二	岩体的力学特性	岩体的变形特征、岩体的强度性质
三	岩体的工程地质性质	岩体的工程地质性质、土体的工程地质性质、结构面的工程地质性质、地震的震级与烈度

二、真题回顾

Ⅰ　岩体的结构

（一）单选题

1. 对岩石钻孔作业难度和定额影响较大的矿物成分是（　　）。（2015 年）

A. 云母　　B. 长石

C. 石英　　D. 方解石

真题讲解

2. 构造裂隙可分为张性裂隙和扭性裂隙，张性裂隙主要发育在背斜和向斜的（　　）。（2017 年）

A. 横向　　B. 纵向

C. 轴部　　D. 底部

3. 正常情况下，岩浆中的侵入岩与喷出岩相比，其显著特性为（　　）。（2018 年）

A. 强度低　　B. 强度高

C. 抗风化能力强　　D. 岩性不均匀

4. 方解石作为主要矿物成分常出现于（　　）。（2019 年）

A. 岩浆岩与沉积岩中　　B. 岩浆岩与变质岩中

C. 沉积岩与变质岩中　　D. 火成岩与水成岩中

5. 下列造岩矿物硬度最高的是（　　）。（2020 年）

A. 方解石　　B. 长石

C. 萤石　　D. 磷灰石

6. 粒径大于 2mm 的颗粒含量超过全重 50%的土称为（　　）。（2022 年）

A. 碎石土　　B. 砂土

C. 黏性土　　D. 粉土

7. 下列矿物在岩石中含量越多，钻孔难度越大的是（　　）。（2022 年补考）

A. 方解石　　B. 滑石

C. 石英　　D. 萤石

8. 在鉴定矿物类别时，作为主要依据的物理性质是（　　）。（2023 年）

A. 自色　　B. 他色

C. 光泽　　D. 硬度

9. 下列关于岩石的成因类型及特征的说法，正确的是（　　）。（2023 年）

A. 流纹岩、安山岩、脉岩均为喷出岩

B. 石灰岩、白云岩和大理岩均为化学岩及生物化学岩

C. 沉积岩生物成因构造包括生物礁体、虫迹、虫孔、叠层构造等

D. 石英岩矿物均匀分布，呈定向排列

10. 安山岩的特征描述，正确的是（　　）。（2024 年）

A. 岩性均匀　　B. 透水性弱

C. 致密坚硬　　D. 产状不规则

11. 下列关于土的结构和构造的说法，正确的是（　　）。（2024 年）

A. 团聚结构是黏性土所特有的结构

B. 不同成因的土体，其结构基本相同

C. 土的结构是指整个土层构成不均匀性特征的总和

D. 一般土体的构造在水平或竖直方向变化较大，不受成因控制

（二）多选题

1. 岩体中的张性裂隙主要发生在（　　）。（2015 年）

A. 向斜褶皱的轴部　　B. 向斜褶皱的翼部

C. 背斜褶皱的轴部　　D. 背斜褶皱的翼部

E. 软弱夹层中

2. 工程岩体分类有（　　）。（2016 年）

A. 稳定岩体　　B. 不稳定岩体

C. 地基岩体　　D. 边坡岩体

E. 地下工程围岩

3. 整个土体构成上的不均匀性包括（　　）。（2017 年）

A. 层理　　B. 松散
C. 团聚　　D. 絮凝
E. 结核

4. 以下矿物可用玻璃刻划的有（　　）。(2018 年)
A. 方解石　　B. 滑石
C. 刚玉　　D. 石英
E. 石膏

5. 现实岩体在形成过程中经受的主要地质破坏及改造类型有（　　）。(2021 年)
A. 人类破坏　　B. 构造变动
C. 植被破坏　　D. 风化作用
E. 卸荷作用

Ⅱ　岩体的力学特性

(一) 单选题

暂无。

(二) 多选题

暂无。

Ⅲ　岩体的工程地质性质

(一) 单选题

1. 岩石稳定性定量分析的主要依据是（　　）。(2021 年)
A. 抗压强度和抗拉强度　　B. 抗压强度和抗剪强度
C. 抗拉强度和抗剪强度　　D. 抗拉强度和抗折强度

2. 抗震设防烈度为 7 度时，高 26m 的丙类钢筋混凝土框架结构房屋的抗震等级和震后影响分别是（　　）。(2023 年)
A. 二级较严重　　B. 二级严重
C. 三级较严重　　D. 三级严重

(二) 多选题

1. 结构面的物理力学性质中，对岩体物理力学性质影响较大的有（　　）。(2019 年)
A. 抗压强度　　B. 产状
C. 平整度　　D. 延续性
E. 抗剪强度

2. 地震的建筑场地烈度相对于基本烈度，进行调整的原因有场地内的（　　）。(2022 年)
A. 地质条件　　B. 地貌地形条件
C. 植被条件　　D. 水文地质条件
E. 建筑物结构

3. 判断地震烈度，应考虑的因素有（　　）。(2022 年补考)
A. 震级　　B. 震源所在地

C. 震源深度　　D. 距震中距离

E. 介质条件

4. 下列关于岩石物理力学性质的说法，正确的有（　　）。(2024 年)

A. 岩石的重度是岩石单位体积的重量

B. 岩石的软化性主要取决于岩石的矿物成分、结构和构造特征

C. 岩石软化系数的数值越大，表示岩石的强度和稳定性受水作用的影响越大

D. 岩石软化系数是岩石饱和与风干状态的极限抗剪强度之比

E. 岩石容重是岩石试件的总重量（扣除空隙中的水重）与其总体积（扣除空隙体积）之比

三、真题解析

I 岩体的结构

（一）单选题

1. **【答案】** C

【解析】 岩石中的石英含量越多，钻孔难度就越大，钻头、钻机等消耗量就越多。

2. **【答案】** C

【解析】 张性裂隙主要发育在背斜和向斜的轴部。

3. **【答案】** B

【解析】 喷出岩是指喷出地表形成的岩浆岩。一般呈原生孔隙和节理发育，产状不规则，厚度变化大，岩性很不均匀，比侵入岩强度低、透水性强、抗风能力差。喷出岩：流纹岩、粗面岩、安山岩、玄武岩、火山碎屑岩。

4. **【答案】** C

【解析】 参见表 1-3。

表 1-3　　岩浆岩、沉积岩和变质岩的地质特征表

岩类	岩浆岩	沉积岩	变质岩
主要矿物成分	全部为从岩浆岩中析出的原生矿物，成分复杂，但较稳定。浅色的矿物有石英、长石、白云母等；深色的矿物有黑云母、角闪石、辉石、橄榄石等	次生矿物占主要地位，成分单一，一般多不固定。常见的有石英、长石、白云母、方解石、白云石、高岭石等	除具有变质前原来岩石的矿物，如石英、长石、云母、角闪石、辉石、方解石、白云石、高岭石等外，尚有经变质作用产生的矿物，如石榴子石、滑石、绿泥石、蛇纹石等

5. **【答案】** B

【解析】 参见表 1-4。

表 1-4　　矿物硬度表

硬度	1	2	3	4	5	6	7	8	9	10
矿物	滑石	石膏	方解石	萤石	磷灰石	长石	石英	黄玉	刚玉	金刚石

6. **【答案】** A

【解析】根据颗粒级配和塑性指数分为碎石土、砂土、黏性土和粉土。碎石土是粒径大于2mm的颗粒含量超过全重50%的土，根据颗粒级配和颗粒形状分为漂石、块石、卵石、碎石、圆砾和角砾；砂土是粒径大于2mm的颗粒含量不超过全重50%，且粒径大于0.075mm的颗粒含量超过全重50%的土；黏性土是塑性指数大于10的土，分为粉质黏土和黏土；粉土是粒径大于0.075的颗粒含量不超过全重50%，且塑性指数小于或等于10的土。

7. 【答案】C

【解析】岩石中的石英含量越多，钻孔的难度就越大，钻头、钻机等消耗量也就越多。

8. 【答案】D

【解析】由于成分和结构的不同，每种矿物都有自己特有的物理性质，如颜色、光泽、硬度等。物理性质是鉴别矿物的主要依据。矿物的颜色分为自色、他色和假色，自色可以作为鉴别矿物的特征，而他色和假色则不能。例如，依据颜色鉴定矿物的成分和结构，依据光泽鉴定风化程度，依据硬度鉴定矿物类别。

9. 【答案】C

【解析】A选项错，脉岩属于浅成岩。B选项错，大理岩属于变质岩。D选项错，石英岩矿物均匀分布，呈无定向排列。

10. 【答案】D

【解析】喷出岩是指喷出地表形成的岩浆岩。一般呈原生孔隙和节理发育，产状不规则，厚度变化大，岩性很不均匀，比侵入岩强度低，透水性强，抗风能力差，如流纹岩、粗面岩、安山岩、玄武岩、火山碎屑岩。

11. 【答案】A

【解析】B选项错误，对于每种成因类型的土体，都具有其各自特有的构造。C选项错误，土的构造是指整个土层（土体）构成上的不均匀性特征的总和。D选项错误，一般土体的构造在水平方向或竖直方向变化较大，受成因控制。

（二）多选题

1. 【答案】AC

【解析】按裂隙的力学性质，可将构造裂隙分为张性裂隙和扭（剪）性裂隙。张性裂隙主要发育在背斜和向斜的轴部，裂隙张开较宽。

2. 【答案】CDE

【解析】工程岩体有地基岩体、边坡岩体和地下工程围岩三类。

3. 【答案】AE

【解析】整个土体构成上的不均匀性包括：层理、夹层、透镜体、结核、组成颗粒大小悬殊及裂隙特征与发育程度等。这种构成上的不均匀性是由于土的矿物成分及结构变化所造成的。一般土体的构造在水平方向或竖直方向变化往往较大，受成因控制。

4. 【答案】ABE

【解析】在实际工作中常用可刻划物品来大致测定矿物的相对硬度，如指甲为2~2.5度，小刀为5~5.5度，玻璃为5.5~6度，钢刀为6~7度。

5. 【答案】BDE

【解析】岩体可能由一种或多种岩石组合，且在形成现实岩体的过程中经受了构造变动、风化作用、卸荷作用等各种内力和外力地质作用的破坏及改造。

Ⅱ 岩体的力学特性

（一）单选题

暂无。

（二）多选题

暂无。

Ⅲ 岩体的工程地质性质

（一）单选题

1.【答案】B

【解析】岩石的抗压强度和抗剪强度，是评价岩石（岩体）稳定性的指标，是对岩石（岩体）的稳定性进行定量分析的依据。

2.【答案】B

【解析】抗震等级分为四个等级，以表示其很严重（一级）、严重（二级）、较严重（三级）及一般（四级）四个级别（表 1-5）。

表 1-5 丙类混凝土结构房屋的抗震等级

<table>
<tr><th colspan="2" rowspan="2">结构类型</th><th colspan="7">设防烈度</th></tr>
<tr><th colspan="2">6 度</th><th colspan="2">7 度</th><th colspan="2">8 度</th><th>9 度</th></tr>
<tr><td rowspan="3">框架</td><td>高度（m）</td><td>≤24</td><td>25~60</td><td>≤24</td><td>25~50</td><td>≤24</td><td>25~40</td><td>≤24</td></tr>
<tr><td>框架</td><td>四</td><td>三</td><td>三</td><td>二</td><td>二</td><td>一</td><td>一</td></tr>
<tr><td>跨度不小于 18m 的框架</td><td colspan="2">三</td><td colspan="2">二</td><td colspan="2">一</td><td>一</td></tr>
</table>

注：1. 当房屋高度超过本表相应规定的上限时，应采取更有效的抗震措施。
2. 当房屋高度接近或等于本表的高度分界时，应结合房屋不规则程度及场地、地基条件确定合适的抗震等级。

（二）多选题

1.【答案】BDE

【解析】对岩体影响较大的结构面的物理力学性质，主要是结构面的产状、延续性和抗剪强度。

2.【答案】ABD

【解析】基本烈度代表一个地区的最大地震烈度。建筑场地烈度也称小区域烈度，是建筑场地内因地质条件、地貌地形条件和水文地质条件的不同而引起的相对基本烈度有所降低或提高的烈度，一般降低或提高半度至一度。

3.【答案】ACDE

【解析】地震烈度是指某一地区的地面和建筑物遭受一次地震破坏的程度。其不仅与震级有关，还和震源深度、距震中距离以及地震波通过介质条件（岩石性质、地质构造、地下水埋深）等多种因素有关。

4.【答案】AB

【解析】选项 C 错误，软化系数其值越小，表示岩石的强度和稳定性受水的影响越大。选项D错误，用软化系数作为岩石软化性的指标，在数值上等于岩石饱和状态下的极限抗压强度与风干状态下的极限抗压强度之比。选项E错误，岩石的重度也称容重，是岩石单位体积的重量，在数值上等于岩石试件的总重量（包括孔隙中的水重）与其总体积（包括孔隙体积）之比。

第二节 地下水的类型与特征

一、名师考点

参见表1-6。

表1-6 本节考点

教材点		知识点
一	地下水的类型	包气带水、潜水、承压水、裂隙水、岩溶水
二	地下水的特征	包气带水的特征、潜水的特征、承压水的特征、裂隙水的特征、岩溶水的特征

二、真题回顾

I 地下水的类型

（一）单选题

1. 地下水补给区与分布区不一致的是（ ）。（2015年）

A. 基岩上部裂隙中的潜水

B. 单斜岩融化岩层中的承压水

C. 黏土裂隙中季节性存在的无压水

D. 裸露岩层中的无压水

2. 常处于第一层隔水层以上的重力水为（ ）。（2016年）

A. 包气带水　　B. 潜水

C. 承压水　　D. 裂隙水

3. 当构造应力分布较均匀且强度足够时，在岩体中形成张开裂隙，这种裂隙常赋存（ ）。（2017年）

A. 成岩裂隙水　　B. 风化裂隙水

C. 脉状构造裂隙水　　D. 层状构造裂隙水

4. 以下岩石形成的溶隙或溶洞中，常赋存岩溶水的是（ ）。（2018年）

A. 安山岩　　B. 玄武岩

C. 流纹岩　　D. 石灰岩

5. 基岩上部裂隙中的潜水常为（ ）。（2020年）

A. 包气带水　　B. 承压水

C. 无压水　　D. 岩溶水

6. 地下水，补给区和分布区不一致的是（ ）。（2021年）

A. 包气带水　　B. 潜水
C. 承压水　　D. 裂隙水

7. 受气象水文要素影响，季节性变化比较明显的地下水是（　　）。（2022 年）

A. 潜水　　B. 自流盆地中的水
C. 承压水　　D. 自流斜地中的水

真题讲解

（二）多选题

1. 下列地下水中，属于无压水的有（　　）。（2021 年）

A. 包气带水　　B. 潜水
C. 承压水　　D. 裂隙水
E. 岩溶水

2. 下列关于潜水特征，说法正确的有（　　）。（2023 年）

A. 多数存在于第四纪松散岩层中
B. 常为无压水，大部分由渗入形成
C. 充满于两个隔水层之间，无自由水面
D. 岩层风化壳裂隙中季节性存在的水
E. 补给区与分布区一致

Ⅱ　地下水的特征

（一）单选题

1. 地下水在自流盆地易形成（　　）。（2019 年）

A. 包气带水　　B. 承压水
C. 潜水　　D. 裂隙水

2. 泉水通常是由地下水中（　　）形成。（2022 年补考）

A. 包气带水　　B. 水位较高的潜水
C. 风化裂隙水　　D. 承压水

3. 下列潜水特征的说法，正确的是（　　）。（2024 年）

A. 水质不易受到污染
B. 潜水面以上存在稳定的隔水层
C. 潜水面坡度通常大于当地的地面坡度
D. 基本由渗入形成，局部由凝结形成

（二）多选题

1. 下列关于承压水特性的说法，正确的是（　　）。（2022 年）

A. 承压水压力来自于隔水层的限制
B. 承压水压力来自于隔水顶板的重力
C. 承压水压力来自于顶板和底板间的压力
D. 若有裂隙穿越上下含水层，下部含水层的水可补给上层
E. 若有裂隙穿越上下含水层，上部含水层的水可补给下层

2. 下列地下水中，属于承压水的有（　　）。(2022 年补考)

A. 包气带水

B. 自流盆地内的水

C. 潜水

D. 裂隙水

E. 单斜构造层自流水

三、真题解析

Ⅰ 地下水的类型

（一）单选题

1. **【答案】** B

【解析】 承压水的补给区与分布区不一致。

2. **【答案】** B

【解析】 潜水是埋藏在地表以下第一层较稳定的隔水层以上具有自由水的重力水。

3. **【答案】** D

【解析】 当构造应力分布比较均匀且强度足够时，则在岩体中形成比较密集均匀且相互连通的张开性构造裂隙，这种裂隙常赋存层状构造裂隙水。当构造应力分布不均匀时，岩体中张开性构造裂隙分布不连续，则赋存脉状构造裂隙水。

4. **【答案】** D

【解析】 岩溶水赋存和运移于可溶岩的溶隙、溶洞（洞穴、管道、暗河）中。我国的岩溶分布比较广，特别是在南方地区。其中 ABC 均为岩浆岩，D 为沉积岩。

5. **【答案】** C

6. **【答案】** C

7. **【答案】** A

【解析】 潜水是埋藏在地表以下第一层较稳定的隔水层以上具有自由水面的重力水，其自由表面承受大气压力，受气候条件影响，季节性变化明显。

（二）多选题

1. **【答案】** AB

【解析】 包气带水属于无压水；潜水常为无压水；选项 DE 有无压水，也有承压水。

2. **【答案】** ABE

【解析】 选项 C，潜水是埋藏在地表以下第一层较稳定的隔水层以上具有自由水面的重力水，其自由表面承受大气压力，受气候条件影响，季节性变化明显。选项 D 是包气带水。

Ⅱ 地下水的特征

（一）单选题

1. **【答案】** B

【解析】 一般来说，适宜形成承压水的地质构造有两种：一为向斜构造盆地，也称为自流盆地；二为单斜构造自流斜地。

2. **【答案】** C

【解析】 风化裂隙水主要受大气降水的补给，有明显季节性循环交替，常以泉水的形式排泄于河流中。

3. **【答案】** D

【解析】 A 选项错误，潜水的水质也易受到污染。B 选项错误，潜水有两个特征，其中一是潜水面以上无稳定的隔水层存在，大气降水和地表水可直接渗入，成为潜水的主要补给来源。C 选项错误，潜水面坡度经常小于当地的地面坡度。

（二）多选题

1. **【答案】** AC

【解析】 承压水是因为限制在两个隔水层之间而具有一定压力，承压性是承压水的重要特征，选项 B 错误；当地形和构造一致时，即为正地形，下部含水层压力高，若有裂隙穿越上下含水层，下部含水层的水通过裂隙补给上部含水层。反之，含水层通过一定的通道补给下部的含水层，这是因为下部含水层的补给与排泄区常位于较低的位置，选项 E 错误。

2. **【答案】** BE

【解析】 本题考查的是地下水的特征。适宜形成承压水的地质构造有两种：一为向斜构造盆地，也称为自流盆地；二为单斜构造自流斜地。

第三节　常见工程地质问题及其处理方法

一、名师考点

参见表 1-7。

表 1-7　本节考点

教材点		知识点
一	特殊地基	松散、软弱土层、风化、破碎岩层、断层、泥化软弱夹层、岩溶与土洞
二	地下水	地下水对土体和岩体的软化、地下水位下降引起软土地基沉降、动水压力产生流砂和潜蚀、地下水的浮托作用、承压水对基坑的作用、地下水对钢筋混凝土的腐蚀
三	边坡稳定	影响边坡稳定的因素、不稳定边坡的防治措施
四	围岩稳定	地下工程位置选择的影响因素、围岩的工程地质分析、提高围岩稳定性的措施

二、真题回顾

Ⅰ　特殊地基

（一）单选题

1. 加固断层破碎带地基最常用的方法是（　　）。（2016 年）

A. 灌浆　　B. 锚杆

C. 抗滑桩　　D. 灌注桩

2. 对建筑地基中深埋的水平状泥化夹层通常（　　）。(2020 年)

A. 不必处理　　B. 采用抗滑桩处理

C. 采用锚杆处理　　D. 采用预应力锚索处理

3. 对埋深 1m 左右的松散砂砾石地层地基进行处理应优先考虑的方法为（　　）。(2021 年)

A. 挖除　　B. 预制桩加固

C. 沉井加固　　D. 地下连续墙加固

4. 对于埋藏较深的断层破碎带，提高其承载力和抗渗力的处理方法，优先考虑（　　）。(2021 年)

A. 打土钉　　B. 打抗滑桩

C. 打锚杆　　D. 水泥浆灌浆

5. 对于深层的淤泥及淤泥质土，技术可行、经济合理的处理方式是（　　）。(2022 年)

A. 挖除　　B. 水泥灌浆加固

C. 振冲置换　　D. 预制桩或灌注桩

（二）多选题

1. 加固不满足承载力要求的砂砾石地层，常有的措施有（　　）。(2016 年)

A. 喷混凝土　　B. 沉井

C. 黏土灌浆　　D. 灌注桩

E. 碎石置换

2. 风化、破碎岩层边坡加固，常用的结构形式有（　　）。(2018 年)

A. 木挡板　　B. 喷混凝土

C. 挂网喷混凝土　　D. 钢筋混凝土格构

E. 混凝土格构

3. 在岩溶地区进行地基处理施工时，对深埋溶（土）洞宜采用的处理方法有（　　）。(2023 年)

A. 桩基法　　B. 注浆法

C. 跨越法　　D. 夯实法

E. 充填法

Ⅱ　地下水

（一）单选题

1. 仅发生机械潜蚀的原因是（　　）。(2017 年)

A. 渗流水力坡度小于临界水力坡度

B. 地下水渗流产生的水力压力大于土颗粒的有效重度

C. 地下连续墙接头的质量不佳

D. 基坑围护桩间隙处隔水措施不当

2. 开挖基槽局部突然出现严重流砂时，可立即采取的处理方式是（　　）。(2019 年)

A. 抛入大块石
B. 迅速降低地下水位
C. 打板桩
D. 化学加固

3. 建筑物基础位于黏性土地基上的，其地下水的浮托力（　　）。(2020 年)
A. 按地下水位 100%计算
B. 按地下水位 50%计算
C. 结合地区的实际经验考虑
D. 不须考虑和计算

4. 处治流砂优先采用的施工方法为（　　）。(2021 年)
A. 灌浆
B. 降低地下水位
C. 打桩
D. 化学加固

5. 由于动水压力造成的潜蚀，适宜采用的处理方式有（　　）。(2023 年)
A. 打板桩
B. 设置反滤层
C. 人工降水
D. 化学加固

（二）多选题

1. 基础设计时，必须以地下水位 100%计算浮托力的底层有（　　）。(2015 年)
A. 节理不发育的岩石
B. 节理发育的岩石
C. 碎石土
D. 粉土
E. 黏土

2. 工程地基防止地下水机械潜蚀常用的方法有（　　）。(2019 年)
A. 取消反滤层
B. 设置反滤层
C. 提高渗流水力坡度
D. 降低渗流水力坡度
E. 改良土的性质

3. 地下水对地基土体的影响有（　　）。(2020 年)
A. 风化作用
B. 软化作用
C. 引起沉降
D. 引起流砂
E. 引起潜蚀

Ⅲ　边坡稳定

（一）单选题

1. 边坡易直接发生崩塌的岩层是（　　）。(2015 年)
A. 泥灰岩
B. 凝灰岩
C. 泥岩
D. 页岩

2. 下列导致滑坡的因素中最普遍、最活跃的因素是（　　）。(2016 年)
A. 地层岩性
B. 地质构造
C. 岩体结构
D. 地下水

3. 地层岩性对边坡稳定性的影响很大，稳定程度较高的边坡岩体一般是（　　）。(2017 年)
A. 片麻岩
B. 玄武岩
C. 安山岩
D. 角砾岩

4. 大型滑坡体上做截水的作用是（　　）。(2022 年)

A. 截断流向滑坡体的水　　B. 排除滑坡体内的水
C. 使滑坡体内的水流向下部透水岩层　　D. 防止上部积水

5. 下列影响边坡稳定的因素中，属于内在因素的是（　　）。(2022 年补考)
A. 地应力　　B. 地表水
C. 地下水　　D. 风化作用

6. 削坡对于防治不稳定边坡的作用是（　　）。(2022 年补考)
A. 防止渗透到滑坡体内　　B. 排出滑坡体内的积水
C. 减轻滑坡体重量　　D. 改变滑坡体走向

7. 关于用抗滑桩进行边坡处理的有关规定和要求，正确的是（　　）。(2023 年)
A. 适用于中厚层或厚层滑坡体
B. 桩径通常为 1~6m
C. 平行于滑动方向布置一排或两排
D. 滑动面以下桩长占全桩长的 1/4~1/3

8. 下列影响边坡稳定的因素中，属于内在因素的是（　　）。(2024 年)
A. 地应力　　B. 地震作用
C. 地下水　　D. 地表水

（二）多选题

下列关于不稳定边坡防治措施的说法，正确的是（　　）。(2024 年)
A. 抗滑桩适用于浅层或中厚层的滑坡体
B. 支挡建筑物的石基础要设置在滑坡面的范围以内
C. 削坡削减下来的土石，可填在坡脚，起反压作用
D. 为防止大气降水向岩体中渗透，可在滑坡体下部布置截水沟槽
E. 通常采用地下排水廊道将已渗入滑坡体中的积水排出

Ⅳ　围岩稳定

（一）单选题

1. 为提高围岩本身的承载力和稳定性，最有效的措施是（　　）。(2017 年)
A. 锚杆支护　　B. 钢筋混凝土衬砌
C. 喷层+钢丝网　　D. 喷层+锚杆

2. 隧道选线时，应优先布置在（　　）。(2018 年)
A. 褶皱两侧　　B. 向斜核部
C. 背斜核部　　D. 断层带

3. 地下工程开挖后，对软弱围岩优先选用的支护方式为（　　）。(2018 年)
A. 锚索支护　　B. 锚杆支护
C. 喷射混凝土支护　　D. 喷锚支护

真题讲解

4. 对于新开挖的围岩及时喷混凝土的目的是（　　）。(2018 年)
A. 提高围岩抗压强度　　B. 防止碎块脱落改善应力状态
C. 防止围岩渗水　　D. 防止围岩变形

5. 隧道选线尤其应该注意避开褶皱构造的（　　）。（2019 年）

A. 向斜核部　　B. 背斜核部

C. 向斜翼部　　D. 背斜翼部

6. 爆破后对地下工程围岩面及时喷混凝土，对围岩稳定的首要和内在本质作用是（　　）。（2020 年）

A. 阻止碎块松动脱落引起应力恶化

B. 充填裂隙增加岩体的整体性

C. 与围岩紧密结合提高围岩抗剪强度

D. 与围岩紧密结合提高围岩抗拉强度

7. 为了防止坚硬整体围岩开挖后表面风化，喷混凝土护壁的厚度一般为（　　）cm。（2022 年）

A. 1～3　　B. 3～5

C. 5～7　　D. 7～9

8. 在地下工程开挖之后，为阻止围岩向洞内变形，采用喷锚支护时，混凝土附着厚度一般为（　　）cm。（2022 年补考）

A. 1～5　　B. 5～20

C. 20～35　　D. 35～50

（二）多选题

围岩变形与破坏的形式多种多样，主要形式及其状况是（　　）。（2017 年）

A. 脆性破裂，常在储存有很大塑性应变能的岩体开挖后发生

B. 块体滑移，常以结构面交汇切割组合成不同形状的块体滑移形式出现

C. 岩层的弯曲折断，是层状围岩应力重分布的主要形式

D. 碎裂结构岩体在洞顶产生崩落，是由于张力和振动力的作用

E. 风化、构造破碎，在重力、围岩应力作用下产生冒落及塑性变形

三、真题解析

Ⅰ　特殊地基

（一）单选题

1. **【答案】** A

【解析】 破碎岩层有的较浅，也可以挖除；有的埋藏较深，如断层破碎带，可以用水泥浆灌浆加固或防渗。

2. **【答案】** A

【解析】 对充填胶结差，影响承载力或抗渗要求的断层，浅埋的尽可能清除回填，深埋的灌水泥浆处理；泥化夹层影响承载能力，浅埋的尽可能清除回填，深埋的一般不影响承载能力。所以，不需要进行处理。

3. **【答案】** A

【解析】 对不满足承载力要求的松散土层，如砂和砂砾石地层等，可挖除，也可采用

固结灌浆、预制桩或灌注桩、地下连续墙或沉井等加固。

4. 【答案】D

【解析】风化、破碎岩层，岩体松散，强度低，整体性差，抗渗性差，有的不能满足建筑物对地基的要求。风化一般在地基表层，可以挖除。破碎岩层有的较浅，也可以挖除。有的埋藏较深，如断层破碎带，可以用水泥浆灌浆加固或防渗。

5. 【答案】C

【解析】对不满足承载力的软弱土层，如淤泥及淤泥质土，浅层的挖除，深层的可以采用振冲等方法用砂、砂砾、碎石或块石等置换。

（二）多选题

1. 【答案】BD

【解析】松散、软弱土层强度、刚度低，承载力低，抗渗性差。对不满足承载力要求的松散土层，如砂和砂砾石地层等，可挖除，也可采用固结灌浆、预制桩或灌注桩、地下连续墙或沉井等加固；对不满足抗渗要求的，可灌水泥浆或水泥黏土浆，或地下连续墙防渗，对于影响边坡稳定的，可喷混凝土护面和打土钉支护。

2. 【答案】BC

【解析】风化、破碎处于边坡影响稳定的，可根据情况采用喷混凝土或挂网喷混凝土护面，必要时配合灌浆和锚杆加固，甚至采用砌体、混凝土和钢筋混凝土等格构方式的结构护坡。

3. 【答案】ABE

【解析】对塌陷或浅埋溶（土）洞宜采用挖填夯实法、跨越法、充填法、垫层法进行处理；对深埋溶（土）洞宜采用注浆法、桩基法、充填法进行处理。对落水洞及浅埋的溶沟（槽）、溶蚀（裂隙、漏斗）等，宜采用跨越法、充填法进行处理。

Ⅱ 地下水

（一）单选题

1. 【答案】A

【解析】地下水渗流产生的动水压力小于土颗粒的有效重度，即渗流水力坡度小于临界水力坡度。那么，虽然不会发生流砂现象，但是土中细小颗粒仍有可能穿过粗颗粒之间的孔隙被渗流携带而走。时间长了，在土层中将形成管状空洞，使土体结构破坏，强度降低，压缩性增加，这种现象称为机械潜蚀。

2. 【答案】A

【解析】在基槽开挖的过程中局部地段突然出现严重流砂时，可立即抛入大块石等阻止流砂。

3. 【答案】C

【解析】当建筑物基础底面位于地下水位以下时，地下水对基础底面产生静水压力，即产生浮托力。如果基础位于粉土、砂土、碎石土和节理裂隙发育的岩石地基上，则按地下水位100%计算浮托力；如果基础位于节理裂隙不发育的岩石地基上，则按地下水位50%计算浮托力；如果基础位于黏性土地基上，其浮托力较难确切地确定，应结合地区的实际经验考虑。

4.【答案】B

【解析】流砂常用的处置方法有人工降低地下水位和打板桩等，特殊情况下也可采取化学加固法、爆炸法及加重法等。在基槽开挖的过程中局部地段突然出现严重流砂时，可立即抛入大块石等阻止流砂。

5.【答案】B

【解析】对潜蚀的处理可以采用堵截地表水流入土层、阻止地下水在土层中流动、设置反滤层、改良土的性质、减小地下水流速及水力坡度等措施。

（二）多选题

1.【答案】BCD

【解析】当建筑物基础底面位于地下水位以下时，地下水对基础底面产生静水压力，即产生浮托力。如果基础位于粉土、砂土、碎石土和节理裂隙发育的岩石地基上，则按地下水位100%计算浮托力；如果基础位于节理裂隙不发育的岩石地基上，则按地下水位50%计算浮托力；如果基础位于黏性土地基上，其浮托力较难确切地确定，应结合地区的实际经验考虑。

2.【答案】BDE

【解析】对潜蚀的处理可以采用堵截地表水流入土层、阻止地下水在土层中流动、设置反滤层、改良土的性质、减小地下水流速及水力坡度等措施。

3.【答案】BCDE

【解析】地下水最常见的问题主要是对岩体的软化、侵蚀和静水压力、动水压力作用及其渗透破坏等：①地下水对土体和岩体的软化；②地下水位下降引起软土地基沉降；③动水压力产生流砂和潜蚀；④地下水的浮托作用；⑤承压水对基坑的作用；⑥地下水对钢筋混凝土的锈蚀。

Ⅲ　边坡稳定

（一）单选题

1.【答案】B

【解析】对于喷出岩边坡，如玄武岩、凝灰岩、火山角砾岩、安山岩等，其原生的节理，尤其是柱状节理发育时，易形成直立边坡并易发生崩塌。

2.【答案】D

【解析】地下水是影响边坡稳定最重要、最活跃的外在因素，绝大多数滑坡都与地下水的活动有关。

3.【答案】A

【解析】对于深成侵入岩、厚层坚硬的沉积岩以及片麻岩、石英岩等构成的边坡，一般稳定程度是较高的。只有在节理发育、有软弱结构面穿插且边坡高陡时，才易发生崩塌或滑坡现象。

4.【答案】A

【解析】防渗和排水是整治滑坡的一种重要手段，只要布置得当、合理，一般均能取得较好效果。为了防止大气降水向岩体中渗透，一般是在滑坡体外围布置截水沟槽，以截断流至滑坡体上的水流。大的滑坡体尚应在其上布置一些排水沟，同时要整平坡面，防止有积水的坑洼，以利于降水迅速排走。针对已渗入滑坡体的水，通常是采用地下排水廊道，利用它可截住渗透的水流或将滑坡体中的积水排出滑坡体以外。

5. **【答案】** A

【解析】 影响边坡稳定性的因素有内在因素与外在因素两个方面。内在因素有边坡的岩土性质、地质构造、岩体结构、地应力等，它们常常起着主要的控制作用。外在因素有地表水和地下水的作用、地震、风化作用、人工挖掘、爆破以及工程荷载等。

6. **【答案】** C

【解析】 本题考查的是边坡稳定。削坡是将陡倾的边坡上部的岩体挖除，一部分使边坡变缓，同时也可使滑体重量减轻，以达到稳定的目的。削减下来的土石，可填在坡脚，起反压作用，更有利于稳定。采用这种方法时，要注意滑动面的位置；否则，不仅效果不显著，甚至更会促使岩体不稳。

7. **【答案】** D

【解析】 抗滑桩适用于浅层或中厚层的滑坡体。它是在滑坡体的中、下部开挖竖井或大口径钻孔，然后浇灌钢筋混凝土而成。一般垂直于滑动方向布置一排或两排，桩径通常为 1~3m，深度一般要求滑动面以下桩长占全桩长的 1/4~1/3。除上述几项较多采用的防治措施外，还可采用混凝土护面、灌浆及改善滑动带土石的力学性质等措施。一般而言，在进行边坡防治处理时，如数种措施同时采用，效果更为显著。

8. **【答案】** A

【解析】 影响边坡稳定性的因素包括内在与外在两个方面。内在因素有边坡的岩土性质、地质构造、岩体结构、地应力等，它们常常起着主要的控制作用。

（二）多选题

【答案】 ACE

【解析】 选项 B 错误，支挡建筑物的石基础要砌置在滑动面以下。选项 D 错误，为了防止大气降水向岩体中渗透，一般是在滑坡体外围布置截水沟槽，以截断流至滑坡体上的水流。

Ⅳ 围岩稳定

（一）单选题

1. **【答案】** D

【解析】 喷锚支护能使混凝土喷层与围岩紧密结合，并且喷层本身具有一定的柔性和变形特性，因而能及时有效地控制和调整围岩应力的重分布，最大限度地保护岩体的结构和力学性质，防止围岩的松动和坍塌。如果喷混凝土再配合锚杆加固围岩，则会更有效地提高围岩自身的承载力和稳定性。

2. **【答案】** A

【解析】 若必须在褶皱岩层地段修建地下工程，可以将地下工程放在褶皱的两侧。

3. **【答案】** D

【解析】对于软弱围岩，相当于围岩分类中的Ⅳ类和Ⅴ类围岩，一般指强度低、成岩不牢固的软岩、破碎及强烈风化的岩石。该类围岩在地下工程开挖后一般都不能自稳，所以必须立即喷射混凝土，有时还要加钢筋网，然后打锚杆才能稳定围岩。

4. 【答案】B

【解析】喷混凝土具备以下几方面的作用：首先，它能紧跟工作面，速度快，因而缩短了开挖与支护的间隔时间，及时填补了围岩表面的裂缝和缺损，阻止裂隙切割的碎块脱落松动，使围岩的应力状态得到改善；其次，由于有高的喷射速度和压力，浆液能充填张开的裂隙，起着加固岩体的作用，提高了岩体整体性；最后，喷层与围岩紧密结合，有较高的粘结力和抗剪强度，能在结合面上传递各种应力，可以起到承载拱的作用。

5. 【答案】A

【解析】向斜核部往往是承压水储存的场所，顶部被开挖时地下水会突然涌入洞室，因此，向斜核部不宜修建地下工程。在布置地下工程时，原则上应避开褶皱核部。

6. 【答案】A

【解析】喷混凝土具备以下几方面的作用：首先，它能紧跟工作面，速度快，因而缩短了开挖与支护的间隔时间，及时填补了围岩表面的裂缝和缺损，阻止裂隙切割的碎块脱落松动，使围岩的应力状态得到改善；其次，由于有较高的喷射速度和压力，浆液能充填张开的裂隙，起着加固岩体的作用，提高了岩体整体性；此外，喷层与围岩紧密结合，有较高的粘结力和抗剪强度，能在结合面上传递各种应力，可以起到承载拱的作用。

7. 【答案】B

【解析】对于坚硬的整体围岩，岩块强度高，整体性好，在地下工程开挖后自身稳定性好，基本上不存在支护问题。这种情况下喷混凝土的作用主要是防止围岩表面风化，消除开挖后表面的凹凸不平及防止个别岩块掉落，其喷层厚度一般为3~5cm。

8. 【答案】B

【解析】本题考查的是围岩稳定。喷锚支护是在地下工程开挖后，及时向围岩表面喷一薄层混凝土（一般厚度为5~20cm），有时再增加一些锚杆，从而部分地阻止围岩向洞内变形，以达到支护的目的。

（二）多选题

【答案】BD

【解析】选项A，脆性破裂经常产生于高地应力地区，其形成的机理是复杂的，它是储存有很大弹性应变能的岩体。选项B，块体滑移是块状结构围岩常见的破坏形式，常以结构面交汇切割组合成不同形状的块体滑移、塌落等形式出现。选项C，岩层的弯曲折断是层状围岩变形失稳的主要形式，当岩层很薄或软硬相间时，顶板容易下沉弯曲折断。选项D，碎裂结构岩体在张力和振动力作用下容易松动、解脱，在洞顶则产生崩落，在边墙上则表现为滑塌或碎块的坍塌。选项E，一般强烈风化、强烈构造破碎或新近堆积的土体，在重力、围岩应力和地下水作用下常产生冒落及塑性变形。

第四节 工程地质对工程建设的影响

一、名师考点

参见表 1-8。

表 1-8 本节考点

教材点		知识点
一	工程地质对工程选址的影响	裂隙（裂缝）对工程选址的影响、断层对工程选址的影响
二	工程地质对建筑结构的影响	工程地质对建筑结构的影响
三	工程地质对工程造价的影响	工程地质对工程造价的影响

二、真题回顾

Ⅰ 工程地质对工程选址的影响

（一）单选题

1. 隧道选线无法避开断层时，应尽可能使隧道轴向与断层走向（ ）。（2015 年）

A. 方向一致　　B. 方向相反
C. 交角大些　　D. 交角小些

2. 裂隙或裂缝对工程地基的影响主要在于破坏地基的（ ）。（2015 年）

A. 整体性　　B. 抗渗性
C. 稳定性　　D. 抗冻性

3. 隧道选线应尽可能使（ ）。（2016 年）

A. 隧道轴向与岩层走向平行　　B. 隧道轴向与岩层走向夹角较小
C. 隧道位于地下水位以上　　D. 隧道位于地下水位以下

4. 道路选线应特别注意避开（ ）。（2016 年）

A. 岩层倾角大于坡面倾角的顺向坡
B. 岩层倾角小于坡面倾角的顺向坡
C. 岩层倾角大于坡面倾角的逆向坡
D. 岩层倾角小于坡面倾角的逆向坡

5. 大型建设工程的选址，对工程地质的影响还要特别注意考查（ ）。（2017 年）

A. 区域性深大断裂交会　　B. 区域地质构造形成的整体滑坡
C. 区域的地震烈度　　D. 区域内潜在的陡坡崩塌

6. 隧道选线与断层走向平行，应优先考虑（ ）。（2018 年）

A. 避开与其破碎带接触　　B. 横穿其破碎带
C. 灌浆加固断层破碎带　　D. 清除断层破碎带

7. 隧道选线应优先考虑避开（　　）。(2020 年)

A. 裂隙带

B. 断层带

C. 横穿断层

D. 横穿张性裂隙

8. 在地下工程选址时，应考虑较多的地质问题为（　　）。(2021 年)

A. 区域稳定性

B. 边坡稳定性

C. 泥石流

D. 斜坡滑动

9. 工程选址时，最容易发生建筑边坡坍塌的地质情况是（　　）。(2023 年)

A. 裂隙的主要发育方向与边坡走向平行，裂隙密度小

B. 裂隙的主要发育方向与边坡走向平行，裂隙间距小

C. 裂隙的主要发育方向与边坡走向垂直，裂隙密度大

D. 裂隙的主要发育方向与边坡走向垂直，裂隙间距大

10. 下列关于建设工程选址的说法，正确的是（　　）。(2024 年)

A. 地下工程选址应避免工程走向与岩层走向的角度太大

B. 特殊重要的国防项目应避免在低烈度地区建设

C. 道路选线应尽量使路线与岩层走向平行

D. 道路选线应避免路线与主要裂隙发育方向平行

(二) 多选题

工程地质对建设工程选址的影响主要在于（　　）。(2016 年)

A. 地质岩性对工程造价的影响

B. 地质缺陷对工程安全的影响

C. 地质缺陷对工程造价的影响

D. 地质结构对工程造价的影响

E. 地质构造对工程造价的影响

Ⅱ 工程地质对建筑结构的影响

(一) 单选题

工程地质情况影响建筑结构的基础选型。在多层住宅基础选型中，出现较多的情况是（　　）。(2019 年)

A. 按上部荷载本可选片筏基础的，因地质缺陷而选用条形基础

B. 按上部荷载本可选条形基础的，因地质缺陷而选用片筏基础

C. 按上部荷载本可选箱形基础的，因地质缺陷而选用片筏基础

D. 按上部荷载本可选桩基础的，因地质缺陷而选用条形基础

(二) 多选题

地层岩性和地质构造主要影响房屋建筑的（　　）。(2015 年)

A. 结构选型

B. 建筑造型

C. 结构尺寸

D. 构造柱的布置

E. 圈梁的布置

真题讲解

Ⅲ 工程地质对工程造价的影响

(一) 单选题

以下对造价起决定性作用的是（　　）。(2022 年)

A. 准确的勘察资料

B. 过程中对不良地质的处理

C. 选择有利的线路

D. 工程设计资料的正确性

（二）多选题

暂无。

三、真题解析

Ⅰ 工程地质对工程选址的影响

（一）单选题

1. 【答案】C

【解析】对于地下工程的选址，注意避免工程走向与岩层走向交角太小甚至近乎平行。

2. 【答案】A

【解析】裂隙（裂缝）对工程建设的影响主要表现在破坏岩体的整体性，促使岩体风化加快，增强岩体的透水性，使岩体的强度和稳定性降低。

3. 【答案】C

【解析】A 选项错误，应当是隧道轴向与岩层走向垂直。B 选项错误，应当是隧道轴向与岩层走向夹角较大。D 选项错误，隧道横穿断层时，虽然只是个别段落受断层影响，但因地质及水文地质条件不良，必须预先考虑措施，保证施工安全。特别当岩层破碎带规模很大，或者穿越断层带时，会使施工十分困难，在确定隧道平面位置时，应尽量设法避开。

4. 【答案】B

【解析】道路选线应尽量避开岩层倾向与坡面倾向一致的顺向坡，尤其是岩层倾角小于坡面倾角的顺向坡，易引起斜坡岩层发生大规模的顺层滑动，破坏路基稳定。

5. 【答案】B

【解析】对于大型建设工程的选址，工程地质的影响还要考虑区域地质构造和地质岩性形成的整体滑坡，以及地下水的性质、状态和活动对地基的危害。

6. 【答案】A

【解析】当隧道轴线与断层走向平行时，应尽量避免与断层破碎带接触。隧道横穿断层时，虽然只是个别段落受断层影响，但因地质及水文地质条件不良，必须预先考虑措施，保证施工安全。特别当岩层破碎带规模很大，或者穿越断层带时，会使施工十分困难，在确定隧道平面位置时，应尽量设法避开。

7. 【答案】B

【解析】解析同上题。

8. 【答案】A

【解析】对于地下工程的选址，工程地质的影响要考虑区域稳定性的问题。

9. 【答案】B

【解析】裂隙（裂缝）对工程建设的影响主要表现在破坏岩体的整体性，促使岩体风化加快，增强岩体的透水性，使岩体的强度和稳定性降低。裂隙（裂缝）的主要发育方向与建筑边坡走向平行的，边坡易发生坍塌。裂隙（裂缝）的间距越小，密度越大，对岩体质量的影响越大。

10. **【答案】** D

【解析】 选项 A 错误，地下工程注意避免工程走向与岩层走向的交角太小甚至近乎平行。选项 B 错误，对于特殊重要的工业、能源、国防、科技和教育等方面新建项目的工程选址，还要考虑地区的地震烈度，尽量避免在高烈度地区建设。选项 C 错误，道路选线最不利的情况是路线与岩层走向平行，岩层倾向与路基边坡一致，而边坡的倾角大于（陡于）岩层的倾角。

（二）多选题

【答案】 BC

【解析】 工程地质对建设工程选址的影响，主要是各种地质缺陷对工程安全和工程技术经济的影响。

Ⅱ　工程地质对建筑结构的影响

（一）单选题

【答案】 B

【解析】 对基础选型和结构尺寸的影响。由于地基土层松散软弱或岩层破碎等工程地质原因，不能采用条形基础，而要采用筏形基础甚至箱形基础。对较深松散地层有的要采用桩基础加固。还要根据地质缺陷的不同程度，加大基础的结构尺寸。

（二）多选题

【答案】 AC

【解析】 对建筑结构选型和建筑材料选择的影响，对基础选型和结构尺寸的影响，对结构尺寸和钢筋配置的影响。工程所在区域的地震烈度越高，构造柱和圈梁等抗震结构的布置密度、断面尺寸和配筋率要相应增大，不属于地层岩性和地质构造影响的主要因素。

Ⅲ　工程地质对工程造价的影响

（一）单选题

【答案】 C

【解析】 对工程造价的影响可归结为三个方面：一是选择工程地质条件有利的路线，对工程造价起着决定作用；二是勘察资料的准确性直接影响工程造价；三是由于对特殊不良工程地质问题认识不足导致的工程造价增加。

（二）多选题

暂无。

第二章　工程构造

一、本章概览

参见图 2-1。

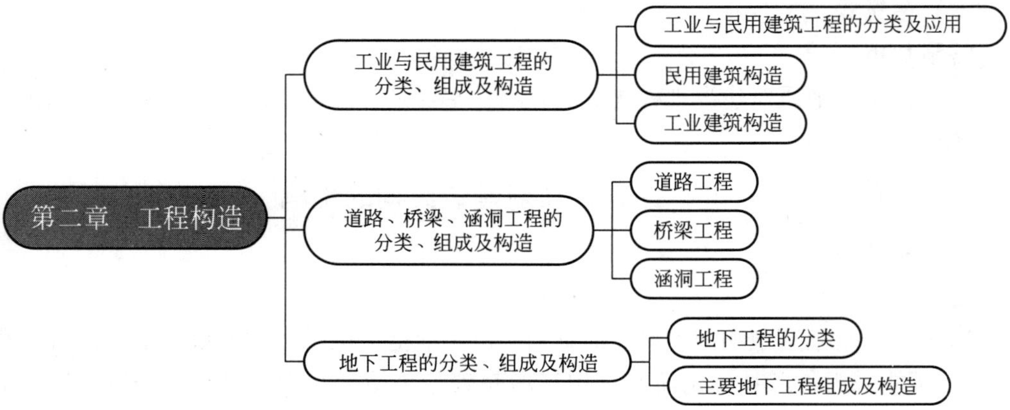

图 2-1　本章知识概览

二、考情分析

参见表 2-1。

表 2-1　本章考情分析

考试年度	2024 年				2023 年				2022 年			
题目类型	单选题		多选题		单选题		多选题		单选题		多选题	
第一节　工业与民用建筑工程的分类、组成及构造	6 道	6 分	3 道	6 分	5 道	5 分	3 道	6 分	5 道	5 分	3 道	6 分
第二节　道路、桥梁、涵洞工程的分类、组成及构造	4 道	4 分	1 道	2 分	4 道	4 分	1 道	2 分	4 道	4 分	1 道	2 分
第三节　地下工程的分类、组成及构造	1 道	1 分	0 道	0 分	2 道	2 分	0 道	0 分	2 道	2 分	0 道	0 分
本章小计	11 道	11 分	4 道	8 分	11 道	11 分	4 道	8 分	11 道	11 分	4 道	8 分
本章得分	19 分				19 分				19 分			

第一节　工业与民用建筑工程的分类、组成及构造

一、名师考点

参见表 2-2。

表 2-2　　本节考点

教材点		知识点
一	工业与民用建筑工程的分类及应用	工业建筑分类、民用建筑分类
二	民用建筑构造	基础、墙、楼板与地面、阳台与雨篷、楼梯、门与窗、屋顶、装饰构造
三	工业建筑构造	单层厂房的结构组成、单层厂房承重结构构造

二、真题回顾

Ⅰ　工业与民用建筑工程的分类及应用

（一）单选题

1. 设计跨度为 120m 的展览馆，应优先采用（　　）。（2015 年）

A. 桁架结构　　B. 筒体结构

C. 网架结构　　D. 悬索结构

2. 建飞机库应优先考虑的承重体系是（　　）。（2017 年）

A. 薄壁空间结构体系　　B. 悬索结构体系

C. 拱式结构体系　　D. 网架结构体系

3. 建筑物与构筑物的主要区别在于（　　）。（2016 年）

A. 占地大小　　B. 体量大小

C. 满足功能要求　　D. 提供活动空间

4. 型钢混凝土组合结构比钢结构（　　）。（2016 年）

A. 防火性能好　　B. 节约空间

C. 抗震性能好　　D. 变形能力强

5. 房间多为开间 3m、进深 6m 的四层办公楼常用的结构形式为（　　）。（2018 年）

A. 木结构　　B. 砖木结构

C. 砖混结构　　D. 钢结构

6. 墙下肋条式条形基础与无肋式相比，其优点在于（　　）。（2018 年）

A. 减少基础材料　　B. 减少不均匀沉降

C. 减少基础占地　　D. 增加外观美感

7. 柱与屋架铰接连接的工业建筑结构是（　　）。（2019 年）

A. 网架结构　　B. 排架结构

C. 刚架结构　　D. 空间结构

8. 目前多层住宅楼房多采用（ ）。（2020 年）

A. 砖木结构 B. 砖混结构

C. 钢筋混凝土结构 D. 木结构

9. 与建筑物相比，构筑物的主要特征为（ ）。（2021 年）

A. 供生产使用 B. 供非生产性使用

C. 满足功能要求 D. 占地面积小

10. 下列装配式建筑中，适用于软弱地基，经济环保的是（ ）。（2022 年）

A. 全预制装配式混凝土结构 B. 预制装配整体式混凝土结构

C. 装配式钢结构 D. 装配式木结构

11. 下列结构体系中，适用于超高层民用建筑的是（ ）。（2022 年）

A. 混合结构体系 B. 框架结构体系

C. 剪力墙结构体系 D. 筒体结构体系

12. 下列结构中，适用于超高层较大空间的公共建筑的是（ ）。（2022 年补考）

A. 混合结构 B. 框架结构

C. 剪力墙结构 D. 框架-剪力墙结构

13. 下列关于全预制装配式混凝土结构的特点，正确的是（ ）。（2023 年）

A. 通常采用刚性连接技术 B. 少部分构件在工厂生产

C. 连接部位抗弯能力强 D. 震后恢复性能好

14. 精密仪器生产车间属于（ ）。（2024 年）

A. 洁净车间 B. 冷加工车间

C. 热加工车间 D. 恒温恒湿车间

15. 下列关于现代木结构建筑的说法，正确的是（ ）。（2024 年）

A. 现代木结构具有绿色环保、节能保温、建造周期长、抗震性差的特点

B. 现代木结构连接节点采用榫卯与木榫接榫连接

C. 现代木结构的主要结构部分由木方、集成材、木质板材构成

D. 从结构形式分为重型桁架木结构和轻型梁柱木结构

（二）多选题

1. 由主要承受轴向力的杆件组成的结构体系有（ ）。（2019 年）

A. 框架结构体系

B. 桁架结构体系（此选项 2025 年教材删除）

C. 拱式结构体系

D. 网架结构体系

E. 悬索结构体系

2. 在满足一定功能的前提下，与钢筋混凝土结构相比，型钢混凝土结构的优点在于（ ）。（2020 年）

A. 造价低 B. 承载力大

C. 节省钢材 D. 刚度大

E. 抗震性能好

3. 下列房屋结构中，抗震性能好的是（　　）。(2021 年)

A. 砖木结构　　B. 砖混结构

C. 现代木结构　　D. 钢结构

E. 型钢混凝土组合结构

4. 下列结构体系中，构件主要承受轴向力的有（　　）。(2022 年)

A. 砖混结构　　B. 框架结构

C. 桁架结构（此选项 2023 年教材删除）　　D. 网架结构

E. 拱式结构

5. 保持被动式节能建筑舒适温度的热量来源有（　　）。(2022 年)

A. 燃煤　　B. 供暖

C. 人体　　D. 家电

E. 热回收装置

6. 下列关于工业建筑的说法，正确的有（　　）。(2023 年)

A. 热处理车间属于生产辅助厂房

B. 锅炉房、水泵房属于动力用厂房

C. 排架结构是目前单层厂房中最基本的结构形式

D. 一般重型单层厂房多采用刚架结构

E. 空间结构体系充分发挥了建筑材料的强度潜力

7. 下列关于各种民用建筑结构体系特点的说法，正确的有（　　）。(2023 年)

A. 框架结构体系层数较多时，会产生较大侧移，易引起结构性构件破坏

B. 框架-剪力墙结构侧向刚度较大，平面布置灵活

C. 框架-剪力墙结构中，剪力墙主要承受水平荷载，其变形为弯曲型变形

D. 筒体结构抵抗水平荷载最为有效，不适用于高层建筑

E. 桁架结构的优点是可利用截面较小的杆件组成截面较大的构件

Ⅱ　民用建筑构造

（一）单选题

1. 三层砌体办公室的墙体一般设置圈梁（　　）。(2015 年)

A. 一道　　B. 二道

C. 三道　　D. 四道

2. 井字形密肋楼板的肋高一般为（　　）。(2015 年)

A. 90～120mm　　B. 120～150mm

C. 150～180mm　　D. 180～250mm

3. 将楼梯段与休息平台组成一个构件再组合的预制钢筋混凝土楼梯是（　　）。(2015 年)

A. 大型构件装配式楼梯　　B. 中型构件装配式楼梯

C. 小型构件装配式楼梯　　D. 悬挑装配式楼梯

4. 平屋顶装配式混凝土板上的细石混凝土找平层厚度一般是（　　）。(2016 年)

A. 15~20mm　　B. 20~25mm

C. 25~30mm　　D. 30~35mm

5. 叠合楼板是由预制板和现浇钢筋混凝土层叠合而成的装配整体式楼板，现浇叠合层内设置的钢筋主要是（　　）。(2017 年)

A. 构造钢筋　　B. 正弯矩钢筋

C. 负弯矩钢筋　　D. 下部受力钢筋

6. 对于地基软弱土层厚、荷载大和建筑面积不太大的一些重要高层建筑物，最常采用的基础构造形式为（　　）。(2017 年)

A. 独立基础　　B. 柱下十字交叉基础

C. 片筏基础　　D. 箱形基础

7. 地下室底板和四周墙体需做防水处理的基本条件，地坪位于（　　）。(2018 年)

A. 最高设计地下水位以下　　B. 常年地下水位以下

C. 当年地下水位以上　　D. 最高设计地下水位以上

真题讲解

8. 建筑物的伸缩缝、沉降缝、防震缝的根本区别在于（　　）。(2018 年)

A. 伸缩缝和沉降缝比防震缝宽度小

B. 伸缩缝和沉降缝比防震缝宽度大

C. 伸缩缝不断开基础，沉降缝和防震缝断开基础

D. 伸缩缝和防震缝不断开基础，沉降缝断开基础

9. 建筑物楼梯段跨度较大时，为了经济合理，通常不宜采用（　　）。(2018 年)

A. 预制装配墙承式　　B. 预制装配梁承式楼梯

C. 现浇钢筋混凝土梁式楼梯　　D. 现浇钢筋混凝土板式楼梯

10. 采用箱形基础较多的建筑是（　　）。(2019 年)

A. 单层建筑　　B. 多层建筑

C. 高层建筑　　D. 超高层建筑

11. 对荷载较大、管线较多的商场，比较适合采用的现浇钢筋混凝土楼板为（　　）。(2019 年)

A. 板式楼板　　B. 梁板式肋形楼板

C. 井字形肋楼板　　D. 无梁楼板

12. 高层建筑的屋面排水应优先选择（　　）。(2019 年)

A. 内排水　　B. 外排水

C. 无组织排水　　D. 天沟排水

13. 所谓倒置式保温屋顶指的是（　　）。(2019 年)

A. 先做保温层，后做找平层　　B. 先做保温层，后做防水层

C. 先做找平层，后做保温层　　D. 先做防水层，后做保温层

14. 按建筑物承重结构形式分类，网架结构属于（　　）。(2020 年)

A. 排架结构　　B. 刚架结构

C. 混合结构　　D. 空间结构

15. 相对刚性基础而言，柔性基础的本质在于（　　）。(2020 年)

A. 基础材料的柔性　　B. 不受刚性角的影响

C. 不受混凝土强度的影响　　D. 利用钢筋抗拉承受弯矩

16. 将房间楼板直接向外悬挑形成阳台板，该阳台承重支承方式为（　　）。(2020 年)

A. 墙承式　　B. 挑梁式

C. 挑板式　　D. 板承式

17. 关于多层砌体工程工业房屋的圈梁设置位置，正确的为（　　）。(2021 年)

A. 在底层设置一道　　B. 在檐沟标高处设置一道

C. 在纵横墙上隔层设置　　D. 在每层和檐口标高处设置

18. 外墙外保温层采用厚壁面层结构时正确的做法为（　　）。(2021 年)

A. 在保温层外表面抹水泥砂浆　　B. 在保温层外表面涂抹聚合物砂浆

C. 在底涂层和面层抹聚合物水泥砂浆　　D. 在底涂层中设置玻化纤维网格

19. 在以下工程结构中，适宜采用现浇钢筋混凝土井字形密肋楼板的为（　　）。(2021 年)

A. 厨房　　B. 会议厅

C. 储藏室　　D. 仓库

20. 在外墙内保温结构中，为防止冬季采暖房间形成水蒸气渗入保温层，通常采用的做法为（　　）。(2022 年)

A. 在保温层靠近室内一侧设防潮层

B. 在保温层与主体结构之间设防潮层

C. 在保温层靠近室内一侧设隔汽层

D. 在保温层与主体结构之间设隔汽层

21. 与外墙外保温相比，外墙内保温优点是（　　）。(2022 年补考)

A. 减少夏季晚上闷热感　　B. 热桥保温处理方便

C. 便于安装空调　　D. 保温层不易出现裂缝

真题讲解

22. 严寒地区保温构造方法中，将直接与土壤接触的节能保温地面设置在（　　）。(2022 年补考)

A. 与外墙接触的地面　　B. 房屋中间地面

C. 起居室地面　　D. 外墙 2m 范围内地面

23. 锥形或阶梯形墩基垂直面最小宽度应为（　　）mm。(2023 年)

A. 100　　B. 120

C. 150　　D. 200

24. 荷载较大、地基软弱土层厚度为 6.5m 的民用建筑，当人工处理软弱土层难度大且工期较紧时，宜采用的基础形式为（　　）。(2023 年)

A. 独立基础　　B. 井格基础

C. 箱形基础　　D. 桩基础

25. 跨度为 9m，净空高要求较大，平面为正方形的会议厅，宜优先采用的现浇钢筋混凝土楼板类型为（　　）。(2023 年)

A. 板式楼板　　B. 无梁楼板

C. 井字形肋楼板　　D. 梁板式肋形楼板

26. 与现浇钢筋混凝土板式楼梯相比，梁式楼梯的主要特点是（　　）。(2023 年)

A. 便于支撑施工　　B. 梯段底面平整，外形简洁

C. 当梯段跨度较大时，不经济　　D. 当荷载较大时，较为经济

27. 与外墙内保温相比，外墙外保温的优点是（　　）。(2024 年)

A. 施工方便，工艺简单　　B. 耐久性好

C. 减少闷热感　　D. 不会产生热桥

28. 按照预制踏步的支撑方式，小型构件装配式楼梯可分为（　　）。(2024 年)

A. 挑梁式、墙承式、挑板式

B. 挑板式、梁承式、梁板式

C. 悬挑式、墙承式、梁承式

D. 悬挑式、墙承式、梁板式

29. 降雨量 1350mm，对渗水不敏感的工业厂房屋面防水的要求是（　　）。(2024 年)

A. 一级防水，防水设防不少于三层

B. 一级防水，防水设防不少于一层

C. 二级防水，防水设防不少于二层

D. 三级防水，防水设防不少于一层

(二) 多选题

1. 坡屋顶的承重屋架，常见形式有（　　）。(2015 年)

A. 三角形　　B. 梯形

C. 矩形　　D. 多边形

E. 弧形

2. 现浇钢筋混凝土楼梯按楼梯段传力特点划分有（　　）。(2016 年)

A. 墙承式楼梯　　B. 梁板式楼梯

C. 悬挑式楼梯　　D. 板式楼梯

E. 梁板式楼梯

3. 坡屋顶承重结构划分有（　　）。(2016 年)

A. 硬山搁檩　　B. 屋架承重

C. 钢架结构　　D. 梁架结构

E. 钢筋混凝土梁板承重

4. 与外墙内保温相比，外墙外保温的优点是（　　）。(2018 年)

A. 有良好的建筑节能效果　　B. 有利于提高室内温度的稳定性

C. 有利于降低建筑物造价　　D. 有利于减少温度波动对墙体损坏

E. 有利于延长建筑物使用寿命

5. 预制装配式钢筋混凝土楼板与现浇钢筋混凝土楼板相比，其主要优点在于（　　）。(2018 年)

A. 促进工业化水平　　B. 节约工期
C. 整体性能好　　D. 劳动强度低
E. 节约模板

6. 关于平屋顶排水方式的说法，正确的有（　　）。(2018 年)
A. 高层建筑屋面采用外排水
B. 多层建筑屋面采用有组织排水
C. 低层建筑屋面采用无组织排水
D. 汇水面积较大屋面采用天沟排水
E. 多跨屋面采用天沟排水

7. 提高墙体抗震性能的细部构造主要有（　　）。(2019 年)
A. 圈梁　　B. 过梁
C. 构造柱　　D. 沉降缝
E. 防震缝

8. 设置圈梁的主要意义在于（　　）。(2020 年)
A. 提高建筑物空间刚度　　B. 提高建筑物的整体性
C. 传递墙体荷载　　D. 提高建筑物的抗震性
E. 增加墙体的稳定性

9. 现浇钢筋混凝土楼板主要分为（　　）。(2020 年)
A. 板式楼板　　B. 梁式楼板
C. 梁板式肋形楼板　　D. 井字形肋楼板
E. 无梁式楼板

10. 地面中起传递分散载荷的是（　　）。(2021 年)
A. 底面层　　B. 基层
C. 中间面层　　D. 表面层
E. 垫层

11. 按楼梯段传力的特点区分，预制装配式钢筋混凝土中型楼梯的主要类型包括（　　）。(2021 年)
A. 墙承式　　B. 梁式
C. 梁承式　　D. 板式
E. 悬挑式

12. 楼梯踏步防滑条常用的材料有（　　）。(2022 年)
A. 金刚砂　　B. 马赛克
C. 橡皮条　　D. 金属材料
E. 玻璃

13. 下列关于设置平屋顶卷材防水找平层的说法，正确的有（　　）。(2022 年补考)
A. 整体现浇混凝土板上用水泥砂浆找平，厚度 15~20mm
B. 装配式混凝土板上用混凝土找平，厚度 20~25mm
C. 整体材料保温层上用水泥砂浆找平，厚度 20~25mm

D. 装配式混凝土板上用混凝土找平，厚度 10~15mm

E. 板状材料保温板上用混凝土找平，厚度 30~35mm

14. 为提高建筑物的使用功能，下列管线及其装置需安装在天棚上的有（　　）。(2022 年补考)

A. 空调管　　B. 给水排水管

C. 灭火喷淋　　D. 广播设备

E. 燃气管

15. 影响建筑物基础埋深的因素有（　　）。(2023 年)

A. 地下水位的高低　　B. 建筑面积的大小

C. 地基土质的好坏　　D. 散水宽度与坡度

E. 新旧建筑物的相邻交接

16. 关于砌体防潮层的说法，正确的是（　　）。(2024 年)

A. 细石钢筋混凝土防潮层抗裂性能较好

B. 油毡防潮层适宜用于下端按固定端考虑的砖砌体

C. 油毡防潮层可提高砖砌体的整体性，对抗震有利

D. 防水砂浆防潮层不适用于地基可能产生微小变形的建筑

E. 当室内地面采用架空木地板，外墙防潮层应设在室外地坪以上

17. 下列关于圈梁说法，正确的有（　　）。(2024 年)

A. 配筋不应少于 4ϕ12

B. 箍筋间距不应大于 250mm，且不应小于 200mm

C. 宽度不应小于 190mm，高度不应小于 120mm

D. 檐口标高为 4. 8m 的料石砌体结构单层厂房应在檐口标高处设置一道圈梁

E. 4 层的砌体民用房屋，除应在底层设圈梁外，应在纵横墙上设置圈梁

18. 下列关于阳台的说法，正确的是（　　）。(2024 年)

A. 凹阳台的阳台板常为简支板

B. 六层住宅楼的阳台栏板或栏杆净高不应低于 1m

C. 悬挑式支承方式结构简单，施工方便，多用于凹阳台

D. 挑板式阳台底部平整，外形轻巧

E. 阳台地面应低于室内地面 30~50mm，并沿排水方向设置排水坡度

Ⅲ　工业建筑构造

(一) 单选题

1. 单层工业厂房柱间支撑的作用是（　　）。(2020 年)

A. 提高厂房局部竖向承载能力　　B. 方便检修维护吊车梁

C. 提升厂房内部美观效果　　D. 加强厂房纵向刚度和稳定性

2. 某单层厂房设计柱距 6m，跨度 30m，最大起重量 12t，其钢筋混凝土吊车梁的形式应优先选用（　　）。(2021 年)

A. 非预应力 T 形　　B. 预应力工字形

C. 预应力鱼腹式　　D. 预应力空鱼腹式

3. 单层厂房柱距 12m，厂房跨度 30m，吊车起重量 80t 宜选择的吊车梁是（　　）。（2024 年）

A. T 形非预应力　　B. 工字形

C. T 形预应力　　D. 鱼腹式

（二）多选题

1. 单层工业厂房屋盖常见的承重构件有（　　）。（2019 年）

A. 钢筋混凝土屋面板　　B. 钢筋混凝土屋架

C. 钢筋混凝土屋面梁　　D. 钢屋架

E. 钢木屋架

2. 属于工业厂房承重结构的有（　　）。（2022 年补考）

A. 柱　　B. 屋架

C. 吊车梁　　D. 柱间支撑

E. 外墙

三、真题解析

Ⅰ　工业与民用建筑工程的分类及应用

（一）单选题

1. **【答案】** D

【解析】 悬索结构是比较理想的大跨度结构形式之一。目前，悬索屋盖结构的跨度已达 160m，主要用于体育馆、展览馆中。

2. **【答案】** A

【解析】 薄壳结构常用于大跨度的屋盖结构，如展览馆、俱乐部、飞机库等。薄壳结构多采用现浇钢筋混凝土，费模板、费工时。薄壁空间结构的曲面形式很多。

3. **【答案】** D

【解析】 建筑一般包括建筑物和构筑物，满足功能要求并提供活动空间和场所的建筑称为建筑物；仅满足功能要求的建筑称为构筑物，如水塔、纪念碑。

4. **【答案】** A

【解析】 型钢混凝土组合结构与钢结构相比，具有防火性能好、结构局部和整体稳定性好、节省钢材的优点。

5. **【答案】** C

【解析】 砖混结构适合开间进深较小，房间面积小，多层或低层的建筑。

6. **【答案】** B

【解析】 墙下条形基础。条形基础是承重墙基础的主要形式，常用砖、毛石、三合土或灰土建造。当上部结构荷载较大而土质较差时，可采用钢筋混凝土建造，墙下钢筋混凝土条形基础一般做成无肋式，如地基在水平方向上压缩性不均匀，为了增加基础的整体性，减少不均匀沉降，也可做成肋式的条形基础。

7. 【答案】B

【解析】排架结构：柱顶和屋架或屋面梁作铰接连接。刚架结构：柱与基础的连接通常为铰接。

8. 【答案】B

【解析】砖混结构是指建筑物中竖向承重结构的墙、柱等采用砖或砌块砌筑，横向承重的梁、楼板、屋面板等采用钢筋混凝土结构。砖混结构是以小部分钢筋混凝土及大部分砖墙承重的结构。适合开间进深较小、房间面积小、多层或低层的建筑。

9. 【答案】C

【解析】仅满足功能要求的建筑称为构筑物，如水塔、纪念碑等。

10. 【答案】C

【解析】装配式钢结构建筑适用于构件的工厂化生产，可以实现设计、生产、施工、安装一体化。具有自重轻、基础造价低、安装容易、施工快、施工污染环境少、抗震性能好、可回收利用、经济环保等特点，适用于软弱地基。

11. 【答案】D

【解析】在高层建筑中，特别是超高层建筑中，水平荷载越来越大，起着控制作用。筒体结构是抵抗水平荷载最有效的结构体系。它的受力特点是：整个建筑犹如一个固定于基础上的封闭空心的筒式悬臂梁来抵抗水平力。

12. 【答案】D

【解析】混合结构不宜建造大空间的房屋；框架结构其主要优点是建筑平面布置灵活，可形成较大的建筑空间，建筑立面处理也比较方便；缺点是侧向刚度较小，当层数较多时，会产生较大的侧移，易引起非结构性构件（如隔墙、装饰等）破坏，而影响使用；剪力墙体系不适用于大空间的公共建筑。框架-剪力墙结构是在框架结构中设置适当剪力墙的结构，框架结构平面布置灵活，具有较大空间且侧向刚度较大。

13. 【答案】D

【解析】全预制装配式混凝土结构，是指所有结构构件均在工厂内生产，运至现场进行装配。全预制装配式混凝土结构通常采用柔性连接技术，所谓柔性连接是指连接部位抗弯能力比预制构件低，因此，地震作用下弹塑性变形通常发生在连接处，而梁柱构件本身不会被破坏，或者是变形在弹性范围内。因此，全预制装配式混凝土结构的恢复性能好，震后只需对连接部位进行修复即可继续使用，具有较好的经济效益。全预制装配式建筑的围护结构可以采用现场砌筑或浇筑，也可以采用预制墙板。它的主要优点是生产效率高，施工速度快，构件质量好，受季节性影响小，在建设量较大而又相对稳定的地区，采用工厂化生产可以取得较好的效果。

14. 【答案】D

【解析】恒温恒湿车间：这类车间是指产品生产需要在稳定的温度、湿度下进行的车间，如精密仪器、纺织等车间。

15. 【答案】C

【解析】选项 A，现代木结构具有绿色环保、节能保温、建造周期短、抗震耐久等诸多优点，是我国装配式建筑发展的方向之一；选项 B，构件连接节点采用金属件连接；选项 D，从结构形式上分，一般分为重型梁柱木结构和轻型桁架木结构。

（二）多选题

1. **【答案】** BD

【解析】 桁架结构的杆件只有轴向力，即受拉受压；网架结构中的平板网架主要承受轴向力，即受拉受压；拱式结构当中的拱是一种推力的结构，其主要内力是轴向压力，即只受压。

2. **【答案】** BDE

【解析】 型钢混凝土结构具备了比传统钢筋混凝土结构承载力大、刚度大、抗震性能好的优点。

3. **【答案】** DE

【解析】 钢结构的特点是强度高、自重轻、整体刚性好、变形能力强、抗震性能好，适用于建造大跨度和超高、超重型的建筑物。型钢混凝土组合结构具备了比传统的钢筋混凝土结构承载力大、刚度大、抗震性能好的优点。

4. **【答案】** CDE

【解析】 桁架是由杆件组成的结构体系，在进行内力分析时，节点一般假定为铰接点，当荷载作用在节点上时，杆件只有轴向力，其材料的强度可得到充分发挥。网架结构体系：网架是由许多杆件按照一定规律组成的网状结构，是高次超静定的空间结构。网架结构可分为平板网架和曲面网架，其中，平板网架使用情况较多，其优点是采用空间受力体系，杆件主要承受轴向力，受力合理，节约材料，整体性能好，刚度大，抗震性能好。拱式结构体系，拱是一种有推力的结构，其主要内力是轴向压力。

5. **【答案】** CDE

【解析】 被动式节能建筑不需要主动加热，基本上是依靠被动收集来的热量以使房屋本身保持一个舒适的温度，使用太阳、人体、家电及热回收装置等带来的热能，不需要主动热源供给。

6. **【答案】** CDE

【解析】 选项 A，热处理车间属于生产厂房；选项 B，水泵房属于其他建筑。

7. **【答案】** BCE

【解析】 D 选项错，筒体结构在高层建筑中，特别是超高层建筑中，水平荷载越来越大，起着控制作用。筒体结构是抵抗水平荷载最有效的结构体系。

Ⅱ　民用建筑构造

（一）单选题

1. **【答案】** B

【解析】 宿舍、办公楼等多层砌体民用房屋，且层数为 3~4 层时，应在底层和檐口标高处各设置一道圈梁。当层数超过 4 层时，除应在底层和檐口标高处各设置一道圈梁外，至少应在所有纵、横墙上隔层设置。

2. **【答案】** D

【解析】 井字形密肋楼板没有主梁，都是次梁（肋），且肋与肋间的距离较小，通常只有 1.5~3m，肋高也只有 180~250mm，肋宽 120~200mm。

3. 【答案】A

【解析】大型构件装配式楼梯是将楼梯段与休息平台组成一个构件，每层由第一跑及中间休息平台和第二跑及楼层休息平台板两大构件组成。

4. 【答案】D

【解析】参见表 2-3。

表 2-3 找平层厚度及技术要求

找平层分类	适用的基层	厚度（mm）	技术要求
水泥砂浆	整体现浇混凝土板	15~20	1：2.5 水泥砂浆
	整体材料保温层	20~25	
细石混凝土	装配式混凝土板	30~35	C20 混凝土宜加钢筋网片
	板状材料保温板		C20 混凝土

5. 【答案】C

【解析】叠合楼板是由预制板和现浇钢筋混凝土层叠合而成的装配整体式楼板。预制板既是楼板结构的组成部分，又是现浇钢筋混凝土叠合层的永久性模板，现浇叠合层内应设置负弯矩钢筋，并可在其中敷设水平设备管线。

6. 【答案】D

【解析】箱形基础一般由钢筋混凝土建造，减少了基础底面的附加应力，因而适用于地基软弱土层厚、荷载大和建筑面积不太大的一些重要建筑物，目前高层建筑中多采用箱形基础。

7. 【答案】A

【解析】当地下室地坪位于最高设计地下水位以下时，地下室四周墙体及底板均受水压影响，应有防水功能。

8. 【答案】D

【解析】基础因受温度变化影响较小，伸缩缝不必断开。防震缝一般从基础顶面开始，沿房屋全高设置。

9. 【答案】D

【解析】钢筋混凝土楼梯构造，板式楼梯的梯段底面平整，外形简洁，便于支撑施工。当梯段跨度不大时采用；当梯段跨度较大时，梯段板厚度增加，自重较大，不经济。

10. 【答案】C

【解析】适用于地基软弱土层厚、荷载大和建筑面积不太大的一些重要建筑物，目前高层建筑中多采用箱形基础。

11. 【答案】D

【解析】无梁楼板的底面平整，增加了室内的净空高度，有利于采光和通风，但楼板厚度较大，这种楼板比较适用于荷载较大、管线较多的商店和仓库等。

12. 【答案】A

【解析】高层建筑屋面宜采用内排水，多层建筑屋面宜采用有组织外排水，低层建筑及檐高小于 10m 的屋面，可采用无组织排水。多跨及汇水面积较大的屋面宜采用天沟排水；天沟找坡较长时，宜采用中间内排水和两端外排水。

13. 【答案】D

【解析】倒置式做法即把传统屋面中防水层和隔热层的层次颠倒一下，防水层在下面，保温隔热层在上面。

14. 【答案】D

【解析】空间结构是一种屋面体系为空间结构的结构体系。这种结构体系充分发挥了建筑材料的强度潜力，使结构由单向受力的平面结构，成为能多向受力的空间结构体系，提高了结构的稳定性。一般常见的有膜结构、网架结构、薄壳结构、悬索结构等。

15. 【答案】D

【解析】刚性基础受刚性角的限制，构造上通过限制刚性基础宽高比来满足刚性角的要求。在混凝土基础底部配置受力钢筋，利用钢筋抗拉，这样基础可以承受弯矩，也就不受刚性角的限制，所以钢筋混凝土基础也称为柔性基础。

16. 【答案】C

【解析】挑板式，是将阳台板悬挑，一般有两种做法：一种是将阳台板和墙梁现浇在一起，利用梁上部的墙体或楼板来平衡阳台板，以防止阳台倾覆。这种做法阳台底部平整，外形轻巧，阳台宽度不受房间开间限制，但梁受力复杂，阳台悬挑长度受限，一般不宜超过 1.2m。另一种是将房间楼板直接向外悬挑形成阳台板。

17. 【答案】D

【解析】宿舍、办公楼等多层砌体民用房屋，且层数为 3~4 层时，应在底层和檐口标高处各设置一道圈梁。当层数超过 4 层时，除应在底层和檐口标高处各设置一道圈梁外，至少应在所有纵、横墙上隔层设置。多层砌体工业房屋，应每层设置现浇混凝土圈梁。设置墙梁的多层砌体结构房屋，应在托梁、墙梁顶面和檐口标高处设置现浇钢筋混凝土圈梁。

18. 【答案】A

【解析】保温层的面层具有保护和装饰作用，其做法各不相同，薄面层一般为聚合物水泥胶浆抹面，厚面层则采用普通水泥砂浆抹面，有的则在龙骨上吊挂板材或在水泥砂浆层上贴瓷砖覆面。

19. 【答案】B

【解析】井字形密肋楼板具有顶棚整齐、美观，有利于提高房屋的净空高度等优点，常用于门厅、会议厅等处。

20. 【答案】C

【解析】通常的处理方法是在保温层靠室内的一侧加设隔汽层，让水蒸气不要进入保温层内部。

21. 【答案】A

【解析】外墙内保温的优点有：一是外墙内保温的保温材料在楼板处被分割，施工时仅在一个层高内进行保温施工，施工时不用脚手架或高空吊篮，施工比较安全方便，不损害建筑物原有的立面造型，施工造价相对较低。二是由于绝热层在内侧，在夏季的晚上，墙的内表面温度随空气温度的下降而迅速下降，减少闷热感。三是耐久性好于外墙外保温，增加了保温材料的使用寿命。四是有利于安全防火。五是施工方便，受风、雨天影响小。

22. **【答案】** D

【解析】 对于直接与土壤接触的地面，由于建筑室内地面下部土壤温度的变化情况与地面的位置有关，对建筑室内中部地面下的土壤层、温度的变化范围不太大。在严寒地区的冬季，靠近外墙周边地区下土壤层的温度很低。因此，对这部分地面必须进行保温处理，否则大量的热能会由这部分地面损失掉，同时使这部分地面出现冷凝现象。常见的保温构造方法是在距离外墙周边 2m 的范围内设保温层。

23. **【答案】** D

【解析】 对于锥形或阶梯形基础断面，应保证两侧有不小于 200mm 的垂直面。

24. **【答案】** D

【解析】 桩基础：桩基由桩身和桩承台组成。桩基是按设计的点位将桩身置入土中的，桩的上端浇筑钢筋混凝土承台，承台上接柱或墙体，使荷载均匀地传递给桩基。当建筑物荷载较大，地基的软弱土层厚度在 5m 以上，基础不能埋在软弱土层内，或对软弱土层进行人工处理困难和不经济时，常采用桩基础。采用桩基础能节省材料，减少挖填土方工程量，改善工人的劳动条件，缩短工期。

25. **【答案】** C

【解析】 井字形肋楼板：井字形密肋楼板没有主梁，都是次梁（肋），且肋与肋间的距离较小，通常只有 1.5~3.0m，肋高也只有 180~250mm，肋宽为 120~200mm。当房间的平面形状近似正方形，跨度在 10m 以内时，常采用这种楼板。井字形密肋楼板具有天棚整齐美观，有利于提高房屋的净空高度等优点，常用于门厅、会议厅等处。

26. **【答案】** D

【解析】 板式楼梯：梯段底面平整，外形简洁，便于支撑施工；当梯段跨度不大时采用。当梯段跨度较大时，梯段板厚度增加，自重较大，不经济。梁式楼梯：当荷载或梯段跨度较大时，采用梁式楼梯比较经济。

27. **【答案】** D

【解析】 外保温墙体有下列优点：一是外墙外保温系统不会产生热桥，因此具有良好的建筑节能效果。二是外保温对提高室内温度的稳定性有利。三是外保温墙体能有效地减少温度波动对墙体的破坏，保护建筑物的主体结构，延长建筑物的使用寿命。四是外保温墙体构造可用于新建的建筑物墙体，也可以用于旧建筑外墙的节能改造。在旧房的节能改造中，外保温结构对居住者影响较小。五是外保温有利于加快施工进度，室内装修不致破坏保温层。

28. **【答案】** C

【解析】 小型构件装配式楼梯是将梯段、平台分割成若干部分，分别预制成小构件装配而成。按照预制踏步的支承方式分为悬挑式、墙承式、梁承式三种。

29. **【答案】** C

【解析】 年降水量≥1300mm 为Ⅰ类工程防水使用环境，民用建筑和对渗漏敏感的工业建筑为甲类工程防水类别。Ⅰ类、Ⅱ类工程防水使用环境下的甲类工程为一级防水；

Ⅰ类工程防水使用环境下的乙类工程为一级防水。

（二）多选题

1. **【答案】** ABCD

【解析】 屋架承重屋顶搁置屋架，用来搁置檩条以支承屋面荷载。通常屋架搁置在房屋的纵向外墙或柱上，使房屋有一个较大的使用空间。屋架的形式较多，有三角形、梯形、矩形、多边形等。

2. **【答案】** BD

【解析】 现浇钢筋混凝土楼梯按楼梯段传力的特点可以分为板式和梁板式两种。

3. **【答案】** ABDE

【解析】 坡屋顶的承重结构包括：砖墙承重（又叫硬山搁檩）、屋架承重、梁架结构、钢筋混凝土梁板承重。

4. **【答案】** ABDE

【解析】 外墙外保温的特点。与内保温墙体比较，外保温墙体有下列优点：一是外墙外保温系统不会产生热桥，因此具有良好的建筑节能效果。二是外保温对提高室内温度的稳定性有利。三是外保温墙体能有效地减少温度波动对墙体的破坏，保护建筑物的主体结构，延长建筑物的使用寿命。四是外保温墙体构造可用于新建的建筑物墙体，也可以用于旧建筑外墙的节能改造。在旧房的节能改造中，外保温结构对居住者影响较小。五是外保温有利于加快施工进度，室内装修不致破坏保温层。

5. **【答案】** ABE

【解析】 预制装配式钢筋混凝土楼板是在工厂或现场预制好的楼板，然后人工或机械吊装到房屋上经坐浆灌缝而成。此做法可节省模板，改善劳动条件，提高效率，缩短工期，促进工业化水平。但预制楼板的整体性不好，灵活性也不如现浇板，更不宜在楼板上穿洞。

6. **【答案】** BCDE

【解析】 高层建筑屋面宜采用内排水；多层建筑屋面宜采用有组织外排水；低层建筑及檐高小于10m的屋面，可采用无组织排水。多跨及汇水面积较大的屋面宜采用天沟排水；天沟找坡较长时，宜采用中间内排水和两端外排水。

7. **【答案】** AC

【解析】 提高抗震性能的构造包括圈梁、构造柱。

8. **【答案】** ABDE

【解析】 圈梁可以提高建筑物的空间刚度和整体性，增加墙体稳定，减少由于地基不均匀沉降而引起的墙体开裂，并防止较大振动荷载对建筑物的不良影响。在抗震设防地区，设置圈梁是减轻震害的重要构造措施。

9. **【答案】** ACDE

【解析】 现浇钢筋混凝土楼板主要分为以下四种：板式楼板、梁板式肋形楼板、井字形肋楼板、无梁式楼板。

10. **【答案】** BE

【解析】 垫层是位于面层之下用来承受并传递荷载的部分，起到承上启下的作用。基层是地面的最下层，承受垫层传来的荷载。

11.【答案】BD

【解析】中型构件装配式楼梯一般是由楼梯段和带有平台梁的休息平台板两大构件组合而成，楼梯段直接与楼梯休息平台梁连接，楼梯的栏杆与扶手在楼梯构造安装后再进行安装。带梁休息平台形成一类似槽形板构件，在支承楼梯段的一侧，平台板肋断面加大，并设计成L形断面以利于楼梯段的搭接。楼梯段与现浇钢筋混凝土楼梯类似，有梁板式和板式两种。选项ACE属于小型构件装配式楼梯。

12.【答案】ABCD

【解析】为防止行人使用楼梯时滑倒，踏步表面应有防滑措施。表面光滑的楼梯必须对踏步表面进行处理，通常是在接近踏口处设置防滑条，防滑条的材料主要有金刚砂、马赛克、橡皮条和金属材料等。

13.【答案】ACE

【解析】找平层厚度及技术要求如表2-4所示。

表2-4 找平层厚度及技术要求

<table>
<tr><th>找平层分类</th><th>适用的基层</th><th>厚度（mm）</th><th>技术要求</th></tr>
<tr><td rowspan="2">水泥砂浆</td><td>整体现浇混凝土板</td><td>15~20</td><td rowspan="2">1：2.5水泥砂浆</td></tr>
<tr><td>整体材料保温层</td><td>20~25</td></tr>
<tr><td rowspan="2">细石混凝土</td><td>装配式混凝土板</td><td rowspan="2">30~35</td><td>C20混凝土宜加钢筋网片</td></tr>
<tr><td>板状材料保温板</td><td>C20混凝土</td></tr>
</table>

14.【答案】ACD

【解析】本题考查的是装饰构造。在现代建筑中，为提高建筑物的使用功能，除照明、给水排水管道、煤气管需要安装在楼板层外，空调管、灭火喷淋、感知器、广播设备等管线及其装置，均需安装在天棚上。为处理好这些设施，往往必须借助于吊棚来解决。

15.【答案】ACE

【解析】建筑物上部荷载的大小、地基土质的好坏、地下水位的高低、土壤冰冻的深度以及新旧建筑物的相邻交接等，都影响基础的埋深。

16.【答案】ADE

【解析】B、C选项错误，油毡防潮层具有一定的韧性、延伸性和良好的防潮性能，但降低了上下砖砌体之间的粘结力，且降低了砖砌体的整体性，对抗震不利，故油毡防潮层不宜用于下端按固定端考虑的砖砌体和有抗震要求的建筑中。

17.【答案】ACD

【解析】选项B，箍筋间距不应大于200mm；选项D，砌块及料石砌体结构房屋，檐口标高为4~5m时，应在檐口标高处设置一道圈梁，檐口标高大于5m时，应增加设置数量；选项E，宿舍、办公楼等多层砌体民用房屋，层数为3~4层时，应在底层和檐口标高处各设置一道圈梁。当层数超过4层时，除应在底层和檐口标高处各设置一道圈梁外，至少应在所有纵、横墙上隔层设置。

18.【答案】ADE

【解析】选项B错误，阳台栏板或栏杆净高，六层及以下不应低于1.05m；七层及以上不应低于1.10m。七层及以上住宅和寒冷、严寒地区住宅宜采用实体栏板。选项C错误，墙承式是将阳台板直接搁置在墙上，其板型和跨度通常与房间楼板一致。这种支承方式结构简单，施工方便，多用于凹阳台。

Ⅲ 工业建筑构造

（一）单选题

1.【答案】D

【解析】柱间支撑的作用是加强厂房纵向刚度和稳定性，将吊车纵向制动力和山墙抗风柱经屋盖系统传来的风力通过柱间支撑传至基础。

2.【答案】B

【解析】预应力工字形吊车梁适用于厂房柱距为6m，厂房跨度为12~33m，吊车起重量为5~25t的厂房。预应力混凝土鱼腹式吊车梁适用于厂房柱距不大12m，厂房跨度为12~33m，吊车起重量为15~150t的厂房。

3.【答案】D

【解析】预应力混凝土鱼腹式吊车梁适用于厂房柱距不大于12m，厂房跨度为12~33m，吊车起重量为15~150t的厂房。

（二）多选题

1.【答案】BCDE

【解析】单层工业厂房屋盖结构的主要承重构件，直接承受屋面荷载。按制作材料分为钢筋混凝土屋架或屋面梁、钢屋架、木屋架和钢木屋架。

2.【答案】ABCD

【解析】选项E属于围护结构。

第二节 道路、桥梁、涵洞工程的分类、组成及构造

一、名师考点

参见表2-5。

表2-5 本节考点

教材点		知识点
一	道路工程	路的分类及组成、路基、路面、道路主要公用设施
二	桥梁工程	桥梁的组成与分类、桥梁上部结构、桥梁下部结构
三	涵洞工程	涵洞的分类、涵洞的组成

二、真题回顾

Ⅰ 道路工程

(一) 单选题

1. 护肩路基的护肩高度一般应为（　　）。(2015 年)

A. 不小于 1.0m　　B. 不大于 1.0m

C. 不小于 2.0m　　D. 不大于 2.0m

2. 砌石路基的砌石高度最高可达（　　）。(2016 年)

A. 5m　　B. 10m

C. 15m　　D. 20m

3. 两个以上交通标志在一根支柱上并设时，其从左到右排列正确的顺序是（　　）。(2017 年)

A. 禁令、警告、指示　　B. 指示、警告、禁令

C. 警告、指示、禁令　　D. 警告、禁令、指示

4. 砌石路基沿线遇到基础地质条件明显变化时应（　　）。(2020 年)

A. 设置挡土墙　　B. 将地基做成台阶形

C. 设置伸缩缝　　D. 设置沉降缝

5. 在半填半挖土质路基填挖衔接处，应采用的施工措施为（　　）。(2021 年)

A. 防止超挖　　B. 台阶开挖

C. 倾斜开挖　　D. 超挖回填

6. 下列路基形式中，每隔 15~20m 应设置一道伸缩缝的是（　　）。(2022 年)

A. 填土路基　　B. 填石路基

C. 砌石路基　　D. 挖方路基

7. 为保证车辆在停车场内不因自重引起滑溜，要求停车场与通道垂直方向的最大纵坡为（　　）。(2022 年)

A. 1%　　B. 1.5%

C. 2%　　D. 3%

8. 支路采用混凝土预制块路面，其设计使用年限是（　　）。(2023 年)

A. 30 年　　B. 20 年

C. 15 年　　D. 10 年

9. 对次干路而言，沥青路面比水泥混凝土路面的结构设计年限（　　）。(2024 年)

A. 多 5 年　　B. 多 10 年

C. 少 5 年　　D. 少 10 年

10. 人行道路照明的评价指标为（　　）。(2024 年)

A. 路面连续照度、眩光限制和诱导性

B. 路面平均照度、路面最小照度和垂直照度

C. 路面平均照度、路面亮度均匀和诱导性

D. 路面平均照度、路面亮度均匀和横向均匀度

（二）多选题

1. 单向机动车道数不小于三条的城市道路横断面必须设置（　　）。（2020 年）

A. 机动车道　　B. 非机动车道

C. 人行道　　D. 应急车道

E. 分车带

2. 下列关于我国城镇道路主要技术要求的说法，正确的是（　　）。（2024 年）

A. 次干路应设分隔带

B. 主干路设计车速为 40~80km/h

C. 快速路横断面形式为两、四幅路

D. 支路机动车道的宽度为 3. 25~3. 50m

E. 每条主干路双向机动车道应为 2~4 个

Ⅱ　桥梁工程

（一）单选题

1. 大跨径悬索桥一般优先考虑采用（　　）。（2016 年）

A. 平行钢丝束钢缆主缆索和预应力混凝土加劲梁

B. 平行钢丝束钢缆主缆索和钢结构加劲梁

C. 钢丝绳钢缆主缆索和预应力混凝土加劲梁

D. 钢丝绳钢缆主缆索和钢结构加劲梁

2. 大跨度悬索桥的加劲梁主要用于承受（　　）。（2017 年）

A. 桥面荷载　　B. 横向水平力

C. 纵向水平力　　D. 主缆索荷载

3. 柔性桥墩的主要技术特点在于（　　）。（2018 年）

A. 桥台和桥墩柔性化　　B. 桥墩支座固定化

C. 平面框架代替墩身　　D. 桥墩轻型化

4. 混凝土斜拉桥属于典型的（　　）。（2019 年）

A. 梁式桥　　B. 悬索桥

C. 刚架桥　　D. 组合式桥

5. 适用柔性排架桩墩的桥梁是（　　）。（2019 年）

A. 墩台高度 9m 的桥梁

B. 墩台高度 12m 的桥梁

C. 跨径 10m 的桥梁

D. 跨径 15m 的桥梁

6. 关于桥梁工程中的管柱基础，下列说法正确的是（　　）。（2019 年）

A. 可用于深水或海中的大型基础

B. 所需机械设备较少

C. 适用于有严重地质缺陷的地区

D. 施工方法和工艺比较简单

7. 悬臂梁桥的结构特点是（　　）。(2020 年)

A. 悬臂跨与挂孔跨交替布置

B. 通常为偶数跨布置

C. 多跨在中间支座处连接

D. 悬臂跨与挂孔跨分左右布置

8. 宽度较大的大跨度桥宜采用（　　）。(2021 年)

A. 箱形简支梁　　B. 悬臂简支梁

C. 板式简支梁　　D. 肋梁式简支梁

9. 在设计桥面较宽的预应力混凝土梁桥和跨度较大的斜交桥和弯桥时，宜采用的桥梁结构为（　　）。(2022 年)

A. 简支板桥　　B. 肋梁式简支梁桥

C. 箱形简支梁桥　　D. 悬索桥

10. 墩台高度 5～7m，跨径 10m 左右的多跨桥梁，中墩应优先考虑采用（　　）。(2022 年补考)

A. 实体桥墩　　B. 空心桥墩

C. 柱式桥墩　　D. 柔性桥墩

11. 浅层土层软弱，深层土层坚硬，采用桩基础加固是为了解决地基的（　　）问题。(2022 年补考)

A. 稳定性差　　B. 承载力不足

C. 抗渗性差　　D. 不均匀沉降

12. 当桥梁墩台处表层地基土承载力不足，一定深度内有好的持力层，但基础挖量大，支撑及围堰困难，基础优先考虑（　　）。(2022 年补考)

A. 钢管柱　　B. 连续墙基础

C. 钢筋混凝土管柱　　D. 沉井基础

13. 悬索桥最重要的构件是（　　）。(2023 年)

A. 锚锭　　B. 桥塔

C. 主缆索　　D. 加劲梁

14. 大跨度吊桥的主缆索多采用（　　）。(2023 年)

A. 钢绞线束钢缆　　B. 钢丝绳钢缆

C. 封闭性钢索　　D. 平行钢丝束钢缆

15. 下列关于简支梁桥的说法，正确的是（　　）。(2024 年)

A. 简支梁桥按形式可以分为正交简支梁桥和斜交简支梁桥

B. 简支梁桥是静定结构，各跨独立受力

C. 梁式桥，其结构在垂直荷载作用下，支座不仅产生垂直反力，还有水平推力

D. 梁式桥桥跨的承载结构由梁和板组成

(二) 多选题

1. 桥梁按承重结构划分有（　　）。(2016 年)

A. 格构桥　　B. 梁式桥
C. 拱式桥　　D. 刚架桥
E. 悬索桥

2. 以下属于桥梁下部结构的有（　）。(2022 年)
A. 桥墩　　B. 桥台
C. 桥梁支座　　D. 墩台基础
E. 桥面构造

真题讲解

Ⅲ 涵洞工程

(一) 单选题

1. 跨越深沟的高路堤公路涵洞，适用的形式是（　）。(2018 年)
A. 圆管涵　　B. 盖板涵
C. 拱涵　　D. 箱涵

2. 关于涵洞，下列说法正确的是（　）。(2019 年)
A. 洞身的截面形式仅有圆形和矩形两类
B. 涵洞的孔径根据地质条件确定
C. 圆形管涵不采用提高节
D. 圆管涵的过水能力比盖板涵大

3. 涵洞沉降缝适宜设置在（　）。(2020 年)
A. 涵洞和翼墙交接处　　B. 洞身范围中段
C. 进水口外缘面　　D. 端墙中心线处

4. 路基顶面高程低于横穿沟渠的水面高程时，可优先考虑设置的涵洞形式为（　）。(2021 年)
A. 无压式涵洞　　B. 压力式涵洞
C. 倒虹吸管涵　　D. 半压力式涵洞

5. 承载潜力较大，砌筑技术容易掌握，适用于跨越深沟或高路堤的涵洞形式是（　）。(2023 年)
A. 箱涵　　B. 拱涵
C. 盖板涵　　D. 圆管涵

(二) 多选题

1. 涵洞工程，以下说法正确的有（　）。(2017 年)
A. 圆管涵不需设置墩台
B. 箱涵适用于高路堤河堤
C. 圆管涵适用于低路堤
D. 拱涵适用于跨越深沟
E. 盖板涵在结构形式方面有利于低路堤使用

2. 下列属于涵洞附属工程的有（　）。(2022 年补考)
A. 锥体护坡　　B. 沟床铺砌

C. 路基边坡铺砌　　D. 人工水道

E. 沉降缝

三、真题解析

I　道路工程

（一）单选题

1.【答案】D

【解析】护肩路基中的护肩应采用当地不易风化片石砌筑，高度一般不超过2m。

2.【答案】C

【解析】砌石路基是指用不易风化的开山石料外砌、内填而成的路堤。砌石顶宽采用0.8mm，基底面以1∶5向内倾斜，砌石高度为2~15m。

3.【答案】D

【解析】交通标志应设置在驾驶人员和行人易于见到，并能准确判断的醒目位置。一般安设在车辆行进方向道路的右侧或车行道上方。为保证视认性，同一地点需要设置两个以上标志时，可安装在一根立柱上，但最多不应超过四个；标志板在一根支柱上并设时，应按警告、禁令、指示的顺序，先上后下、先左后右地排列。

4.【答案】D

【解析】砌石路基当基础地质条件变化时，应分段砌筑，并设沉降缝。当地基为整体岩石时，可将地基做成台阶形。

5.【答案】D

【解析】土质路基填挖衔接处应采取超挖回填措施。

6.【答案】C

【解析】砌石路基应每隔15~20m设伸缩缝一道。当基础地质条件变化时，应分段砌筑，并设沉降缝。当地基为整体岩石时，可将地基做成台阶形。

7.【答案】D

【解析】为了保证车辆在停车场停入时不致因自重分力引起滑溜，导致交通事故，要求停车场最大纵坡与通道平行方向为1%，与通道垂直方向为3%。出入通道的最大纵坡为7%，一般以小于或等于2%为宜。

8.【答案】D

【解析】支路采用混凝土预制块路面，其设计使用年限为10年。

9.【答案】C

【解析】对次干路而言，沥青路面的设计使用年限15年比水泥混凝土路面20年少5年。

10.【答案】B

【解析】人行道路照明应以路面平均照度、路面最小照度和垂直照度为评价指标。

（二）多选题

1.【答案】ABCE

【解析】城市道路横断面宜由机动车道、非机动车道、人行道、分车带、设施带、绿化带等组成，特殊断面还可包括应急车道、路肩和排水沟等。当快速路单向机动车道数小于 3 条时，应设不小于 3.0m 的应急车道。

2. 【答案】CD

【解析】次干路可设分隔带。主干路设计车速为 40~60km/h。快速路横断面形式为两、四幅路。主干路、次干路和支路机动车道的宽度都为 3.25~3.50m。主干路双向机动车道数≥4 条。

Ⅱ　桥梁工程

（一）单选题

1. 【答案】B

【解析】主缆索是悬索桥的主要承重构件，可采用钢丝绳钢缆或平行钢丝束钢缆，大跨度吊桥的主缆索多采用后者。加劲梁是承受风载和其他横向水平力的主要构件。大跨度悬索桥的加劲梁均为钢结构，通常采用桁架梁和箱形梁。预应力混凝土加劲梁仅适用于跨径 500mm 以下的悬索桥，大多采用箱形梁。

2. 【答案】B

【解析】加劲梁是承受风载和其他横向水平力的主要构件。大跨度悬索桥的加劲梁均为钢结构，通常采用桁架梁和箱形梁。

3. 【答案】D

【解析】柔性墩是桥墩轻型化的途径之一，它是在多跨桥的两端设置刚性较大的桥台，中墩均为柔性墩。

4. 【答案】D

【解析】斜拉桥是典型的悬索结构和梁式结构组合而成的，由主梁、拉索及索塔组成的组合结构体系。

5. 【答案】C

【解析】典型的柔性墩为柔性排架桩墩，是由成排的预制钢筋混凝土沉入桩或钻孔灌注桩顶端连以钢筋混凝土盖梁组成，多用在墩台高度 5~7m，跨径一般不宜超过 13m 的中、小型桥梁上。

6. 【答案】A

【解析】管柱基础因其施工方法和工艺较为复杂，所需机械设备较多，所以较少采用。但当桥址处的地质水文条件十分复杂，如大型的深水或海中基础，特别是深水岩面不平、流速大或有潮汐影响等自然条件下，不宜修建其他类型基础时，可采用管柱基础。

7. 【答案】A

【解析】悬臂梁桥结构特点是悬臂跨与挂孔跨交替布置，通常为奇数跨布置。

8. 【答案】A

【解析】箱形简支梁桥主要用于预应力混凝土梁桥，尤其适用于桥面较宽的预应力混凝土桥梁结构和跨度较大的斜交桥和弯桥。

9.【答案】C

【解析】箱形简支梁桥主要用于预应力混凝土梁桥，尤其适用于桥面较宽的预应力混凝土桥梁结构和跨度较大的斜交桥和弯桥。

10.【答案】D

【解析】典型的柔性墩为柔性排架桩墩，是由成排的预制钢筋混凝土沉入桩或钻孔灌注桩顶端连以钢筋混凝土盖梁组成。多用在墩台高度 5~7m，跨径一般不宜超过 13m 的中、小型桥梁上。

11.【答案】B

【解析】当地基浅层地质较差，持力土层埋藏较深，需要采用深基础才能满足结构物对地基强度、变形和稳定性要求时，可用桩基础。

12.【答案】D

【解析】本题考查的是桥梁下部结构。当桥梁结构上部荷载较大，而表层地基土的容许承载力不足，但在一定深度下有好的持力层，扩大基础开挖工作量大，施工围堰支撑有困难，或采用桩基础受水文地质条件限制时，采用沉井基础与其他深基础相比，经济上较为合理。

13.【答案】B

【解析】桥塔是悬索桥最重要的构件。桥塔的高度主要由桥面标高和主缆索的垂跨比 f/L 确定，通常垂跨比 f/L 为 1/12~1/9。大跨度悬索桥的桥塔主要采用钢结构和钢筋混凝土结构。其结构形式可分为桁架式、刚架式和混合式三种。刚架式桥塔通常采用箱形截面。

14.【答案】D

【解析】主缆索是悬索桥的主要承重构件，可采用钢丝绳钢缆或平行钢丝束钢缆，大跨度吊桥的主缆索多采用后者。

15.【答案】B

【解析】选项 A，按桥梁跨越河流和障碍的方式可分为正交简支板桥和斜交简支板桥；选项 B，简支梁桥是静定结构，其各跨独立受力；选项 C，梁式桥是指其结构在垂直荷载作用下，支座仅产生垂直反力，而无水平推力的桥梁。选项 D，梁式桥的特点是其桥跨的承载结构由梁组成。

（二）多选题

1.【答案】BCDE

【解析】桥梁的承重结构包括：梁式桥、拱式桥、刚架桥、悬索桥、组合式桥。

2.【答案】ABD

【解析】桥梁的组成与分类：（1）上部结构（也称桥跨结构）。上部结构是指桥梁结构中直接承受车辆和其他荷载，并跨越各种障碍物的结构部分。一般包括桥面构造（行车道、人行道、栏杆等）、桥梁跨越部分的承载结构和桥梁支座。（2）下部结构。下部结构是指桥梁结构中设置在地基上用于支承桥跨结构，将其荷载传递至地基的结构部分。一般包括桥墩、桥台及墩台基础。

Ⅲ　涵洞工程

（一）单选题

1.【答案】C

【解析】拱涵适用于跨越深沟或高路堤。一般超载潜力较大，砌筑技术容易掌握，是一种普遍采用的涵洞形式。

2.【答案】C

【解析】交通涵、灌水涵和涵前不允许有过高积水时，不采用提高节。圆形截面不便设置提高节，所以圆形管涵不采用提高节。

3.【答案】A

【解析】为防止由于荷载分布不均及基底土壤性质不同引起的不均匀沉陷而导致涵洞不规则地断裂，将涵洞全长分为若干段，每段之间以及洞身与端墙之间设置沉降缝，使各段可以独自沉落而互不影响。

4.【答案】C

【解析】新建涵洞应采用无压式涵洞；当涵前允许积水时，可采用压力式或半压力式涵洞；当路基顶面高程低于横穿沟渠的水面高程时，也可设置倒虹吸管涵。

5.【答案】B

【解析】拱涵适用于跨越深沟或高路堤。一般超载潜力较大，砌筑技术容易掌握，是一种普遍采用的涵洞形式。

（二）多选题

1.【答案】ADE

【解析】圆管涵受力情况和适应基础的性能较好，两端仅需设置端墙，不需设置墩台，故圬工数量少，造价低，但低路堤使用受到限制。盖板涵在结构形式方面有利于在低路堤上使用。拱涵适用于跨越深沟或高路堤。钢筋混凝土箱涵适用于软土地基。

2.【答案】ABCD

【解析】涵洞的附属工程包括锥体护坡、河床铺砌、路基边坡铺砌及人工水道等。

第三节　地下工程的分类、组成及构造

一、名师考点

参见表2-6。

表2-6　本节考点

教材点		知识点
一	地下工程的分类	按地下工程的用途分类，按地下工程的存在环境及建造方式分类
二	主要地下工程组成及构造	地下交通工程、地下市政管线工程、地下工业工程、地下公共建筑工程、地下贮库工程

二、真题回顾

Ⅰ 地下工程的分类

（一）单选题

1. 地下油库的埋深一般不少于（ ）。（2016 年）

A. 10m B. 15m

C. 20m D. 30m

2. 下列关于地下工程分类的说法，正确的是（ ）。（2024 年）

A. 附建式地下工程是指各种建筑物的地下室部分

B. 深层地下工程是指在-20m 以下建设的地下工程

C. 单建式地下工程地面上部应有独立的建筑物

D. 中层地下室工程主要用于地下交通、地下污水处理场、冷库等

（二）多选题

暂无。

Ⅱ 主要地下工程组成及构造

（一）单选题

1. 影响地下铁路建设决策的主要因素是（ ）。（2015 年）

A. 城市交通现状 B. 城市规模

C. 人口数量 D. 经济实力

2. 一般地下食品贮库应布置在（ ）。（2015 年）

A. 距离城区 10km 以外 B. 距离城区 10km 以内

C. 居住区内的城市交通干道上 D. 居住区外的城市交通干道上

3. 一般圆管涵的纵坡不超过（ ）。（2016 年）

A. 0.4% B. 2%

C. 5% D. 10%

4. 在我国，无论是南方还是北方，市政管线埋深均超过 1.5m 的是（ ）。（2016 年）

A. 给水管道 B. 排水管道

C. 热力管道 D. 电力管道

5. 优先发展道路交叉口型地下综合体，其主要目的是考虑（ ）。（2017 年）

A. 商业设施布点与发展 B. 民防因素

C. 市政道路改造 D. 解决人行过街交通

6. 地铁车站的通过能力应按该站远期超高峰设计客流量确定。超高峰设计客流量为该站预测远期高峰小时客流量的（ ）。（2017 年）

A. 1.1~1.4 倍 B. 1.1~1.5 倍

C. 1.2~1.4 倍 D. 1.2~1.5 倍

7. 地铁的土建工程可一次建成，也可分期建设，但以下设施中，宜一次建成的是（ ）。（2018 年）

A. 地面车站 B. 地下车站
C. 高架车站 D. 地面建筑

8. 城市地下综合管廊建设中，明显增加工程造价的管线布置为（ ）。（2018 年）
A. 电力、电信线路 B. 燃气管路
C. 给水管路 D. 污水管路

9. 城市交通建设地下铁路的根本决策依据是（ ）。（2019 年）
A. 地形与地质条件 B. 城市交通现状
C. 公共财政预算收入 D. 市民的广泛诉求

10. 市政支线共同沟应设置于（ ）。（2019 年）
A. 道路中央下方 B. 人行道下方
C. 非机车道下方 D. 分隔带下方

11. 地铁车站中不宜分期建成的是（ ）。（2020 年）
A. 地面站的土建工程 B. 高架车站的土建工程
C. 车站地面建筑物 D. 地下车站的土建工程

12. 地下批发总贮库的布置应优先考虑（ ）。（2020 年）
A. 尽可能靠近铁路干线 B. 与铁路干线有一定距离
C. 尽可能接近生活居住区中心 D. 尽可能接近地面销售分布密集区域

13. 地铁车站的主体除站台、站厅外，还应包括的内容为（ ）。（2021 年）
A. 设备用房 B. 通风道
C. 地面通风亭 D. 出入口及通道

14. 将地面交通枢纽与地下交通枢纽有机组合，联合开发建设的大型地下综合体，其类型属于（ ）。（2021 年）
A. 道路交叉口型 B. 站前广场型
C. 副都心型 D. 中心广场型

15. 设计城市地下管网时，常规做法是在人行道下方设置（ ）。（2022 年）
A. 热力管网 B. 自来水管道
C. 污水管道 D. 煤气管道

16. 市政的小型综合管廊应埋设在街道的（ ）。（2022 年）
A. 建筑物与红线之间地带下方 B. 分车带下方
C. 中心线下方 D. 人行道下方

17. 下列城市管线中，进入综合管廊将增加综合管廊工程造价的是（ ）。（2022 年补考）
A. 煤气管道 B. 电信管线
C. 空调管线 D. 雨水管道

18. 下列地下贮库中，大多设在郊区或码头附近的是（ ）。（2022 年补考）
A. 地下冷库 B. 一般食品库
C. 一般性综合贮库 D. 危险品库

19. 以下属于地下道路的建筑限界指标的为（ ）。（2023 年）

A. 富余量　　　　　　　　　　B. 人行道净高

C. 施工允许误差　　　　　　　D. 照明设备所需空间

20. 按照其功能定位，浅埋在人行道下，空间断面较小，不设通风、监控等设备的综合管廊是（　　）。(2023 年)

A. 干线综合管廊　　　　　　　B. 支线综合管廊

C. 缆线综合管廊　　　　　　　D. 主线综合管廊

（二）多选题

暂无。

三、真题解析

Ⅰ　地下工程的分类

（一）单选题

1. **【答案】** D

【解析】 按开挖深度分为三类：浅层地下工程（地表至-10m）、中层地下工程（-30～-10m）和深层地下工程（-30m 以下）。深层地下工程主要是指在-30m 以下建设的地下工程，如高速地下交通轨道、危险品仓库、冷库、油库等。

2. **【答案】** A

【解析】 B 选项错误，深层地下工程是指在-30m 以下建设的地下工程，如高速地下交通轨道、危险品仓库、冷库、油库等。C 选项错误，单建式地下工程，是指地下工程独立建在土中，在地面以上没有其他建筑物；附建式地下工程，是指各种建筑物的地下室部分。D 选项错误，中层地下室工程是指-30～-10m 深度空间内建设的地下工程，主要用于地下交通、地下污水处理场及城市水、电、气、通信等公用设施。

（二）多选题

暂无。

Ⅱ　主要地下工程组成及构造

（一）单选题

1. **【答案】** D

【解析】 地铁的建设投资巨大，真正制约地下铁路建设的因素是经济性问题。

2. **【答案】** D

【解析】 一般地下食品贮库布置的基本要求是：应布置在城市交通干道上，不要设置在居住区。

3. **【答案】** C

【解析】 洞底应有适当的纵坡，其最小值为 0.4%，一般不宜大于 5%，特别是圆管涵的纵坡不宜过大，以免管壁受急流冲刷。

4. **【答案】** B

【解析】 按管线覆土深度分类。一般以管线覆土深度超过 1.5m 作为划分深埋和浅埋的分界线。在北方寒冷地区，由于冰冻线较深，给水、排水以及含有水分的煤气管道，需深埋敷设；而热力管道、电力、电信线路不受冰冻的影响，可以采用浅埋敷设。在南方地区，由于冰冻线不存在或较浅，给水等管道也可以浅埋，而排水管道需要有一定的坡度要求，排水管道往往处于深埋状况。

5. 【答案】D

【解析】道路交叉口型。即在城市中心区路面交通繁忙的道路交叉地带，以解决人行过街交通为主，适当设置一些商业设施，考虑民防因素，综合市政道路的改造，建设中小型初级的地下综合体。

6. 【答案】A

【解析】超高峰设计客流量为该站预测远期高峰小时客流量，或客流控制时期的高峰小时客流量的 1.1~1.4 倍。

7. 【答案】B

【解析】地下车站的土建工程宜一次建成。地面车站、高架车站及地面建筑可分期建设。

8. 【答案】D

【解析】综合管廊中收容的各种管线是综合管廊的核心和关键，综合管廊发展的早期，以收容电力、电信、煤气、供水、污水为主，目前原则上各种城市管线都可以进入综合管廊，如空调管线、垃圾真空运输管线等，但对于雨水管、污水管等各种重力流管线，进入综合管廊将增加综合管廊的造价，应慎重对待。

9. 【答案】C

【解析】地铁主要服务于城市中心城区和城市总体规划确定的重点地区，申报建设地铁的城市，一般公共财政预算收入应在 300 亿元以上，地区生产总值在 3000 亿元以上，市区常住人口在 300 万人以上。申报条件将根据经济社会发展情况按程序适时调整。

10. 【答案】B

【解析】支线综合管廊主要收容城市中的各种供给支线，为干线共同沟和终端用户之间联系的通道，设于人行道下，管线为通信、有线电视、电力、燃气、自来水等，结构断面以矩形居多。特点为有效断面较小，施工费用较少，系统稳定性和安全性较高。

11. 【答案】D

【解析】地下车站的土建工程宜一次建成。地面车站、高架车站及地面建筑可分期建设。

12. 【答案】B

【解析】贮库最好布置在居住用地之外，离车站不远，以便把铁路支线引至贮库所在地。大库区以及批发和燃料总库，必须考虑铁路运输。贮库不应直接沿铁路干线两侧布置，尤其是地下部分，最好布置在生活居住区的边缘地带，同铁路干线有一定的距离。

13. 【答案】A

【解析】地铁车站通常由车站主体（站台、站厅、设备用房、生活用房）、出入口及通道、通风道及地面通风亭三大部分组成。

14. 【答案】B

【解析】站前广场型是在大城市的大型交通枢纽地带，结合该区域的改造、更新，进行整体设计、联合开发建设的大中型地下综合体。在综合体内，可将地面交通枢纽与地下交通枢纽有机组合，适当增设商业设施，充分利用商业赢利来补贴其他市政公用设施，通过加设一些供乘客休息、娱乐、观赏的小型防灾广场等，以满足地下活动人员的各种需要。

15. **【答案】** A

【解析】 一些常规做法如下：建筑物与红线之间的地带，用于敷设电缆；人行道用于敷设热力管网或通行式综合管道；分车带用于敷设自来水、污水、煤气管及照明电缆；街道宽度超过 60m 时，自来水和污水管道都应设在街道内两侧；在小区范围内，地下工程管网多数应走专门的地方。

16. **【答案】** D

【解析】 小型综合管廊：埋设在人行道下，管线有电力、通信、有线电视等，直接供应各终端用户。

17. **【答案】** D

【解析】 本题考查的是地下市政管线工程。对于雨水管、污水管等各种重力流管线，进入综合管廊将增加综合管廊的造价，应慎重对待。

18. **【答案】** A

【解析】 本题考查的是主要地下工程组成及构造。一般食品库布置的基本要求是：应布置在城市交通干道上，不要在居住区内设置；地下贮库洞口（或出入口）的周围，不能设置对环境有污染的各种贮库；性质类似的食品贮库，尽量集中布置在一起；冷库的设备多、容积大，需要铁路运输，一般多设在郊区或码头附近。

19. **【答案】** B

【解析】 地下道路的建筑限界包括车道、路肩、路缘带、人行道等的宽度以及车道、人行道的净高。

20. **【答案】** C

【解析】 小型综合管廊埋设在人行道下，管线有电力、通信、有线电视等，直接供应各终端用户。其特点为空间断面较小，埋深浅，建设施工费用较少，不设通风、监控等设备，在维护及管理上较为简单。

（二）多选题

暂无。

第三章　工程材料

一、本章概览

参见图 3-1。

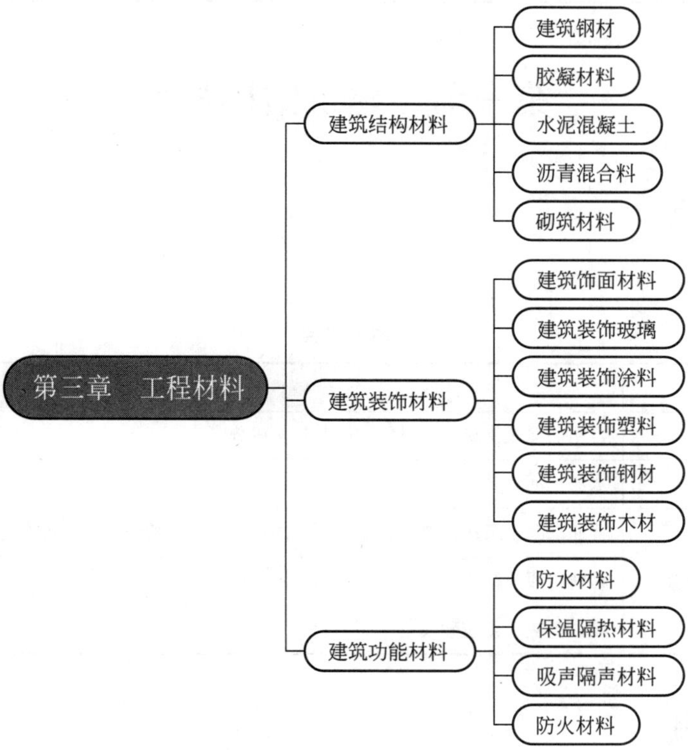

图 3-1　本章知识概览

二、考情分析

参见表 3-1。

表 3-1　　本章考情分析

考试年度	2024 年				2023 年				2022 年			
题目类型	单选题		多选题		单选题		多选题		单选题		多选题	
第一节　建筑结构材料	5 道	5 分	2 道	4 分	5 道	5 分	2 道	4 分	5 道	5 分	2 道	4 分

续表

考试年度	2024 年				2023 年				2022 年			
题目类型	单选题		多选题		单选题		多选题		单选题		多选题	
第二节 建筑装饰材料	2 道	2 分	2 道	4 分	1 道	1 分	2 道	4 分	2 道	2 分	2 道	4 分
第三节 建筑功能材料	1 道	1 分	0 道	0 分	2 道	2 分	0 道	0 分	1 道	1 分	0 道	0 分
本章小计	8 道	8 分	4 道	8 分	8 道	8 分	4 道	8 分	8 道	8 分	4 道	8 分
本章得分	16 分				16 分				16 分			

第一节 建筑结构材料

一、名师考点

参见表 3-2。

表 3-2　本节考点

教材点		知识点
一	建筑钢材	常用的建筑钢材、钢材的性能及化学成分
二	胶凝材料	水泥、沥青
三	水泥混凝土	普通混凝土组成材料、普通混凝土的技术性质、普通混凝土配合比设计、特种混凝土
四	沥青混合料	材料组成与结构、沥青混合料的技术性质
五	砌筑材料	砖、砌块、砌筑砂浆

二、真题回顾

Ⅰ 建筑钢材

(一) 单选题

1. 钢材的屈强比越小，则（　　）。(2016 年)

A. 结构的安全性越高，钢材的有效利用率越低

B. 结构的安全性越高，钢材的有效利用率越高

C. 结构的安全性越低，钢材的有效利用率越低

D. 结构的安全性越低，钢材的有效利用率越高

2. 对于钢材的塑性变形及伸长率，以下说法正确的是（　　）。(2017 年)

A. 塑性变形在标距内分布是均匀的

B. 伸长率的大小与标距长度有关

C. 离颈缩部位越远变形越大

D. 同一种钢材，δ_5 应小于 δ_{10}

3. 大型屋架、大跨度桥梁等大负荷预应力混凝土结构中应优先选用（　　）。(2018 年)

A. 冷轧带肋钢筋　　B. 预应力混凝土钢绞线

C. 冷拉热轧钢筋　　D. 冷拔低碳钢丝

4. 钢材 CDW550 主要用于（　　）。(2019 年)

A. 地铁钢轨　　B. 预应力钢筋

C. 吊车梁主筋　　D. 构造钢筋

5. 制作预应力混凝土轨枕采用的预应力混凝土钢材应为（　　）。(2020 年)

A. 钢丝　　B. 钢绞线

C. 热处理钢筋　　D. 冷轧带肋钢筋

6. 钢筋强屈比越大，则（　　）。(2021 年)

A. 结构安全性越好　　B. 结构安全性越差

C. 利用率越高　　D. 冲击韧性越差

真题讲解

7. 下列冷轧带肋钢筋中，既可用于普通钢筋混凝土用钢筋，也可以用于预应力混凝土用结构钢筋的是（　　）。(2022 年)

A. CRB650　　B. CRB880

C. CRB680H　　D. CRB800H

8. 适用于大跨度屋架、薄腹梁、吊车梁等大型构件的钢材是（　　）。(2022 年补考)

A. 冷轧带肋钢筋　　B. 冷拔低碳钢筋

C. 预应力混凝土热处理钢筋　　D. 预应力钢丝与钢绞线

真题讲解

9. 下列技术指标中，影响钢材塑性变形能力的是（　　）。(2022 年补考)

A. 伸长率　　B. 抗拉强度

C. 屈服强度　　D. 布氏硬度值

10. 下列热轧钢筋中，抗拉强度最高的是（　　）。(2023 年)

A. HPB300　　B. HRB400

C. HRB600　　D. HRBF500E

11. 下列钢材的化学成分中，决定钢材性质的主要元素是（　　）。(2023 年)

A. 碳　　B. 硫

C. 磷　　D. 氧

12. 下列关于钢材性能的说法，正确的是（　　）。(2024 年)

A. 强屈比可反映钢材的结构安全可靠程度

B. 影响钢材焊接性能的主要因素是内部组织的均匀性

C. 脆性临界温度越高，说明钢材的低温冲击韧性越好

D. 钢材在冷弯时的弯曲角度越大，弯心直径越大，冷弯性能越好

（二）多选题

1. 预应力混凝土结构构件中，可使用的钢材包括各种（　　）。(2015 年)

A. 冷轧带肋钢筋

B. 冷拔低碳钢丝

C. 热处理钢筋

D. 冷拉钢丝

E. 消除应力钢丝

2. 常用于普通钢筋混凝土的冷轧带肋钢筋有（　　）。（2019 年）

A. CRB650

B. CRB800（此选项 2025 年教材删除）

C. CRB550

D. CRB600H

E. CRB680H

3. 表征钢材抗拉性能的技术指标主要有（　　）。（2020 年）

A. 屈服强度

B. 冲击韧性

C. 抗拉强度

D. 硬度

E. 伸长率

4. 以下哪些材料可以用于预应力钢筋（　　）。（2021 年）

A. CRB600H

B. CRB680H

C. CRB800H

D. CRB650

E. CRB800

5. 下列钢材性能技术指标，表示抗拉性能的有（　　）。（2023 年）

A. 伸长率

B. 硬度值

C. 屈服强度

D. 抗拉强度

E. 冲击韧性值

Ⅱ　胶凝材料

（一）单选题

1. 通常要求普通硅酸盐水泥的初凝时间和终凝时间（　　）。（2016 年）

A. >45mim 和>10h

B. ≥45min 和≤10h

C. <45min 和<10h

D. ≤45min 和≥10h

2. 配制冬期施工和抗硫酸盐腐蚀施工的混凝土的水泥宜采用（　　）。（2018 年）

A. 铝酸盐水泥

B. 硅酸盐水泥

C. 普通硅酸盐水泥

D. 矿渣硅酸盐水泥

3. 有耐火要求的混凝土应采用（　　）。（2019 年）

A. 硅酸盐水泥

B. 普通硅酸盐水泥

C. 矿渣硅酸盐水泥

D. 火山灰质硅酸盐水泥

4. 高等级公路路面铺筑应选用（　　）。（2019 年）

A. 树脂改性沥青

B. SBS 改性沥青

C. 橡胶树脂改性沥青

D. 矿物填充料改性沥青

5. 水泥强度是指（　　）。（2020 年）

A. 水泥净浆的强度

B. 水泥胶浆的强度

C. 水泥混凝土的强度

D. 水泥砂浆砂石强度

6. 高温车间主体结构的混凝土配制优先选用的水泥品牌为（　　）。（2021 年）

A. 粉煤灰普通硅酸盐水泥　　B. 普通硅酸盐水泥

C. 硅酸盐水泥　　D. 矿渣硅酸盐水泥

7. 决定石油沥青温度敏感性和黏性的重要组分是（　　）。(2022 年)

A. 油分　　B. 树脂

C. 沥青质　　D. 沥青碳

8. 下列常见水泥中，耐热性较好的是（　　）。(2022 年补考)

A. 普通硅酸盐水泥　　B. 矿渣硅酸盐水泥

C. 火山灰质硅酸盐水泥　　D. 粉煤灰硅酸盐水泥

9. 反映沥青温度敏感性的重要指标是（　　）。(2023 年)

A. 延度　　B. 针入度

C. 相对黏度　　D. 软化点

(二) 多选题

1. 有抗化学侵蚀要求的混凝土多使用（　　）。(2015 年)

A. 硅酸盐水泥　　B. 普通硅酸盐水泥

C. 矿渣硅酸盐水泥　　D. 火山灰质硅酸盐水泥

E. 粉煤灰硅酸盐水泥

2. 下列常用水泥中，适用于大体积混凝土工程的有（　　）。(2022 年)

A. 硅酸盐水泥　　B. 普通硅酸盐水泥

C. 矿渣硅酸盐水泥　　D. 火山灰质硅酸盐水泥

E. 粉煤灰硅酸盐水泥

3. 水化热较小的硅酸盐水泥有（　　）。(2023 年)

A. 硅酸盐水泥　　B. 普通硅酸盐水泥

C. 粉煤灰硅酸盐水泥　　D. 矿渣硅酸盐水泥

E. 火山灰质硅酸盐水泥

真题讲解

4. 下列材料属于有机胶凝材料的是（　　）。(2024 年)

A. 水泥　　B. 沥青

C. 石灰　　D. 天然树脂

E. 合成树脂

Ⅲ　水泥混凝土

(一) 单选题

1. 用于普通混凝土的砂，最佳的细度模数为（　　）。(2015 年)

A. 3.7~3.1　　B. 3.0~2.3

C. 2.2~1.6　　D. 1.5~1.0

2. 分两层摊铺的碾压混凝土，下层碾压混凝土的最大粒径不应超过（　　）。(2015 年)

A. 20mm　　B. 30mm

C. 40mm　　D. 60mm

3. 与普通混凝土相比，高强度混凝土的特点是（　　）。(2015 年)

A. 早期强度低，后期强度高　　B. 徐变引起的应力损失大

C. 耐久性好　　D. 延展性好

4. 使用膨胀水泥主要是为了提高混凝土的（　　）。(2016 年)

A. 抗压强度　　B. 抗碳化

C. 抗冻性　　D. 抗渗性

5. 对混凝土抗渗性起决定作用的是（　　）。(2017 年)

A. 混凝土内部孔隙特性　　B. 水泥强度和品质

C. 混凝土水灰比　　D. 养护的温度和湿度

6. 在砂用量相同的情况下，若砂子过细，则拌制的混凝土（　　）。(2018 年)

A. 黏聚性差　　B. 易产生离析现象

C. 易产生泌水现象　　D. 水泥用量大

7. 在正常的水量条件下，配制泵送混凝土宜掺入适量（　　）。(2018 年)

A. 氯盐早强剂　　B. 硫酸盐早强剂

C. 高效减水剂　　D. 硫铝酸钙膨胀剂

8. 关于混凝土泵送剂，说法正确的是（　　）。(2020 年)

A. 应用泵送剂温度不宜高于 25℃

B. 过量掺入泵送剂不会造成堵泵现象

C. 宜用于蒸汽养护混凝土

D. 泵送剂包含缓凝及减水组分

9. 下列关于粗骨料颗粒级配说法正确的是（　　）。(2022 年)

A. 混凝土间断级配比连续级配和易性好

B. 混凝土连续级配比间断级配易离析

C. 相比于间断级配，混凝土连续级配适用于机械振捣流动性低的干硬性拌合物

D. 连续级配是现浇混凝土最常用的级配形式

10. 既可以提高物理流变性能又可以提高耐久性的外加剂是（　　）。(2022 年)

A. 速凝剂　　B. 引气剂

C. 缓凝剂　　D. 加气剂

11. 确定混凝土强度等级的依据是（　　）。(2022 年补考)

A. 立方体抗压强度

B. 立方体抗压强度标准值

C. 劈裂抗拉强度

D. 立方体抗拉强度

12. 影响混凝土抗渗性的决定因素是（　　）。(2022 年补考)

A. 水灰比　　B. 外加剂

C. 水泥品种　　D. 骨料的粒径

13. 在抢修工程和冬期施工用混凝土中宜加入的外加剂是（　　）。(2023 年)

A. 引气剂　　B. 早强剂

C. 防水剂　　D. 泵送剂

14. 设计工作年限为 50 年的钢筋混凝土构件，其混凝土强度等级不应低于（　　）。（2023 年）

A. C20　　B. C25

C. C30　　D. C40

15. 下列关于混凝土强度的说法，正确的是（　　）。（2024 年）

A. 抗拉强度对减少裂缝不具有任何作用

B. 强度等级根据立方体抗压强度算术平均值确定

C. 强度等级越高，其抗拉强度的比值越大

D. 抗拉强度采用劈裂抗拉试验方法间接求得

16. 下列关于高强混凝土的说法，正确的是（　　）。（2024 年）

A. 延性比普通混凝土好

B. 水泥用量小

C. 最终收缩量大于普通混凝土

D. 水泥用量不应大于 $550kg/m^3$

17. 调节混凝土凝结时间、硬化性能的外加剂是（　　）。（2024 年）

A. 减水剂　　B. 泵送剂

C. 早强剂　　D. 引水剂

（二）多选题

1. 混凝土的耐久性主要体现在（　　）。（2015 年）

A. 抗压强度　　B. 抗折强度

C. 抗冻等级　　D. 抗渗等级

E. 混凝土碳化

2. 高强混凝土与普通混凝土相比，说法正确的有（　　）。（2017 年）

A. 高强混凝土的延性比普通混凝土好

B. 高强混凝土的抗压能力优于普通混凝土

C. 高强混凝土抗拉强度与抗压强度的比值低于普通混凝土

D. 高强混凝土的最终收缩量与普通混凝土大体相同

E. 高强混凝土的耐久性优于普通混凝土

3. 提高混凝土耐久性的措施有（　　）。（2018 年）

A. 提高水泥用量　　B. 合理选用水泥品种

C. 控制水灰比　　D. 提高砂率

E. 掺用合适的外加剂

4. 与普通混凝土相比，高性能混凝土的明显特性有（　　）。（2018 年）

A. 体积稳定性好　　B. 耐久性好

C. 早期强度发展慢　　D. 抗压强度高

E. 自密实性差

5. 选定了水泥、砂子和石子的品种后，混凝土配合比设计实质上是要确定（　　）。（2019 年）

A. 石子颗粒级配
B. 水灰比
C. 灰砂比
D. 单位用水量
E. 砂率

6. 混凝土耐久性的主要性能指标包括（　　）。(2021 年)

A. 保水性
B. 抗冻性
C. 抗渗性
D. 抗侵蚀性
E. 抗碳化

7. 关于高性能混凝土，下列说法正确的有（　　）。(2022 年)

A. 体积稳定性好
B. 可减少结构断面，降低钢筋用量
C. 耐高温性好
D. 早期收缩率随着早期强度提高而增大
E. 具有较高的密实性和抗渗性

8. 可以改善混凝土拌合物流变性能的外加剂有（　　）。(2022 年补考)

A. 减水剂
B. 防水剂
C. 缓凝剂
D. 引气剂
E. 泵送剂

Ⅳ　沥青混合料

(一) 单选题

沥青路面的面层集料采用玄武岩碎石主要是为了保证路面的（　　）。(2020 年)

A. 高温稳定性
B. 低温抗裂性
C. 抗滑性
D. 耐久性

(二) 多选题

常用于测试评定沥青混合料高温稳定性的方法有（　　）。(2022 年补考)

A. 弯拉破坏试验法
B. 马歇尔试验法
C. 低频疲劳试验法
D. 史密斯三轴试验法
E. 无侧限抗压强度试验法

Ⅴ　砌筑材料

(一) 单选题

1. 烧结多孔砖的孔洞率不应小于（　　）。(2019 年)

A. 20%
B. 25%
C. 30%
D. 40%

2. 地下砖基础可以用哪种材料（　　）。(2021 年)

A. 蒸养砖
B. 空心砖
C. 烧结空心砖
D. 烧结实心砖

3. 关于普通混凝土小型空心砌块，说法正确的是（　　）。(2024 年)

A. 主规格尺寸为 390mm×190mm×90mm

B. 孔洞不得设置在受压面

C. 多用于单层或者多层工业与民用建筑的内外墙

D. 只能用于非承重墙

（二）多选题

1. 烧结普通砖的耐久性指标包括（　　）。(2016 年)

A. 抗风化性　　B. 抗侵蚀性

C. 抗碳化性　　D. 泛霜

E. 石灰爆裂

2. 下列关于烧结砖的说法，正确的有（　　）。(2024 年)

A. 烧结砖泛霜与砖中石灰夹杂有关

B. 烧结多孔砖主要用于 6 层以上建筑物的承重墙体

C. 烧结多孔砖的孔洞率不小于 25%

D. 烧结空心砖的孔洞垂直于受压面

E. 烧结空心砖的孔洞率不小于 40%

三、真题解析

Ⅰ　建筑钢材

（一）单选题

1. **【答案】** A

【解析】 屈服强度与抗拉强度的比称为屈强比。屈强比越小，反映钢材受力超过屈服点工作时的可靠性越大，因而结构的安全性越高。但屈强比太小，则反映钢材不能有效地被利用。

2. **【答案】** B

【解析】 伸长率表征了钢材的塑性变形能力。伸长率的大小与标距长度有关。塑性变形在标距内的分布是不均匀的，颈缩处的伸长较大，离颈缩部位越远变形越小。因此，原标距与试件的直径之比越大，颈缩处伸长值在整个伸长值中的比重越小，计算伸长率越小。对同一种钢材，δ_5 应大于 δ_{10}。

3. **【答案】** B

【解析】 预应力钢丝与钢绞线均属于冷加工强化及热处理钢材，拉伸试验时无屈服点，但抗拉强度远远超过热轧钢筋和冷轧钢筋，并具有很好的柔韧性，应力松弛率低，适用于大荷载、大跨度及需要曲线配筋的预应力混凝土结构，如大跨度屋架、薄腹梁、吊车梁等大型构件的预应力结构。

4. **【答案】** D

【解析】 冷拔低碳钢丝只有 CDW550 一个牌号，冷拔低碳钢丝宜作为构造钢筋使用，作为结构构件中纵向受力钢筋使用时应采用钢丝焊接网。冷拔低碳钢丝不得作预应力钢筋使用。

5. **【答案】** C

【解析】热处理钢筋主要用作预应力钢筋混凝土轨枕，也可以用于预应力混凝土板、吊车梁等构件。

6.【答案】A

【解析】强屈比越大，反映钢材受力超过屈服点工作时的可靠性越大，因而结构的安全性越高。但强屈比太大，则反映钢材不能有效地被利用。

7.【答案】C

【解析】根据现行国家标准《冷轧带肋钢筋》GB 13788—2024 的规定，冷轧带肋钢筋分为 CRB550、CRB650、CRB800、CRB600H、CRB680H、CRB800H 六个牌号。CRB550、CRB600H 为普通钢筋混凝土用钢筋，CRB650、CRB800、CRB800H 为预应力混凝土用钢筋，CRB680H 既可作为普通钢筋凝土用钢筋，也可作为预应力混凝土用钢筋。

8.【答案】D

【解析】本题考查的是常用的建筑钢材。预应力钢丝与钢绞线均属于冷加工强化及热处理钢材，拉伸试验时无屈服点，但抗拉强度远远超过热轧钢筋和冷轧钢筋，并具有很好的柔韧性，应力松弛率低，适用于大荷载、大跨度及需要曲线配筋的预应力混凝土结构，如大跨度屋架、薄腹梁、吊车梁等大型构件的预应力结构。

9.【答案】A

【解析】伸长率表征了钢材的塑性变形能力。

10.【答案】C

【解析】热轧钢筋的品种及技术要求应符合表 3-3 的规定。

表 3-3 热轧钢筋的技术要求

<table>
<tr><th rowspan="2">表面形状</th><th rowspan="2">牌号</th><th rowspan="2">公称直径（mm）</th><th>下屈服强度 R_{eL}（MPa）</th><th>抗拉强度 R_m（MPa）</th><th>断后伸长率 A（%）</th><th>最大总伸长率 A_{gt}（%）</th><th rowspan="2">冷弯试验 180°（d—弯心直径；a—公称直径）</th></tr>
<tr><th colspan="4">不小于</th></tr>
<tr><td>光圆</td><td>HPB300</td><td>6.0~22</td><td>300</td><td>420</td><td>25</td><td>10</td><td>$d=a$</td></tr>
<tr><td rowspan="5">带肋</td><td>HRB400
HRBF400</td><td rowspan="2">6~25
28~40
>40~50</td><td rowspan="2">400</td><td rowspan="2">540</td><td>16</td><td>7.5</td><td rowspan="2">$d=4a$
$d=5a$
$d=6a$</td></tr>
<tr><td>HRB400E
HRBF400E</td><td>—</td><td>9.0</td></tr>
<tr><td>HRB500
HRBF500</td><td rowspan="2">6~25
28~40
>40~50</td><td rowspan="2">500</td><td rowspan="2">630</td><td>15</td><td>7.5</td><td rowspan="2">$d=6a$
$d=7a$
$d=8a$</td></tr>
<tr><td>HRB500E
HRBF500E</td><td>—</td><td>9.0</td></tr>
<tr><td>HRB600</td><td>6~25
28~40
>40~50</td><td>600</td><td>730</td><td>14</td><td>7.5</td><td>$d=6a$
$d=7a$
$d=8a$</td></tr>
</table>

11.【答案】A

【解析】碳是决定钢材性质的重要元素。土木建筑工程用钢材含碳量一般不大于

0.8%。

12.【答案】A

【解析】选项 B，影响钢材可焊性的主要因素是化学成分及含量。选项 C，发生冷脆时的温度称为脆性临界温度，其数值越低，说明钢材的低温冲击韧性越好。选项 D，冷弯时的弯曲角度越大、弯心直径越小，表示其冷弯性能越好。

（二）多选题

1.【答案】CDE

【解析】热处理钢筋是钢厂将热轧的带肋钢筋（中碳低合金钢）经淬火和高温回火调制处理而成的，即以热处理状态交货，成盘供应，每盘长约 200m。热处理钢筋强度高，用材料省，锚固性好，预应力稳定，主要用作预应力钢筋混凝土轨枕，也可以用于预应力混凝土板、吊车梁等构件。预应力混凝土钢丝是用优质碳素结构钢经冷加工及时效处理或热处理等工艺过程制得的，具有很高的强度，安全可靠，便于施工，预应力混凝土用钢丝按照加工状态分为冷拉钢丝和消除应力钢丝。

2.【答案】CDE

【解析】根据现行国家标准《冷轧带肋钢筋》GB 13788—2024 规定，冷轧带肋钢筋分为 CRB550、CRB650、CRB800、CRB600H、CRB680H、CRB800H 六个牌号。CRB550、CRB600H 为普通钢筋混凝土用钢筋，CRB650、CRB800、CRB800H 为预应力混凝土用钢筋，CRB680H 既可作为普通钢筋混凝土用钢筋，也可作为预应力混凝土用钢筋。

3.【答案】ACE

【解析】抗拉性能是钢材的最主要性能，表征其性能的技术指标主要是屈服强度、抗拉强度和伸长率。

4.【答案】CDE

【解析】冷轧带肋钢筋 CRB550、CRB600H 为普通钢筋混凝土用钢筋，CRB650、CRB800、CRB800H 为预应力混凝土用钢筋。

5.【答案】ACD

【解析】抗拉性能是钢材的最主要性能，表征其性能的技术指标主要是屈服强度、抗拉强度和伸长率。

Ⅱ　胶凝材料

（一）单选题

1.【答案】B

【解析】硅酸盐水泥初凝时间不得早于（即≥）45min，终凝时间不得迟于（即≤）6.5h；普通硅酸盐水泥初凝时间不得早于（即≥）45min，终凝时间不得迟于（即≤）10h。

2.【答案】A

【解析】铝酸盐水泥可用于配制不定型耐火材料；与耐火粗细集料（如铬铁矿等）可制成耐高温的耐热混凝土；用于工期紧急的工程，如国防、道路和特殊抢修工程等；也可用于抗硫酸盐腐蚀的工程和冬期施工的工程。

3.【答案】C

【解析】矿渣硅酸盐水泥适用于高温车间和有耐热、耐火要求的混凝土结构。

4. 【答案】B

【解析】SBS 改性沥青具有良好的耐高温性、优异的低温柔性和耐疲劳性，主要用于制作防水卷材和铺筑高等级公路路面等。

5. 【答案】B

【解析】水泥强度是指胶浆的强度而不是净浆的强度，它是评定水泥强度等级的依据。

6. 【答案】D

【解析】矿渣硅酸盐水泥适用于高温车间和有耐热、耐火要求的混凝土结构。

7. 【答案】C

【解析】地沥青质（沥青质）是决定石油沥青温度敏感性、黏性的重要组成部分，其含量越多，则软化点越高；黏性越大，则越硬脆。

8. 【答案】B

【解析】本题考查的是胶凝材料。矿渣硅酸盐水泥耐热性较好。

9. 【答案】D

【解析】沥青软化点是反映沥青温度敏感性的重要指标，一般采用环球法软化点仪测定沥青软化点。

（二）多选题

1. 【答案】CDE

【解析】硅酸盐水泥和普通硅酸盐水泥不适用于受化学侵蚀、压力水作用及海水侵蚀的工程。

2. 【答案】CDE

【解析】适用于大体积混凝土工程的有矿渣硅酸盐水泥、火山灰质硅酸盐水泥、粉煤灰硅酸盐水泥。

3. 【答案】CDE

【解析】水化热较小的硅酸盐水泥有粉煤灰硅酸盐水泥、矿渣硅酸盐水泥、火山灰质硅酸盐水泥。详见常用水泥的特性及适用范围（表）。

4. 【答案】BDE

【解析】根据化学组成的不同，胶凝材料可分为无机与有机两大类。石灰、石膏、水泥等属于无机胶凝材料，而沥青、天然或合成树脂等属于有机胶凝材料。

Ⅲ 水泥混凝土

（一）单选题

1. 【答案】B

【解析】砂按细度模数分为粗、中、细三种规格：3.7~3.1 为粗砂，3.0~2.3 为中砂，2.2~1.6 为细砂。粗、中、细砂均可作为普通混凝土用砂，但以中砂为佳。

2. 【答案】C

【解析】由于碾压混凝土用水量低，较大的骨料粒径会引起混凝土离析并影响混凝土外观，最大粒径以 20mm 为宜，当碾压混凝土分两层摊铺时，其下层集料最大粒径采用 40mm。

3.【答案】C

【解析】混凝土的耐久性包括抗渗性、抗冻性、耐磨性及抗侵蚀性等。高强度混凝土在这些方面的性能均明显优于普通混凝土，尤其是外加矿物掺合料的高强度混凝土，其耐久性进一步提高。

4.【答案】D

【解析】使用膨胀水泥（或掺用膨胀剂）可以提高混凝土密实度，提高抗渗性。

5.【答案】C

【解析】混凝土水灰比对抗渗性起决定性的作用。

6.【答案】D

【解析】若砂子过细，砂子的总表面积增大，虽然拌制的混凝土黏聚性较好，不易产生离析、泌水现象，但水泥用量增大。

7.【答案】C

【解析】混凝土掺入减水剂的技术经济效果：保持坍落度不变，掺减水剂可降低单位混凝土用水量 5%～25%，提高混凝土早期强度，同时改善混凝土的密实度，提高耐久性；保持用水量不变，掺减水剂可增大混凝土坍落度 100～200mm，能满足泵送混凝土的施工要求；保持强度不变，掺减水剂可节约水泥用量 5%～20%。

8.【答案】D

【解析】选项 A 错误，应用泵送剂温度不宜高于 35℃；选项 B 错误，掺泵送剂过量可能造成堵泵现象；选项 C 错误，泵送剂不宜用于蒸汽养护混凝土和蒸压养护的预制混凝土。

9.【答案】D

【解析】连续级配是指颗粒的尺寸由大到小连续分级，其中每一级石子都占适当的比例。连续级配比间断级配水泥用量稍多，但其拌制的混凝土流动性和黏聚性均较好，是现浇混凝土中最常用的一种级配形式。

间断级配是省去一级或几级中间粒级的集料级配，其大颗粒之间的空隙由比它小许多的小颗粒来填充，减少空隙率，节约水泥。但由于颗粒相差较大，混凝土拌合物易产生离析现象。因此，间断级配较适用于机械振捣流动性低的干硬性拌合物。

10.【答案】B

【解析】外加剂的分类按其主要功能分为：①改善混凝土拌合物流变性能的外加剂，包括各种减水剂、引气剂和泵送剂等；②调节混凝土凝结时间、硬化性能的外加剂，包括缓凝剂、早强剂和速凝剂等；③改善混凝土耐久性的外加剂，包括引气剂、防水剂、防冻剂和阻锈剂等；④改善混凝土其他性能的外加剂，包括加气剂、膨胀剂、着色剂等。

11.【答案】B

【解析】混凝土的强度等级是根据立方体抗压强度标准值来确定的。

12.【答案】A

【解析】本题考查的是混凝土。影响混凝土抗渗性的因素有水灰比、水泥品种、骨料的粒径、养护方法、外加剂及掺合料等，其中水灰比对抗渗性起决定性作用。

13. 【答案】B

【解析】早强剂多用于抢修工程和冬期施工的混凝土。炎热条件以及环境温度低于-5℃时不宜使用早强剂。早强剂不宜用于大体积混凝土。

14. 【答案】B

【解析】对设计工作年限为 50 年的混凝土结构，结构混凝土的强度等级尚应符合下列规定：①素混凝土结构构件的混凝土强度等级不应低于 C20。钢筋混凝土结构构件的混凝土强度等级不应低于 C25。预应力混凝土楼板结构的混凝土强度等级不应低于 C30，其他预应力混凝土结构构件的混凝土强度等级不应低于 C40。型钢混凝土组合结构构件的混凝土强度等级不应低于 C30。②承受重复荷载作用的钢筋混凝土结构构件，混凝土强度等级不应低于 C30。③抗震等级不低于二级的钢筋混凝土结构构件，混凝土强度等级不应低于 C30。④采用 500MPa 及以上等级钢筋的钢筋混凝土结构构件，混凝土强度等级不应低于 C30。

15. 【答案】D

【解析】选项 A，在设计钢筋混凝土结构时，不是由混凝土承受拉力，而是由钢筋承受拉力。但是混凝土的抗拉强度对减少裂缝很重要，有时也用来间接衡量混凝土与钢筋的粘结强度。选项 B，混凝土的强度等级是根据立方体抗压强度标准值来确定的，立方体抗压强度只是一组试件抗压强度的算术平均值。选项 C，混凝土的抗拉强度只有抗压强度的 1/20~1/10，且强度等级越高，该比值越小。

16. 【答案】D

【解析】选项 A，高强混凝土的延性比普通混凝土差。选项 B，高强混凝土的水泥用量大，早期强度发展较快，特别是加入高效减水剂促进水化，早期强度更高，早期强度高的后期强度增长较小，掺高效减水剂的混凝土后期强度增长幅度要低于没有掺减水剂的混凝土。选项 C，高强混凝土的初期收缩大，但最终收缩量与普通混凝土大体相同，用活性矿物掺和料代替部分水泥，还可进一步减小混凝土的收缩。

17. 【答案】C

【解析】调节混凝土凝结时间、硬化性能的外加剂，包括缓凝剂、早强剂和速凝剂等。

（二）多选题

1. 【答案】CDE

【解析】混凝土耐久性是指混凝土在实际使用条件下抵抗各种破坏因素作用，长期保持强度和外观完整性的能力，包括混凝土的抗冻性、抗渗性、抗侵蚀性及抗碳化能力等。

2. 【答案】BCDE

【解析】混凝土的延性比普通混凝土差，所以 A 选项错误。

3. 【答案】BCE

【解析】提高混凝土耐久性的措施：①根据工程环境及要求，合理选用水泥品种。

②控制水灰比及保证足够的水泥用量。③选用质量良好、级配合理的骨料和合理的砂率。④掺用合适的外加剂。

4. 【答案】ABD

【解析】高性能混凝土的特性有：①自密实性好；②体积稳定性好；③强度高；④水化热低；⑤收缩量小；⑥徐变少；⑦耐久性好；⑧耐高温（火）差。

5. 【答案】BDE

【解析】混凝土配合比设计确定的三大参数：水灰比、单位用水量和砂率。

6. 【答案】BCDE

【解析】包括混凝土的抗冻性、抗渗性、抗侵蚀性及抗碳化能力等。

7. 【答案】ADE

【解析】高性能混凝土自密实性好、体积稳定性好、强度高、水化热低、收缩量小、徐变小、耐久性好、耐高温（火）差。高性能混凝土的早期强度发展较快，而后期强度的增长率却低于普通强度混凝土。

8. 【答案】ADE

【解析】本题考查的是普通混凝土组成材料。①改善混凝土拌合物流变性能的外加剂，包括各种减水剂、引气剂和泵送剂等；②调节混凝土凝结时间、硬化性能的外加剂，包括缓凝剂、早强剂和速凝剂等；③改善混凝土耐久性的外加剂，包括引气剂、防水剂、防冻剂和阻锈剂等；④改善混凝土其他性能的外加剂，包括加气剂、膨胀剂、着色剂等。

Ⅳ　沥青混合料

（一）单选题

【答案】C

【解析】沥青路面的抗滑性能与集料的表面结构（粗糙度）、级配组成、沥青用量等因素有关。为保证抗滑性能，面层集料应选用质地坚硬具有棱角的碎石，通常采用玄武岩。

（二）多选题

【答案】BDE

【解析】本题考查的是沥青混合料。沥青混合料的高温稳定性，通常采用高温强度与稳定性作为主要技术指标，常用的测试评定方法有：马歇尔试验法、无侧限抗压强度试验法、史密斯三轴试验法等。

Ⅴ　砌筑材料

（一）单选题

1. 【答案】B

【解析】烧结多孔砖是以黏土、页岩、煤矸石、粉煤灰等为主要原料烧制的主要用于结构承重的多孔砖。多孔砖大面有孔，孔多而小，孔洞垂直于大面（即受压面），孔洞率不小于25%。烧结多孔砖主要用于6层以下建筑物的承重墙体。

2. 【答案】D

【解析】烧结普通砖具有较高的强度，良好的绝热性、耐久性、透气性和稳定性，且原料广泛，生产工艺简单，因而可用作墙体材料，砌筑柱、拱、窑炉、烟囱、沟道及基础等。

3. 【答案】C

【解析】选项 A，主规格尺寸为 390mm×190mm×190mm。选项 B，其孔洞设置在受压面。选项 D，可用于承重结构和非承重结构。

（二）多选题

1. 【答案】ADE

【解析】砖耐久性包括抗风化性、泛霜和石灰爆裂等指标。

2. 【答案】ACE

【解析】选项 B，烧结的多孔砖主要用于 6 层以下建筑物的承重墙体。选项 D，由于其孔洞平行于大面和条面，垂直于顶面，使用时大面承压，承压面与孔洞平行，所以这种砖强度不高，而且自重较轻，因而多用于非承重墙。

第二节 建筑装饰材料

一、名师考点

参见表 3-4。

表 3-4 本节考点

教材点		知识点
一	建筑饰面材料	饰面石材、饰面陶瓷
二	建筑装饰玻璃	平板玻璃、装饰玻璃、安全玻璃、节能装饰型玻璃
三	建筑装饰涂料	建筑装饰涂料的基本组成、对外墙涂料的基本要求、对内墙涂料的基本要求、对地面涂料的基本要求
四	建筑装饰塑料	塑料的基本组成、建筑塑料装饰制品
五	建筑装饰钢材	不锈钢及其制品、轻钢龙骨、彩色压型钢板
六	建筑装饰木材	木材的含水率、木材的湿胀干缩与变形、木材的强度、木材的应用

二、真题回顾

Ⅰ 建筑饰面材料

（一）单选题

1. 室外装饰较少使用大理石板材的主要原因在于大理石（ ）。（2016 年）

A. 吸水率大　　B. 耐磨性差

C. 光泽度低　　D. 抗风化差

2. 花岗石板材是一种优质的饰面板材，但其不足之处是（ ）。（2017 年）

A. 化学及稳定性差　　B. 抗风化性能较差
C. 硬度不及大理石板　　D. 耐火性较差

3. 作为建筑饰面材料的天然花岗石有很多优点，但其不能被忽视的缺点是（　　）。（2019 年）

A. 耐酸性差　　B. 抗风化差
C. 吸水率低　　D. 耐火性差

4. 与天然大理石板材相比，装饰用天然花岗石板材的缺点是（　　）。（2020 年）

A. 吸水率高　　B. 耐酸性差
C. 耐久性差　　D. 耐火性差

5. 天然花岗石板材作为装饰面材料，缺点是耐火性差，其根本原因是（　　）。（2021 年）

A. 吸水率极高　　B. 含有石英
C. 含有云母　　D. 具有块状构造

6. 与花岗石板材相比，天然大理石板材的缺点是（　　）。（2022 年）

A. 耐火性差　　B. 抗风化性能差
C. 吸水率低　　D. 高温下会发生晶型转变

真题讲解

7. 下列陶瓷砖中，可用作室外装饰的材料是（　　）。（2022 年）

A. 瓷砖　　B. 釉面砖
C. 墙地砖　　D. 马赛克

8. 下列关于人造饰面石材的说法，正确的是（　　）。（2024 年）

A. 复合型人造石材由无机胶结料和有机胶结料共同组合而成
B. 聚酯型人造石材耐老化，故多用于室外装饰
C. 烧结型人造石材需经 500℃左右的高温焙烧而成
D. 硅酸盐水泥人造石材抗风化性能优于铝酸盐水泥人造石材

9. 关于饰面陶瓷，下列说法中正确的是（　　）。（2024 年）

A. 瓷质砖由瓷土或优质陶土烧制
B. 釉面砖表面平整，坚固耐用，少用于室内
C. 马赛克表面分无釉与有釉
D. 墙地砖的防火、防水差，不适用于室外

（二）多选题

1. 釉面砖的优点包括（　　）。（2016 年）

A. 耐潮湿　　B. 耐磨
C. 耐腐蚀　　D. 色彩鲜艳
E. 易于清洁

2. 可用于室外装饰的饰面材料有（　　）。（2018 年）

A. 大理石板材　　B. 合成石面板
C. 釉面砖　　D. 瓷质砖
E. 石膏饰面板

3. 下列关于大理石特性的说法，正确的有（　　）。（2024 年）

A. 属于典型的岩浆岩
B. 由石灰岩或白云岩变质而成
C. 抗风化能力较差
D. 质地坚硬
E. 材质细腻，极富装饰性

Ⅱ 建筑装饰玻璃

（一）单选题

1. 钢化玻璃是用物理或化学方法，在玻璃表面上形成一个（　　）。（2017 年）
A. 压应力层　　B. 拉应力层
C. 防脆裂层　　D. 刚性氧化层

2. 对隔热、隔声性能要求较高的建筑物宜选用（　　）。（2018 年）
A. 真空玻璃　　B. 中空玻璃
C. 镀膜玻璃　　D. 钢化玻璃

3. 下列玻璃中，银行柜台遮挡部位应采用（　　）。（2022 年补考）
A. 防火玻璃　　B. 钢化玻璃
C. 夹丝玻璃　　D. 镀膜玻璃

（二）多选题

下列建筑装饰玻璃中，兼具保温、隔热和隔声性能的是（　　）。（2022 年）
A. 中空玻璃　　B. 夹层玻璃
C. 真空玻璃　　D. 钢化玻璃
E. 镀膜玻璃

Ⅲ 建筑装饰涂料

（一）单选题

暂无。

（二）多选题

1. 常用于外墙的涂料有（　　）。（2021 年）
A. 苯乙烯-丙烯酸酯乳液涂料
B. 聚乙烯醇水玻璃涂料
C. 聚醋酸乙烯乳液涂料
D. 合成树脂乳液砂壁状涂料
E. 醋酸乙烯-丙烯酸酯有光乳液涂料

2. 内墙面装饰涂料的要求有（　　）。（2022 年补考）
A. 耐粉化性　　B. 透气性
C. 耐污染性　　D. 抗冲击性
E. 耐碱性

3. 外墙涂料应满足的基本要求有（　　）。（2023 年）
A. 耐候性良好　　B. 透气性良好

C. 耐磨性良好　　D. 抗冲击性良好
E. 耐污染性良好

Ⅳ 建筑装饰塑料

（一）单选题

塑料的主要组成材料是（　　）。（2015 年）
A. 玻璃纤维　　B. 乙二胺
C. DBP 和 DOP　　D. 合成树脂

（二）多选题

1. 关于塑料管材的说法，正确的有（　　）。（2017 年）
A. 无规共聚聚丙烯管（PP-R 管）属于可燃性材料
B. 氯化聚氯乙烯管（PVC-C 管）热膨胀系数较高
C. 硬聚氯乙烯管（PVC-U 管）使用温度不大于 50℃
D. 丁烯管（PB 管）热膨胀系数低
E. 交联聚乙烯管（PEX 管）不可热熔连接

2. 建筑塑料装饰制品在建筑物中应用越来越广泛，常用的有（　　）。（2020 年）
A. 塑料门窗　　B. 塑料地板
C. 塑料墙板　　D. 塑料壁纸
E. 塑料管材

3. 塑料管材中，可应用于饮用水管的有（　　）。（2022 年）
A. PVC-U　　B. PVC-C
C. PP-R　　D. PB
E. PEX

4. 以下塑料管，可用于冷热水及饮用水的有（　　）。（2023 年）
A. 硬聚氯乙烯管　　B. 氯化聚氯乙烯管
C. 无规共聚聚丙烯管　　D. 丁烯管
E. 交联聚乙烯管

5. 下列可做饮用水管的是（　　）。（2024 年）
A. 丁烯管　　B. 硬聚氯乙烯管
C. 交联聚乙烯管　　D. 氯化聚氯乙烯管
E. 无规共聚聚丙烯管

Ⅴ 建筑装饰钢材

（一）单选题

型号为 YX75-230-600 的彩色涂层压型钢板的有效覆盖宽度是（　　）。（2019 年）
A. 750mm　　B. 230mm
C. 600mm　　D. 1000mm

（二）多选题

暂无。

Ⅵ 建筑装饰木材

（一）单选题

1. 木材物理力学性质发生变化的转折点指标是（　　）。（2022 年补考）

A. 纤维饱和点　　B. 平衡含水率

C. 顺纹抗压强度　　D. 顺纹抗拉和抗弯强度

2. 木材各种力学强度中最高的是（　　）。（2023 年）

A. 顺纹抗压强度　　B. 顺纹抗弯强度

C. 顺纹抗拉强度　　D. 横纹抗压强度

（二）多选题

暂无。

三、真题解析

Ⅰ 建筑饰面材料

（一）单选题

1. 【答案】D

【解析】大理石板材具有吸水率小、耐磨性好以及耐久性好等优点，但其抗风化性能较差。

2. 【答案】D

【解析】由于花岗石中含有石英，在高温下会发生晶型转变，产生体积膨胀，因此，花岗石耐火性差，但适宜制作火烧板。

3. 【答案】D

【解析】花岗石耐火性差，但适宜制作火烧板。

4. 【答案】D

【解析】由于花岗石中含有石英，在高温下会发生晶型转变，产生体积膨胀，因此，花岗石耐火性差，但适宜制作火烧板。

5. 【答案】B

【解析】但由于花岗石中含有石英，在高温下会发生晶型转变，产生体积膨胀，因此，花岗石耐火性差，但适宜制作火烧板。

6. 【答案】B

【解析】大理石板因其抗风化性能较差，故除个别品种（含石英为主的砂岩及石曲岩）外一般不宜用作室外装饰。

7. 【答案】C

【解析】选项 A、选项 B，釉面砖又称瓷砖，不应用于室外。选项 C，墙地砖是墙砖和地砖的总称，该类产品作为墙面、地面装饰都可使用，故称为墙地砖，实际上包括建筑物外墙装饰贴面用砖和室内外地面装饰铺贴用砖。选项 D，马赛克主要用于室内地面铺装。

8. 【答案】A

【解析】选项 A，复合型人造石材是由无机胶结料和有机胶结料共同组合而成。选项 B，聚酯型人造石材其耐老化性能不及天然花岗石，故多用于室内装饰。选项 C，烧结型人造石材经 1000℃左右的高温焙烧而成，如仿花岗石瓷砖、仿大理石陶瓷艺术板等。选项 D，用铝酸盐水泥制成的人造石材表面光洁度高，花纹耐久，抗风化性、耐久性及防潮性均优于硅酸盐水泥制成的人造石材。

9.【答案】C

【解析】选项 A，釉面砖是由瓷土或优质陶土煅烧而成。选项 B，釉面砖具有表面平整、光滑，坚固耐用，色彩鲜艳，易于清洁，防火、防水、耐磨、耐腐蚀等特点。但不应用于室外。选项 D，墙地砖是以品质均匀、耐火度较高的黏土作为原料，经压制成型，在高温下烧制而成，具有坚固耐用，易清洗，防火、防水、耐磨、耐腐蚀等特点。

（二）多选题

1.【答案】BCDE

【解析】釉面砖表面平整、光滑，坚固耐用，色彩鲜艳，易于清洁，防火、防水、耐磨、耐腐蚀等。

2.【答案】BD

【解析】大理石、釉面砖是高饰面板，一般用于室内装修。

3.【答案】BCE

【解析】选项 A 错，大理石是将大理石荒料经锯切、研磨、抛光而成的高级室内外装饰材料，属于变质岩，由石灰岩或白云岩变质而成。选项 D 错，大理石质地较密实、抗压强度较高、吸水率低、质地较软，属中硬石材。

Ⅱ　建筑装饰玻璃

（一）单选题

1.【答案】A

【解析】钢化玻璃是用物理或化学的方法，在玻璃的表面上形成一个压应力层，而内部处于较大的拉应力状态，内外拉压应力处于平衡状态。

2.【答案】B

【解析】中空玻璃主要用于保温隔热、隔声等功能要求较高的建筑物。

3.【答案】C

【解析】本题考查的是建筑装饰玻璃。夹丝玻璃应用于建筑的天窗、采光屋顶、阳台及有防盗、防抢功能要求的营业柜台的遮挡部位。

（二）多选题

【答案】AC

【解析】选项 A，中空玻璃具有光学性能良好、保温隔热、降低能耗、防结露、隔声性能好等优点。选项 B，夹层玻璃还可具有耐久、耐热、耐湿、耐寒等性能。选项 C，真空玻璃比中空玻璃有更好的隔热、隔声性能。选项 D，钢化玻璃机械强度高、弹性好、热稳定性好、碎后不易伤人，但可发生自爆。选项 E，阳光控制镀膜玻璃是对太阳光具有一定控制作用的镀膜玻璃。这种玻璃具有良好的隔热性能。

Ⅲ 建筑装饰涂料

（一）单选题

暂无。

（二）多选题

1. **【答案】** AD

【解析】 常用于外墙的涂料有苯乙烯-丙烯酸酯乳液涂料、丙烯酸酯系外墙涂料、聚氨酯系外墙涂料、合成树脂乳液砂壁状涂料等。选项 BCE 是内墙涂料。

2. **【答案】** ABE

【解析】 本题考查的是建筑装饰涂料。对内墙涂料的基本要求有：色彩丰富、细腻、调和；耐碱性、耐水性、耐粉化性良好；透气性良好；涂刷方便，重涂容易。

3. **【答案】** AE

【解析】 对外墙涂料、内墙涂料、地面涂料的基本要求见表 3-5。

表 3-5 对外墙涂料、内墙涂料、地面涂料的基本要求

外墙涂料	内墙涂料	地面涂料
（1）装饰性良好 （2）耐水性良好 （3）耐候性良好 （4）耐污染性好 （5）施工及维修容易	（1）色彩丰富、细腻、调和 （2）耐碱性、耐水性、耐粉化性良好 （3）透气性良好 （4）涂刷方便，重涂容易	（1）耐碱性良好 （2）耐水性良好 （3）耐磨性良好 （4）抗冲击性良好 （5）与水泥砂浆有好的粘结性能 （6）涂刷施工方便，重涂容易

Ⅳ 建筑装饰塑料

（一）单选题

【答案】 D

【解析】 合成树脂是塑料的主要组成材料。

（二）多选题

1. **【答案】** AE

【解析】 无规共聚聚丙烯管（PP-R 管）属于可燃性材料，不得用于消防给水系统，A 正确；氯化聚氯乙烯管（PVC-C 管）热膨胀系数低，B 错误；硬聚氯乙烯管（PVC-U 管）使用温度不大于 40℃，为冷水管，C 错误；丁烯管（PB 管）具有较高的强度，韧性好，无毒，易燃，热膨胀系数大，价格高，D 错误；交联聚乙烯管（PEX 管）有折弯记忆性、不可热熔连接，E 正确。

2. **【答案】** ABDE

【解析】 建筑装饰塑料装饰制品包括塑料门窗、塑料地板、塑料壁纸、塑料管材及配件。

3. **【答案】** CDE

【解析】 选项 A，主要应用于给水管道（非饮用水）、排水管道、雨水管道；选项 B，因其使用的胶水有毒性，一般不用于饮用水管道系统。

4. **【答案】** CDE

【解析】选项 A，用于非饮用水；选项 B，因其使用的胶水有毒性，一般不用于饮用水管道系统。

5.【答案】ACE

【解析】选项 A，丁烯管（PB）具有较高的强度，韧性好、无毒、易燃，主要应用于饮用水、冷热水管。选项 B，硬聚氯乙烯管（PVC-U）主要应用于给水管道（非饮用水）、排水管道、雨水管道。选项 C，交联聚乙烯管（PEX）可输送冷水、热水、饮用水及其他液体，主要应用于地板辐射采暖系统的盘管。选项 D，氯化聚氯乙烯管（PVC-C），安装附件有毒性，一般不用于饮用水管道系统。选项 E，无规共聚聚丙烯管（PP-R）具有无毒、无害、不生锈、不腐蚀的特点，主要应用于饮用水管、冷热水管。

Ⅴ　建筑装饰钢材

（一）单选题

【答案】C

【解析】YX75-230-600 表示压型钢板的波高为 75mm，波距为 230mm，有效覆盖宽度为 600mm。

（二）多选题

暂无。

Ⅵ　建筑装饰木材

（一）单选题

1.【答案】A

【解析】本题考查的是建筑装饰木材。纤维饱和点是木材物理力学性质是否随含水率的变化而发生变化的转折点。

2.【答案】C

【解析】木材的构造特点使其各种力学性能具有明显的方向性，木材在顺纹方向的抗拉和抗压强度都比横纹方向高得多，其中在顺纹方向的抗拉强度是木材各种力学强度中最高的，顺纹抗压强度仅次于顺纹抗拉和抗弯强度。

（二）多选题

暂无。

第三节　建筑功能材料

一、名师考点

参见表 3-6。

表 3-6　本节考点

教材点		知识点
一	防水材料	防水卷材、防水涂料、建筑密封材料

续表

教材点		知识点
二	保温隔热材料	纤维状绝热材料、多孔状绝热材料、有机绝热材料、保温材料的燃烧性能等级要求
三	吸声隔声材料	吸声材料、隔声材料
四	防火材料	防火涂料、堵料

二、真题回顾

Ⅰ 防水材料

（一）单选题

1. 防水要求高和耐用年限长的土木建筑工程，防水材料应优先选用（　　）。（2015年）

A. 三元乙丙橡胶防水卷材

B. 聚氯乙烯防水卷材

C. 氯化聚乙烯防水卷材

D. 沥青复合胎柔性防水卷材

真题讲解

2. 采矿业防水防渗工程常用（　　）。（2016年）

A. PVC防水卷材　　B. 氯化聚乙烯防水卷材

C. 三元乙丙橡胶防水卷材　　D. APP改性沥青防水卷材

3. 丙烯酸类密封膏具有良好的粘结性能，但不宜用于（　　）。（2017年）

A. 门窗嵌缝　　B. 桥面接缝

C. 墙板接缝　　D. 屋面嵌缝

4. 混凝土和金属框架的接缝粘结，优先（　　）。（2021年）

A. 硅酮密封胶　　B. 聚氨酯密封胶

C. 聚氯乙烯接缝膏　　D. 沥青嵌缝油膏

5. 下列防水卷材中，尤其适用于强烈太阳辐射建筑防水的是（　　）。（2022年）

A. SBS改性沥青防水卷材

B. APP改性沥青防水卷材

C. 氯化聚乙烯防水卷材

D. 氯化聚乙烯-橡胶型共混防水卷材

（二）多选题

1. 下列防水卷材中，更适于寒冷地区建筑工程防水的有（　　）。（2019年）

A. SBS改性沥青防水卷材

B. APP改性沥青防水卷材

C. 沥青复合胎柔性防水卷材

D. 氯化聚乙烯防水卷材

E. 氯化聚乙烯-橡胶共混型防水卷材

2. 在众多防水卷材中，相比之下尤其适用于寒冷地区建筑物防水的有（　　）。（2020 年）

A. SBS 改性沥青防水卷材

B. APP 改性沥青防水卷材

C. PVC 防水卷材

D. 氯化聚乙烯防水卷材

E. 氯化聚乙烯-橡胶共混型防水卷材

Ⅱ　保温隔热材料

（一）单选题

1. 隔热、隔声效果好的材料是（　　）。（2015 年）

A. 岩棉　　B. 石棉

C. 玻璃棉　　D. 膨胀蛭石

2. 民用建筑很少使用的保温隔热材料是（　　）。（2016 年）

A. 岩棉　　B. 矿渣棉

C. 石棉　　D. 玻璃棉

3. 膨胀蛭石是一种较好的绝热材料、隔声材料，但使用时应注意（　　）。（2017 年）

A. 防潮　　B. 防火

C. 不能松散铺设　　D. 不能与胶凝材料配合使用

4. 下列纤维状绝热材料中，最高使用温度限值最低的是（　　）。（2019 年）

A. 岩棉　　B. 石棉

C. 玻璃棉　　D. 陶瓷纤维

5. 下列绝热材料中可使用温度最高的是（　　）。（2020 年）

A. 玻璃棉　　B. 泡沫塑料

C. 陶瓷纤维　　D. 泡沫玻璃

6. 导热系数不大于 0.05W/（m·K）的材料称为（　　）。（2022 年补考）

A. 保温材料　　B. 防火材料

C. 绝热材料　　D. 高效保温材料

7. 下列纤维状绝热材料中可承受使用温度最高的是（　　）。（2023 年）

A. 岩棉、矿渣棉　　B. 石棉

C. 玻璃棉　　D. 陶瓷纤维

8. 下列关于保温隔热材料，说法正确的是（　　）。（2024 年）

A. 装饰材料按导热性能分为 A、B1、B2、B3 四个等级

B. 建筑外保温系统严禁使用 B2 级保温材料

C. 建筑内保温系统严禁使用 B2 级保温材料

D. 建筑防火隔离带应采用 A 级防火材料，其宽度不应小于 300mm

（二）多选题

1. 关于保温隔热材料的说法，正确的有（　　）。(2017 年)

A. 矿物棉的最高使用温度约 600℃

B. 石棉最高使用温度可达 600~700℃

C. 玻璃棉最高使用温度 300~500℃

D. 陶瓷纤维最高使用温度 1100~1350℃

E. 矿物棉的缺点是吸水性大、弹性小

2. 常用于高温环境中的保温隔热材料有（　　）。(2018 年)

A. 泡沫塑料制品　　B. 玻璃棉制品

C. 陶瓷纤维制品　　D. 膨胀珍珠岩制品

E. 膨胀蛭石制品

3. 关于保温隔热材料，下列说法正确的有（　　）。(2019 年)

A. 装饰材料燃烧性能 B2 级属于难燃性

B. 高效保温材料的导热系数不大于 0.14W/(m·K)

C. 保温材料主要是防止室外热量进入室内

D. 装饰材料按其燃烧性能划分为 A、B1、B2、B3 四个等级

E. 采用 B2 级保温材料的外墙保温系统中每层应设置水平防火隔离带

Ⅲ　吸声隔声材料

（一）单选题

对中、高频均有吸声效果且安拆便捷，兼具装饰效果的吸声结构应为（　　）。(2018 年)

A. 帘幕吸声结构　　B. 柔性吸声结构

C. 薄板振动吸声结构　　D. 悬挂空间吸声结构

（二）多选题

暂无。

Ⅳ　防火材料

（一）单选题

1. 薄型和超薄型防火涂料的耐火极限一般与涂层厚度无关，与之有关的是（　　）。(2017 年)

A. 物体可燃性　　B. 物体耐火极限

C. 膨胀后的发泡层厚度　　D. 基材的厚度

2. 下列防火堵料中，以快硬水泥为胶凝材料的是（　　）。(2023 年)

A. 耐火包　　B. 有机防火堵料

C. 速固型防火堵料　　D. 可塑性防火堵料

（二）多选题

经常更换增加电缆管道的场合，适合选用的防火堵料有（　　）。(2022 年补考)

A. 可塑性防火堵料　　B. 有机防火堵料

C. 无机防火堵料　　D. 耐火包

E. 防火包

三、真题解析

Ⅰ　防水材料

（一）单选题

1.【答案】A

【解析】三元乙丙橡胶防水卷材广泛适用于防水要求高、耐用年限长的土木建筑工程的防水。

2.【答案】B

【解析】氯化聚乙烯防水卷材适用于各类工业、民用建筑的屋面防水、地下防水、防潮隔气、室内墙地面防潮、地下室和卫生间的防水，以及冶金、化工、水利、环保、采矿业防水防渗工程。

3.【答案】B

【解析】丙烯酸类密封膏主要用于屋面、墙板、门、窗嵌缝，但它的耐水性不算很好，所以，不宜用于经常泡在水中的工程，不宜用于广场、公路、桥面等有交通来往的接缝中，也不宜用于水池、污水厂、灌溉系统、堤坝等水下接缝中。

4.【答案】A

【解析】硅酮建筑密封胶按用途分为 F 类和 G 类两种类别。F 类为建筑接缝用密封胶，适用于预制混凝土墙板、水泥板、大理石板的外墙接缝，混凝土和金属框架的粘结，卫生间和公路缝的防水密封等；G 类为镶装玻璃用密封胶，主要用于镶嵌玻璃和建筑门、窗的密封。

5.【答案】B

【解析】APP 改性沥青防水卷材广泛适用于各类建筑防水、防潮工程，尤其适用于高温或有强烈太阳辐射地区的建筑物防水。

（二）多选题

1.【答案】AE

【解析】APP 改性沥青防水卷材尤其适用于高温或有强烈太阳辐射地区的建筑物防水；氯化聚乙烯-橡胶共混型防水卷材兼有塑料和橡胶的特点，特别适用于寒冷地区或变形较大的土木建筑防水工程。

2.【答案】AE

【解析】SBS 改性沥青防水卷材尤其适用于寒冷地区和结构变形频繁的建筑物防水。氯化聚乙烯-橡胶共混型防水卷材，特别适用于寒冷地区或变形较大的土木建筑防水工程。

Ⅱ　保温隔热材料

（一）单选题

1.【答案】D

【解析】膨胀蛭石可与水泥、水玻璃等胶凝材料配合，浇筑成板，用于墙、楼板和屋面板等构件的绝热。

2. 【答案】C

【解析】由于石棉中的粉尘对人体有害，因而民用建筑很少使用，目前主要用于工业建筑的隔热、保温及防火覆盖等。

3. 【答案】A

【解析】膨胀蛭石铺设于墙壁、楼板、屋面等夹层中，作为绝热、隔声材料；但吸水性大、电绝缘性不好。使用时应注意防潮，以免吸水后影响绝热效果。膨胀蛭石可松散铺设，也可与水泥、水玻璃等胶凝材料配合，浇筑成板，用于墙、楼板和屋面板等构件的绝热。

4. 【答案】C

【解析】岩棉及矿渣棉统称为矿物棉，最高使用温度约600℃。石棉最高使用温度可达500~600℃。玻璃棉最高使用温度是400℃。陶瓷纤维最高使用温度为1100~1350℃，可用于高温绝热、吸声。

5. 【答案】C

【解析】选项A，玻璃棉最高使用温度400℃。选项B，泡沫塑料最高使用温度约70℃。选项C，陶瓷纤维最高使用温度为1100~1350℃。选项D，泡沫玻璃最高使用温度500℃。

6. 【答案】D

【解析】本题考查的是保温隔热材料。保温层是导热系数小的高效轻质保温材料层，外保温材料的导热系数通常小于0.05W/(m·K)。导热系数小于0.23W/(m·K)的材料称为绝热材料，导热系数小于0.14W/(m·K)的材料称为保温材料；通常导热系数不大于0.05W/(m·K)的材料称为高效保温材料。

7. 【答案】D

【解析】岩棉及矿渣棉最高使用温度约600℃；石棉最高使用温度可达500~600℃；玻璃棉最高使用温度可达400℃；陶瓷纤维最高使用温度可达1100~1350℃。

8. 【答案】D

【解析】选项A，装饰材料按其燃烧性能划分为A（不燃性）、B1（难燃性）、B2（可燃性）、B3（易燃性）四个等级。选项B、C，建筑内、外保温系统，宜采用燃烧性能为A级的保温材料，不宜采用B2级保温材料，严禁采用B3级保温材料。选项D，防火隔离带应采用燃烧性能等级为A级的材料，防火隔离带的宽度不应小于300mm。

（二）多选题

1. 【答案】ADE

【解析】岩棉及矿渣棉统称为矿物棉，最高使用温度约600℃，选项A正确；石棉是一种天然矿物纤维，具有耐火、耐热、耐酸碱、绝热、防腐、隔声及绝缘等特性，最高使用温度可达500~600℃，选项B错误；玻璃棉是玻璃纤维的一种，包括短棉、超细棉，最高使用温度350~600℃，选项C错误；陶瓷纤维最高使用温度为1100~1350℃，可用于高温绝热、吸声，选项D正确；矿物棉与有机胶粘剂结合可以制成矿棉板、毡、筒等制品，也可制成粒状用作填充材料，其缺点是吸水性大、弹性小，选项E正确。

2. 【答案】CDE

【解析】玻璃棉最高使用温度400℃，泡沫塑料最高使用温度达120℃。

3. 【答案】DE

【解析】B2 级属于可燃性材料；导热系数不大于 0.05W/(m·K) 的材料称为高效保温材料；控制室内热量外流的材料称为保温材料，将防止室外热量进入室内的材料称为隔热材料。

Ⅲ　吸声隔声材料

（一）单选题

【答案】A

【解析】帘幕吸声结构是具有通气性能的纺织品，安装在离开墙面或窗洞一段距离处，背后设置空气层。这种吸声体对中、高频都有一定的吸声效果。帘幕吸声体安装、拆卸方便，兼具装饰作用。

（二）多选题

暂无。

Ⅳ　防火材料

（一）单选题

1. 【答案】C

【解析】薄型和超薄型防火涂料的耐火极限一般与涂层厚度无关，而与膨胀后的发泡层厚度有关。

2. 【答案】C

【解析】无机防火堵料又称速固型防火堵料，是以快干水泥为基料，添加防火剂、耐火材料等经研磨、混合而成的防火堵料，使用时加水拌和即可。

（二）多选题

【答案】ABDE

【解析】本题考查的是防火材料。有机防火堵料又称可塑性防火堵料，尤其适合需经常更换或增减电缆、管道的场合。无机防火堵料又称速固型防火堵料，主要用于封堵后基本不变的场合。防火包又称耐火包或阻火包，尤其适合需经常更换或增减电缆、管道的场合。

第四章　工程施工技术

一、本章概览

参见图 4-1。

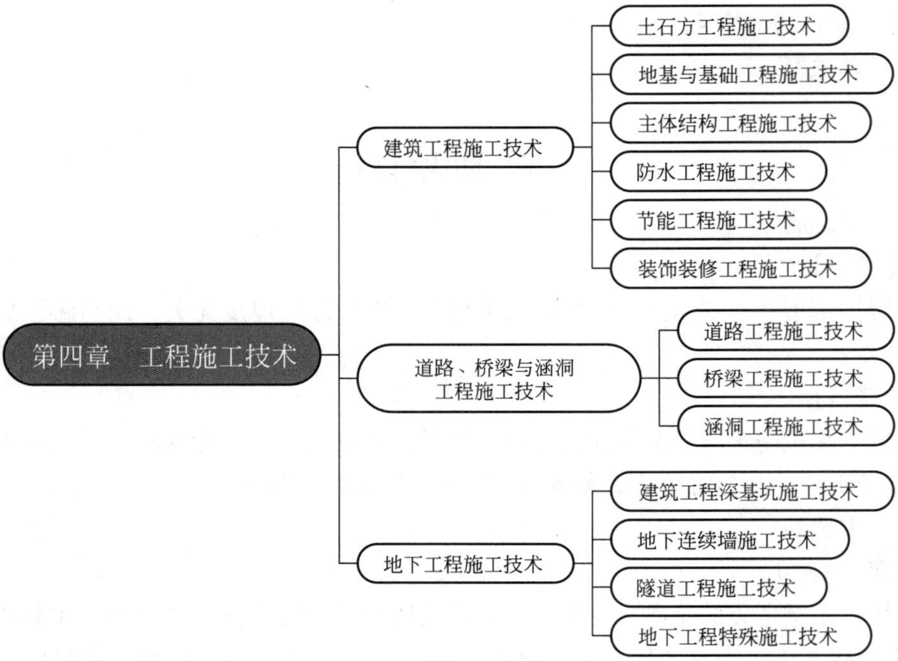

图 4-1　本章知识概览

二、考情分析

参见表 4-1。

表 4-1　　本章考情分析

考试年度	2024 年				2023 年				2022 年			
题目类型	单选题		多选题		单选题		多选题		单选题		多选题	
第一节　建筑工程施工技术	9 道	9 分	2 道	4 分	9 道	9 分	2 道	4 分	9 道	9 分	2 道	4 分
第二节　道路、桥梁与涵洞工程施工技术	3 道	3 分	1 道	2 分	3 道	3 分	1 道	2 分	3 道	3 分	2 道	4 分

续表

考试年度	2024 年				2023 年				2022 年			
题目类型	单选题		多选题		单选题		多选题		单选题		多选题	
第三节 地下工程施工技术	3 道	3 分	2 道	4 分	3 道	3 分	2 道	4 分	3 道	3 分	1 道	2 分
本章小计	15 道	15 分	5 道	10 分	15 道	15 分	5 道	10 分	15 道	15 分	5 道	10 分
本章得分	25 分				25 分				25 分			

第一节 建筑工程施工技术

一、名师考点

参见表 4-2。

表 4-2 本节考点

教材点		知识点
一	土石方工程施工技术	土石方工程分类、土石方工程的准备与辅助工作、土石方工程机械化施工、土石方的填筑与压实
二	地基与基础工程施工技术	地基加固处理、桩基础施工
三	主体结构工程施工技术	砌体结构工程施工、混凝土结构工程施工、预应力混凝土工程施工、钢结构工程施工、结构吊装工程施工
四	防水工程施工技术	屋面防水工程施工，地下防水工程施工，楼层、厕浴间、厨房间防水施工
五	节能工程施工技术	墙体节能工程、屋面保温工程
六	装饰装修工程施工技术	抹灰工程、吊顶工程、轻质隔墙工程、墙面铺装工程、涂饰工程、地面工程、幕墙工程

二、真题回顾

Ⅰ 土石方工程施工技术

（一）单选题

1. 在松散土体中开挖 6m 深的沟槽，支护方式应优先采用（　　）。(2015 年)

A. 间断式水平挡土板横撑式支撑　　B. 连续式水平挡土板式支撑

C. 垂直挡土板式支撑　　D. 重力式支护结构支撑

2. 对大面积二类土场地进行平整的主要施工机械应优先考虑（　　）。(2016 年)

A. 拉铲挖掘机　　B. 铲运机

C. 正铲挖掘机　　D. 反铲挖掘机

3. 关于基坑土石方工程采用轻型井点降水，说法正确的是（　　）。(2016 年)

A. U 形布置不封闭段是为施工机械进出基坑留的开口

B. 双排井点管适用于宽度小于 6m 的基坑

C. 单排井点管应布置在基坑的地下水下游一侧

D. 施工机械不能经 U 形布置的开口端进出基坑

4. 关于推土机施工作业，说法正确的是（　　）。(2016 年)

A. 土质较软使切土深度较大时可采用分批集中后一次推送

B. 并列推土的推土机数量不宜超过 4 台

C. 沟槽推土法是先用小型推土机推出两侧沟槽后再用大型推土机推土

D. 斜角推土法是指推土机行走路线沿斜向交叉推进

5. 关于单斗挖掘机作业特点，说法正确的是（　　）。(2016 年)

A. 正铲挖掘机：前进向下，自重切土　　B. 反铲挖掘机：后退向上，强制切土

C. 拉铲挖掘机：后退向下，自重切土　　D. 抓铲挖掘机：前进向上，强制切土

6. 基坑采用轻型井点降水，其井点布置应考虑的主要因素是（　　）。(2017 年)

A. 水泵房的位置　　B. 土方机械型号

C. 地下水位流向　　D. 基坑边坡支护形式

7. 土石方在填筑施工时应（　　）。(2017 年)

A. 先将不同类别的土搅拌均匀　　B. 使用同类土填筑

C. 分层填筑时需搅拌　　D. 将含水量大的黏土填筑在底层

8. 基坑开挖时，采用明排水法施工，其集水坑应设置在（　　）。(2018 年)

A. 基础范围以外的地下水走向的下游

B. 基础范围以外的地下水走向的上游

C. 便于布置抽水设施的基坑边角处

D. 不影响施工交通的基坑边角处

真题讲解

9. 在挖深 3m，1～3 类土砂性土壤基坑，且地下水位较高，宜优先选用（　　）。(2018 年)

A. 正铲挖掘机　　B. 反铲挖掘机

C. 拉铲挖掘机　　D. 抓铲挖掘机

10. 利用爆破石渣和碎石填筑大型地基，应优先选用的压实机械为（　　）。(2018 年)

A. 羊足碾　　B. 平碾

C. 振动碾　　D. 蛙式打夯机

11. 在松散且湿度很大的土中挖 6m 深的沟槽，支护应优先选用（　　）。(2019 年)

A. 水平挡土板式支撑　　B. 垂直挡土板式支撑

C. 重力式支护结构　　D. 板式支护结构

12. 在淤泥质黏土中开挖近 10m 深的基坑时，降水方法应优先选用（　　）。(2019 年)

A. 单级轻型井点　　B. 井管井点

C. 电渗井点　　D. 深井井点

13. 水下开挖独立基坑，工程机械应优先选用（　　）。(2019 年)

A. 正铲挖掘机　　B. 反铲挖掘机

C. 拉铲挖掘机　　D. 抓铲挖掘机

14. 基坑开挖的电渗井点降水适用于饱和（　　）。(2020 年)

A. 黏土层　　B. 砾石层

C. 砂土层　　D. 砂砾层

15. 与正铲挖掘机相比，反铲挖掘机的显著优点是（　　）。(2020 年)

A. 对开挖土层级别的适应性宽　　B. 对基坑大小的适应性宽

C. 对开挖土层的地下水位适应性宽　　D. 装车方便

16. 开挖深度 4m，长边长度不小于 30m 的基坑，宜采用的支撑方式是（　　）。(2021 年)

A. 横撑式支撑　　B. 板式支护

C. 水泥土搅拌桩　　D. 墙板支护

17. 大型建筑群场地平整，场地坡度最大 15°，距离 300~500m，土壤含水量低，可选用的机械有（　　）。(2021 年)

A. 推土机　　B. 装载机

C. 铲运机　　D. 正铲挖掘机

18. 开挖深度为 3m，湿度小的黏性土沟槽，适合采用的支护方式是（　　）。(2022 年)

A. 重力式支护结构　　B. 垂直挡土板支撑

C. 板式支护结构　　D. 水平挡土板支撑

19. 关于土石方工程施工，下列说法正确的是（　　）。(2022 年)

A. 铲运机的经济运距为 30~60m

B. 推土机分批集中一次推送能减少土的散失

C. 铲运机适于在坡度>20°的大面积场地平整

D. 抓铲挖掘机特别适于水下挖土

真题讲解

20. 为保证填方工程质量，下列工程中可作为填方材料的是（　　）。(2022 年)

A. 膨胀土　　B. 含有机物大于 5%的土

C. 砂土、爆破石渣　　D. 含水量大的黏土

21. 在渗透系数小于 0.1m/d 的饱和黏土中，当降水深度为 10m 时，宜优先选择的井点降水法是（　　）。(2022 年补考)

A. 电渗+轻型　　B. 轻型+管井

C. 电渗+喷射　　D. 管井+喷射

真题讲解

22. 压实法，下列选项正确的是（　　）。(2022 年补考)

A. 羊足碾一般用于碾压黏性土，不适用于砂土

B. 松土宜先用重型碾压机械压实

C. 夯实法主要用于大面积黏性土

D. 振动压实法不适宜碎石类土

23. 开挖较窄的沟槽时，适用于湿度较高的松散土质，且挖土深度不限的基坑支护形式是（　　）。(2023 年)

A. 重力式支护结构　　B. 垂直挡土板式支撑

C. 间断式水平挡土板支撑　　D. 连续式水平挡土板支撑

24. 抓铲挖掘机，挖土特点是（　　）。(2023 年)

A. 直上直下，自重切土　　B. 直上直下，强制切土

C. 后退向下，强制切土　　D. 前进向上，强制切土

25. 下列关于土石方工程的说法，正确的是（　　）。(2024 年)

A. 场地平整前必须确定场地设计标高

B. 挖深超过 3m（含 3m）的称为深基坑（槽）

C. 为保证一定的密实度，应尽量采用不同类土料回填

D. 路基挖方称为路堤，填方称为路堑

26. 下列基坑支护结构类型中，由挡墙和支撑（或拉锚）系统组成的是（　　）。(2024 年)

A. 水平挡土板式支撑　　B. 垂直挡土板式支撑

C. 重力式支护结构　　D. 板式支护结构

（二）多选题

1. 土石方工程机械化施工说法正确的有（　　）。(2017 年)

A. 土方运距在 30~60m，最好采用推土机施工

B. 面积较大的场地平整，推土机台数不宜小于四台

C. 土方运距在 200~350m 时适宜采用铲运机施工

D. 开挖大型基坑时适宜采用拉铲挖掘机

E. 抓铲挖掘机和拉铲挖掘机均不宜用于水下挖土

2. 关于轻型井点的布置，下列说法正确的有（　　）。(2022 年)

A. 环形布置适用于大面积基坑

B. 双排布置适用于土质不良的情况

C. U 形布置适用于基坑宽度不大于 6m 的情况

D. 单排布置适用于基坑宽度小于 6m，且降水深度不超过 5m 的情况

E. U 形布置井点管不封闭的一段应该在地下水的下游方向

3. 根据受力状态，基坑的支护结构形式有（　　）。(2022 年补考)

A. 横撑式支撑　　B. 悬臂式挡墙

C. 板式支护结构　　D. 重力式支护结构

E. 支撑式挡墙

Ⅱ　地基与基础工程施工技术

（一）单选题

1. 以下土层中不宜采用重锤夯实地基的是（　　）。(2015 年)

A. 砂土　　B. 湿陷性黄土

C. 杂填土　　D. 软黏土

2. 以下土层中可以用灰土桩挤密地基施工的是（　　）。(2015 年)

A. 地下水位以下，深度在 15m 以内的湿陷性黄土地基

B. 地下水位以上，含水量不超过 30%的地基土层

C. 地下水位以下的人工填土地基

D. 含水量在 25%以下的人工填土地基

3. 钢筋混凝土预制桩的运输和堆放应满足以下要求（　　）。(2015 年)

A. 混凝土强度达到设计强度的 70%方可运输

B. 混凝土强度达到设计强度的 100%方可运输

C. 堆放层数不宜超过 10 层

D. 不同规格的桩按上小下大的原则堆放

4. 采用锤击法打预制钢筋混凝土桩，方法正确的是（　　）。(2015 年)

A. 桩重大于 2t 时，不宜采用“重锤低击”施工

B. 桩重小于 2t 时，可采用 1.5~2 倍桩重的桩锤

C. 桩重大于 2t 时，可采用桩重 2 倍以上的桩锤

D. 桩重小于 2t 时，可采用“轻锤高击”施工

5. 打桩机正确的打桩顺序为（　　）。(2015 年)

A. 先外后内　　B. 先大后小

C. 先短后长　　D. 先浅后深

6. 静力压桩正确的施工工艺流程是（　　）。(2015 年)

A. 定位—吊桩—对中—压桩—接桩—压桩—送桩—切割桩头

B. 吊桩—定位—对中—压桩—送桩—压桩—接桩—切割桩头

C. 对中—吊桩—插桩—送桩—静压—接桩—压桩—切割桩头

D. 吊桩—定位—压桩—送桩—接桩—压桩—切割桩头

7. 爆扩成孔灌注桩的主要优点在于（　　）。(2015 年)

A. 适于在软土中形成桩基础　　B. 扩大桩底支撑面

C. 增大桩身周边土体的密实度　　D. 有效扩大桩柱直径

8. 地基处理常采用强夯法，其特点在于（　　）。(2017 年)

A. 处理速度快、工期短，适用于城市施工　B. 不适用于软黏土层处理

C. 处理范围应小于建筑物基础范围　　D. 采取相应措施还可用于水下夯实

9. 在砂土地层中施工泥浆护壁成孔灌注桩，桩径 1.8m，桩长 52m，应优先考虑采用（　　）。(2016 年)

A. 正循环钻孔灌注桩　　B. 反循环钻孔灌注桩

C. 钻孔扩底灌注桩　　D. 冲击成孔灌注桩

10. 关于钢筋混凝土预制桩施工，说法正确的是（　　）。(2016 年)

A. 基坑较大时，打桩宜从周边向中间进行

B. 打桩宜采用重锤低击

C. 钢筋混凝土预制桩堆放层数不超过 2 层

D. 桩体混凝土强度达到设计强度的 70%方可运输

11. 钢筋混凝土预制桩锤击沉桩法施工，通常采用（　　）。(2017 年)

A. 轻锤低击的打桩方式　　B. 重锤低击的打桩方式

C. 先四周后中间的打桩顺序　　D. 先打短桩后打长桩

12. 某建筑物设计基础底面以下有 2~3m 厚的湿陷性黄土需采用换填加固，回填材料应优先采用（　　）。(2019 年)

A. 灰土　　B. 粗砂

C. 砂砾石　　D. 粉煤灰

13. 在含水砂层中施工钢筋混凝土预制桩基础，沉桩方法应优先选用（　　）。(2019 年)

A. 锤击沉桩　　B. 静力压桩

C. 射水沉桩　　D. 振动沉桩

14. 钢筋混凝土预制桩在砂夹卵石层和坚硬土层中沉桩，主要沉桩方式是（　　）。(2020 年)

A. 静力压桩　　B. 锤击沉桩

C. 振动沉桩　　D. 射水沉桩

15. 地基加固处理方法中，排水固结法的关键问题是（　　）。(2022 年)

A. 预压荷载　　B. 预压时间

C. 防震隔震措施　　D. 竖向排水体设置

16. 钢筋混凝土预制桩的起吊和运输，要求混凝土强度至少达到设计强度的（　　）。(2022 年)

A. 65%~85%　　B. 70%~100%

C. 75%~95%　　D. 70%~80%

17. 根据桩在土中受力情况，上部结构荷载主要由桩侧的摩擦阻力承担的是（　　）。(2022 年补考)

A. 摩擦桩　　B. 端承摩擦桩

C. 端承桩　　D. 摩擦端承桩

18. 在城市中心的软土地区，钢筋混凝土预制桩适宜的沉桩方式有（　　）。(2022 年补考)

A. 锤击沉桩　　B. 静力压桩

C. 射水沉桩　　D. 振动沉桩

19. 锤击沉桩施工钢筋混凝土预制桩，通常采用的锤击方式是（　　）。(2023 年)

A. 重锤高击　　B. 轻锤高击

C. 重锤低击　　D. 轻锤低击

20. 换填地基种类中，可用作结构辅助防渗层的是（　　）。(2024 年)

A. 灰土地基　　B. 砂地基

C. 砂石地基　　D. 粉煤灰地基

21. 关于高压喷射注浆法，说法正确的是（　　）。(2024 年)
A. 可用于素土和碎石土
B. 不可用于淤泥、淤泥质土
C. 注浆法分旋喷和摆喷（此选项 2025 年教材删除）
D. 二重管从上往下进行喷射作业

（二）多选题

现浇混凝土灌注桩，按成孔方法分为（　　）。(2018 年)
A. 柱锤冲扩桩
B. 泥浆护壁成孔灌注桩
C. 干作业成孔灌注桩
D. 人工挖孔灌注桩
E. 爆扩成孔灌注桩

Ⅲ　主体结构工程施工技术

（一）单选题

1. 预应力混凝土构件先张法施工工艺流程正确的为（　　）。(2015 年)
A. 安骨架、钢筋—张拉—安底、侧模—浇灌—养护—拆模—放张
B. 安底模、骨架、钢筋—张拉—支侧模—浇灌—养护—拆模—放张
C. 安骨架—安钢筋—安底、侧模—浇灌—张拉—养护—放张—拆模
D. 安底、侧模—安钢筋—张拉—浇灌—养护—放张—拆模
2. 墙体为构造柱砌成的马牙槎，其凹凸尺寸和高度可约为（　　）。(2016 年)
A. 60mm 和 345mm
B. 60mm 和 260mm
C. 70mm 和 385mm
D. 90mm 和 385mm
3. 建筑主体结构采用泵送方式输送混凝土，其技术要求应满足（　　）。(2017 年)
A. 粗骨料粒径大于 25mm 时，出料口高度不宜超过 60m
B. 粗骨料最大粒径在 40mm 以内时可采用内径 150mm 的泵管
C. 大体积混凝土浇筑入模温度不宜大于 50℃
D. 粉煤灰掺量可控制在 25%～30%
4. 先张法预应力混凝土构件施工，其工艺流程为（　　）。(2017 年)
A. 支底模—支侧模—张拉钢筋—养护、拆模—放张钢筋
B. 支底模—张拉钢筋—支侧模—浇筑混凝土—养护、拆模
C. 支底模—预应力钢筋安放—张拉钢筋—支侧模—浇混凝土—拆模—放张钢筋
D. 支底模—钢筋安放—支侧模—张拉钢筋—浇筑混凝土—放张钢筋—拆模
5. 在剪力墙体系和筒体体系高层建筑的混凝土结构施工时，高效、安全、一次性投资少的模板形式应为（　　）。(2018 年)
A. 组合模板
B. 滑升模板
C. 爬升模板
D. 台模
6. 装配式混凝土结构施工时，直径大于 20mm 或直接受动力荷载的构件的纵向钢筋不宜采用（　　）。(2018 年)
A. 套筒灌浆链接
B. 浆锚搭接连接

C. 机械连接　　D. 焊接连接

7. 钢结构单层厂房的吊车梁安装选用较多的起重机械是（　　）。(2018 年)

A. 拔杆　　B. 桅杆式起重机

C. 履带式起重机　　D. 塔式起重机

8. 砌筑砂浆试块强度验收合格的标准是，同一验收批砂浆试块强度平均值应不小于设计强度等级值的（　　）。(2019 年)

A. 90%　　B. 100%

C. 110%　　D. 120%

9. 混凝土浇筑应符合的要求为（　　）。(2019 年)

A. 梁、板混凝土应分别浇筑，先浇梁、后浇板

B. 有主、次梁的楼板宜顺着主梁方向浇筑

C. 单向板宜沿板的短边方向浇筑

D. 高度大于 1.0m 的梁可单独浇筑

10. 关于装配式混凝土施工，下列说法正确的是（　　）。(2019 年)

A. 水平运输梁、柱构件时，叠放不宜超过 3 层

B. 水平运输板类构件时，叠放不宜超过 7 层

C. 钢筋套筒连接灌浆施工时，环境温度不得低于 10℃

D. 钢筋套筒连接施工时，连接钢筋偏离孔洞中心线不宜超过 10mm

11. 超高层建筑为提高混凝土浇筑效率，施工现场混凝土的运输应优先考虑（　　）。(2020 年)

A. 自升式塔式起重机运输　　B. 泵送

C. 轨道式塔式起重机运输　　D. 内爬式塔式起重机运输

12. 在浇筑与混凝土柱和墙相连的梁和板混凝土时，正确的施工顺序应为（　　）。(2021 年)

A. 与柱同时进行

B. 与墙同时进行

C. 与柱和墙协调同时进行

D. 在浇筑柱和墙完毕后停歇 1~1.5h 进行

13. 下列预应力混凝土结构中，通常使用先张法施工的构件是（　　）。(2021 年)

A. 桥跨结构　　B. 现场预制的大型构件

C. 特形结构　　D. 大型构筑物构件

14. 关于自行杆式起重机的特点，以下说法正确的（　　）。(2021 年)

A. 履带式起重机的稳定性高　　B. 轮胎起重机不适合在松软地面上工作

C. 汽车起重机可以负荷行驶　　D. 履带式起重机的机身回转幅度小

15. 正常施工条件下，石砌体每日砌筑高度宜为（　　）。(2022 年)

A. 1.2m　　B. 1.5m

C. 1.8m　　D. 2.3m

16. 关于扣件式钢管脚手架的搭设与拆除，下列说法正确的是（　　）。(2022 年)

A. 垫板应准确地放在定位线上，宽度不大于 200mm（此选项 2025 年教材删除）

B. 高度 24m 的双排脚手架必须采用刚性连墙件（此选项 2025 年教材删除）

C. 同层杆件须按先内后外的顺序拆除

D. 连墙件必须随脚手架逐层拆除

17. 适用于竖向较大直径变形钢筋连接方式的是（　　）。(2022 年)

A. 钢筋螺纹套管连接　　B. 钢筋套筒挤压连接

C. 电渣压力焊　　D. 钢筋绑扎连接

18. 在预应力混凝土工程中，后张法预应力的传递主要依靠（　　）。(2022 年)

A. 预应力筋　　B. 预应力筋两端的锚具

C. 孔道灌浆　　D. 锚固夹具

19. 砌体结构施工中，当基底标高不同时，砌体应遵循的施工顺序是（　　）。(2022 年补考)

A. 从高处砌起，并由高处向低处搭砌　　B. 从高处砌起，并由低处向高处搭砌

C. 从低处砌起，并由低处向高处搭砌　　D. 从低处砌起，并由高处向低处搭砌

20. 钢筋网中交叉钢筋的焊接方式宜采用（　　）。(2022 年补考)

A. 电弧焊　　B. 电阻点焊

C. 闪光对焊　　D. 电渣压力焊

21. 框架结构模板的拆模顺序是（　　）。(2022 年补考)

A. 柱、楼板、梁侧模、梁底模　　B. 柱、梁侧模、楼板、梁底模

C. 柱、梁侧模、梁底模、楼板　　D. 柱、梁底模、楼板、梁侧模

22. 对于钢筋较密的柱、梁、墙等构件的混凝土密实成型，宜选用的振动器是（　　）。(2022 年补考)

A. 插入式振动器　　B. 附着式振动器

C. 表面式振动器　　D. 平板式振动器

23. 柱的吊装过程中，斜吊绑扎法的使用条件是（　　）。(2022 年补考)

A. 柱的宽面抗弯能力不足　　B. 柱的宽面抗弯能力满足吊装要求

C. 柱的窄面抗变形能力不足　　D. 柱的窄面抗变形能力满足吊装要求

24. 抗震设防烈度为 7 度地区的砖砌体工程，直槎处加设拉结钢筋的埋入长度应（　　）。(2023 年)

A. 从留槎处算起每边均不应小于 500mm

B. 从间断处算起每边均不应小于 500mm

C. 从留槎处算起每边均不应小于 1000mm

D. 从间断处算起每边均不应小于 1000m

25. 对于设计无具体要求时，跨度为 6m 板底模拆除时混凝土强度为设计强度的（　　）。(2023 年)

A. 50%　　B. 75%

C. 100%　　D. 30%

26. 与综合吊装法相比，分件吊装法的特点是（　　）。(2023 年)

A. 构件的校正困难
B. 有利于各工种交叉平行流水作业，缩短工期
C. 开行线路短，停机点少
D. 可减少起重机变幅和索具的更换次数，提高吊装效率
27. 下列关于砌体工程施工的说法，正确的是（　　）。(2024 年)
A. 清水砖墙砌筑完成，无须勾缝
B. 不同品种的砖不得在同一楼层混砌
C. 砖墙灰缝宽度不应小于 10mm
D. 半盲孔多孔砖的封底面应朝下砌筑
28. 下列关于钢筋焊接连接的说法，正确的是（　　）。(2024 年)
A. 直径 20mm 的钢筋在非固定的钢筋加工厂内焊接时，不得使用闪光对焊
B. 电阻点焊主要用于大直径钢筋的交叉连接
C. 气压焊仅适用于竖向钢筋的连接
D. 直接承受动力荷载的结构构件中，纵向钢筋不宜采用焊接接头
29. 下列关于混凝土预制构件结构吊装的说法，正确的是（　　）。(2024 年)
A. 柱宽面抗弯能力不足时，可采用斜吊法，且无须将预制柱翻身
B. 柱底部四周与基础杯口之间浇筑细石混凝土须一次灌注完成
C. 柱吊装采用一点绑扎时，绑扎位置在牛腿上面
D. 柱的校正包括平面定位轴线、标高和垂直度的校正

（二）多选题

1. 关于先张法预应力混凝土施工，说法正确的有（　　）。(2016 年)
A. 先支设底模再安放骨架，张拉钢筋后再支设侧模
B. 先安装骨架再张拉钢筋然后支设底模和侧模
C. 先支设侧模和骨架，再安装底模后张拉钢筋
D. 混凝土宜采用自然养护和湿热养护
E. 预应力钢筋需待混凝土达到一定的强度值方可放张

2. 单层工业厂房结构吊装的起重机，可根据现场条件、构件重量、起重机性能选择（　　）。(2018 年)
A. 单侧布置　　B. 双侧布置
C. 跨内单行布置　　D. 跨外环形布置
E. 跨内环形布置

3. 关于混凝土灌注桩施工，下列说法正确的有（　　）。(2019 年)
A. 泥浆护壁成孔灌注桩实际成桩顶标高应比设计标高高出 1.0m
B. 地下水位以上地层可采用人工成孔工艺
C. 泥浆护壁正循环钻孔灌注桩适用于桩径 2.0m 以下桩的成孔
D. 干作业成孔灌注桩采用短螺旋钻孔机一般需分段多次成孔
E. 爆扩成孔灌注桩由桩柱、爆扩部分和桩底扩大头三部分组成

4. 关于钢结构高强度螺栓连接，说法正确的有（　　）。(2021 年)

A. 高强度螺栓可兼作安装螺栓

B. 摩擦连接是目前最广泛采用的基本连接方式

C. 同一接头中连接副的初拧、复拧、终拧应在 12h 内完成

D. 高强度螺栓群连接副施拧时，应从中央向四周顺序进行

E. 设计文件无规定的高强度螺栓和焊接并用的连接节点宜先焊接再紧固

5. 单层工业厂房的结构吊装中，与分件吊装法相比，综合吊装法的优点有（　　）。（2022 年）

A. 停机点少

B. 开行路线短

C. 工作效率高

D. 构件供应与现场平面布置简单

E. 起重机变幅和索具更换次数少

6. 大体积混凝土结构施工方案，常用的施工方案有（　　）。（2023 年）

A. 全面分层　　B. 全面分段

C. 斜面分层　　D. 斜面分段

E. 分段分层

7. 下列关于配筋砌体工程施工要求的说法，正确的有（　　）。（2024 年）

A. 填充墙在平面和竖向的布置宜均匀对称

B. 墙长大于 3m 时，墙顶与梁有拉接

C. 墙长超过 5m 或层高的 1.5 倍时，宜设置钢筋混凝土构造柱

D. 墙高超过 4m 时，墙体半高宜设置与柱相连且沿墙全长贯通的钢筋混凝土水平系梁

E. 填充墙与承重主体结构间的空（缝）隙部位施工，应在填充墙砌筑 7d 后进行

Ⅳ　防水工程施工技术

（一）单选题

1. 用于地下砖石结构和防水混凝土结构的加强层，且施工方便、成本较低的表面防水层应为（　　）。（2018 年）

A. 水泥砂浆防水层　　B. 涂膜防水层

C. 卷材防水层　　D. 涂料防水层

2. 与内贴法相比，地下防水施工外贴法的优点是（　　）。（2021 年）

A. 施工速度快

B. 占地面积小

C. 墙与底板结合处不容易受损

D. 外墙和基础沉降时，防水层不容易受损

3. 关于屋面防水施工，以下说法正确的是（　　）。（2022 年补考）

A. 卷材应垂直屋脊铺贴

B. 卷材铺贴从屋脊由上而下铺贴

C. 大坡面防水卷材施工应采用满粘法

D. 热熔法和焊接法施工温度不低于10℃

4. 涂膜防水屋面防水层的施工顺序是（　　）。(2023年)

A. 先低后高，先近后远　　B. 先低后高，先远后近

C. 先高后低，先近后远　　D. 先高后低，先远后近

（二）多选题

1. 防水混凝土施工应满足的工艺要求有（　　）。(2017年)

A. 混凝土中不宜掺入膨胀水泥（此选项2025年教材删除）

B. 入泵坍落度宜控制在120~140mm

C. 浇筑时混凝土自落高度不得大于1.5m

D. 后浇带应按施工方案设置

E. 当气温低于5℃时喷射混凝土不得喷水养护

2. 地下防水工程防水混凝土正确的防水构造措施有（　　）。(2020年)

A. 竖向施工缝应设置在地下水和裂缝水较多的地段

B. 竖向施工缝尽量与变形缝相结合

C. 贯穿防水混凝土的铁件应在铁件上加焊止水铁片

D. 贯穿铁件端部混凝土覆盖层厚度不少于250mm

E. 水平施工缝应避开底板与侧墙交接处

3. 关于涂膜防水屋面施工方法，下列说法正确的有（　　）。(2021年)

A. 高低跨屋面，一般先涂高跨屋面，后涂低跨屋面

B. 相同高度屋面，按照距离上料点“先近后远”的原则进行涂布

C. 同一屋面，先涂布排水较集中的节点部位，再进行大面积涂布

D. 采用双层胎体增强材料时，上下层应互相垂直铺设

E. 涂膜应根据防水涂料的品种分层分遍涂布，且前后两遍涂布方向平行

Ⅴ　节能工程施工技术

（一）单选题

1. 关于屋面保温工程中保温层的施工要求，下列说法正确的为（　　）。(2021年)

A. 倒置式屋面高女儿墙和山墙内侧的保温层应铺到压顶下

B. 种植屋面的绝热层应采用粘结法和机械固定法施工

C. 种植屋面宜设计为倒置式

D. 坡度不大于3%的倒置式上人屋面，保温层板材施工可采用干铺法

2. 聚苯板、硬质聚氨酯泡沫塑料等有机材料作为屋面保温层时，其保温层厚度应为（　　）mm。(2023年)

A. 10~20　　B. 90~120

C. 25~80　　D. 150~260

3. 下列关于屋面保温层施工的说法，正确的是（　　）。(2024年)

A. 当设计有隔汽层时，先施工保温层，再施工隔汽层

B. 块状材料保温层施工时，相邻板块应错缝拼接

C. 现浇泡沫混凝土保温层施工不应分层，一次浇筑完成

D. 负温度下，所有保温层施工均应停止

（二）多选题

1. 屋面保温层施工应满足的要求有（　　）。（2020 年）

A. 先施工隔汽层再施工保温层

B. 隔汽层沿墙面高于保温层

C. 纤维材料保温层不宜采用机械固定法施工

D. 现浇泡沫混凝土保温层现浇的自落高度≤1m

E. 泡沫混凝土一次浇筑厚度≤200mm

2. 外墙内保温系统包括（　　）。（2022 年补考）

A. 保护层　　B. 防护层

C. 保温层　　D. 隔热板

E. 透气层

3. 下列关于种植屋面保温层要求的说法，正确的有（　　）。（2024 年）

A. 屋面保温隔热材料密度不宜大于 100kg/m^3

B. 屋面坡度大于 30%时，不宜做种植屋面

C. 层面绝热材料可采用硬泡聚氨酯板

D. 平面层排水坡度不宜小于 2%

E. 坡屋面绝热层应采用粘结法和机械固定法施工

Ⅵ　装饰装修工程施工技术

（一）单选题

1. 墙面石材铺装应符合的规定是（　　）。（2018 年）

A. 较厚的石材应在背面粘贴玻璃纤维网布

B. 较薄的石材应在背面粘贴玻璃纤维网布

C. 强度较高的石材应在背面粘贴玻璃纤维网布

D. 采用粘贴法施工时基层应压光

2. 石材幕墙的石材与幕墙骨架的连接有多种方式，其中使石材面板受力较好的连接方式是（　　）。（2020 年）

A. 钢销式连接　　B. 短槽式连接

C. 通槽式连接　　D. 背栓式连接

3. 浮雕涂饰工程中，水性涂料面层应选用的施工方法有（　　）。（2021 年）

A. 喷涂法　　B. 刷漆法

C. 滚涂法　　D. 粘贴法

4. 下列关于墙面铺装工程施工，说法正确的是（　　）。（2023 年）

A. 湿作业施工现场环境温度宜在 0℃以上

B. 砂浆宜采用 1∶3 水泥砂浆，厚度 6~10mm

C. 墙面砖铺贴前应进行挑选，并浸水 2h 以上，保持表面水分

D. 每面墙不宜有两列非整砖，且非整砖宽度不宜小于整砖的 1/3

5. 下列关于轻质隔墙纸面石膏板安装的说法，正确的是（　　）。（2024 年）

A. 宜横向铺设

B. 短边接缝应安装在竖龙骨上

C. 轻钢龙骨应用自攻螺钉固定

D. 应从板的四边向中间固定

（二）多选题

暂无。

三、真题解析

Ⅰ　土石方工程施工技术

（一）单选题

1.【答案】C

【解析】湿度小的黏性土挖土深度小于 3m 时，可用间断式水平挡土板支撑；对松散、湿度大的土可用连续式水平挡土板式支撑，挖土深度可达 5m；对松散和湿度很高的土可用垂直挡土板式支撑，其挖土深度不限。

2.【答案】B

【解析】铲运机常用于坡度在 20°以内的大面积场地平整，开挖大型基坑、沟槽，以及填筑路基等土方工程。当场地起伏高差较大、土方运输距离超过 1000m，且工程量大而集中时，可采用挖掘机挖土，配合自卸汽车运土，并在卸土区配备推土机平整土堆。

3.【答案】A

【解析】选项 B，双排井点管适用于宽度大于 6m 或土质不良的情况；选项 C，单排井点管应布置在基坑的地下水上游一侧；选项 D，当土方施工机械需进出基坑时，也可采用 U 形布置。

4.【答案】B

【解析】选项 A 应是较硬的土中；选项 C，沟槽推土法就是沿第一次推过的原槽推土，前次推土所形成的土埂能阻止土的散失，从而增加推运量；选项 D，斜角推土法是将刀斜装在支架上，与推土机横轴在水平方向形成一定角度进行推土。

5.【答案】C

【解析】正铲挖掘机的挖土特点是：前进向上，强制切土。反铲挖掘机的特点是：后退向下，强制切土。拉铲挖掘机的挖土特点是：后退向下，自重切土。抓铲挖掘机的挖土特点是：直上直下，自重切土。

6.【答案】C

【解析】轻型井点根据基坑平面的大小与深度、土质、地下水位高低与流向、降水深度要求进行布置。

7.【答案】B

【解析】填方宜采用同类土填筑，如采用不同透水性的土分层填筑时，下层宜填筑透水性较大、上层宜填筑透水性较小的填料，或将透水性较小的土层表面做成适当坡度，以免形成水囊。含水量大的黏土不宜作填土用。

8.【答案】B

【解析】明排水法是在基坑开挖过程中，在坑底设置集水坑，并沿坑底周围或中央开挖排水沟，使水流入集水坑，然后用水泵抽走。抽出的水应引开，以防倒流。

9.【答案】B

【解析】反铲挖掘机的特点是：后退向下，强制切土。其挖掘力比正铲小，能开挖停机面以下的Ⅰ~Ⅲ级的砂土或黏土，适宜开挖深度 4m 以内的基坑，对地下水位较高处也适用。反铲挖掘机的开挖方式，可分为沟端开挖与沟侧开挖。

10.【答案】C

【解析】振动压实法对于填料为爆破石渣、碎石类土、杂填土和粉土等非黏性土效果较好。

11.【答案】B

【解析】对松散和湿度很高的土可用垂直挡土板式支撑，其挖土深度不限。

12.【答案】C

【解析】在饱和黏土中，特别是淤泥和淤泥质黏土中，由于土的透水性较差，持水性较强，用一般喷射井点和轻型井点降水效果较差，此时宜增加电渗井点来配合轻型或喷射井点降水，以便对透水性较差的土起疏干作用，使水排出。

13.【答案】D

【解析】抓铲挖掘机的挖土特点是：直上直下，自重切土。其挖掘力较小，只能开挖Ⅰ~Ⅱ级土，可以挖掘独立基坑、沉井，特别适于水下挖土。

14.【答案】A

【解析】在饱和黏土中，特别是淤泥和淤泥质黏土中，由于土的透水性较差，持水性较强，用一般喷射井点和轻型井点降水效果较差，此时宜增加电渗井点来配合轻型或喷射井点降水，以便对透水性较差的土起疏干作用，使水排出。

15.【答案】C

【解析】反铲挖掘机的特点是：后退向下，强制切土。其挖掘力比正铲小，能开挖停机面以下的Ⅰ~Ⅲ级的砂土或黏土，适宜开挖深度 4m 以内的基坑，对地下水位较高处也适用。

16.【答案】C

【解析】水泥土搅拌桩（或称深层搅拌桩）支护结构是近年来发展起来的一种重力式支护结构。由于采用重力式结构，开挖深度不宜大于 7m。

17.【答案】C

【解析】铲运机常用于坡度在 20°以内的大面积场地平整，开挖大型基坑、沟槽，以及填筑路基等土方工程。铲运机可在 1~3 类土中直接挖土、运土，适宜运距为 600~1500m，当运距为 200~350m 时效率最高。

18. **【答案】** D

【解析】 湿度小的黏性土挖土深度小于 3m 时，可用间断式水平挡土板支撑；对松散、湿度大的土可用连续式水平挡土板支撑，挖土深度可达 5m。对松散和湿度很高的土可用垂直挡土板支撑，其挖土深度不限。

19. **【答案】** D

【解析】 选项 A，铲运机适宜运距为 600～1500m，当运距为 200～350m 时效率最高；选项 B，并列推土法能减少土的失散；选项 C，铲运机常用于坡度在 20°以内的大面积场地平整。

20. **【答案】** C

【解析】 碎石类土、砂土、爆破石渣及含水量符合压实要求的黏性土可作为填方土料。

21. **【答案】** C

【解析】 本题考查的是土石方工程施工技术。在饱和黏土中，特别是淤泥和淤泥质黏土中，由于土的透水性较差，持水性较强，用一般喷射井点和轻型井点降水效果较差，此时宜增加电渗井点来配合轻型或喷射井点降水，以便对透水性较差的土起疏干作用，使水排出。

22. **【答案】** A

【解析】 本题考查的是土石方工程机械化施工。选项 B，松土不宜用重型碾压机械直接滚压，否则土层有强烈起伏现象，效率不高；选项 C，夯实法是利用夯锤自由下落的冲击力来夯实土壤，主要用于小面积回填土，可以夯实黏性土或非黏性土；选项 D，对于振实填料为爆破石渣、碎石类土、杂填土和粉土等非黏性土效果较好。

23. **【答案】** B

【解析】 湿度小的黏性土挖土深度小于 3m 时，可用间断式水平挡土板支撑；对松散、湿度高的土可用连续式水平挡土板支撑，挖土深度可达 5m。对松散和湿度很高的土可用垂直挡土板式支撑，其挖土深度不限。

24. **【答案】** A

【解析】 抓铲挖掘机的挖土特点是：直上直下，自重切土。

25. **【答案】** A

【解析】 场地平整前必须确定场地设计标高，计算挖方和填方的工程量，确定挖方、填方的平衡调配，选择土方施工机械，拟定施工方案。开挖深度在 5m 以内的称为浅基坑（槽），挖深超过 5m（含 5m）的称为深基坑（槽）。填方应分层进行，并尽量采用同类土填筑。路基挖方称为路堑，填方称为路堤。

26. **【答案】** D

【解析】 板式支护结构由两大系统组成：挡墙系统和支撑（或拉锚）系统。

（二）多选题

1. **【答案】** ACD

【解析】 推土机的经济运距在 100m 以内，以 30～60m 为最佳运距，并列台数不宜超过四台，否则互相影响。铲运机适宜运距为 600～1500m，当运距为 200～350m 时效率最高。拉铲挖掘机的挖土特点是：后退向下，自重切土，适宜开挖大型基坑及水下挖土。

2.【答案】ABDE

【解析】选项 A、E 正确，环形布置适用于大面积基坑。如采用 U 形布置，则井点管不封闭的一段应设在地下水的下游方向。选项 B 正确，双排布置适用于基坑宽度大于 6m 或土质不良的情况。选项 D 正确，单排布置适用于基坑、槽宽度小于 6m，且降水深度不超过 5m 的情况。选项 C 错误，当土方施工机械需进出基坑时，也可采用 U 形布置。

3.【答案】BCDE

【解析】本题考查的是基坑（槽）支护。基坑（槽）支护结构的形式有多种，根据受力状态可分为横撑式支撑、重力式支护结构、板式支护结构等，其中，板桩式支护结构又分为悬臂式和支撑式。横撑式支撑用于支护沟槽。

Ⅱ 地基与基础工程施工技术

（一）单选题

1.【答案】D

【解析】重锤夯实法适用于地下水距地面 0.8m 以上稍湿的黏土、砂土、湿陷性黄土、杂填土和分层填土，但在有效夯实深度内存在软黏土层时不宜采用。

2.【答案】D

【解析】土桩和灰土桩挤密地基是由桩间挤密土和填夯的桩体组成的人工“复合地基”。适用于处理地下水位以上，深度 5~15m 的湿陷性黄土或人工填土地基。土桩主要适用于消除湿陷性黄土地基的湿陷性，灰土桩主要适用于提高人工填土地基的承载力。地下水位以下或含水量超过 25%的土，不宜采用。

3.【答案】B

【解析】钢筋混凝土预制桩应在混凝土强度达到设计强度的 70%方可起吊；达到 100%方可运输和打桩。堆放层数不宜超过 4 层。不同规格的桩应分别堆放。

4.【答案】B

【解析】当锤重大于桩重的 1.5~2 倍时，能取得良好的效果，但桩锤亦不能过重，过重易将桩打坏；当桩重大于 2t 时，可采用比桩轻的桩锤，但亦不能小于桩重的 75%。

5.【答案】B

【解析】打桩应避免自外向内，或从周边向中间进行。当桩基的设计标高不同时，打桩顺序应先深后浅；当桩的规格不同时，打桩顺序宜先大后小，先长后短。

6.【答案】A

【解析】静力压桩由于受设备行程的限制，在一般情况下是分段预制、分段压入、逐段压入、逐段接长，其施工工艺程序为：测量定位—压桩机就位—吊桩、插桩—桩身对中调直—静压沉桩—接桩—再静压沉桩—送桩—终止压桩—切割桩头。

7.【答案】B

【解析】爆扩成孔灌注桩又称爆扩桩，由桩柱和扩大头两部分组成。爆扩桩的一般施工过程是：采用简易的麻花钻（手工或机动）在地基上钻出细而长的小孔，然后在孔内安放适量的炸药，利用爆炸的力量挤土成孔（也可用机钻成孔）；接着在孔底安放炸药，利用爆炸的力量在底部形成扩大头；最后灌注混凝土或钢筋混凝土而成。这种桩成孔方法简便，能节省劳动力，降低成本，做成的桩承载力也较大。爆扩桩的适用范围较广，除软土和新填土外，其他各种土层中均可使用。

8. **【答案】** D

【解析】 强夯法不得用于不允许对工程周围建筑物和设备有一定振动影响的地基加固，所以选项 A 错误；重锤夯实不适用于软黏土层，选项 B 错误；选项 C 属于常识，处理范围应大于建筑物的基础范围。对于高饱和度淤泥、软黏土、泥炭、沼泽土，如采取一定技术措施也可采用，还可用于水下夯实。

9. **【答案】** B

【解析】 反循环钻孔灌注桩适用于黏性土、砂土、细粒碎石土及强风化、中等–微风化岩石，可用于桩径小于 2.0m、孔深一般小于或等于 60m 的场地。

10. **【答案】** B

【解析】 选项 A，打桩应避免自外向内，或从周边向中间进行；选项 C，现场预制桩多用重叠法预制，重叠层数不宜超过 4 层；选项 D，钢筋混凝土预制桩应在混凝土达到设计强度的 70%方可起吊；达到 100%方可运输和打桩。

11. **【答案】** B

【解析】 宜采用“重锤低击”，即锤的重量大而落距小，这样，桩锤不易产生回跃，不致损坏桩头，且桩易打入土中，效率高；反之，若“轻锤高击”，则桩锤易产生回跃，易损坏桩头，桩难以打入土中。

12. **【答案】** A

【解析】 灰土地基适用于加固深 1~4m 厚的软弱土、湿陷性黄土、杂填土等，还可用作结构的辅助防渗层。砂和砂石地基适于处理 3m 以内的软弱、透水性强的黏性土地基，包括淤泥、淤泥质土；不宜用于加固湿陷性黄土地基及渗透系数小的黏性土地基。

13. **【答案】** D

【解析】 振动沉桩主要适用于砂土、砂质黏土、亚黏土层。在含水砂层中的效果更为显著，但在砂砾层中采用此法时，尚需配以水冲法。

14. **【答案】** D

【解析】 射水沉桩法的选择应视土质情况而异，在砂夹卵石层或坚硬土层中，一般以射水为主，锤击或振动为辅。

15. **【答案】** A

【解析】 预压地基又称排水固结法地基，预压荷载是其中的关键问题，因为施加预压荷载后才能引起地基土的排水固结。

16. **【答案】** B

【解析】 钢筋混凝土预制桩应在混凝土达到设计强度的 70%方可起吊；达到 100%方可运输和打桩。如提前吊运，应采取措施并经验算合格后方可进行。

17. **【答案】** A

【解析】 本题考查的是桩基础施工。根据桩在土中受力情况的不同，可以分为端承桩和摩擦桩。端承桩是穿过软弱土层而达到硬土层或岩层的一种桩，上部结构荷载主要依靠桩端反力支撑；摩擦桩是完全设置在软弱土层一定深度的一种桩，上部结构荷载主要由桩侧的摩阻力承担，而桩端反力承担的荷载只占很小的部分。

18.【答案】B

【解析】本题考查的是桩基础施工。静力压桩施工时无冲击力，噪声和振动较小，桩顶不易损坏，且无污染，对周围环境的干扰小，适用于软土地区、城市中心或建筑物密集处的桩基础工程，以及精密工厂的扩建工程。

19.【答案】C

【解析】锤击沉桩施工钢筋混凝土预制桩，宜采用“重锤低击”。

20.【答案】A

【解析】灰土地基是将基础底面下要求范围内的软弱土层挖去，用一定比例的石灰与土在最佳含水量情况下，充分拌和分层回填夯实或压实而成。适用于加固深 1~4m 的软弱土、湿陷性黄土、杂填土等，还可用作结构的辅助防渗层。

21.【答案】A

【解析】高压喷射注浆法适用于处理淤泥、淤泥质土、黏性土（流塑、软塑和可塑）、粉土、砂土、黄土、素填土和碎石土等地基。单管法、二重管法、三重管法的施工程序基本一致，都是先把钻杆插入或打进预定土层中，自下而上进行喷射作业。

（二）多选题

【答案】BCDE

【解析】根据成孔工艺不同，分为泥浆护壁成孔、干作业成孔、人工挖孔、套管成孔和爆扩成孔等。

Ⅲ 主体结构工程施工技术

（一）单选题

1.【答案】B

【解析】先张法工艺流程：预应力钢筋制作—支底模，安放骨架及预应力钢筋—张拉预应力钢筋—支侧模，安放预埋件—浇筑混凝土—养护—拆模—放张预应力钢筋—构件吊起、堆放。

2.【答案】B

【解析】墙体应砌成马牙槎，马牙槎凹凸尺寸不宜小于 60mm，高度不应超过 300mm，马牙槎应先退后进，对称砌筑。

3.【答案】B

【解析】混凝土输送宜采用泵送方式。混凝土粗骨料最大粒径不大于 25mm 时，可采用内径不小于 125mm 的输送泵管；混凝土粗骨料最大粒径不大于 40mm 时，可采用内径不小于 150mm 的输送泵管。A 选项不对，为 6m；C 选项不宜大于 30℃；D 选项为 15%~25%。

4.【答案】C

【解析】先张法的工艺流程参见图 4-2。

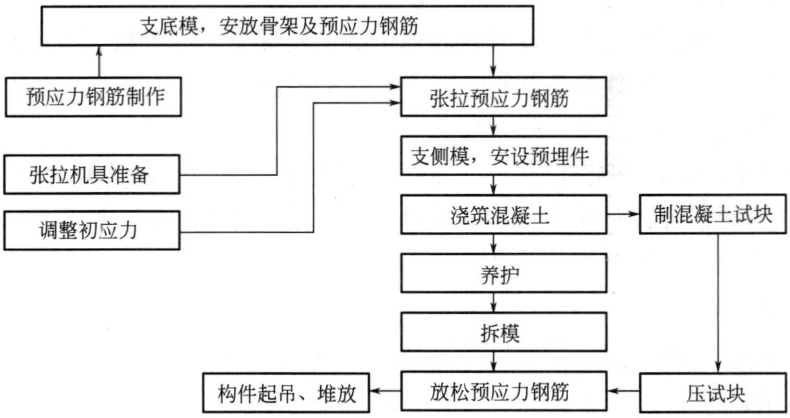

图 4-2 先张法工艺流程

5. 【答案】C

【解析】爬升模板简称爬模，国外也称跳模，是施工剪力墙体系和筒体体系的钢筋混凝土结构高层建筑的一种有效的模板体系。

6. 【答案】B

【解析】直径大于 20mm 的钢筋不宜采用浆锚搭接连接，直接承受动力荷载的构件的纵向钢筋不应采用浆锚搭接连接。

7. 【答案】C

【解析】履带式起重机由行走装置、回转机构、机身及起重杆等组成。在装配式钢筋混凝土单层工业厂房结构吊装中得到广泛使用。其缺点是稳定性较差，未经验算不宜超负荷吊装。

8. 【答案】C

【解析】砌筑砂浆试块强度验收时其强度合格标准应符合下列规定：①同一验收批砂浆试块强度平均值应大于或等于设计强度等级值的 1.10 倍。②同一验收批砂浆试块抗压强度的最小值一组平均值应大于或等于设计强度等级值的 85%。

9. 【答案】D

【解析】梁和板宜同时浇筑混凝土，有主、次梁的楼板宜顺着自然方向浇筑，单向板宜沿着板的长边方向浇筑，拱和高度大于 1.0m 时的梁等结构，可以单独浇筑混凝土。

10. 【答案】A

【解析】水平运输梁、柱构件时，叠放不宜超过 3 层；钢筋套筒连接灌浆施工时，环境温度不得低于 5℃；钢筋套筒连接施工时，连接钢筋偏离孔洞中心线不宜超过 5mm。

11. 【答案】B

【解析】混凝土输送宜采用泵送方式。

12. 【答案】D

【解析】在浇筑与柱和墙连成整体的梁和板时，应在柱和墙浇筑完毕后停歇 1~1.5h，再继续浇筑。

13. 【答案】A

【解析】先张法多用于预制构件厂生产定型的中小型构件，也常用于生产预应力桥跨结构等。

14. 【答案】B

【解析】履带式起重机由行走装置、回转机构、机身及起重杆等组成。采用链式履带的行走装置，对地面压力大为减小，装在底盘上的回转机构使机身可回转 360°。机身内部有动力装置、卷扬机及操纵系统。其缺点是稳定性较差，未经验算不宜超负荷吊装。汽车起重机不能负荷行驶。

15. 【答案】A

【解析】正常施工条件下，砖砌体、小砌块砌体每日砌筑高度宜控制在 1.5m 或一步脚手架高度内；石砌体不宜超过 1.2m。

16. 【答案】D

【解析】选项 A 错误，底座、垫板均应准确地放在定位线上，垫板应采用长度不少于 2 跨、厚度不小于 50mm、宽度不小于 200mm 的木垫板。选项 B 错误，对高度 24m 及以下的单、双排脚手架，宜采用刚性连墙件与建筑物可靠连接，亦可采用钢筋与顶撑配合使用的附墙连接方式。严禁使用只有钢筋的柔性连墙件。对高度 24m 以上的双排脚手架，必须采用刚性连墙件与建筑物可靠连接。选项 C 错误，同层杆件和构配件必须按先外后内的顺序拆除。选项 D 正确，连墙件必须随脚手架逐层拆除，严禁先将连墙件整层拆除后再拆脚手架。

17. 【答案】B

【解析】钢筋套筒挤压连接适用于竖向、横向及其他方向的较大直径变形钢筋的连接。

18. 【答案】B

【解析】后张法预应力的传递主要依靠预应力筋两端的锚具。

19. 【答案】D

【解析】本题考查的是砌体结构工程施工。基底标高不同时，应从低处砌起，并应由高处向低处搭砌。

20. 【答案】B

【解析】本题考查的是混凝土结构工程施工。电阻点焊主要用于小直径钢筋的交叉连接，如用来焊接钢筋骨架、钢筋网中交叉钢筋。

21. 【答案】A

【解析】本题考查的是模板工程。框架结构模板的拆除顺序一般是柱、楼板、梁侧模、梁底模。

22. 【答案】B

【解析】本题考查的是混凝土结构工程施工。外部振动器又称附着式振动器，是直接固定在模板上，利用带偏心块的振动器产生的振动通过模板传递给混凝土拌合物，达到振实的目的。适用于振捣断面较小或钢筋较密的柱、梁、墙等构件。

23. 【答案】B

【解析】本题考查的是结构吊装工程施工。斜吊绑扎法用于柱的宽面抗弯能力满足吊装要求，此法无须将预制柱翻身，但因起吊后柱身与杯底不垂直，对线就位较难。

24. 【答案】C

【解析】工程施工抗震设防及抗震设防烈度为 6 度、7 度地区的临时间断处，当不能留斜槎时，除转角处外，可留直槎，但直槎必须做成凸槎，且应加设拉结钢筋。埋入长度从留槎处算起每边均不应小于 500mm，对抗震设防烈度 6 度、7 度的地区，不应小于 1000mm。

25. 【答案】B

【解析】参见表 4-3。

表 4-3 底模拆除时的混凝土强度要求

构件类型	构件跨度（m）	达到设计要求的混凝土立方体抗压强度标准值的百分率（%）
板	≤2	≥50
	>2，≤8	≥75
	>8	≥100
梁、拱、壳	≤8	≥75
	>8	≥100
悬臂构件	—	≥100

26. 【答案】D

【解析】分件吊装法的优点是：由于每次均吊装同类型构件，可减少起重机变幅和索具的更换次数，从而提高吊装效率，能充分发挥起重机的工作能力，构件供应与现场平面布置比较简单，也给构件校正、接头焊接、灌筑混凝土和养护提供充分的时间。缺点是：不能为后继工序及早提供工作面，起重机的开行路线较长。分件吊装法是目前单层工业厂房结构吊装中采用较多的一种方法。

27. 【答案】B

【解析】砌体工程施工通常包括抄平、放线、摆砖样、立皮数杆、挂准线、铺灰、砌砖等工序。如果是清水墙，则还要进行勾缝。不同品种的砖不得在同一楼层混砌。砖墙灰缝宽度宜为 10mm，且不应小于 8mm，也不应大于 12mm。多孔砖的孔洞应垂直于受压面砌筑。半盲孔多孔砖的封底面应朝上砌筑。

28. 【答案】D

【解析】在非固定的专业预制厂（场）或钢筋加工厂（场）内，对直径大于或等于 22mm 的钢筋进行连接作业时，不得使用钢筋闪光对焊工艺。电阻点焊主要用于小直径钢筋的交叉连接。气压焊不仅适用于竖向钢筋的连接，也适用于各种方位布置的钢筋连接。直接承受动力荷载的结构构件中，纵向钢筋不宜采用焊接接头。

29. 【答案】D

【解析】直吊绑扎法用于柱宽面抗弯能力不足，必须将预制柱翻身后窄面向上，刚度增大，再绑扎起吊。柱底部四周与基础杯口的空隙之间，浇筑细石混凝土，捣固密实，使柱的底脚完全嵌固在基础内作为最后固定。灌筑工作分两次进行。一点绑扎时，绑扎位置在牛腿下面。柱的校正包括平面定位轴线、标高和垂直度的校正。

（二）多选题

1.【答案】ADE

【解析】先张法工艺流程：预应力钢筋制作→支底模，安放骨架及预应力钢筋→张拉预应力钢筋→支侧模，安放预埋件→浇筑混凝土→养护→拆模→放松预应力钢筋→构件吊起、堆放。混凝土可采用自然养护或湿热养护。预应力筋张拉时，混凝土强度应符合设计要求；当设计无具体要求时，不应低于设计的混凝土立方体抗压强度标准值的75%。先张法预应力筋放张时不应低于30MPa。

2.【答案】ABCE

【解析】起重机的布置方案主要根据房屋平面形状、构件重量、起重机性能及施工现场环境条件等确定。一般有四种布置方案：单侧布置、双侧布置、跨内单行布置和跨内环形布置。没有跨外环形布置方式。

3.【答案】ABD

【解析】灌注桩的桩顶标高至少要比设计标高高出1.0m；干作业成孔灌注桩系指在地下水位以上地层可采用机械或人工成孔并灌注混凝土的成桩工艺；正循环钻孔灌注桩可用于桩径小于1.5m，孔深一般小于或等于50m场地。干作业成孔灌注桩短螺旋钻孔机为分段多次成孔；爆扩成孔灌注桩又称爆扩桩，是由桩柱和扩大头两部分组成。

4.【答案】BD

【解析】高强度螺栓不得兼作安装螺栓。高强度螺栓按连接形式通常分为摩擦连接、张拉连接和承压连接等。其中，摩擦连接是目前广泛采用的基本连接形式。同一接头中，高强度螺栓连接副的初拧、复拧、终拧应在24h内完成。高强度螺栓连接副初拧、复拧和终拧原则上应以接头刚度较大的部位向约束较小的方向、由螺栓群中央向四周的顺序进行。高强度螺栓和焊接并用的连接节点，当设计文件无规定时，宜按先螺栓紧固后焊接的施工顺序进行。

5.【答案】AB

【解析】综合吊装法的优点是：开行路线短，停机点少；吊完一个节间，其后续工种就可进入节间内工作，使各个工种进行交叉平行流水作业，有利于缩短工期。

6.【答案】ACE

【解析】大体积混凝土结构的浇筑方案，一般分为全面分层、分段分层和斜面分层三种。全面分层法要求的混凝土浇筑强度较大，斜面分层法混凝土浇筑强度较小，施工中可根据结构物的具体尺寸、捣实方法和混凝土供应能力，认真选择浇筑方案。目前应用较多的是斜面分层。

7.【答案】AD

【解析】填充墙在平面和竖向的布置，宜均匀对称，宜避免形成薄弱层或短柱。墙长大于5m时，墙顶与梁宜有拉接。墙长超过8m或层高的2倍时，宜设置钢筋混凝土构造柱。墙高超过 4m 时，墙体半高宜设置与柱连接且沿墙全长贯通的钢筋混凝土水平系梁。填充墙与承重主体结构间的空（缝）隙部位施工，应在填充墙砌筑 14d 后进行。

Ⅳ 防水工程施工技术

（一）单选题

1. **【答案】** A

【解析】 水泥砂浆防水层取材容易，施工方便，防水效果较好，成本较低，适用于地下砖石结构的防水层或防水混凝土结构的加强层。

2. **【答案】** D

【解析】 外贴法的优点是构筑物与保护墙有不均匀沉降时，对防水层影响较小；防水层做好后即可进行漏水试验，修补方便。其缺点是工期较长，占地面积较大；底板与墙身接头处卷材易受损。

3. **【答案】** C

【解析】 本题考查的是屋面防水工程施工。选项 A，卷材宜平行屋脊铺贴，上下层卷材不得相互垂直铺贴；选项 B，卷材铺贴从屋脊由下而上铺贴；选项 C，冷粘法和热粘法不宜低于 5℃；自粘法不宜低于 10℃。

4. **【答案】** D

【解析】 涂膜防水层的施工应按“先高后低、先远后近”的原则进行。遇高低跨屋面时，一般先涂高跨屋面，后涂低跨屋面；对相同高度屋面，要合理安排施工段，先涂布距离上料点远的部位，后涂布近处；对同一屋面上，先涂布排水较集中的水落口、天沟、檐沟、檐口等节点部位，再进行大面积涂布。

（二）多选题

1. **【答案】** BCE

【解析】 膨胀水泥防水混凝土是利用膨胀水泥在水化硬化过程中形成大量体积增大的结晶，改善混凝土的孔结构，提高混凝土的抗渗性能，所以选项 A 不对。防水混凝土结构的变形缝、施工缝、后浇带、穿墙管、埋设件等设置和构造必须符合设计要求，所以选项 D 不对。

2. **【答案】** BCDE

【解析】 选项 A 错误、选项 B 正确，垂直施工缝应避开地下水和裂隙水较多的地段，并宜与变形缝相结合。选项 C 正确，地下建筑施工中墙体模板的穿墙螺栓，穿过底板的基坑围护结构等，均是贯穿防水混凝土的铁件。为保证地下建筑的防水要求，可在铁件上加焊一道或数道止水铁片，延长渗水路径、减小渗水压力，达到防水目的。选项 D 正确，埋设件端部或预留孔、槽底部的混凝土厚度不得少于 250mm；当混凝土厚度小于 250mm 时，应局部加厚或采取其他防水措施。选项 E 正确，墙体水平施工缝不应留在剪力与弯矩最大处或底板与侧墙的交接处，应留在高出底板表面不小于 300mm 的墙体上。

3. **【答案】** AC

【解析】 选项 B 错误，对相同高度屋面，要合理安排施工段，先涂布距离上料点远的部位，后涂布近处。选项 D 错误，采用双层胎体增强材料时，上下层不得相互垂直铺设，搭接缝应错开，其间距不应小于幅宽的1/3。选项E错误，涂膜应根据防水涂料的品种分层分遍涂布，待先涂的涂层干燥成膜后，方可涂后一遍涂料，且前后两遍涂料的涂布方向应相互垂直。

Ⅴ 节能工程施工技术

（一）单选题

1. **【答案】** B

【解析】 选项A，高女儿墙和山墙内侧的保温层应铺到顶部。选项B，种植屋面的绝热层应采用粘结法和机械固定法施工。选项C，种植屋面不宜设计为倒置式屋面。选项D，保温层板材施工，坡度不大于3%的不上人屋面可采用干铺法，上人屋面宜采用粘结法；坡度大于3%的屋面应采用粘结法，并应采用固定防滑措施。

2. **【答案】** C

【解析】 屋面保温材料有聚苯板、硬质聚氨酯泡沫塑料等有机材料，保温层厚度为25~80mm；水泥膨胀珍珠岩板、水泥膨胀蛭石板、加气混凝土等无机材料，保温层厚度为80~260mm。

3. **【答案】** B

【解析】 当设计有隔汽层时，先施工隔汽层，然后再施工保温层。隔汽层四周应向上沿墙面连续铺设，并高出保温层表面不得小于150mm。块状材料保温层施工时，相邻板块应错缝拼接。现浇泡沫混凝土保温层施工时，浇筑出口离基层的高度不宜超过1m，泵送时应采取低压泵送；泡沫混凝土应分层浇筑，一次浇筑厚度不宜超过200mm，保湿养护时间不得少于7d。干铺的保温材料可在负温度下施工。

（二）多选题

1. **【答案】** ABDE

【解析】 选项A正确，当设计有隔汽层时，先施工隔汽层，然后再施工保温层。选项B正确，隔汽层四周应向上沿墙面连续铺设，并高出保温层表面不得小于150mm。选项C错误，纤维材料保温层施工时，应避免重压，并应采取防潮措施；屋面坡度较大时，宜采用机械固定法施工。选项D正确，现浇泡沫混凝土保温层施工时，浇筑出口离基层的高度不宜超过1m，泵送时应采取低压泵送。选项E正确，泡沫混凝土应分层浇筑，一次浇筑厚度不宜超过200mm，保湿养护时间不得少于7d。

2. **【答案】** BC

【解析】 本题考查的是墙体节能工程。外墙内保温系统主要由保温层和防护层组成，是用于外墙内表面起保温作用的系统。

3. **【答案】** ACDE

【解析】 种植屋面保温隔热材料的密度不宜大于100kg/m^3，压缩强度不得低于100kPa。种植屋面不宜设计为倒置式屋面。屋面坡度大于50%时，不宜做种植屋面。种植屋面绝热材料可采用喷涂硬泡聚氨酯板、硬泡聚氨酯板。种植平屋面排水坡度不宜小于2%。种植坡屋面的绝热层应采用粘结法和机械固定法施工。

Ⅵ 装饰装修工程施工技术

（一）单选题

1. **【答案】** B

【解析】 墙面石材铺装应符合下列规定：

（1）墙面砖铺贴前应进行挑选，并应按设计要求进行预拼。

（2）强度较低或较薄的石材应在背面粘贴玻璃纤维网布。

（3）当采用湿作业法施工时，固定石材的钢筋网应与预埋件连接牢固。

（4）当采用粘贴法施工时，基层处理应平整但不应压光。

2. **【答案】** D

【解析】 背栓式连接与钢销式及槽式连接不同，它将连接石材面板的部位放在面板背部，改善了面板的受力。通常先在石材背面钻孔，插入不锈钢背栓，并扩张使之与石板紧密连接，然后通过连接件与幕墙骨架连接。

3. **【答案】** A

【解析】 浮雕涂饰的中层涂料应颗粒均匀，用专用塑料辊蘸煤油或水均匀滚压，厚薄一致，待完全干燥固化后，才可进行面层涂饰，面层为水性涂料时应采用喷涂，溶剂型涂料应采用刷涂。

4. **【答案】** D

【解析】 选项 A，湿作业施工现场环境温度宜在 5℃以上；选项 B，砂浆宜采用 1∶2 水泥砂浆，厚度 6~10mm；选项 C，墙面砖铺贴前应进行挑选，并浸水 2h 以上，晾干表面水分。

5. **【答案】** C

【解析】 石膏板宜竖向铺设，长边接缝应安装在竖龙骨上。轻钢龙骨应用自攻螺钉固定。安装石膏板时应从板的中部向板的四边固定。

（二）多选题

暂无。

第二节 道路、桥梁与涵洞工程施工技术

一、名师考点

参见表 4-4。

表 4-4 本节考点

教材点		知识点
一	道路工程施工技术	路基施工、路面施工、筑路机械
二	桥梁工程施工技术	桥梁下部结构施工、桥梁上部结构施工
三	涵洞工程施工技术	钢筋混凝土盖板涵施工，钢筋混凝土圆涵施工，混凝土拱涵和石砌拱涵施工，箱涵、涵洞附属工程

二、真题回顾

Ⅰ　道路工程施工技术

（一）单选题

1. 路基填土施工时应特别注意（　　）。(2015 年)

A. 优先采用竖向填筑法

B. 尽量采用水平分层填筑

C. 纵坡大于 12%时不宜采用混合填筑

D. 不同性质的土不能任意混填

2. 路基开挖宜采用通道纵挖法的是（　　）。(2015 年)

A. 长度较小的路堑　　B. 深度较浅的路堑

C. 两端地面纵坡较小的路堑　　D. 不宜采用机械开挖的路堑

3. 关于软土路基施工中稳定剂处置法施工，说法正确的是（　　）。(2016 年)

A. 该方法主要用于排出土体中的富余水分

B. 该方法主要用于改善地基的压缩性和强度特征

C. 压实后均不需要养护

D. 稳定剂一般不用水泥作掺合料

4. 石方爆破施工作业的正确顺序是（　　）。(2016 年)

A. 钻孔—装药—敷设起爆网络—起爆

B. 钻孔—确定炮位—敷设起爆网络—装药—起爆

C. 确定炮位—敷设起爆网络—钻孔—装药—起爆

D. 设置警戒线—敷设起爆网络—确定炮位—装药—起爆

5. 一般路基土方施工，可优先选作填料的是（　　）。(2017 年)

A. 砂质粉土　　B. 粉性土

C. 黏性土　　D. 粗砂

6. 石方爆破清方时应考虑的因素是（　　）。(2017 年)

A. 根据爆破块度和岩堆大小选择运输机械

B. 根据工地运输条件决定车辆数量

C. 根据不同的装药形式选择挖掘机械

D. 运距在 300m 以内优先选用推土机

7. 关于桥梁上部结构顶推法施工特点，下列说法正确的是（　　）。(2019 年)

A. 减少高空作业，无须大型起重设备

B. 施工材料用量少，施工难度小

C. 适宜于大跨桥梁施工

D. 施工周期短，但施工费用高

8. 路基基底原状土开挖换填的主要目的在于（　　）。(2020 年)

A. 便于导水　　B. 便于蓄水

C. 提高稳定性　　D. 提高作业效率

9. 用水泥和熟石灰稳定剂处置法处理软土地基，施工时关键应做好（　　）。(2020 年)

A. 稳定土的及时压实工作　　B. 土体自由水的抽排工作

C. 垂直排水固结工作　　D. 土体真空预压工作

10. 在路线纵向长度和挖深均较大的土质路堑开挖时，应采用的开挖方法为（　　）。(2021 年)

A. 单层横向全宽挖掘法　　B. 多层横向全宽挖掘法

C. 分层纵挖法　　D. 混合式挖掘法

11. 下列地质路堑开挖方法中，适用于浅且短的路堑开挖方法是（　　）。(2022 年)

A. 单层横向全宽挖掘法　　B. 多层横向全宽挖掘法

C. 通道纵挖法　　D. 分层纵挖法

12. 路基施工中，地表下 0.5~3.0m 的软土处治宜采用的方法是（　　）。(2022 年补考)

A. 稳定剂处置法　　B. 重压法

C. 表层处理法　　D. 换填法

13. 用表层处理法进行软土路基施工时，软土层顶面铺砂垫层的主要作用是（　　）。(2023 年)

A. 浅层水平排水　　B. 提高路堤填土压实效果

C. 减少路基填土量　　D. 取代土工聚合物处置

14. 一般情况下，下列材料中可优先用作路堤填料的是（　　）。(2024 年)

A. 卵石　　B. 重黏土

C. 黏性土　　D. 粉性土

15. 下列关于热拌沥青混合料路面施工中压实成型的说法，正确的是（　　）。(2024 年)

A. 压实层厚度不宜小于 100mm

B. 初压应从中心向外侧碾压

C. 以粗集料为主的混合料，宜优先采用振动压路机复压

D. 为了防止沥青混合料粘轮，可对压路机钢轮涂刷柴油（此选项 2025 年教材删除）

（二）多选题

1. 关于路基石方施工，说法正确的有（　　）。(2016 年)

A. 爆破作业时，炮眼的方向和深度将直接影响爆破效果

B. 选择清方机械应考虑爆破前后机械撤离和再次进入的方便性（此选项 2025 年教材删除）

C. 为了确保炮眼堵塞效果，通常用铁棒将堵塞物塞实

D. 运距较远时通常选择挖掘机配自卸汽车进行清方（此选项 2025 年教材删除）

E. 装药方式的选择与爆破方法和施工要求有关

2. 路基石方爆破工程，同等爆破方量条件下，清方量较小的爆破方式为（　　）。

（2017 年）

A. 光面爆破　　B. 微差爆破

C. 预裂爆破　　D. 定向爆破

E. 洞室爆破

3. 软土路基处治的换填法主要有（　　）。（2018 年）

A. 开挖换填法　　B. 垂直排水固结法

C. 抛石挤淤法　　D. 稳定剂处置法

E. 爆破排淤法

4. 填石路基施工的填筑方法主要有（　　）。（2018 年）

A. 竖向填筑法　　B. 分层压实法

C. 振冲置换法　　D. 冲击压实法

E. 强力夯实法

5. 关于路基石方爆破施工，下列说法正确的有（　　）。（2019 年）

A. 光面爆破主要是通过加大装药量来实现

B. 预裂爆破主要是为了增大一次性爆破石方量

C. 微差爆破相邻两药包起爆时差可以为 50ms

D. 定向爆破可有效提高石方的堆积效果

E. 洞室爆破可减少清方工程量

6. 关于路石方施工中的爆破作业，下列说法正确的有（　　）。（2021 年）

A. 浅孔爆破适宜用潜孔钻机凿孔

B. 采用集中药包可以使岩石均匀地破碎

C. 坑道药包用于大型爆破

D. 导爆线起爆爆速快、成本较低

E. 塑料导爆管起爆使用安全、成本较低

7. 下列关于路面施工机械特征描述，说法正确的有（　　）。（2021 年）

A. 履带式沥青混凝土摊铺机，对路基的不平度敏感性高

B. 履带式沥青混凝土摊铺机，易出现打滑现象

C. 轮胎式沥青混凝土摊铺机的机动性好

D. 水泥混凝土摊铺机因其移动形式不同分为自行式和拖式

E. 水泥混凝土摊铺机主要由发动机、布料机、平整机等组成

8. 根据加固性质，下列施工方法中，适用于软土路基的有（　　）。（2022 年）

A. 分层压实法　　B. 表层处理法

C. 竖向填筑法　　D. 换填法

E. 重压法

9. 土质道路路堑开挖的类型有（　　）。（2022 年补考）

A. 横向开挖　　B. 纵向开挖

C. 水平开挖　　D. 竖向开挖

E. 混合开挖

Ⅱ 桥梁工程施工技术

(一) 单选题

1. 钢斜拉桥施工通常采用（　　）。(2015 年)

A. 顶推法　　B. 转体法

C. 悬臂浇筑法　　D. 悬臂拼装法

2. 顶推法施工桥梁承载结构适用于（　　）。(2016 年)

A. 等截面梁　　B. 变截面梁

C. 大跨径桥梁　　D. 总长 1000m 以上桥梁

3. 桥梁上部结构施工中，对通航和桥下交通有影响的是（　　）。(2021 年)

A. 支架浇筑　　B. 悬臂施工法

C. 转体施工法　　D. 移动模架

4. 关于桥梁墩台施工，下列说法正确的是（　　）。(2022 年)

A. 墩台混凝土宜垂直分层浇筑

B. 实体墩台为大体积混凝土的，水泥应选用硅酸盐水泥

C. 墩台混凝土分块浇筑时，接缝应与墩台截面尺寸较大的一边平行

D. 墩台混凝土分块浇筑时，邻层接缝宜做成企口形

5. 对正常通车线路的桥梁换梁，适用的施工方法为（　　）。(2022 年补考)

A. 支架现浇法　　B. 悬臂浇筑法

C. 顶推法施工　　D. 横移法施工

6. 在跨越通车线路上进行大跨及特大路桥上部结构施工，宜采用的施工方法是（　　）。(2023 年)

A. 支架现浇法　　B. 悬臂施工法

C. 转体施工法　　D. 顶推施工法

(二) 多选题

1. 大跨径连续梁上部结构悬臂预制法施工的特点有（　　）。(2020 年)

A. 施工速度较快　　B. 桥梁上、下部结构可平行作业

C. 一般不影响桥下交通　　D. 施工较复杂

E. 结构整体性较差

2. 下列桥梁上部结构的施工方法中，施工期间不影响通航或桥下交通的有（　　）。(2022 年)

A. 悬臂施工法　　B. 支架现浇法

C. 预制安装法　　D. 转体施工法

E. 提升浮运施工法

3. 下列关于混凝土桥梁墩台施工工艺要求的说法，正确的有（　　）。(2023 年)

A. 墩台截面面积小于 $100m^2$ 时，应连续灌注混凝土

B. 当墩台高度高于 30m 时，常采用固定模板施工

C. 墩台混凝土分块浇筑时，邻层分块接缝宜错开

D. 墩台混凝土宜水平分层浇筑，每层高度宜为 12~18m

E. 实体墩台为大体积混凝土时，应优先选用矿渣水泥或火山灰水泥

4. 下列桥梁承载结构的施工方法中，不影响通航或桥下交通的有（　　）。(2024 年)

A. 支架现浇法　　B. 悬臂施工法

C. 转体施工法　　D. 预制施工法

E. 移动模架逐孔施工法

Ⅲ 涵洞工程施工技术

（一）单选题

1. 大型涵管排水管宜选用的排管法是（　　）。(2022 年)

A. 外壁边线排管　　B. 基槽边线排管

C. 中心线法排管　　D. 基础标高排管

2. 斜交斜做箱涵伸缩缝位置，下列说法正确的是（　　）。(2023 年)

A. 与路基中心线平行　　B. 与路基中心线垂直

C. 与涵洞中心线平行　　D. 与涵洞中心线垂直

3. 下列关于混凝土拱涵和石砌拱涵施工的说法，正确的是（　　）。(2024 年)

A. 拱架放样时，无须预留施工拱度

B. 预制拱圈达到设计强度的 100%时方可搬运和安装

C. 当拱圈为混凝土块砌体时，砂浆灰缝宽度宜为 20mm

D. 就地浇筑的混凝土拱圈施工，宜按拱圈辐射方向分层浇筑

（二）多选题

暂无。

三、真题解析

Ⅰ 道路工程施工技术

（一）单选题

1. **【答案】** D

【解析】 在施工中，沿线的土质经常变化，为避免将不同性质的土任意混填而造成路基病害，应采用正确的填筑方法。

2. **【答案】** C

【解析】 道路纵挖法是先沿路堑纵向挖一通道，继而将通道向两侧拓宽以扩大工作面，并利用该通道作为运土路线及场内排水的出路，该法适合于路堑较长、较深、两端地面纵坡较小的路堑并挖。

3. **【答案】** B

【解析】 D 选项，稳定剂处置法是利用生石灰、熟石灰、水泥等稳定材料，掺入软弱的表层黏土中。B 选项，以改善地基的压缩性和强度特征，保证机械作业条件。A 选项，提高路堤填土稳定及压实效果。C 选项，压实后若能获得足够的强度，可不必进行专门养

护，但由于土质与施工条件不同，处置土强度增长不均衡，则应作约一周时间的养护。

4. 【答案】A

【解析】爆破作业的施工程序为：对爆破人员进行技术学习和安全教育—对爆破器材进行检查—试验—清除表土—选择炮位—凿孔—装药—堵塞—敷设起爆网路—设置警戒线—起爆—清方等。

5. 【答案】D

【解析】一般情况下，碎石、卵石、砾石、粗砂等具有良好透水性，且强度高、稳定性好，因此，可优先采用。砂质粉土、黏质粉土等经压实后也具有足够的强度，故也可采用。粉性土水稳定性差，不宜作路堤填料。重黏土、黏性土、捣碎后的植物土等由于透水性差，作路堤填料时应慎重采用。

6. 【答案】A

【解析】当石方爆破后，必须按爆破次数分次清理。在选择清方机械时应考虑以下技术经济条件：工期所要求的生产能力；工程单价；爆破岩石的块度和岩堆的大小；机械设备进入工地的运输条件；爆破时机械撤离和重新进入工作面是否方便等。

7. 【答案】A

【解析】顶推法施工的特点：①顶推法可以使用简单的设备建造长大桥梁，施工费用低，施工平稳无噪声，可在水深、山谷和高桥墩上采用，也可在曲率相同的弯桥和坡桥上使用。②主梁分段预制，连续作业，结构整体性好。③由于不需要大型起重设备，所以施工节段的长度一般可取用 10~20m。④顶推施工时，用钢量较高。⑤顶推法宜在等截面梁上使用。

8. 【答案】C

【解析】为保证路堤的强度和稳定性，在填筑路堤时，要处理好基底，选择良好的填料，保证必需的压实度及正确选择填筑方案。基底应在填筑前进行压实，基底原状土的强度不符合要求时，应进行换填，换填深度应不小于 300mm，并予以分层压实到规定要求。

9. 【答案】A

【解析】施工时应注意以下几点：①工地存放的水泥、石灰不可太多，以 1d 使用量为宜，最长不宜超过 3d 的使用量，应做好防水、防潮措施。②压实要达到规定压实度，用水泥和熟石灰稳定处理土应在最后一次拌合后立即压实；而用生石灰稳定土的压实，必须有拌合时的初碾压和生石灰消解结束后的再次碾压。③压实后若能获得足够的强度，可不必进行专门养护，但由于土质与施工条件不同，处置土强度增长不均衡，则应做约一周时间的养护。

10. 【答案】D

【解析】混合式挖掘法，即多层横向全宽挖掘法和通道纵挖法混合使用。先沿路线纵向挖通道，然后沿横向坡面挖掘，以增加开挖面。混合式挖掘法适用于路线纵向长度和挖深都很大的路堑开挖。

11. 【答案】A

【解析】选项 A，单层横向全宽挖掘法，适用于挖掘浅且短的路堑。选项 B，多层横向全宽挖掘法，适用于挖掘深且短的路堑。选项 C，通道纵挖法，适合于路堑较长、较深、两端地面纵坡较小的路堑开挖。选项 D，分层纵挖法，适用于较长的路堑开挖。

12. **【答案】** D

【解析】 本题考查的是道路工程施工技术。换填法一般适用于地表下 0.5~3.0m 的软土处治。

13. **【答案】** A

【解析】 在软土层顶面铺砂垫层，主要起浅层水平排水作用，使软土在路堤自重的压力作用下，加速沉降发展，缩短固结时间。但对基底应力分布和沉降量的大小无显著影响。

14. **【答案】** A

【解析】 一般情况下，碎石、卵石、砾石、粗砂等具有良好透水性，且强度高、稳定性好，因此，可优先采用。亚砂土、亚黏土等经压实后也具有足够的强度，故也可采用。粉性土水稳定性差，不宜作路堤填料。重黏土、黏性土、捣碎后的植物土等由于透水性差，作路堤填料时应慎重采用。

15. **【答案】** C

【解析】 碾压时应将压路机的驱动轮面向摊铺机，从外侧向中心碾压，在超高路段和坡道上则由低处向高处碾压。压实层最大厚度不宜大于 100mm，各层压实度及平整度应符合要求。以粗集料为主的混合料，宜优先采用振动压路机复压。为防止沥青混合料粘轮，对压路机钢轮可涂刷隔离剂或防胶粘剂，严禁刷柴油。

（二）多选题

1. **【答案】** AE

【解析】 中小型爆破的药孔，一般可用干砂、滑石粉、黏土和碎石等堵塞，并用木棒等将堵塞物捣实，切忌用铁棒。

2. **【答案】** DE

【解析】 定向爆破：利用爆能将大量土石方按照拟定的方向，搬移到一定的位置并堆积成路堤的一种爆破施工方法。洞室爆破：为使爆破设计断面内的岩体大量抛掷出路基，减少爆破后的清方工作量，保证路基的稳定性，可根据地形和路基断面形式，采用抛掷爆破、定向爆破、松动爆破方法。

3. **【答案】** ACE

【解析】 换填法有开挖换填、抛石挤淤法、爆破排淤法。

4. **【答案】** ABDE

【解析】 填石路基施工方法有：竖向填筑法、分层压实法、冲击压实法、强力夯实法。

5. **【答案】** CDE

【解析】 光面爆破是在开挖限界的周边，适当排列一定间隔的炮孔，在有侧向临空面的情况下，用控制抵抗线和药量的方法进行爆破，使之形成一个光滑平整的边坡。预裂爆破主要是作为隔震减震带，起保护开挖限界以外山体或建筑物和减弱地震对其破坏的作用。微差爆破：两相邻药包或前后排药包以若干毫秒的时间间隔（一般为 15~75ms）

依次起爆，亦称毫秒爆破。为使爆破设计断面内的岩体大量抛掷（抛坍）出路基，减少爆破后的清方工作量，保证路基的稳定性，可根据地形和路基断面形式，采用抛掷爆破、定向爆破、松动爆破方法。

6.【答案】CE

【解析】浅孔爆破通常用手提式凿岩机凿孔，深孔爆破常用冲击式钻机或潜孔钻机凿孔。集中药包，炸药完全装在炮孔的底部，爆炸后对于工作面较高的岩石崩落效果较好，但不能保证岩石均匀破碎。坑道药包，药包安装在竖井或平洞底部的特制的储药室内，装药量大，属于大型爆破的装药方式。导爆线起爆爆速快，主要用于深孔爆破和药室爆破。塑料导爆管起爆具有抗杂电、操作简单、使用安全可靠、成本较低等优点。

7.【答案】CE

【解析】选项 A，履带式摊铺机的最大优点是对路基的不平度敏感性差；选项 B，很少出现打滑现象；选项 D，水泥混凝土摊铺机因其移动形式不同分为轨道式摊铺机和滑模式摊铺机两种。

8.【答案】BDE

【解析】软土一般指淤泥、泥炭土、流泥、沼泽土和湿陷性大的黄土、黑土等，通常含水量大、承载力小、压缩性高，尤其是沼泽地，水分过多，强度很低。按加固性质，软土路基施工主要有以下方法：①表层处理法。②换填法。③重压法。④垂直排水固结法。⑤稳定剂处置法。⑥振冲置换法。

9.【答案】ABE

【解析】本题考查的是路基施工。土质道路路堑的开挖方法有横向挖掘法、纵向挖掘法和混合式挖掘法几种。

Ⅱ　桥梁工程施工技术

（一）单选题

1.【答案】D

【解析】斜拉桥主梁施工一般可采用支架法、顶推法、转体法、悬臂浇筑和悬臂拼装（自架设）方法来进行。在实际工作中，对混凝土斜拉桥则以悬臂浇筑法居多，而对钢斜拉挢则多采用悬臂拼装法。

2.【答案】A

【解析】顶推法宜在等截面梁上使用。当桥梁跨径过大时，选用等截面梁会造成材料用量的不经济，也增加施工难度，因此以中等跨径的桥梁为宜，桥梁的总长也以500~600m 为宜。

3.【答案】A

【解析】支架现浇法就地浇筑施工无须预制场地，而且不需要大型起吊、运输设备，梁体的主筋可不中断，桥梁整体性好。它的缺点主要是工期长，施工质量不容易控制；对预应力混凝土梁，由于混凝土的收缩、徐变引起的应力损失比较大；施工中的支架、模板耗用量大，施工费用高；搭设支架影响排洪、通航，施工期间可能受到洪水和漂流物的威胁。

4. 【答案】D

【解析】选项 A 错误，墩台混凝土宜水平分层浇筑；选项 B 错误，墩台混凝土特别是实体墩台均为大体积混凝土，水泥应优先选用矿渣水泥、火山灰水泥，采用普通水泥时强度等级不宜过高；选项 C 错误，墩台混凝土分块浇筑时，接缝应与墩台截面尺寸较小的一边平行，邻层分块接缝应错开，接缝宜做成企口形。

5. 【答案】D

【解析】本题考查的是桥梁工程施工技术。横移法施工多用于正常通车线路上的桥梁工程的换梁。为了尽量减少交通的中断时间，可在原桥位旁预制并横移施工。

6. 【答案】C

【解析】转体施工期间不断航，不影响桥下交通，并可在跨越通车线路上进行桥梁施工。大跨径桥梁采用转体施工将会取得良好的技术经济效益，转体重量轻型化、多种工艺综合利用，是大跨及特大路桥施工有力的竞争方案。

（二）多选题

1. 【答案】ABC

【解析】悬臂拼装法施工速度快，桥梁上、下部结构可平行作业，但施工精度要求比较高，可在跨径 100m 以下的大桥中选用。

2. 【答案】ADE

【解析】选项 B，搭设支架影响排洪、通航，施工期间可能受到洪水和漂流物的威胁。选项 C，预制安装的方法很多，根据实际情况可采用自行式吊车安装、跨墩龙门架安装、架桥机安装、扒杆安装、浮吊安装等，可能影响桥下交通。选项 E，浮运施工是将桥梁在岸上预制，通过大型浮船移运至桥位，利用船的上下起落安装就位的方法。

3. 【答案】ACE

【解析】选项 A 正确，当墩台截面面积小于或等于 $100m^2$ 时应连续灌注混凝土，以保证混凝土的完整性；当墩台截面面积大于 $100m^2$ 时，允许适当分段浇筑。选项 B 错误，当墩台高度小于 30m 时，采用固定模板施工；当高度大于或等于 30m 时，常用滑动模板施工。选项 C 正确，墩台混凝土分块浇筑时，接缝应与墩台截面尺寸较小的一边平行，邻层分块接缝应错开，接缝宜做成企口形。选项 D 错误，墩台混凝土宜水平分层浇筑，每层高度宜为 1.5~2.0m。选项 E 正确，墩台混凝土特别是实体墩台均为大体积混凝土时，水泥应优先选用矿渣水泥、火山灰水泥，采用普通水泥时强度等级不宜过高。

4. 【答案】BCE

【解析】不影响通航或桥下交通的有悬臂施工法、转体施工法、移动模架逐孔施工法。

Ⅲ　涵洞工程施工技术

（一）单选题

1. 【答案】C

【解析】中小型涵管可采用外壁边线排管，大型涵管须用中心线法排管。

2. 【答案】A

【解析】斜交正做涵洞，沉降缝与涵洞中心线垂直；斜交斜做涵洞，沉降缝与路基中心线平行。但拱涵、管涵的沉降缝应与涵洞中心线垂直。

3. 【答案】C

【解析】拱架放样时，需预留施工拱度。当拱涵用混凝土预制拱圈安装时，成品达到设计强度的70%时才允许搬运、安装。当拱圈为混凝土块砌体时，所用砂浆强度等级应按设计规定选用，灰缝宽度宜为20mm。就地灌筑的混凝土拱圈及端墙的施工，不宜按拱圈辐射方向分层。

（二）多选题

暂无。

第三节　地下工程施工技术

一、名师考点

参见表4-5。

表4-5　　本节考点

教材点		知识点
一	建筑工程深基坑施工技术	建筑工程深基坑工程概述、深基坑土方开挖施工、深基坑降排水施工、深基坑支护施工
二	地下连续墙施工技术	地下连续墙的方法分类与优缺点、施工工艺
三	隧道工程施工技术	隧道工程施工特点、隧道工程施工方法、喷射混凝土、锚杆施工
四	地下工程特殊施工技术	地下工程施工中的几种特殊开挖方法、长距离顶管技术、气动夯管锤铺管施工、导向钻进法施工、逆作法、沉井法、其他非开挖施工方法

二、真题回顾

Ⅰ　建筑工程深基坑施工技术

（一）单选题

1. 场地大、空间大、土质好、地下水位低的深基坑，采用的开挖方式为（　　）。（2018年）

A. 水泥挡墙式　　B. 排桩与桩墙式

C. 逆作墙式　　D. 放坡开挖式

2. 基坑开挖时，造价相对偏高的边坡支护方式应为（　　）。（2018年）

A. 水平挡土板　　B. 垂直挡土墙

C. 地下连续墙　　D. 水泥土搅拌桩

3. 关于深基坑土方开挖采用冻结排桩法支护技术，下列说法正确的是（ ）。（2019 年）

A. 冻结管应置于排桩外侧 B. 卸压孔应置于冻结管和排桩之间

C. 冻结墙的主要作用是支撑土体 D. 排桩的主要作用是隔水

4. 冻结排桩法施工技术主要适用于（ ）。（2020 年）

A. 基岩比较坚硬、完整的深基坑施工

B. 表土覆盖比较浅的一般基坑施工

C. 地下水丰富的深基坑施工

D. 岩土体自支撑能力较强的浅基坑施工

5. 土钉墙施工过程中，开挖淤泥质土层后的临空面应在（ ）h 内完成土钉安放和喷射混凝土面层。（2023 年）

A. 12 B. 24

C. 36 D. 48

6. 下列关于深基坑复合土钉墙支护技术及施工要点的说法，正确的是（ ）。（2024 年）

A. 钢筋网应在喷射第一层混凝土后铺

B. 一次喷射混凝土面层不宜小于 120mm

C. 地下水位以下，应采用钢筋土钉

D. 土钉筋体保护层厚度不应小于 10mm

（二）多选题

1. 深基坑支护形式中，属于板墙式的有（ ）。（2022 年补考）

A. 型钢横挡板 B. 土钉墙

C. 加筋水泥土围护墙 D. 现浇地下连续墙

E. 预制装配式地下连续墙

2. 深基坑支护形式的选择应综合考虑的因素有（ ）。（2024 年）

A. 水文地质条件 B. 基坑开挖深度

C. 基坑周边荷载 D. 建筑结构形式

E. 降排水条件

Ⅱ 地下连续墙施工技术

（一）单选题

1. 地下连续墙施工作业中，触变泥浆应（ ）。（2017 年）

A. 由现场开挖土拌制而成 B. 满足墙面平整度要求

C. 满足墙体接头密实度要求 D. 满足保护孔壁要求

2. 地下连续墙挖槽时，遇到硬土和孤石时，优先选用的施工方法是（ ）。（2021 年）

A. 多头钻施工 B. 钻抓式

C. 潜孔钻 D. 冲击式

3. 地下连续墙混凝土顶面应比设计高度超浇（ ）。（2022 年）

A. 0.4m 以内　　B. 0.4m 以上
C. 0.5m 以内　　D. 0.5m 以上

4. 关于地下连续墙的导墙，下列说法正确的是（　　）。(2022 年补考)
A. 导墙是地下连续墙挖槽之后修筑的导向墙
B. 导墙属于临时结构，混凝土强度等级不宜高于 C20
C. 导墙底面可以设置在新近填土上，但埋深不宜小于 1.5m
D. 两片导墙之间的距离即为地下连续墙的厚度

5. 地下连续墙的混凝土浇筑，除混凝土的级配满足结构强度要求外，还应满足的要求是（　　）。(2022 年补考)
A. 施工环境温度不低于 5℃　　B. 水下混凝土施工要求
C. 水泥用量小于 400kg/m　　D. 入槽坍落度小于 180mm

6. 地下连续墙施工过程中，泥浆的首要作用是（　　）。(2023 年)
A. 护壁　　B. 携砂
C. 冷却　　D. 润滑

(二) 多选题

1. 关于地下连续墙施工，说法正确的有（　　）。(2016 年)
A. 机械化程度高　　B. 强度大、挡土效果好
C. 必须放坡开挖，施工土方量大　　D. 相邻段接头部位容易出现质量问题
E. 作业现场易出现污染

2. 地下连续墙开挖，对确定单元槽段长度因素说法正确的有（　　）。(2017 年)
A. 土层不稳定时，应增大槽段长度
B. 附近有较大地面荷载时，可减少槽段长度
C. 防水要求高时可减少槽段长度
D. 混凝土供应充足时可选用较大槽段
E. 现场起重能力强可选用较大槽段

3. 地下工程施工中，气动夯管锤铺管施工的主要特点有（　　）。(2021 年)
A. 夯管锤对钢管动态夯进，产生强烈的冲击和振动
B. 不适于含卵砾石地层
C. 属于不可控向铺管，精密度低
D. 对地表影响小，不会引起地表隆起或沉降
E. 工作坑要求高，需进行深基坑支护作业

Ⅲ 隧道工程施工技术

(一) 单选题

1. 用于隧道喷锚支护的锚杆，其安设方向一般应垂直于（　　）。(2018 年)
A. 开挖面　　B. 断层面
C. 裂隙面　　D. 岩层面

2. 关于隧道工程采用掘进机施工，下列说法正确的是（　　）。(2019 年)

A. 全断面掘进机的突出优点是可实现一次成型
B. 独臂钻适宜于围岩不稳定的岩层开挖
C. 天井钻开挖是沿着导向孔从上往下钻进
D. 带盾构的掘进机主要用于特别完整岩层的开挖

3. 隧道工程进行浅埋暗挖法施工的必要前提是（　　）。(2022 年)
A. 对开挖面前方土体的预加固和预处理
B. 一次注浆多次开挖
C. 环状开挖预留核心土
D. 开挖过程中对围岩及结构变化进行动态跟踪

4. 盾构壳体构造中，位于盾构最前端的部分是（　　）。(2023 年)
A. 千斤顶　　B. 支承环
C. 切口环　　D. 衬砌拼装系统

5. 下面关于盾构机的说法，正确的是（　　）。(2024 年)
A. 开放式盾构机又分为泥水平衡式和土压平衡式两种
B. 盾尾是盾构结构的主体，是具有较强刚性的圆形结构
C. 推进系统由切口环、支承环、千斤顶组成
D. 拼装器有杠杆式拼装机和环式拼装机两种形式

（二）多选题

1. 以下关于早强水泥砂浆锚杆施工，说法正确的是（　　）。(2015 年)
A. 快硬水泥卷在使用前需用清水浸泡
B. 早强药包使用时严禁与水接触或受潮
C. 早强药包的主要作用为封堵孔口
D. 快硬水泥卷的直径应比钻孔直径大 20mm 左右
E. 快硬水泥卷的长度与锚固长度相关

2. 地下工程喷射混凝土施工时，正确的工艺要求有（　　）。(2017 年)
A. 喷射作业区段宽以 1.5~2.0m 为宜
B. 喷射顺序应先喷墙后喷拱
C. 喷管风压随水平输送距离增大而提高（此选项 2025 年教材删除）
D. 工作风压通常应比水压大（此选项 2025 年教材删除）
E. 为减少浆液浪费一次喷射厚度不宜太厚（此选项 2025 年教材删除）

3. 关于隧道工程喷射混凝土支护，下列说法正确的有（　　）。(2019 年)
A. 拱形断面隧道开挖后先喷墙后喷拱
B. 拱形断面隧道开挖后直墙部分先从墙顶喷至墙脚
C. 湿喷法施工骨料回弹比干喷法大
D. 干喷法比湿喷法施工粉尘少
E. 封拱区应沿轴线由前向后喷射

4. 下列盾构机类型中，属于封闭式的有（　　）。(2023 年)
A. 机械式　　B. 网络式

C. 半机械式　　D. 泥水平衡式

E. 土压平衡式

5. 关于喷射混凝土施工工艺的说法，正确的有（　　）。(2024 年)

A. 干式喷射混凝土施工工艺不得用于大型洞室

B. 干式喷射混凝土施工工艺不得用于大断面隧道

C. 干式喷射混凝土施工工艺适用于非富水围岩地质条件

D. 湿式喷射混凝土适用于 C30 及以上强度等级喷射混凝土

E. 干式喷射混凝土相比湿式喷射混凝土施工粉尘少、回弹严重

Ⅳ　地下工程特殊施工技术

（一）单选题

1. 采用沉井法施工，当沉井中心线与设计中心线不重合时，通常采用以下方法纠偏（　　）。(2015 年)

A. 通过起重机械吊挂调试　　B. 在沉井内注水调试

C. 通过中心线两侧挖土调整　　D. 在沉井外侧卸土调整

2. 地下工程采用导向钻进行施工时，适合用中等尺寸钻头的岩土层为（　　）。(2021 年)

A. 砾石层　　B. 致密砂层

C. 干燥软黏土　　D. 钙质土层

3. 沉井下沉达到设计标准封底时，需要满足的观测条件是（　　）。(2022 年)

A. 5h 内下沉量小于等于 8mm　　B. 6h 内下沉量小于等于 8mm

C. 7h 内下沉量小于等于 10mm　　D. 8h 内下沉量小于等于 10mm

4. 下列关于地下工程特殊施工技术的说法，正确的是（　　）。(2024 年)

A. 深层顶管施工中，压注触变泥浆的目的是控制方向

B. 夯管锤铺管适用于包括岩层在内的所有地层

C. 气动夯管锤铺法一般适用于管径大于 900mm 的管线铺设工程

D. 沉井封底可分为干封底和湿封底两种

（二）多选题

1. 地下工程长距离顶管施工中，主要技术关键有（　　）。(2022 年)

A. 顶进长度　　B. 顶力问题

C. 方向控制　　D. 顶进设备

E. 制止正面坍塌

2. 下列关于沉井施工工艺要求的说法，正确的有（　　）。(2023 年)

A. 沉井下沉至标高，应进行 8h 沉降观测

B. 沉降观测时，若 8h 内下沉量小于或等于 10mm，方可封底

C. 沉井制作高度较大时，基坑上应铺设一定厚度的砂垫层

D. 沉井采用不排水挖土下沉，要确保井内外水面在同一高度

E. 采用不排水封底法时，封底混凝土用导管法灌注

三、真题解析

Ⅰ 建筑工程深基坑施工技术

（一）单选题

1. **【答案】** D

【解析】 对土质较好、地下水位低、场地开阔的基坑采取规范允许的坡度放坡开挖。

2. **【答案】** C

【解析】 地下连续墙系用机械施工方法成槽浇灌钢筋混凝土形成的地下墙体。具有刚度大、抗弯强度高、变形小、适应性强、工作场地不大、振动小、噪声低等特点，但排桩墙不能止水，连续墙施工需要较多机具设备，造价相对偏高。

3. **【答案】** A

【解析】 选项 B，排桩外侧按设计要求施作一排冻结管，同时在冻结管外侧距其中心一定位置处插花布设多个卸压孔；选项 C、D，该技术是以含水地层冻结形成的隔水帷幕墙为基坑的封水结构，以基坑内排桩支撑系统为抵抗水土压力的受力结构，充分发挥各自的优势特点，以满足大基坑围护要求。

4. **【答案】** C

【解析】 冻结排桩法适用于大体积深基础开挖施工、含水量高的地基基础和软土地基基础以及地下水丰富的地基基础施工。

5. **【答案】** A

【解析】 在土钉墙施工时，开挖后应及时封闭临空面，应在 24h 内完成土钉安放和喷射混凝土面层。在淤泥质土层开挖时，应在 12h 内完成土钉安放和喷射混凝土面层。

6. **【答案】** A

【解析】 钢筋网宜在喷射第一层混凝土后铺设，采用双层钢筋网时，第二层钢筋网应在第一层钢筋网被混凝土覆盖后铺设。作业应分段分片依次进行，同一分段内应自下而上，一次喷射厚度不宜大于 120mm。一般来说，地下水位以上或有一定自稳能力的地层中，钢筋土钉和钢管土钉均可采用；但是地下水位以下，软弱土层、砂质土层等，由于成孔困难，则应采用钢管土钉。土钉筋体保护层厚度不应小于 25mm。

（二）多选题

1. **【答案】** DE

【解析】 本题考查的是建筑工程深基坑施工技术。板墙式包括现浇地下连续墙和预制装配式地下连续墙。

2. **【答案】** ABCE

【解析】 深基坑支护形式的选择应综合考虑工程地质与水文地质条件、基础类型、基坑开挖深度、降排水条件、周边环境对基坑侧壁位移的要求、基坑周边荷载、施工季节、支护结构使用期限等因素，做到因工程、因地、因时制宜，合理选择，精心施工，严格监控。

Ⅱ 地下连续墙施工技术

（一）单选题

1. 【答案】D

【解析】用触变泥浆保护孔壁和止水，施工安全可靠，不会引起水位降低而造成周围地基沉降，保证施工质量。

2. 【答案】D

【解析】冲击式钻机由冲击锥、机架和卷扬机等组成，主要采用各种冲击式凿井机械，适用于黏性土、硬土和夹有孤石等地层，多用于排桩式地下连续墙成孔。

3. 【答案】D

【解析】在浇筑完成后的地下连续墙墙顶存在一层浮浆层，因此混凝土顶面需要比设计高度超浇 0.5m 以上。凿去浮浆层后，地下连续墙墙顶才能与主体结构或支撑相连，成为整体。

4. 【答案】D

【解析】本题考查的是地下连续墙施工技术。导墙是地下连续墙挖槽之前修筑的导向墙，两片导墙之间的距离即为地下连续墙的厚度。导墙宜采用混凝土结构，且混凝土强度等级不低于 C20。导墙底面不宜设置在新近填土上，且埋深不宜小于 1.5m。

5. 【答案】B

【解析】本题考查的是地下连续墙施工技术。地下连续墙槽段内的混凝土浇筑过程，具有一般水下混凝土浇筑的施工特点。混凝土强度等级一般为 C30～C40。混凝土的级配除了满足结构强度要求外，还要满足地下混凝土施工的要求。

6. 【答案】A

【解析】泥浆的作用主要有：护壁、携砂、冷却和润滑，其中以护壁为主。

（二）多选题

1. 【答案】ABDE

【解析】地下连续墙的优点：①施工全盘机械化。②具有多功能用途，如防渗、截水、承重、挡土、防爆等，由于采用钢筋混凝土或素混凝土，强度可靠，承压力大。③开挖基坑无须放坡，土方量小。缺点：①每段连续墙之间的接头质量较难控制。②制浆及处理系统占地较大，管理不善易造成现场泥泞和污染。

2. 【答案】BDE

【解析】当土层不稳定时，为防止槽壁坍塌，应减少单元槽段的长度，选项 A 错误。防水要求高的应减少接头的数量，即增加槽段的长度，选项 C 错误。

3. 【答案】AD

【解析】选项 B，由于动态夯进可以击碎障碍物，所以在含卵砾石地层或回填地层中铺管时，比管径大的砾石或石块可被击碎后一部分进入管内而穿过障碍物，而不是试图将整个障碍物排开或推进。选项 C，气动夯管锤铺管属于不可控向铺管，但由于其以冲击方式将管道夯入地层，在管端无土楔形成，而且在遇障碍物时可将其击碎穿越，所以具有较好的目标准确性。选项 E，工作坑要求低。

Ⅲ　隧道工程施工技术

（一）单选题

1.【答案】D

【解析】如岩石为倾斜或齿状等时，锚杆的方向要尽可能与岩层面垂直相交，以达到较好的锚固效果。

2.【答案】A

【解析】选项 B，适宜于开挖软岩，不适宜于开挖地下水较多、围岩不太稳定的地层。选项 C，先在钻杆上装较小的钻头，从上向下钻直径为 200~300mm 的导向孔，达到竖井或斜井的底部。再在钻杆上换直径较大的钻头，由下向上反钻竖井或斜井。选项 D，当围岩是软弱破碎带时，若用常规的 TBM 掘进，常会因围岩塌落造成事故，要采用带盾构的 TBM 法。

3.【答案】A

【解析】对开挖面前方地层的预加固和预处理，视为浅埋暗挖法的必要前提，目的就在于加强开挖面的稳定性，提高施工的安全性。

4.【答案】C

【解析】盾构壳体一般由切口环、支承环和盾尾三部分组成。切口环部分位于盾构的最前端，施工时切入地层，并掩护作业，切口环前端制成刃口，以减少切口阻力和对地层的扰动。支承环位于切口环之后，是与后部盾尾相连的中间部分，是盾构结构的主体，是具有较强刚性的圆环结构，作用在盾构上的地层土压力、千斤顶的顶力以及切口、盾尾、衬砌拼装时传来的施工荷载等，均由支承环承担，它的外沿布置盾构推进千斤顶。

5.【答案】D

【解析】泥水平衡式和土压平衡式属于封闭式。支承环位于切口环之后，是与后部的盾尾相连的中间部分，是盾构结构的主体，是具有较强刚性的圆环结构。盾构的推进系统，由液压设备和盾构千斤顶组成。拼装器是衬砌拼装系统的主要设备，常用的有杠杆式拼装机和环式拼装机两种形式。

（二）多选题

1.【答案】AE

【解析】选项 B 错误，药包使用前应检查，要求无结块、未受潮。药包的浸泡宜在清水中进行，随泡随用，药包必须泡透；选项 C 错误，早强药包的作用并不是封堵孔口；选项 D 错误，快硬水泥卷的直径 d 要与钻孔直径 D 配合好，例如，若使用 $D42$ 钻头，则可采用 $D37$ 直径的水泥卷。

2.【答案】AC

【解析】选项 B 错误，对水平坑道，其喷射顺序为先墙后拱、自上而下；侧墙应自墙基开始，拱应自拱脚开始，封拱区宜沿轴线由前向后。选项 D 错误，水压通常应比工作风压大。选项 E 错误，喷层的厚度过厚过薄均不好。

3.【答案】AE

【解析】喷射顺序为先墙后拱、自下而上，侧墙应自墙基开始，拱应自拱脚开始，封拱区宜沿轴线由前向后；骨料回弹与喷层的厚度有关；干喷法更容易扬尘。

4. **【答案】** DE

【解析】 盾构机一般分为开放式、部分开放式和封闭式三种类型。然后从每种形式可以再进一步细分。

5. **【答案】** ABD

【解析】 干式喷射混凝土施工工艺不得用于大断面隧道、大型洞室、C30 及以上强度等级喷射混凝土、非富水围岩地质条件。干式喷射施工粉尘多，回弹比较严重。

Ⅳ 地下工程特殊施工技术

（一）单选题

1. **【答案】** C

【解析】 当沉井中心线与设计中心线不重合时，可先在一侧挖土，使沉井倾斜，然后均匀挖土，使沉井沿倾斜方向下沉到沉井底面中心线接近设计中心线位置时再纠偏。

2. **【答案】** C

【解析】 在干燥软黏土中施工，采用中等尺寸钻头一般效果最佳（土层干燥，可较快地实现方向控制）。

3. **【答案】** D

【解析】 沉井下沉至标高，应进行沉降观测，当 8h 内下沉量小于或等于 10mm 时，方可封底。

4. **【答案】** D

【解析】 为减少长距离顶管中的管壁四周摩阻力，在管壁外压注触变泥浆，形成一定厚度的泥浆套，使顶管在泥浆套中顶进，以减少阻力。夯管锤铺管几乎适于除岩层以外的所有地层。夯管锤铺管适合较短长度的管道铺设，为保证铺管精度，在实际施工中，铺管长度按钢管直径（以“mm”为单位）除以 10 就得到夯进长度（以“m”为单位）。沉井封底可分为干封底和湿封底两种。

（二）多选题

1. **【答案】** BCE

【解析】 长距离顶管的主要技术关键有以下几个方面：（1）顶力问题；（2）方向控制；（3）制止正面塌方。

2. **【答案】** ABCE

【解析】 选项 A、B 正确，沉井下沉至标高，应进行沉降观测，当 8h 内下沉量小于或等于 10mm 时，方可封底。选项 C 正确，当沉井制作高度较大时，重量会增大，为避免不均匀沉降，基坑上应铺设一定厚度（>0.6m）的砂垫层。选项 D 错误，用不排水挖土下沉，下沉中要使井内水面高出井外水面 1~2m，以防流砂。选项 E 正确，湿封底即不排水封底，混凝土用导管法灌注。

第五章　工程计量

一、本章概览

参见图 5-1。

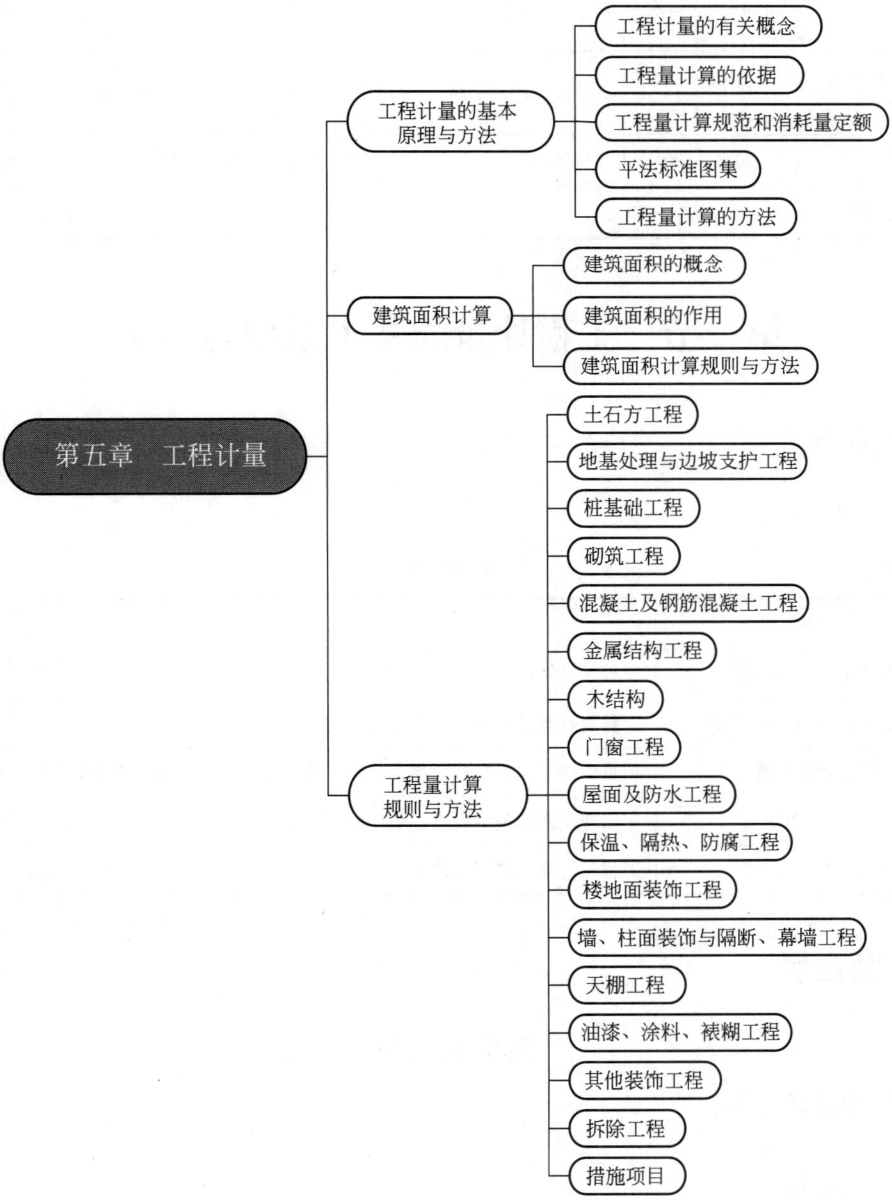

图 5-1　本章知识概览

二、考情分析

参见表 5-1。

表 5-1 本章考情分析

考试年度	2024 年				2023 年				2022 年			
题目类型	单选题		多选题		单选题		多选题		单选题		多选题	
第一节 工程计量的基本原理与方法	1 道	1 分	0 道	0 分	3 道	3 分	1 道	2 分	4 道	4 分	1 道	2 分
第二节 建筑面积计算	4 道	4 分	2 道	4 分	3 道	3 分	1 道	2 分	4 道	4 分	1 道	2 分
第三节 工程量计算规则与方法	15 道	15 分	3 道	6 分	14 道	14 分	3 道	6 分	12 道	12 分	3 道	6 分
本章小计	20 道	20 分	5 道	10 分	20 道	20 分	5 道	10 分	20 道	20 分	5 道	10 分
本章得分	30 分				30 分				30 分			

第一节 工程计量的基本原理与方法

一、名师考点

参见表 5-2。

表 5-2 本节考点

教材点	知识点
工程计量的有关概念	工程量计算的含义、工程量的含义
工程量计算的原则与依据	工程量计算的原则、工程量计算的依据
工程量计算标准	项目编码、项目名称、项目特征、计量单位、工程量计算规则、工作内容
平法标准图集	平法施工图的基本概念、平法标准图集简介、主要构件的平法注写方式
工程量计算的方法	工程量计算顺序、用统筹法计算工程量、工程量计算中信息技术的应用

二、真题回顾

Ⅰ 工程计量的有关概念

(一) 单选题

暂无。

(二) 多选题

暂无。

Ⅱ　工程量计算的原则与依据

（一）单选题

暂无。

（二）多选题

暂无。

Ⅲ　工程量计算标准

（一）单选题

1. 编制房屋建筑工程施工招标的工程量清单，对第一项现浇混凝土无梁板的清单项目应编码为（　　）。(2015 年)

A. 010503002001　　B. 010405001001

C. 010505002001　　D. 010506002001

2.《建设工程工程量清单计价标准》GB/T 50500—2024 中关于项目特征，说法正确的是(　　)。(2016 年)

A. 项目特征是编制工程量清单的基础

B. 项目特征是确定工程内容的核心

C. 项目特征是项目自身价值的本质特征（2025 年版教材已删）

D. 项目特征是工程结算的关键依据

3. 在同一合同段的工程量清单中，多个单位工程中具有相同项目特征的项目编码和计量单位时，（　　）。(2018 年)

A. 项目编码不一致，计量单位不一致

B. 项目编码一致，计量单位一致

C. 项目编码不一致，计量单位一致

D. 项目编码一致，计量单位不一致

4. 工程量清单项目特征描述主要说明（　　）。(2019 年)

A. 措施项目的质量安全要求　　B. 确定综合单价需考虑的问题

C. 清单项目的计算规则　　D. 分部分项项目和措施项目的区别

5. 工程量清单编制过程中，砌筑工程中砖基础的编制，特征描述包括（　　）。(2021 年)

A. 砂浆制作　　B. 防潮层铺贴

C. 基础类型　　D. 运输方式

6. 异型柱的项目特征可不描述的是（　　）。(2022 年)

A. 编号　　B. 形状

C. 混凝土等级　　D. 混凝土类别

7. 某工程量清单中 010401002001 实心砖墙项目，其中第三、四位编码是（　　）。(2022 年补考)

A. 专业工程代码　　B. 分部工程顺序码

C. 分项工程顺序码　　D. 附录分类顺序码

8. 关于工程量清单的编制，以下说法正确的是（　　）。(2022 年补考)

A. 项目特征是履行合同义务的基础

B. 项目特征描述时，不允许采用“详见××图号”的方式

C. 以“m”为计量单位时，应保留小数点后三位数字

D. 编制工程量清单时应准确和全面地描述工作内容（2025 年版教材删除）

9. 根据《房屋建筑与装饰工程工程量计算标准》GB/T 50854—2024 规定，下列关于清单项目工作内容的说法，正确的是（　　）。(2023 年)

A. 体现清单项目质量或特性的要求或标准

B. 对于一项明确的分部分项工程项目，无法体现其工程成本

C. 体现施工所用材料的规格

D. 体现施工过程中的工艺和方法

10. 对不同计量单位工程量数据汇总后的计取方法，正确的是（　　）。(2023 年)

A. 以“t”为单位，应取整数

B. 以“m、m^2”为单位，应保留小数点后两位数字，第三位小数四舍五入

C. 以“m^3、kg”为单位，应保留小数点后三位数字，第四位小数四舍五入

D. 以“个、根”为单位，应保留小数点后两位数字，第三位小数四舍五入

（二）多选题

1. 工程量清单中关于项目特征描述的重要意义在于（　　）。(2018 年)

A. 项目特征是区分具体清单项目的依据

B. 项目特征是确定计量单位的重要依据

C. 项目特征是确定综合单价的前提

D. 项目特征是履行合同义务的基础

E. 项目特征是确定工程量计算规则的关键

2. 工程量清单要素中的项目特征，其主要作用体现在（　　）。(2020 年)

A. 提供确定综合单价和依据

B. 描述特有属性（2025 年版教材删除）

C. 明确质量要求

D. 明确安全要求

E. 确定措施项目

Ⅳ　平法标准图集

（一）单选题

1.《混凝土结构施工图平面整体表示方法制图规则和构造详图》22G101 中关于混凝土结构施工平面图平面整体表示方法，其优点在于（　　）。(2017 年)

A. 适用于所有地区现浇混凝土结构施工图设计

B. 用图集表示了大量的标准结构详图

C. 适当增加图纸数量，表达更为详细

D. 识图简单一目了然

2. 在《混凝土结构施工图平面整体表示方法制图规则和构造详图》22G101 梁平法施工图中，KL9（6A）表示的含义是（　　）。(2017 年)

A. 9 跨屋面框架梁，间距为 6m，等截面梁

B. 9 跨框支梁，间距为 6m，主梁

C. 9 号楼层框架梁，6 跨，一端悬挑

D. 9 号框架梁，6 跨，两端悬挑

3. 在我国现行的 22G101 系列平法图纸中，楼层框架梁的标注代号为（　　）。(2018 年)

A. WKL　　　　B. KL

C. KBL　　　　D. KZL

4. 对独立柱基础底板配筋平法标注图中的“T：7Φ18@100/Φ10@200”，理解正确的是（　　）。(2019 年)

A. “T”表示底板底部配筋

B. “7Φ18@100”表示 7 根 HRB335 级钢筋，间距 100mm

C. “Φ10@200”表示直径为 10mm 的 HRB335 级钢筋，间距 200mm

D. “7Φ18@100”表示 7 根受力筋的配置情况

5. 有梁楼盖平法施工图中标注的 XB2h＝120/80；B：XcΦ8@150；YcΦ8@200；T：XΦ8@150 理解正确的是（　　）。(2020 年)

A. XB2 表示“2 块楼面板”

B. XcΦ8@150 表示“板下部配 X 向构造筋 ϕ8@150”

C. YcΦ8@200 表示“板上部配构造筋 ϕ8@200”

D. XΦ8@150 表示“竖向和 X 向配贯通纵筋 ϕ8@150”

6. 下面关于剪力墙平法施工图中“YD51000+1.800 6Φ20，ϕ8@150，2Φ16”，下面说法正确的是（　　）。(2021 年)

A. YD51000 表示 5 号圆形洞口，半径 1000

B. +1.800 表示洞口中心距上层结构层下表面 1800mm

C. ϕ8@150 表示加强暗梁的箍筋

D. 6Φ20 表示洞口环形加强钢筋

7. 以下关于梁钢筋平法的说法，正确的是（　　）。(2022 年)

A. KL（5）300×700 Y300×400 Y 代表水平加腋

B. 梁侧面钢筋 G4ϕ12 代表两侧为 2ϕ12 的纵向构造钢筋

C. 梁上部钢筋与架立筋规格相同时可合并标注

D. 板支座原位标注包含板上部贯通筋

8. 对独立性基础板配筋平法标注图中的“T：7Φ18@100/Φ10@200”理解正确的是（　　）。(2022 年补考)

A. “T ”表示底板底部配筋

B. “T：7Φ18@100”表示上部 7 根Φ18 钢筋，间距 100mm

C. “Φ10@200”表示基础底板顶部受力钢筋下面的垂直分部筋，间距 200mm

D. “Φ”表示 HRB500 钢筋

9. 根据平法标准图集（22G101－1）规定，剪力墙平法施工注写为“JD2 400×300+3.100 3Φ14”，下列表示其含义的说法，正确的是（　　）。

A. 洞口高度为 3100mm　　B. 洞高 400mm、洞宽 300mm

C. 在 2 层设置矩形洞口　　D. 洞口每边补强钢筋为 3Φ14

（二）多选题

1. 根据《混凝土结构施工图平面整体表示方法制图规则和构造详图》22G101 平法施工图注写方式，含义正确的有（　　）。（2017 年）

A. LZ 表示梁上柱

B. 梁 300×700Y400×300 表示梁规格为 300×700，水平加长腋长、宽分别为 400、300

C. XL300×600/400 表示根部和端部不同高的悬挑梁

D. ϕ10@120（4）/150（2）表示 ϕ10 的钢筋加密区间距 120、4 肢箍，非加密区间距 150、2 肢箍

E. KL3（2A）400×600 表示 3 号楼层框架梁，2 跨，一端悬挑

2. 根据平法标准图集《混凝土结构施工图平面整体表示方法制图规则和构造详图（现浇混凝土板式楼梯）》22G101－2 注写方式规定，下列关于建筑结构施工图中注写的“AT3，h＝120，1600/10，Φ10@200，Φ12@150，Fϕ8@250”各项参数所表达含义说法，正确的有（　　）。（2023 年）

A. 构造边缘构件

B. 梯板厚度 120mm

C. 踏步段总高度 1600mm

D. 上部纵筋Φ10@200，下部纵筋Φ12@150

E. 梯板分布筋 ϕ8@250

V　工程量计算的方法

（一）单选题

1. BIM 技术对工程造价管理的主要作用在于（　　）。（2018 年）

A. 工程量清单项目划分　　B. 工程量计算更准确、高效

C. 综合单价构成更合理　　D. 措施项目计算更可行

2. 关于用统筹图计算工程量，下列说法正确的是（　　）。（2021 年）

A. “三线”是指建筑物外墙中心线、外墙净长线和内墙中心线

B. “一面”是指建筑物建筑面积

C. 统筹图中的主要程序线是指在分部分项项目上连续计算的线

D. 计算分项工程量是在“线”“面”基数上计算的

（二）多选题

某钢筋混凝土楼面板，其集中标注为“LB5 h＝100B：XΦ10/12@100，YΦ10@110”，下列说法正确的是（　　）。（2022 年）

A. LB5 表示该楼层有 5 块相同的板

B. XΦ10/12@100 表示 X 方向，上部为Φ10 钢筋，下部为Φ12 钢筋，间距 100mm

C. YΦ10@110 表示下部 Y 方向贯通，是纵向钢筋为Φ10，间距 110mm

D. 当轴网向心布置时，径向为 Y 向

E. 当轴网正交布置时，从下向上为 Y 向

三、真题解析

Ⅰ　工程计量的有关概念

（一）单选题

暂无。

（二）多选题

暂无。

Ⅱ　工程量计算的原则与依据

（一）单选题

暂无。

（二）多选题

暂无。

Ⅲ　工程量计算标准

（一）单选题

1. **【答案】** C

【解析】 一、二位为专业工程代码，三、四位为附录分类顺序码，五、六位为分部工程顺序码，七、八、九位为分项工程项目名称顺序码。010505001001 为现浇混凝土有梁板，010505002001 为现浇混凝土无梁板。

2. **【答案】** C

【解析】 项目特征是区分具体清单项目的依据；项目特征是确定综合单价的前提；项目特征是履行合同义务的基础。

3. **【答案】** C

【解析】 同一招标工程的项目编码不得有重码，在同一个建设项目（或标段、合同段）中，有多个单位工程的相同项目计量单位必须保持一致。如 010506001 直形楼梯，其工程量计量单位可以是“m^3”也可以是“m^2”，可以根据实际情况进行选择，一旦选定必须保持一致。

4. **【答案】** B

【解析】 工程量清单项目特征描述的重要意义：项目特征是区分具体清单项目的依据；项目特征是确定综合单价的前提；项目特征是履行合同义务的基础。

5. **【答案】** C

【解析】 如 010401001 砖基础的项目特征为：①砖品种、规格、强度等级；②基础类型；③砂浆强度等级；④防潮层材料种类。其工作内容为：①砂浆制作、运输；②砌砖；③防潮层铺设；④材料运输。通过对比可以看出，如“砂浆强度等级”是对砂浆质量标

准的要求，体现的是用什么样规格的材料去做，属于项目特征；“砂浆制作、运输”是砌筑过程中的工艺和方法，体现的是如何做，属于工作内容。

6. 【答案】A

【解析】异型柱，需要描述的项目特征有柱形状、混凝土类别、混凝土强度等级。

7. 【答案】D

【解析】三、四位为附录分类顺序码；五、六位为分部工程顺序码；七、八、九位为分项工程项目名称顺序码；十至十二位为清单项目名称顺序码。

8. 【答案】A

【解析】项目特征是区分具体清单项目的依据；项目特征是确定综合单价的前提；项目特征是履行合同义务的基础。若采用标准图集或施工图纸能够全部或部分满足项目特征描述的要求，项目特征描述可直接采用详见××图集或××图号的方式。对不能满足项目特征描述要求的部分，仍应用文字描述；以“m、m^2、m^3、kg”为单位，保留小数点后两位数字，第三位小数四舍五入。

9. 【答案】D

【解析】工作内容不同于项目特征。项目特征体现的是清单项目质量或特性的要求或标准，工作内容体现的是完成一个合格的清单项目需要具体做的施工作业和操作程序，对于一项明确了的分部分项工程项目或措施项目，工作内容确定了其工程成本。不同的施工工艺和方法，工作内容也不一样，工程成本也就有了差别。在编制工程量清单时一般不需要描述工作内容。

10. 【答案】B

【解析】不同的计量单位汇总后的有效位数也不相同，根据工程量计算规范规定，工程计量时每一项目汇总的有效位数应遵守下列规定：①以“t”为单位，应保留小数点后三位数字，第四位小数四舍五入。②以“m、m^2、m^3、kg”为单位应保留小数点后两位数字，第三位小数四舍五入。③以“个、件、根、组、系统”为单位，应取整数。

（二）多选题

1. 【答案】ACD

【解析】项目特征是区分具体清单项目的依据；项目特征是确定综合单价的前提；项目特征是履行合同义务的基础。

2. 【答案】ABC

【解析】从本质上讲，项目特征体现的是对清单项目的质量要求，是确定一个清单项目综合单价不可缺少的重要依据，在编制工程量清单时，必须对项目特征进行准确和全面的描述。工程量清单项目特征描述的重要意义：项目特征是区分具体清单项目的依据；项目特征是确定综合单价的前提；项目特征是履行合同义务的基础。

Ⅳ 平法标准图集

（一）单选题

1. 【答案】B

【解析】所谓平法即混凝土结构施工图平面整体表示方法，实施平法的优点主要表现在：①减少图纸数量；②实现平面表示、整体标注。适用于抗震设防烈度为 6~9 度地区的现浇混凝土结构施工图的设计，不适用于非抗震结构和砌体结构。

2.【答案】C

【解析】梁编号由梁类型代号、序号、跨数及有无悬挑代号组成。梁的类型代号有楼层框架梁（KL）、楼层框架扁梁（KBL）、屋面框架梁（WKL）、框支梁（KZL）、托柱转换梁（TZL）、非框架梁（L）、悬挑梁（XL）、井字梁（JZL），A 为一端悬挑，B 为两端悬挑，悬挑不计跨数。如 KL7（5A）表示 7 号楼层框架梁，5 跨，一端悬挑。

3.【答案】B

【解析】WKL 为屋面框架梁，KL 为楼层框架梁，KBL 为楼层框架扁梁，KZL 为框支梁。

4.【答案】D

【解析】“T”表示基础底板顶部配筋。“7⏀18@100”表示 7 根 HRB400 级钢筋，间距 100mm。“⏀10@200”表示直径为 10mm 的 HRB400 级钢筋，间距 200mm。

5.【答案】B

【解析】选项 A 错误，XB2 表示 2 号楼面板；选项 C 错误，Y⏀8@200 表示板下部配构造筋 ϕ8@200；选项 D 错误，X⏀8@150 表示 X 向配贯通纵筋 ϕ8@150。

6.【答案】C

【解析】表示 5 号圆形洞口，直径 1000mm，洞口中心距本结构层楼面 1800mm，洞口上下设补强暗梁，每边暗梁纵筋为 6⏀20，箍筋为 ϕ8@150，环向加强钢筋 2⏀16。

7.【答案】B

【解析】选项 A 错误，Y 代表竖向加腋；选项 C 错误，当同排纵筋中既有通长筋又有架立筋时，应用“+”将通长筋和架立筋相连；选项 D 错误，板支座原位标注的内容为板支座上部非贯通纵筋和悬挑板上部受力钢筋。

8.【答案】C

【解析】“T”表示基础底板顶部配筋。“7⏀18@100”表示 7 根 HRB400 级钢筋，间距 100mm。“⏀10@200”表示直径为 10mm 的 HRB400 级钢筋，间距 200mm。

9.【答案】D

【解析】表示设置 2 号矩形洞口，洞宽 400mm、洞高 300mm，洞口中心距本结构层楼面 3100mm，补强钢筋为 3⏀14。

（二）多选题

1.【答案】ACDE

【解析】当为竖向加腋梁时，用 b×h、Yc1×c2 表示，其中 c1 为腋长，c2 为腋高；当为水平加腋梁时，用 b×h、PYc1×c2 表示，其中 c1 为腋长，c2 为腋宽，B 选项为梁 300×700Y400×300 表示梁规格为 300×700，竖向加腋梁，腋长、宽分别为 400、300。

2.【答案】BCDE

【解析】选项 A，AT3 是梯板构件。

V 工程量计算的方法

（一）单选题

1. 【答案】B

【解析】计算的精确度和速度直接影响着工程计价文件的质量。

2. 【答案】D

【解析】用统筹法计算各分项工程量是从“线”“面”基数的计算开始的。选项 A 错误，“三线”是指建筑物的外墙中心线、外墙外边线和内墙净长线。选项 B 错误，“一面”是指建筑物的底层建筑面积。选项 C 错误，主要程序线是指在“线”“面”基数上连续计算项目的线，次要程序线是指在分部分项项目上连续计算的线。

（二）多选题

【答案】CDE

【解析】注写为 LB5 $h=100$B：X ⏀10/12@100，Y ⏀10@110 表示 5 号楼面板、板厚 110mm，板下部配置的贯通纵筋 X 向为⏀10 和⏀12 隔一布一、间距 100mm，Y 向贯通纵筋 10@110。选项 AB 错误，选项 C 正确。当两向轴网正交布置时，图面从左至右为 X 向，从下至上为 Y 向；当轴网向心布置时，切向为 X 向，径向为 Y 向。

第二节 建筑面积计算

一、名师考点

参见表 5-3。

表 5-3 本节考点

教材点		知识点
一	建筑面积的概念	建筑面积的概念
二	建筑面积的作用	建筑面积的作用
三	建筑面积计算规则与方法	应计算建筑面积的范围及规则，不计算建筑面积的范围

二、真题回顾

暂无。

第三节 工程量计算规则与方法

一、名师考点

参见表 5-4。

表 5-4 **本节考点**

教材点		知识点
一	土石方工程	土方工程、石方工程、回填
二	地基处理与边坡支护工程	地基处理、基坑与边坡支护
三	桩基础工程	打桩、灌注桩
四	砌筑工程	砖砌体、砌块砌体、石砌体、垫层
五	混凝土及钢筋混凝土工程	现浇混凝土基础、现浇混凝土柱、现浇混凝土梁、现浇混凝土墙、现浇混凝土板、现浇混凝土楼梯、现浇混凝土其他构件、后浇带、预制混凝土、钢筋工程、螺栓、铁件
六	金属结构工程	钢网架、钢屋架、钢托架、钢桁架、钢架桥、钢柱、钢梁、钢板楼板、墙板、钢构件、金属制品
七	木结构	木屋架、木构件、屋面木基层
八	门窗工程	木门、金属门、金属卷帘（闸）门、厂库房大门、特种门、其他门、木窗、金属窗、门窗套、窗台板、窗帘、窗帘盒、窗帘轨
九	屋面及防水工程	瓦、型材屋面及其他屋面、屋面防水及其他、墙面防水、防潮、楼（地）面防水、防潮
十	保温、隔热、防腐工程	保温、隔热、防腐面层、其他防腐
十一	楼地面装饰工程	整体面层及找平层、块料面层、橡塑面层、其他材料面层、踢脚线、楼梯面层、台阶装饰、零星装饰项目
十二	墙、柱面装饰与隔断、幕墙工程	墙面抹灰、柱（梁）面抹灰、零星抹灰、墙面块料面层、柱（梁）面镶贴块料、零星镶贴块料、墙饰面、柱（梁）饰面、幕墙工程、隔断
十三	天棚工程	天棚抹灰、吊顶、采光天棚、天棚其他装饰
十四	油漆、涂料、裱糊工程	门油漆、窗油漆、木扶手及其他板条、线条油漆、木材面油漆、金属面油漆、抹灰面油漆、刷喷涂料、裱糊
十五	其他装饰工程	柜类、货架、压条、装饰线、扶手、栏杆、栏板装饰、暖气罩、浴厕配件、雨篷、旗杆、招牌、灯箱、美术字
十六	拆除工程	砖砌体拆除，混凝土及钢筋混凝土构件拆除，木构件拆除，抹灰面拆除，块料面层拆除，龙骨及饰面拆除，屋面拆除，铲除油漆涂料裱糊面、栏杆栏板、轻质隔断隔墙拆除，门窗拆除，金属构件拆除，管道及卫生洁具拆除，灯具、玻璃拆除，其他构件拆除，开孔（打洞）
十七	措施项目	脚手架工程、混凝土模板及支架（撑）、垂直运输、超高施工增加、大型机械设备进出场及安拆、施工排水、降水、安全文明施工及其他措施项目

二、真题回顾

Ⅰ 土石方工程

（一）单选题

1. 根据《房屋建筑与装饰工程工程量计算标准》GB/T 50854—2024 规定，关于土方的项目列项或工程量计算正确的为（　　）。(2015 年)

A. 建筑物场地厚度为 350mm 的挖土应按平整场地项目列项

B. 挖一般土方的工程量通常按开挖虚方体积计算（已删）

C. 基础土方开挖需区分沟槽、基坑和一般土方项目分别列项（已删）

D. 冻土开挖工程量需按虚方体积计算

2. 某管沟工程，设计管底垫层宽度为 2000mm，开挖深度为 2.00m，管径为 1200mm，工作面宽为 400mm，管道中心线长为 180m，管沟土方工程量计算正确的为（　　）。(2015 年)

A. $432m^3$　　B. $576m^3$

C. $864m^3$　　D. $1008m^3$

3. 根据《房屋建筑与装饰工程工程量计算标准》GB/T 50854—2024 规定，关于石方的项目列项或工程量计算正确的为（　　）。(2015 年)

A. 山坡凿石按一般石方列项（已删）

B. 考虑石方运输，石方体积需折算为虚方体积计算

C. 挖管沟石方均按一般石方列项

D. 基坑底面积超过 $120m^2$ 的按一般石方列项（已删）

4. 根据《房屋建筑与装饰工程工程量计算标准》GB/T 50854—2024，若开挖设计长为 20m，宽为 6m，深度为 0.8m 的土方工程，在清单中列项应为（　　）。(2016 年)

A. 平整场地　　B. 挖沟槽

C. 挖基坑　　D. 挖一般土方（已删）

5. 根据《房屋建筑与装饰工程工程量计算标准》GB/T 50854—2024，关于挖管沟石方工程量计算，说法正确的是（　　）。(2016 年)

A. 按设计图示尺寸以管道中心线长度计算（已删）

B. 按设计图示尺寸以截面积计算

C. 有管沟设计时按管底以上部分体积计算

D. 无管沟设计时按延长米计算

6. 根据《房屋建筑与装饰工程工程量计算标准》GB/T 50854—2024，关于土石方回填工程量计算，说法正确的是（　　）。(2016 年)

A. 回填土方项目特征应包括填方来源及运距

B. 室内回填应扣除间隔墙所占体积（已删）

C. 场地回填按设计回填尺寸以面积计算（已删）

D. 基础回填不扣除基础垫层所占面积

7. 根据《房屋建筑与装饰工程工程量计算标准》GB/T 50854—2024，某建筑物场地土方工程，设计基础长 27m，宽为 8m，周边开挖深度均为 2m，实际开挖后场内堆土量为 570m^3，则土方工程量为（　　）。(2017 年)

A. 平整场地 216m^2　　B. 沟槽土方 655m^3

C. 基坑土方 528m^3　　D. 一般土方 438m^3（已删）

8. 根据《房屋建筑与装饰工程工程量计算标准》GB/T 50854—2024，石方工程量计算正确的是（　　）。(2018 年)

A. 挖基坑石方按设计图示尺寸基础底面面积乘以埋深度以体积计算

B. 挖沟槽石方按设计图示以沟槽中心线长度计算

C. 挖一般石方按设计图示开挖范围的水平投影面积计算（已删）

D. 挖管沟石方按设计图示以管道中心线长度计算

9. 某较为平整的软岩施工场地，设计长度为 30m，宽为 10m，开挖深度为 0.8m。根据《房屋建筑与装饰工程工程量计算标准》GB/T 50854—2024，开挖石方清单工程量为（　　）。(2019 年)

A. 沟槽石方工程量 300m^3　　B. 基坑石方工程量 240m^3

C. 挖管沟石方工程量 30m^3　　D. 一般石方工程量 240m^3

10. 根据《房屋建筑与装饰工程工程量计算标准》GB/T 50854—2024，挖 480mm 宽的钢筋混凝土直埋管道沟槽，每侧工作面宽度应为（　　）。(2020 年)

A. 200mm　　B. 250mm

C. 400mm　　D. 500mm

11. 根据《房屋建筑与装饰工程工程量计算标准》GB/T 50854—2024，关于回填工程量计算方法，正确的是（　　）。(2021 年)

A. 室内回填按主墙间净面积乘以回填厚度，扣除间隔墙所占体积计算（已删）

B. 场地回填按回填面积乘以平均回填厚度计算（已删）

C. 基础回填为挖方工程量减去室内地坪以下埋设的基础体积

D. 回填项目特征描述中应包括密实度和废弃料品种

12. 关于土方回填，下列说法正确的是（　　）。(2022 年)

A. 室内回填工程量按各类墙体间的净面积乘以回填厚度（已删）

B. 室外回填工程量按挖方清单项目工程量减去室外地坪以下埋设的基础体积

C. 对填方密实度要求，必须在项目特征中进行详尽描述

D. 对填方材料的品种和粒径要求，必须在项目特征中进行详尽描述

13. 根据《房屋建筑与装饰工程工程量计算标准》GB/T 50854—2024，建筑物场地厚度 250mm 的挖土，项目编码列项应为（　　）。(2022 年补考)

A. 基础土方　　B. 沟槽土方

C. 一般土方（已删）　　D. 平整场地

14. 根据《房屋建筑与装饰工程工程量计算标准》GB/T 50854—2024，下列关于基坑土方工程量计算的说法，正确的是（　　）。(2024 年)

A. 因工作面和放坡增加的工程量应单独列项

B. 按设计图示尺寸以基础垫层底面积乘以挖土深度按体积以“m^3”计算

C. 开挖深度按基础垫层上表面标高至交付施工场地标高确定

D. 项目特征不需要描述弃土运距

（二）多选题

1. 某坡地建筑基础，设计基底垫层宽为 8.0m，基础中心线长为 22.0m，开挖深度为 1.6m，地基为中等风化软岩，根据《房屋建筑与装饰工程工程量计算标准》GB/T 50854—2024 规定，关于基础石方的项目列项或工程量计算正确的为（　　）。（2015 年）

A. 按挖沟槽石方列项

B. 按挖基坑石方列项

C. 按挖一般石方列项（已删）

D. 工程量为 281.6m^3

E. 工程量为 22.0m

2. 根据《房屋建筑与装饰工程工程量计算标准》GB/T 50854—2024，关于土方工程量计算与项目列项，说法正确的有（　　）。（2016 年）

A. 建筑物场地挖、填度≤±300mm 的挖土应按一般土方项目编码列项计算（已删）

B. 平整场地工程量按设计图示尺寸以建筑物首层建筑面积计算

C. 挖一般土方应按设计图示尺寸以挖掘前天然密实体积计算

D. 挖沟槽土方工程量按沟槽设计图示中心线长度计算

E. 挖基坑土方工程量按设计图示尺寸以体积计算

3. 根据《房屋建筑与装饰工程工程量计算标准》GB/T 50854—2024，石方工程量计算正确的有（　　）。（2019 年）

A. 挖一般石方按设计图示尺寸以建筑首层面积计算（已删）

B. 挖沟槽石方按沟槽设计底面积乘以挖石深度以体积计算

C. 挖基坑石方按基坑底面积乘以自然地面测量标高至设计地坪高的平均厚度以体积计算

D. 挖管沟石方按设计图示以管道中心线长度以“m”计算

E. 挖管沟石方按设计图示截面积乘以长度以体积计算

4. 根据《房屋建筑与装饰工程工程量计算标准》GB/T 50854—2024，土方工程工程量计算正确的为（　　）。（2020 年）

A. 建筑场地厚度≤±300mm 的挖、填、运、找平，均按平整场地计算（已删）

B. 设计底宽≤7m，底长<3 倍底宽的土方开挖，按挖沟槽土方计算

C. 设计底宽>7m，底长>3 倍底宽的土方开挖，按一般土方计算（已删）

D. 设计底宽>7m，底长<3 倍底宽的土方开挖，按挖基坑土方计算

E. 土方工程量均按设计尺寸以体积计算

5. 根据《房屋建筑与装饰工程工程量计算标准》GB/T 50854—2024，关于土方工程，下列说法正确的是（　　）。（2022 年）

A. 管沟土方按设计图示尺寸以管道中心线长度计算，不扣除各类井所占长度

B. 工作面所增加的土方工程量是否计算，应按各省级建设主管部门规定实施（已删）

C. 虚方指未经碾压、堆积时间不大于 2 年的土壤（已删）

D. 桩间挖土不扣除桩的体积，但应在项目特征中加以描述（已删）

E. 基础土方开挖深度应按基础垫层底表面标高至设计室外地坪标高确定

6. 根据《房屋建筑与装饰工程工程量计算标准》GB/T 50854—2024 规定，关于土石方工程量计算，说法正确的是（　　）。(2022 年补考)

A. 平整场地按建筑物首层建筑面积计算

B. 基础土方挖土深度按照垫层底表面标高至设计室外地坪标高计算（已删）

C. 一般土方因工作面和放坡增加的工程量是否并入各土方工程量内，按各省建设主管部门的规定实施（已删）

D. 虚方指未经碾压、堆积时间≤1 年的土壤（已删）

E. 桩间挖土应扣除桩的体积，并在项目中加以描述（已删）

7. 根据《房屋建筑与装饰工程工程量计算标准》GB/T 50854—2024，下面关于土石方工程说法正确的是（　　）。(2024 年)

A. 设计底宽小于等于 7m 且底长大于底宽的 3 倍，按挖沟槽土方计算

B. 设计底宽大于 7m 且底面积大于 $150m^2$，按挖一般土方计算（已删）

C. 设计底长小于等于底宽的 3 倍且底面积小于等于 $150m^2$，按挖基坑土方计算

D. 厚度大于±300mm 的竖向布置挖土或山坡切土应按一般土方项目编码列项（已删）

E. 基础回填为挖方清单项目工程量减去自然地坪以下埋设的基础体积（不包括基础垫层及其他构筑物）

Ⅱ　地基处理与边坡支护工程

(一) 单选题

1. 对某建筑地基设计要求强夯处理，处理范围为 40. 0m×56. 0m，需要铺设 400mm 厚土工合成材料，并进行机械压实，根据《房屋建筑与装饰工程工程量计算标准》GB/T 50854—2024 规定，正确的项目列项或工程量计算是（　　）。(2015 年)

A. 铺设土工合成材料的工程量为 $896m^3$（已删）

B. 铺设土工合成材料的工程量为 $2240m^3$（已删）

C. 强夯地基工程量按一般土方项目列项

D. 强夯地基工程量为 $896m^3$

2. 根据《房屋建筑与装饰工程工程量计算标准》GB/T 50854—2024 规定，关于地基处理工程量计算正确的为（　　）。(2015 年)

A. 振冲桩（填料）按设计图示处理范围以面积计算（已删）

B. 砂石桩按设计图示尺寸以桩长（不包括桩尖）计算（已删）

C. 水泥粉煤灰碎石桩（新标准中为“水泥粉煤灰碎石桩复合地基”）按设计图示尺寸以体积计算

D. 深层搅拌桩按设计图示尺寸以桩长计算

3. 根据《房屋建筑与装饰工程工程量计算标准》GB/T 50854—2024 规定，关于基坑支护工程量计算正确的为（　　）。(2015 年)

A. 地下连续墙按设计图示墙中心线长度以“m”计算

B. 预制钢筋混凝土板桩按设计图示数量以“根”计算（已删）

C. 钢板桩按设计图示数量以“根”计算

D. 喷射混凝土按设计图示面积乘以喷层厚度以体积计算

4. 根据《房屋建筑与装饰工程工程量计算标准》GB/T 50854—2024，关于地基处理，说法正确的是（　　）。(2016 年)

A. 铺设土工合成材料按设计长度计算（已删）

B. 强夯地基按设计图示处理范围乘以深度以体积计算

C. 填料振冲桩按设计图示尺寸以体积计算（已删）

D. 砂石桩按设计数量以根计算（已删）

5. 根据《房屋建筑与装饰工程工程量计算标准》GB/T 50854—2024，关于地基处理工程量，计算正确的是（　　）。(2017 年)

A. 换填垫层按设计图示尺寸以体积计算

B. 强夯地基按设计图示处理范围乘以处理深度以体积计算

C. 填料振冲桩以填料体积计算（已删）

D. 水泥粉煤灰碎石桩按设计图示尺寸以体积计算

6. 根据《房屋建筑与装饰工程工程量计算标准》GB/T 50854—2024，基坑支护的锚杆工程量应（　　）。(2018 年)

A. 按设计图示尺寸以支护体体积计算　　B. 按设计图示尺寸以支护面积计算

C. 按设计图示尺寸以钻孔深度计算　　D. 按设计图示尺寸以质量计算

7. 根据《房屋建筑与装饰工程工程量计算标准》GB/T 50854—2024，地基处理的换填垫层项目特征中，应说明材料种类及配比、压实系数和（　　）。(2020 年)

A. 基坑深度　　B. 基底土分类

C. 边坡支护形式　　D. 掺加剂品种

8. 根据《房屋建筑与装饰工程工程量计算标准》GB/T 50854—2024，关于地下连续墙项目工程量计算，说法正确的为（　　）。(2020 年)

A. 工程量按设计图示围护结构展开面积计算

B. 工程量按连续墙中心线长度乘以高度以面积计算

C. 钢筋网的制作及安装不另计算

D. 工程量按设计图示墙中心线长乘以厚度乘以槽深以体积计算

9. 根据《房屋建筑与装饰工程工程量计算标准》GB/T 50854—2024，在地基处理项目中可以按“m^3”计量的桩为（　　）。(2021 年)

A. 砂石桩（已删除）　　B. 石灰桩（已删除）

C. 粉喷桩（已删除）　　D. 深层搅拌桩（已删除）

10. 某深层水泥搅拌桩，设计桩长 18m，设计桩底标高 -19.000m，自然地坪标高 -0.300m，设计室外地坪标高为 -0.100m，则该桩的空桩长度为（　　）m。(2022 年)

A. 0.7　　B. 0.9

C. 1.1　　D. 1.3

(二) 多选题

根据《房屋建筑与装饰工程工程量计算标准》GB/T 50854—2024，地基处理与边坡

支护工程中，可用“m^3”作计量单位的有（　　）。(2022 年)

A. 砂石桩（已删）

B. 石灰桩（已删）

C. 振冲桩（填料）（已删）

D. 深层水泥搅拌桩（ 新标准中为“水泥土搅拌桩复合地基”）

E. 注浆地基（新标准中为“注浆加固地基”）

Ⅲ 桩基础工程

（一）单选题

1. 根据《房屋建筑与装饰工程工程量计算标准》GB/T 50854—2024 规定，关于桩基础的项目列项或工程量计算，正确的为（　　）。(2015 年)

A. 预制钢筋混凝土管桩试验桩应在工程量清单中单独列项

B. 预制钢筋混凝土方桩试验桩工程量应并入预制钢筋混凝土方桩项目（已删）

C. 现场截（凿）桩头工程量不单独列项，并入桩工程量计算

D. 挖孔桩土方按设计桩长（包括桩尖）以“m”计算（已删）

2. 根据《房屋建筑与装饰工程工程量计算标准》GB/T 50854—2024，打桩工程量计算正确的是（　　）。(2017 年)

A. 打预制钢筋混凝土方桩，按设计图示尺寸桩长以“m”计算，送桩工程量另计（已删）

B. 打预制钢筋混凝土管桩，按设计图示数量以“根”计算，截桩头工程量另计（已删）

C. 钢管桩按设计图示截面积乘以桩长，以实体积计算

D. 钢板桩按不同板幅以设计长度计算

3. 根据《房屋建筑与装饰工程工程量计算标准》GB/T 50854—2024，钻孔压浆桩（新标准中为“钻孔压灌桩”）的工程量应（　　）。(2018 年)

A. 按设计图示尺寸以桩长计算　　B. 按设计图示尺寸以注浆体积计算

C. 以钻孔深度（含空钻长度）计算　　D. 按设计图示尺寸以体积计算

4. 根据《房屋建筑与装饰工程工程量计算标准》GB/T 50854—2024，打预制钢筋混凝土方桩（已删）清单工程量计算说法正确的是（　　）。(2019 年)

A. 打桩按打入实体长度（不包括桩尖）计算，以“m”计量

B. 截桩头按设计桩截面乘以桩头长度以体积计算，以“m^3”计量

C. 接桩按接头数量计算，以“个”计量

D. 送桩按送入长度计算，以“m”计量

5. 根据《房屋建筑与装饰工程工程量计算标准》GB/T 50854—2024，打桩项目工作内容应包括（　　）。(2020 年)

A. 送桩　　B. 承载力检测

C. 桩身完整性检测　　D. 截（凿）桩头

6. 国标清单中打预制管桩，需要单独列项的（　　）。(2022 年补考)

A. 送桩　　B. 接桩

C. 桩尖制作　　D. 凿桩头

7. 根据《房屋建筑与装饰工程工程量计算标准》GB/T 50854—2024，下列属于预制钢筋混凝土方桩工程量清单中项目特征的是（　　）。(2024 年)

A. 送桩　　B. 接桩

C. 沉桩方法　　D. 工作平台搭拆

（二）多选题

暂无。

Ⅳ　砌筑工程

（一）单选题

1. 根据《房屋建筑与装饰工程工程量计算标准》GB/T 50854—2024 规定，关于砖砌体工程量计算说法正确的为（　　）。(2015 年)

A. 砖基础工程量中不含基础砂浆防潮层所占体积

B. 使用同一种材料的基础与墙身以设计室内地面为分界

C. 实心砖墙的工程量中不应计入凸出墙面的砖垛体积

D. 坡屋面有屋架的外墙高由基础顶面算至屋架下弦底面（已删）

2. 根据《房屋建筑与装饰工程工程量计算标准》GB/T 50854—2024 规定，关于石砌体工程量计算正确的为（　　）。(2015 年)

A. 挡土墙按设计图示中心线长度计算

B. 勒脚工程量按设计图示尺寸以延长米计算

C. 石围墙内外地坪标高之差为挡土墙墙高时，墙身与基础以较低地坪标高为界

D. 石护坡工程量按设计图示尺寸以体积计算

3. 根据《房屋建筑与装饰工程工程量计算标准》GB/T 50854—2024，关于砌墙工程量计算，说法正确的是（　　）。(2016 年)

A. 扣除凹进墙内的管槽、暖气槽所占体积

B. 扣除伸入墙内的梁头、板头所占体积

C. 扣除凸出墙面砖垛体积

D. 扣除檩头、垫木所占体积

4. 根据《房屋建筑与装饰工程工程量计算标准》GB/T 50854—2024，砖基础工程量计算正确的是（　　）。(2017 年)

A. 外墙基础断面积（含大放脚）乘以外墙中心线长度以体积计算

B. 内墙基础断面积（大放脚部分扣除）乘以内墙净长线以体积计算

C. 地圈梁部分体积并入基础计算

D. 靠墙暖气沟挑檐体积并入基础计算

5. 根据《房屋建筑与装饰工程工程量计算标准》GB/T 50854—2024，实心砖墙工程量计算正确的是（　　）。(2017 年)

A. 凸出墙面的砖垛单独列项

B. 框架梁间内墙按梁间墙体积计算

C. 围墙扣除柱所占体积

D. 平屋顶外墙算至钢筋混凝土板顶面（已删）

6. 根据《房屋建筑与装饰工程工程量计算标准》GB/T 50854—2024，关于砌筑工程量计算，正确的是（　　）。(2018 年)

A. 砖地沟按设计图示尺寸以水平投影面积计算

B. 砖地坪按设计图示尺寸以体积计算

C. 石挡墙按设计图示尺寸以面积计算

D. 石坡道按设计图示尺寸以面积计算

7. 根据《房屋建筑与装饰工程工程量计算标准》GB/T 50854—2024，关于砌块墙清单工程量计算，正确的是（　　）。(2019 年)

A. 墙体内拉结筋不另列项计算

B. 压砌钢筋网片不另列项计算

C. 勾缝应列入工作内容

D. 垂直灰缝灌细石混凝土工程量不另列项计算（已删）

8. 工程计量单位正确的是（　　）。(2020 年)

A. 换土垫层以"m^2"为计量单位　　B. 砌块墙以"m^2"为计量单位

C. 混凝土以"m^3"为计量单位　　D. 墙面抹灰以"m^3"为计量单位

9. 根据《房屋建筑与装饰工程工程量计算标准》GB/T 50854—2024，建筑基础与墙体均为砖砌体，且有地下室，则基础与墙体的划分界线为（　　）。(2020 年)

A. 室内地坪设计标高　　B. 室外地面设计标高

C. 地下室地面设计标高　　D. 自然地面标高

10. 根据《房屋建筑与装饰工程工程量计算标准》GB/T 50854—2024，关于石砌体工程量计算，正确的为（　　）。(2020 年)

A. 石台阶项目包括石梯带和石梯膀

B. 石坡道按设计图示尺寸以水平投影面积计算

C. 石护坡按设计图示尺寸以垂直投影面积计算

D. 石挡土墙按设计图示尺寸以挡土面积计算

11. 根据《房屋建筑与装饰工程工程量计算标准》GB/T 50854—2024，关于实心砖墙工程量计算方法，正确的为（　　）。(2021 年)

A. 不扣除沿椽木、木砖及凹进墙内的暖气槽所占的体积

B. 框架间墙工程量区分内外墙，按墙体净尺寸以体积计算

C. 围墙柱体积并入围墙体积内计算

D. 有混凝土压顶围墙的高度算至压顶上表面

12. 根据《房屋建筑与装饰工程工程量计算标准》GB/T 50854—2024，关于石砌体工程量说法正确的是（　　）。(2021 年)

A. 石台阶按设计图示尺寸以水平投影面积计算

B. 石梯膀按石挡土墙项目编码列项

C. 石砌体工作内容中不包括勾缝，应单独列项计算

D. 石基础中靠墙暖气沟的挑檐并入基础体积计算

13. 下列哪个属于零星砌砖？（　　）（2022 年补考）

A. 窗台线　　B. 地沟

C. 砖砌检查　　D. 砖胎模（已删）

14. 根据《房屋建筑与装饰工程工程量计算标准》GB/T 50854—2024 规定，下列关于石砌体工程量计算的说法，正确的是（　　）。（2023 年）

A. 石砌体勾缝按设计图示尺寸以长度“m”计算

B. 石勒脚按设计图示尺寸以面积“m^2”计算

C. 石挡土墙按设计图示尺寸以体积“m^3”计算

D. 石台阶按设计图示尺寸以水平投影面积“m^2”计算

15. 根据《房屋建筑与装饰工程工程量计算标准》GB/T 50854—2024，下列关于砖砌体工程量计算规则正确的是（　　）。（2024 年）

A. 砖基础的防潮层应单独列项计算

B. 多孔砖墙工作内容不包括勾缝

C. 实心砖墙扣除梁头、板头所占体积

D. 实心砖柱不扣除现浇混凝土及钢筋混凝土梁垫、梁头、板头所占体积

16. 根据《房屋建筑与装饰工程工程量计算标准》GB/T 50854—2024，下列关于砌块砌体工程量计算规范说法正确的是（　　）。（2024 年）

A. 压砌钢筋网片不另计算

B. 砌块具体工作内容中不包括勾缝

C. 砌体内加筋、墙体拉结的制作、安装，不单独编码列项

D. 砌体垂直灰缝采用细石混凝土灌实，混凝土应另列项计算（已删）

（二）多选题

暂无。

V　混凝土及钢筋混凝土工程

（一）单选题

1. 根据《房屋建筑与装饰工程工程量计算标准》GB/T 50854—2024 规定，关于现浇混凝土基础的项目列项或工程量计算正确的为（　　）。（2015 年）

A. 箱式满堂基础中的墙按现浇混凝土墙列项

B. 箱式满堂基础中的梁按满堂基础列项

C. 框架式设备基础的基础部分按现浇混凝土墙列项

D. 框架式设备基础的柱和梁按设备基础列项

2. 根据《房屋建筑与装饰工程工程量计算标准》GB/T 50854—2024 规定，关于现浇混凝土柱的工程量计算正确的为（　　）。（2015 年）

A. 有梁板的柱按设计图示截面积乘以柱基上表面或楼板上表面至上一层楼板底面之间的高度以体积计算（已删）

B. 无梁板的柱按设计图示截面积乘以柱基上表面或楼板上表面至柱帽下表面之间的高度以体积计算（已删）

C. 框架柱按柱基上表面至柱顶高度以“m”计算

D. 构造柱按设计柱高以“m”计算

3. 根据《房屋建筑与装饰工程工程量计算标准》GB/T 50854—2024 规定，关于现浇混凝土板的工程量计算正确的为（　　）。(2015 年)

A. 栏板按设计图示尺寸以面积计算

B. 雨篷按设计外墙中心线外图示体积计算（已删）

C. 阳台板按设计外墙中心线外图示面积计算

D. 散水按设计图示尺寸以面积计算

4. 根据《房屋建筑与装饰工程工程量计算标准》GB/T 50854—2024，关于现浇混凝土柱高计算，说法正确的是（　　）。(2016 年)

A. 有梁板的柱高自楼板上表面至上一层楼板下表面之间的高度计算（已删）

B. 无梁板的柱高自楼板上表面至上一层楼板下表面之间的高度计算（已删）

C. 框架柱的柱高自柱基上表面至柱顶高度减去各层板厚的高度计算

D. 构造柱按全高计算

5. 根据《房屋建筑与装饰工程工程量计算标准》GB/T 50854—2024，关于预制混凝土构件工程量计算，说法正确的是（　　）。(2016 年)

A. 如以构件数量作为计量单位，特征描述中必须说明单件体积

B. 异形柱应扣除构件内预埋铁件所占体积，铁件另计

C. 大型板应扣除单个尺寸≤300mm×300mm 的孔洞所占体积

D. 空心板不扣除空洞体积

6. 后张法施工预应力混凝土，孔道长度为 12.00m，采用后张混凝土自锚低合金钢筋。钢筋工程量计算的每孔钢筋长度为（　　）。(2016 年)

A. 12.00m　　B. 12.15m

C. 12.35m　　D. 13.00m

7. 根据《房屋建筑与装饰工程工程量计算标准》GB/T 50854—2024，某钢筋混凝土梁长为 12000mm。设计保护层厚为 25mm，钢筋为 ϕ10@300，则该梁所配钢筋数量应为（　　）。(2016 年)

A. 40 根　　B. 41 根

C. 42 根　　D. 300 根

8. 根据《房屋建筑与装饰工程工程量计算标准》GB/T 50854—2024，现浇混凝土墙（新标准中为“钢筋混凝土墙”）工程量应（　　）。(2017 年)

A. 扣除突出墙面部分体积　　B. 不扣除面积为 0.33m^2 孔洞体积

C. 将伸入墙内的梁头计入　　D. 扣除预埋铁件体积

9. 根据《房屋建筑与装饰工程工程量计算标准》GB/T 50854—2024，现浇混凝土工程量计算正确的是（　　）。(2017 年)

A. 雨篷与圈梁连接时其工程量以梁中心为分界线（已删）

B. 阳台梁与圈梁连接部分并入圈梁工程量（已删）

C. 挑檐板按设计图示水平投影面积计算

D. 空心板按设计图示尺寸以体积计算，空心部分不予扣除

10. 根据《混凝土结构设计规范》GB/T 50010—2010，设计使用年限为 50 年的二 b 环境类别条件下，混凝土梁柱最外层钢筋保护层最小厚度应为（　　）。(2017 年)

A. 25mm　　B. 35mm

C. 40mm　　D. 50mm

11. 根据《混凝土结构工程施工规范》GB 50666—2011，一般构件的箍筋加工时，应使（　　）。(2017 年)

A. 弯钩的弯折角度不小于 45°

B. 弯钩的弯折角度不小于 90°

C. 弯折后平直段长度不小于 2.5d

D. 弯折后平直段长度不小于 3d

12. 根据《房屋建筑与装饰工程工程量计算标准》GB/T 50854—2024，预制混凝土构件工程量计算正确的是（　　）。(2018 年)

A. 过梁按照设计图示尺寸以中心线长度计算

B. 平板按照设计图示以水平投影面积计算

C. 楼梯按照设计图示尺寸以体积计算

D. 井盖板按设计图示尺寸以面积计算

13. 根据《房屋建筑与装饰工程工程量计算标准》GB/T 50854—2024，钢筋工程中钢筋网片工程量（　　）。(2018 年)

A. 不单独计算

B. 按设计图示以数量计算

C. 按设计图示面积乘以单位理论质量计算

D. 按设计图示尺寸以“片”计算

14. 根据《房屋建筑与装饰工程工程量计算标准》GB/T 50854—2024，现浇混凝土构件清单工程量计算正确的是（　　）。(2019 年)

A. 建筑物散水工程量并入地坪不单独计算

B. 室外台阶工程量并入室外楼梯工程量

C. 压顶工程量可按设计图示尺寸以体积计算，以“m^3”计量（已删）

D. 室外坡道工程量不单独计算

15. 关于混凝土保护层厚度，下列说法正确的是（　　）。(2019 年)

A. 现浇混凝土柱中钢筋的混凝土保护层厚度指纵向主筋至混凝土外表面的距离

B. 基础中钢筋的混凝土保护层厚度应从垫层顶面算起，且不应小于 30mm

C. 混凝土保护层厚度与混凝土结构设计使用年限无关

D. 混凝土构件中受力钢筋的保护层厚度不应小于钢筋的公称直径

16. 根据《房屋建筑与装饰工程工程量计算标准》GB/T 50854—2024，现浇混凝土过梁工程量计算正确的是（　　）。(2020 年)

A. 伸入墙内的梁头计入梁体积

B. 墙内部分的梁垫按其他构件项目列项

C. 梁内钢筋所占体积予以扣除

D. 按设计图示中心线计算（已删）

17. 根据《房屋建筑与装饰工程工程量计算标准》GB/T 50854—2024，现浇混凝土雨篷工程量计算正确的为（　　）。(2020 年)

A. 并入墙体工程量，不单独列项

B. 按水平投影面积计算

C. 按设计图示尺寸以墙外部分体积计算

D. 扣除伸出墙外的牛腿体积（已删）

18. 根据《房屋建筑与装饰工程工程量计算标准》GB/T 50854—2024，现浇混凝土构件工程量计算正确的为（　　）。(2020 年)

A. 坡道按设计图示尺寸以“m^3”计算

B. 架空式台阶按现浇楼梯计算（已删）

C. 室外地坪按设计图示面积乘以厚度以“m^3”计算

D. 地沟按设计图示结构截面积乘以中心线长度以“m^3”计算

19. 根据《房屋建筑与装饰工程工程量计算标准》GB/T 50854—2024，关于混凝土柱工程量计算正确的为（　　）。(2021 年)

A. 有梁板的柱高，自柱基上表面至柱顶标高计算（已删）

B. 无梁板的柱高，自柱基上表面至柱帽上表面计算（已删）

C. 框架柱的柱高，自柱基上表面至柱顶高度计算（已删）

D. 构造柱嵌接墙体部分并入墙体工程量计算

20. 《房屋建筑与装饰工程工程量计算标准》GB/T 50854—2024，关于混凝土墙的工程量，下列说法正确的是（　　）。(2022 年)

A. 现浇混凝土墙包括直行墙、异形墙、短肢剪力墙和挡土墙（已删）

B. 墙垛突出墙面部分并入墙体体积内

C. 短肢剪力墙厚度小于等于 250mm（已删）

D. 短肢剪力墙截面高度与厚度之比最小值小于 4（已删）

21. 《房屋建筑与装饰工程工程量计算标准》GB/T 50854—2024，关于钢筋工程量，下列说法正确的是（　　）。(2022 年)

A. 钢筋网片按钢筋规格不同以“m^2”计算

B. 混凝土保护层厚度是结构构件中最外层钢筋外边缘至混凝土外表面的距离

C. 碳素钢丝采用镦头锚具时，钢丝束长度按孔道长度增加 0.5m 计算（已删）

D. 声测管按设计图示尺寸以“m”计算

22. 根据《房屋建筑与装饰工程工程量计算标准》GB/T 50854—2024，下列现浇混凝土项目工程量计算规则正确的是（　　）。(2022 年补考)

A. 依附于现浇矩形柱上的牛腿部分工程量，应单独列项计算（已删）

B. 有梁板工程量应区分梁、板，分别列项计算（已删）

C. 雨篷的工程量应包括伸出墙外的牛腿和雨篷反挑檐的体积（已删）

D. 空心板体积计算时不扣除空心部分体积，但应在项目特征中进行描述

23. 根据相关规定，设计使用年限为 100 年的混凝土结构，最外层钢筋的保护层厚度不应小于混凝土保护层最小厚度表规定取值的（　　）。(2022 年补考)

A. 1.2　　B. 1.3

C. 1.4　　D. 1.5

24. 根据《房屋建筑与装饰工程工程量计算标准》GB/T 50854—2024 规定，下列关于现浇混凝土工程量计算的说法，正确的是（　　）。(2023 年)

A. 当整体楼梯与现浇楼板无梯梁连接时，楼梯工程量以最后一个踏步边缘加 300mm 为界

B. 电缆沟按设计图示尺寸以"m^3"计算

C. 楼梯扶手按设计图示尺寸以水平投影面积"m^3"计算

D. 后浇带工程量按设计图示的中心线长度以延长米计算

25. 根据《混凝土结构工程施工规范》GB 50666—2011 规定，下列关于箍筋计算方法，正确的是（　　）。(2023 年)

A. 箍筋单根长度=箍筋的外皮尺寸周长+2×弯钩增加长度

B. 双肢箍单根长度=箍筋的外皮尺寸周长+2×混凝土保护层厚度

C. 双肢箍单根长度=构件周长-2×混凝保护层厚度+2×弯钩增加长度

D. 箍筋根数=箍筋分布长度/箍筋间距-1

26. 根据《房屋建筑与装饰工程工程量计算标准》GB/T 50854—2024，下列关于预制混凝土构件工程量清单编码列项的说法，正确的是（　　）。(2024 年)

A. 预制双 T 形板，按带肋板项目编码列项

B. 预制大型墙板、大型楼板，按平板项目编码列项

C. 预制带反挑檐的雨棚板、挑檐板，按平板项目编码列项

D. 不带肋的预制雨棚板、挑檐，板按其他构件项目编码列

（二）多选题

1. 根据《房屋建筑与装饰工程工程量计算标准》GB/T 50854—2024 规定，关于现浇混凝土构件工程量计算正确的为（　　）。(2015 年)

A. 电缆沟、地沟按设计图示尺寸以面积计算

B. 台阶按设计图示尺寸以水平投影面积或体积计算

C. 压顶按设计图示尺寸以水平投影面积计算

D. 扶手按设计图示尺寸以体积计算

E. 检查井按设计图示尺寸以体积计算

2. 根据《房屋建筑与装饰工程工程量计算标准》GB/T 50854—2024 规定，关于钢筋保护工程量计算正确的为（　　）。(2015 年)

A. ϕ20mm 钢筋一个半圆弯钩的增加长度为 125mm

B. ϕ16mm 钢筋一个 90°弯钩的增加长度为 56mm

C. ϕ20mm 钢筋弯起 45°，弯起高度为 450mm，一侧弯起增加的长度为 186.3mm

D. 通常情况下混凝土板的钢筋保护层厚度不小于 15mm

E. 箍筋根数=构件长度/箍筋间距+1

3. 根据《房屋建筑与装饰工程工程量计算标准》GB/T 50854—2024，现浇混凝土构件工程量计算正确的有（　　）。(2017 年)

A. 构造柱按柱断面尺寸乘以全高以体积计算，嵌入墙体部分不计

B. 框架柱工程量按柱基上表面至柱顶以高度计算（已删）

C. 梁按设计图示尺寸以体积计算，主梁与次梁交界处按主梁体积计算

D. 混凝土弧形墙按垂直投影面积乘以墙厚以体积计算（已删）

E. 挑檐板按设计图示尺寸体积计算

4. 根据《房屋建筑与装饰工程工程量计算标准》GB/T 50854—2024，现浇混凝土板清单工程量计算正确的有（　　）。(2019 年)

A. 压型钢板混凝土楼板扣除钢板所占体积

B. 空心板不扣除空心部分体积

C. 雨篷反挑檐的体积并入雨篷内一并计算（已删）

D. 悬挑板不包括伸出墙外的牛腿体积（已删）

E. 挑檐板按设计图示尺寸以体积计算

5. 根据《房屋建筑与装饰工程工程量计算标准》GB/T 50854—2024，下列关于现浇混凝土其他构件工程量计算规则，正确的是（　　）。(2021 年)

A. 架空式混凝土台阶，按现浇楼梯计算（已删）

B. 围墙压顶，按设计图示尺寸的中心线以延长米计算

C. 坡道按设计图示尺寸斜面积计算

D. 台阶按设计图示尺寸的展开面积计算

E. 电缆沟、地沟按设计图示尺寸的中心线长度计算

6. 根据《房屋建筑与装饰工程工程量计算标准》GB/T 50854—2024，下列关于现浇混凝土墙工程量计算规范规则，正确的有（　　）。(2024 年)

A. 短肢剪力墙应按柱项目编码列项（已删）

B. 墙柱、墙梁及凸出墙面部分不并入墙体体积内

C. 按设计图示尺寸体积以“m^3”计算计量

D. 不扣除构件内钢筋，预埋铁件所占体积

E. 扣除门窗洞口及单个面积大于 0. 3m^2 的孔洞所占体积

Ⅵ　金属结构工程

（一）单选题

1. 根据《房屋建筑与装饰工程工程量计算标准》GB/T 50854—2024，关于金属结构工程量计算，说法正确的是（　　）。(2016 年)

A. 钢桁架工程量应增加铆钉质量

B. 钢桁架工程量中应扣除切边部分质量（已删）

C. 钢屋架工程量中螺栓质量不另计算

D. 钢屋架工程量中应扣除孔眼质量

2. 根据《房屋建筑与装饰工程工程量计算标准》GB/T 50854—2024，球型节点钢网架工程量（　　）。(2017 年)

A. 按设计图示尺寸以质量计算

B. 按设计图示尺寸以“榀”计算

C. 按设计图示尺寸以铺设水平投影面积计算

D. 按设计图示构件尺寸以总长度计算

3. 根据《房屋建筑与装饰工程工程量计算标准》GB/T 50854—2024，钢屋架工程量计算应（　　）。(2018 年)

A. 不扣除孔眼的质量　　B. 按设计用量计算螺栓质量

C. 按设计用量计算铆钉质量　　D. 按设计用量计算焊条质量

4. 根据《房屋建筑与装饰工程工程量计算标准》GB/T 50854—2024，压型钢板楼板（新标准中为“压型钢板楼承板”）工程量应（　　）。(2018 年)

A. 按设计图示尺寸以体积计算

B. 扣除所有柱垛及孔洞所占面积

C. 按设计图示尺寸以铺设水平投影面积计算

D. 按设计图示尺寸以质量计算

5. 根据《房屋建筑与装饰工程工程量计算标准》GB/T 50854—2024，关于钢网架清单项目，下列说法正确的是（　　）。(2019 年)

A. 钢网架项目特征中应明确探伤和防火要求

B. 钢网架铆钉应按设计图示个数以数量计量

C. 钢网架中螺栓按个数以数量计量

D. 钢网架按设计图示尺寸扣除孔眼部分以质量计算

6. 根据《房屋建筑与装饰工程工程量计算标准》GB/T 50854—2024，金属结构钢管柱清单工程量计算时，不予计量的是（　　）。(2019 年)

A. 节点板　　B. 螺栓

C. 加强环　　D. 牛腿

7. 根据《房屋建筑与装饰工程工程量计算标准》GB/T 50854—2024，压型钢板楼板（新标准中为“压型钢板楼承板”）清单工程量计算应（　　）。(2019 年)

A. 按设计图示数量计算，以“t”计量

B. 按设计图示规格计算，以“块”计量

C. 不扣除孔洞部分

D. 按设计图示以铺设水平投影面积计算，以“m^2”计量

8. 根据《房屋建筑与装饰工程工程量计算标准》GB/T 50854—2024，钢网架项目特征必须进行描述的是（　　）。(2022 年)

A. 安装高度　　B. 单件质量

C. 螺栓种类　　D. 油漆品种

9. 根据《房屋建筑与装饰工程工程量计算标准》GB/T 50854—2024 规定，下列关于

金属结构工程量计算的说法，正确的是（　　）。(2023 年)

A. 压型钢板楼板（新标准中为“压型钢板楼承板”）按设计图示尺寸以铺设水平投影面积“m^2”计算

B. 压型钢板墙板（新标准中为“钢板墙板”）按设计图示尺寸以质量“t”计算

C. 钢走道按设计图示尺寸以铺设面积“m^2”计算

D. 钢栏杆按设计图示尺寸以延长米“m”计算

10. 根据《房屋建筑与装饰工程工程量计算标准》GB/T 50854—2024 规定，下列关于金属制品工程量计算的说法，正确的是（　　）。(2023 年)

A. 成品空调金属百页护栏按设计图示尺寸以质量计算（已删）

B. 成品雨篷以“m”计量时，按设计图示接触边长计算（已删）

C. 砌块墙钢丝网加固按设计图示尺寸以质量计算（已删）

D. 抹灰钢丝网加固不另编码列项（已删）

11. 根据《房屋建筑与装饰工程工程量计算标准》GB/T 50854—2024 规定，下列关于金属结构工程量计算说法，正确的是（　　）。(2023 年)

A. 钢屋架工程量中，焊条、铆钉、螺栓等另增加质量

B. 空腹钢柱上的牛腿及悬臂梁等并入钢柱工程量内

C. 钢管柱上的节点板、加强环、内衬管、牛腿按零星构件项目单独列项

D. 制动梁、制动板、制动架、车挡按零星构件项目单独列项

12. 根据《房屋建筑与装饰工程工程量计算规则》(GB50854—2013)，下列关于金属结构工程量计算规范的说法，正确的是（　　）。(2024 年)

A. 钢屋架的工程量中，焊条、铆钉、螺栓等另增加质量

B. 球形节点钢网架的工程量中，焊条、铆钉等另增加质量

C. 实腹钢柱上的牛腿及悬臂梁等按零星构件项目单独列项

D. 钢管柱上的节点板、加强环、内衬管、牛腿等并入钢管柱工程量内

13. 根据《房屋建筑与装饰工程工程量计算标准》GB/T 50854—2024，下列关于金属结构中钢屋架工程计算规则的说法正确的是（　　）。(2024 年)

A. 以“t”计量时，扣除孔眼的质量

B. 以“t”计量时，螺栓单独列项计算

C. 以“榀”计量时，螺栓单独列项计算

D. 以“榀”计量时，按非标准图设计的项目特征应描述单榀屋架的质量

14. 根据《房屋建筑与装饰工程工程量计算标准》GB/T 50854—2024，下列关于钢板楼板、墙板、钢构件计算说法正确的是（　　）。(2024 年)

A. 钢平台按照设计图片尺寸铺设面积以“m^2”计算

B. 钢板天沟按照设计图示尺寸延长米以“m”计算

C. 压型钢楼板（新标准中为“压型钢板楼承板”）按照设计图示尺寸质量以“t”计算

D. 压型钢墙板（新标准中为“压型钢墙”）按照设计图示尺寸铺挂展开面积以“m^2”计算

（二）多选题

根据《房屋建筑与装饰工程工程量计算标准》GB/T 50854—2024 规定，关于金属结构工程量计算正确的为（　　）。（2015 年）

A. 钢吊车梁工程量应计入制动板、制动梁、制动桁架和车挡的工程量

B. 钢梁工程量中不计算铆钉、螺栓工程量

C. 压型钢板墙板（新标准中为“压型钢墙”）工程量不计算包角、包边

D. 钢板天沟按设计图示尺寸以长度计算

E. 成品雨篷按设计图示尺寸以质量计算（已删）

Ⅶ 木结构

（一）单选题

根据《房屋建筑与装饰工程工程量计算标准》GB/T 50854—2024，钢木屋架工程应（　　）。（2018 年）

A. 按设计图示数量以“榀”计算

B. 按设计图示尺寸以体积计算

C. 按设计图示尺寸以下弦中心线长度计算

D. 按设计图示尺寸以上部屋面斜面积计算

（二）多选题

根据《房屋建筑与装饰工程工程量计算标准》GB/T 50854—2024，非标准图设计（已删）木屋架项目特征中应描述（　　）。（2019 年）

A. 跨度　　B. 材料品种及规格

C. 运输和吊装要求　　D. 刨光要求

E. 防护材料种类

Ⅷ 门窗工程

（一）单选题

1. 根据《房屋建筑与装饰工程工程量计算标准》GB/T 50854—2024，关于门窗工程量计算，说法正确的是（　　）。（2016 年）

A. 木质门带套工程量应按套外围面积计算

B. 门窗工程量计量单位与项目特征描述无关

C. 门窗工程量按图示尺寸以面积为单位时，项目特征必须描述洞口尺寸（已删）

D. 门窗工作量按数量以“樘”为单位时，项目特征必须描述洞口尺寸（已删）

2. 根据《房屋建筑与装饰工程工程量计算标准》GB/T 50854—2024，门窗工程量计算正确的是（　　）。（2018 年）

A. 木门框按设计图示洞口尺寸以面积计算

B. 金属纱窗按设计图示洞口尺寸以面积计算

C. 石材窗台板按设计图示以水平投影面积计算

D. 木门的门锁安装按设计图示数量计算

3. 根据《房屋建筑与装饰工程工程量计算标准》GB/T 50854—2024，金属门清单工

程量计算正确的是（　　）。(2019 年)

A. 门锁、拉手按金属门五金一并计算，不单独列项

B. 按设计图示洞口尺寸以质量计算

C. 按设计门框或扇外围图示尺寸以质量计算

D. 钢质防火门和防盗门不按金属门列项

4. 根据《房屋建筑与装饰工程工程量计算标准》GB/T 50854—2024，木门综合单价计算不包括（　　）。(2020 年)

A. 折页、插销安装

B. 门碰珠、弓背拉手安装

C. 弹簧折页安装

D. 门锁安装

5. 根据《房屋建筑与装饰工程工程量计算标准》GB/T 50854—2024，关于木质门及金属门工程量清单项目所包含的五金配件，下列说法正确的是（　　）。(2022 年补考)

A. 木质门五金安装中未包括地弹簧安装

B. 木质门五金安装中包括了门锁安装

C. 金属门五金安装中未包括电子锁安装

D. 金属门五金安装中包括了装饰拉手安装

(二) 多选题

根据《房屋建筑与装饰工程工程量计算标准》GB/T 50854—2024，下列关于门窗工程计算正确的有（　　）。(2021 年)

A. 金属门五金应单独列项计算

B. 木门门锁已包含在五金中，不另计算

C. 金属橱窗、飘窗以“樘”计量，项目特征必须描述框外围展开面积

D. 木质门，按门外围尺寸的面积计量

E. 防护铁丝门，刷防护涂料应包括在综合单价中

Ⅸ　屋面及防水工程

(一) 单选题

1. 根据《房屋建筑与装饰工程工程量计算标准》GB/T 50854—2024，屋面防水工程量计算，说法正确的是（　　）。(2016 年)

A. 斜屋面卷材防水，工程量按水平投影面积计算

B. 平屋面涂膜防水，工程量不扣除烟囱所占面积

C. 平屋面女儿墙弯起部分卷材防水不计工程量

D. 平屋面伸缩缝卷材防水不计工程量

2. 根据《房屋建筑与装饰工程工程量计算标准》GB/T 50854—2024，屋面防水及其他工程量计算正确的是（　　）。(2017 年)

A. 屋面卷材防水按设计图尺寸以面积计算，防水搭接及附加层用量按设计尺寸计算

B. 屋面排水管设计未标注尺寸，考虑弯折处的增加以长度计算

C. 屋面铁皮天沟按设计图示尺寸以展开面积计算

D. 屋面变形缝按设计尺寸以铺设面积计算

3. 根据《房屋建筑与装饰工程工程量计算标准》GB/T 50854—2024，斜屋面防水工程量应（　　）。(2018 年)

A. 按设计图示尺寸以水平投影面积计算

B. 按设计图示尺寸以斜面积计算

C. 扣除房上烟囱、风帽底座所占面积

D. 扣除屋面小气窗、斜沟所占面积

4. 根据《房屋建筑与装饰工程工程量计算标准》GB/T 50854—2024，屋面防水工程量计算正确的为（　　）。(2020 年)

A. 斜屋面按水平投影面积计算

B. 女儿墙处弯起部分应单独列项计算

C. 防水卷材搭接用量不另行计算

D. 屋面伸缩缝弯起部分单独列项计算

5. 根据《房屋建筑与装饰工程工程量计算标准》GB/T 50854—2024，关于屋面工程量计算方法，正确的为（　　）。(2021 年)

A. 瓦屋面按设计图示尺寸以水平投影面积计算

B. 膜结构屋面按设计图示尺寸以斜面积计算

C. 瓦屋面若是在木基层上铺瓦，木基层包含在综合单价中

D. 型材屋面的金属檩条工作内容包含了檩条制作、运输和安装（已删）

6. 根据《房屋建筑与装饰工程工程量计算标准》GB/T 50854—2024，屋面卷材工程量计算，下列说法正确的是（　　）。(2022 年)

A. 应扣除屋面小气窗所占面积　　B. 不扣除斜沟的所占面积

C. 屋面卷材空铺层所占面积另行计算　D. 屋面女儿墙的弯起部分不计算

7. 根据《房屋建筑与装饰工程工程量计算标准》GB/T 50854—2024 规定，下列关于屋面防水及其他工程量计算的说法，正确的是（　　）。(2023 年)

A. 平屋顶找坡屋面卷材防水按水平投影面积计算

B. 屋面刚性层按设计图示尺寸面积乘以厚度以“m^3”计算

C. 屋面变形缝按设计图示尺寸宽度乘以长度以“m^2”计算

D. 屋面排水管按设计图示尺寸断面面积乘以高度以“m^3”计算

8. 根据《房屋建筑与装饰工程工程量计算标准》GB/T 50854—2024 规定，下列关于楼面防水工程量计算的说法，正确的是（　　）。(2023 年)

A. 楼面防水按主墙间净空面积乘以厚度以“m^3”计算

B. 楼面防水反边高度大于 300mm 按墙面防水计算

C. 楼面变形缝按设计图示尺寸以面积“m^2”计算

D. 楼面防水找平层不另编码列项

9. 根据《房屋建筑与装饰工程工程量计算标准》GB/T 50854—2024，下列关于屋面防水及其他工程量计算的说法，正确的是（　　）。(2024 年)

A. 平屋顶找坡屋面卷材防水层按斜面积以“m^2”计算

B. 屋面排水管按设计图示尺寸以“m”计算

C. 屋面天沟、檐沟按设计图示尺寸延长米以“m”计算

D. 屋面刚性层按设计图示尺寸面积乘以厚度“m^3”计算

（二）多选题

1. 根据《房屋建筑与装饰工程工程量计算标准》GB/T 50854—2024，墙面防水工程量计算正确的有（　　）。(2018 年)

A. 墙面涂膜防水按设计图示尺寸以质量计算

B. 墙面砂浆防水按设计图示尺寸以体积计算（已删）

C. 墙面变形缝按设计图示尺寸以长度计算

D. 墙面卷材防水按设计图示尺寸以面积计算

E. 墙面防水搭接用量按设计图示尺寸以面积计算

2. 根据《房屋建筑与装饰工程工程量计算标准》GB/T 50854—2024，屋面及防水工程工程量计算正确的有（　　）。(2019 年)

A. 屋面排水管按檐口至设计室外散水上表面垂直距离计算

B. 斜屋面卷材防水按屋面水平投影面积计算

C. 屋面排气管按设计图示以数量计算

D. 屋面檐沟防水按设计图示尺寸以展开面积计算

E. 屋面变形缝按设计图示以长度计算

3. 根据《房屋建筑与装饰工程工程量计算标准》GB/T 50854—2024，关于墙面变形缝、防水、防潮工程量计算，说法正确的为（　　）。(2020 年)

A. 墙面卷材防水按设计图示尺寸以面积计算

B. 墙面防水搭接及附加层用量应另行计算

C. 墙面砂浆防水项目中钢丝网不另行计算

D. 墙面变形缝按设计图示立面投影面积计算

E. 墙面变形缝若做双面，按设计图示长度尺寸乘以 2 计算

4. 根据《房屋建筑与装饰工程工程量计算标准》GB/T 50854—2024 规定，关于楼面防水说法正确的是（　　）。(2022 年补考)

A. 工程量按主墙间净面积计算

B. 扣除柱及凸出墙面的垛所占面积

C. 反边高度为 350mm，其反边全部算作墙面防水

D. 楼面变形缝不计算，在综合单价中考虑

E. 防水搭接不另计算，但附加层需另行计算

X　保温、隔热、防腐工程

（一）单选题

1. 根据《房屋建筑与装饰工程工程量计算标准》GB/T 50854—2024，与墙相连的墙间柱保温隔热工程量计算正确的为（　　）。(2020 年)

A. 按设计图示尺寸以“m^2”单独计算

B. 按设计图示尺寸以“m”单独计算

C. 不单独计算，并入保温墙体工程量内

D. 按设计图示柱展开面积“m^2”单独计算

2. 根据《房屋建筑与装饰工程工程量计算标准》GB/T 50854—2024，关于保温隔热工程量，计算方法正确的为（　　）。(2021 年)

A. 柱帽保温隔热包含在柱保温工程量内

B. 池槽保温隔热按其他保温隔热项目编码列项

C. 保温隔热墙面工程量计算时，门窗洞口侧壁不增加面积

D. 保温隔热梁按设计图示梁断面周长乘以保温层长度以面积计算

3. 根据《房屋建筑与装饰工程工程量计算标准》GB/T 50854—2024，关于防腐工程说法正确的是（　　）。(2022 年补考)

A. 防腐踢脚线，应按楼地面装饰工程“踢脚线”项目编码列项

B. 平面防腐清单工程量应按实际涂刷面积进行计算

C. 防腐涂料需刮腻子时，应按油漆工程“满刮腻子”项目编码列项

D. 砌筑沥青浸渍砖，应按砌筑工程中“特种砖砌体”项目编码列项

4. 根据《房屋建筑与装饰工程工程量计算标准》GB/T 50854—2024 规定，下列关于保温隔热工程量计算的说法，正确的是（　　）。(2023 年)

A. 保温隔热屋面按设计图示尺寸面积乘以厚度以“m^3”计算

B. 保温隔热墙面按设计图示尺寸面积乘以厚度以“m^3”计算

C. 梁保温按设计图示梁断面保温层中心线展开长度乘以保温层长度以“m^2”计算

D. 保温隔热楼地面按设计图示尺寸面积乘以厚度以“m^3”计算

5. 根据《房屋建筑与装饰工程工程量计算标准》GB/T 50854—2024，下列关于保温隔热工程量计算的说法正确的是（　　）。(2024 年)

A. 保温隔热层屋面按设计尺寸面积（扣除孔洞所占面积）以“m^2”计算

B. 与保温隔热层天棚相连的梁应单独列项计算

C. 保温隔热层楼地面按设计图示尺寸面积乘以厚度以“m^3”计算

D. 柱保温隔热工程量按柱断面保温层中心线展开长度乘以保温层高度以“m^2”计算

（二）多选题

暂无。

XI　楼地面装饰工程

（一）单选题

1. 根据《房屋建筑与装饰工程工程量计算标准》GB/T 50854—2024，石材踢脚线工程量应（　　）。(2018 年)

A. 不予计算　　B. 并入地面面层工程量

C. 按设计图示尺寸以长度计算　　D. 按设计图示长度乘以高度以面积计算

2. 根据《房屋建筑与装饰工程工程量计算标准》GB/T 50854—2024，楼地面装饰工程中，门洞、空圈、暖气包槽、壁龛应并入相应工程量的是（　　）。(2021 年)

A. 碎石材楼地面　　B. 水磨石楼地面（已删）

C. 细石混凝土楼地面　　D. 水泥砂浆楼地面

3. 根据《房屋建筑与装饰工程工程量计算标准》GB/T 50854—2024，关于楼梯装饰工程说法正确的是（　　）。（2022 年补考）

A. 楼梯与楼地面相连时，应算至最上一层踏步边沿加 300mm

B. 如遇细石混凝土找平，应另单独列项计算

C. 楼梯防滑条不另单独计算，在综合单价中考虑

D. 楼梯侧边镶贴块料饰品，并入楼梯工程量内计算

4. 根据《房屋建筑与装饰工程工程量计算标准》GB/T 50854—2024 规定，下列关于地面装饰工程量计算的说法，正确的是（　　）。（2023 年）

A. 整体地面工程量扣除墙厚不大于 120m 的间墙所占面积（已删）

B. 整体地面垫层不需单独列项计算

C. 整体地面找平层单独列项计算

D. 橡塑面层地面中的找平层需要另外计算

（二）多选题

1. 根据《房屋建筑与装饰工程工程量计算标准》GB/T 50854—2024，关于装饰工程量计算，说法正确的有（　　）。（2016 年）

A. 自流坪地面按设计图示尺寸以面积计算

B. 整体面层按设计图示尺寸以面积计算

C. 块料踢脚线可按延长米计算

D. 石材台阶面装饰设计图示以台阶最上踏步外沿以外水平投影面积计算

E. 塑料板楼地面（新标准中改为“橡塑板楼地面”）按设计图示尺寸以面积计算

2. 根据《房屋建筑与装饰工程工程量计算标准》GB/T 50854—2024，楼地面装饰工程量计算正确的有（　　）。（2018 年）

A. 现浇水磨石楼地面按设计图示尺寸以面积计算

B. 细石混凝土楼地面按设计图示尺寸以体积计算

C. 块料台阶面按设计图示尺寸以展开面积计算

D. 金属踢脚线按延长米计算

E. 石材楼地面按设计图示尺寸以面积计算

3. 楼地面整体装饰面层有（　　）。（2022 年补考）

A. 现浇水磨石楼地面（已删）　　B. 细石混凝土楼地面

C. 橡胶楼地面　　D. 菱苦土整体楼地面（已删）

E. 自流坪楼地面

Ⅻ　墙、柱面装饰与隔断、幕墙工程

（一）单选题

1. 根据《房屋建筑与装饰工程工程量计算标准》GB/T 50854—2024，关于抹灰工程量说法正确的是（　　）。（2016 年）

A. 墙面抹灰工程量应扣除墙与构件交接处面积

B. 有墙裙的内墙抹灰按主墙间净长乘以墙裙顶至天棚底高度以面积计算（已删）

C. 内墙裙抹灰不单独计算（已删）

D. 外墙抹灰按外墙展开面积计算（已删）

2. 根据《房屋建筑与装饰工程工程量计算标准》GB/T 50854—2024，墙面抹灰工程量计算正确的为（　　）。(2020 年)

A. 墙面抹灰中墙面勾缝不单独列项

B. 有吊顶天棚的内墙面抹灰抹至吊顶以上部分应另行计算（已删）

C. 墙面水刷石按墙面装饰抹灰编码列项

D. 墙面抹石膏灰浆按墙面装饰抹灰编码列项

3. 根据《房屋建筑与装饰工程工程量计算标准》GB/T 50854—2024，幕墙工程量计算正确的为（　　）。(2020 年)

A. 应扣除与带骨架幕墙同种材质的窗所占面积

B. 带肋全玻幕墙玻璃肋工程量应单独计算（已删）

C. 带骨架幕墙按设计图示框内围尺寸以面积计算

D. 带肋全玻幕墙按展开面积计算（已删）

4. 根据《房屋建筑与装饰工程工程量计算标准》GB/T 50854—2024，关于抹灰工程量计算方法正确的是（　　）。(2021 年)

A. 柱面勾缝按设计图示尺寸以长度计算

B. 柱面抹麻刀石灰浆按柱面装饰抹灰列项

C. 飘窗凸出外墙面增加的抹灰在综合单价中考虑，不另计算（已删）

D. 有吊顶天棚的内墙面抹灰，抹至吊顶以上部分在综合单价中考虑（已删）

5. 根据《房屋建筑与装饰工程工程量计算标准》GB/T 50854—2024 规定，下列关于墙面抹灰工程量计算的说法，正确的是（　　）。(2023 年)

A. 外墙裙抹灰按其延长米长度以“m”计算（已删）

B. 内墙抹灰按主墙间的净长乘以高度（墙裙部分不予扣除）以“m^2”计算（已删）

C. 内墙裙抹灰按内墙净长线以“m”计算（已删）

D. 墙面勾缝按设计图示尺寸以面积“m^2”计算

6. 根据《房屋建筑与装饰工程工程量计算标准》GB/T 50854—2024，关于墙面抹灰工程量计算的说法，正确的是（　　）。(2024 年)

A. 墙面一般抹灰按设计图示尺寸以“m^2”计算，扣除踢脚线与墙交接处的面积

B. 外墙裙抹灰按其长度的延长米以“m”计算（已删）

C. 外墙抹灰按外墙垂直投影面积以“m^2”计算（已删）

D. 有吊顶天棚的内墙抹灰吊顶以上部分单独计算（已删）

7. 根据《房屋建筑与装饰工程工程量计算标准》GB/T 50854—2024，下列关于柱子（梁）面抹灰工程量计算规范的说法，正确的是（　　）。(2024 年)

A. 柱面装饰抹灰中找平层应单独列项计算

B. 砂浆找平层项目适用于仅做找平层的柱（梁）面抹灰

C. 柱面勾缝，按设计图示勾缝长度以“m”计算

D. 梁面砂浆找平，按设计图示梁高乘以长度以“m”计算（已删）

（二）多选题

根据《房屋建筑与装饰工程工程量计算标准》GB/T 50854—2024，关于柱面抹灰工程量计算正确的为（ ）。(2020 年)

A. 柱面勾缝忽略不计

B. 柱面抹麻刀石灰浆按柱面装饰抹灰编码列项

C. 柱面一般抹灰按设计截面周长乘以高度以面积计算

D. 柱面勾缝按设计断面周长乘以高度以面积计算

E. 柱面砂浆找平按设计截面周长乘以高度以面积计算（已删）

XIII 天棚工程

（一）单选题

1. 根据《房屋建筑与装饰工程工程量计算标准》GB/T 50854—2024，天棚抹灰工程量计算正确的是（ ）。(2018 年)

A. 扣除检查口和管道所占面积

B. 板式楼梯底面抹灰按水平投影面积计算

C. 扣除间壁墙（已删除）、垛和柱所占面积

D. 锯齿形楼梯底板抹灰按展开面积计算

2. 根据《房屋建筑与装饰工程工程量计算标准》GB/T 50854—2024，天棚工程量计算正确的为（ ）。(2020 年)

A. 采光天棚工程量按框外围展开面积计算（已删）

B. 天棚工程量按设计图示尺寸以水平投影面积计算

C. 天棚骨架并入天棚工程量，不单独计算（已删）

D. 吊顶龙骨单独列项计算工程量

3. 根据《房屋建筑与装饰工程工程量计算标准》GB/T 50854—2024，关于天棚工程量计算方法，正确的为（ ）。(2021 年)

A. 带梁天棚梁两侧抹灰面积并入天棚面积内计算

B. 板式楼梯底面抹灰按设计图示尺寸以水平投影面积计算

C. 吊顶天棚中的灯带（新标准中为“成品装饰带”）按照设计图示尺寸以长度计算

D. 吊顶天棚的送风口和回风口（新标准中为“成品装饰口”），按框外围展开面积计算

4. 根据《房屋建筑与装饰工程工程量计算标准》GB/T 50854—2024，关于天棚抹灰工程量的计算说法正确的是（ ）。(2022 年)

A. 天棚抹灰按设计图示水平展开面积计算

B. 采光天棚骨架并入不单独列项（已删）

C. 锯齿形楼梯底板按斜面积计算

D. 天棚抹灰不扣除检查口面积

（二）多选题

暂无。

XIV 油漆、涂料、裱糊工程

（一）单选题

1. 根据《房屋建筑与装饰工程工程量计算标准》GB/T 50854—2024，关于涂料工程量计算，说法正确的是（　　）。（2016 年）

A. 木材构件喷刷防火涂料按设计图示以面积计算

B. 金属构件刷防火涂料按构件单面外围面积计算

C. 空花格、栏杆刷涂料按设计图示尺寸以双面面积计算

D. 线条刷涂料按设计展开面积计算

2. 根据《房屋建筑与装饰工程工程量计算标准》GB/T 50854—2024，下列油漆工程量可以按"m^2"计量的是（　　）。（2021 年）

A. 木扶手油漆　　B. 挂衣板油漆

C. 封檐板油漆　　D. 木栅栏油漆（已删）

3. 根据《房屋建筑与装饰工程工程量计算标准》GB/T 50854—2024，关于油漆工程量，下列说法正确的是（　　）。（2022 年）

A. 木门油漆以"樘"计量，项目特征应描述相应的洞口尺寸

B. 木门油漆工作内容中未包含"刮腻子"，应单独计算（已删）

C. 壁柜油漆按设计图示尺寸以油漆部分的投影面积计算（已删）

D. 金属面油漆应包含在相应钢构件制作的清单内，不单独列项

4. 根据《房屋建筑与装饰工程工程量计算标准》GB/T 50854—2024 规定，下列关于油漆工程量计算的说法，正确的是（　　）。（2023 年）

A. 窗油漆中"刮腻子"单独计算（已删）

B. 暖气罩油漆工程量按设计图示尺寸以面积"m^2"计算

C. 木栅栏油漆，按设计图示尺寸以双面外围面积"m^2"计算（已删）

D. 木栏杆带扶手油漆单独编码列项计算（已删）

5. 根据《房屋建筑与装饰工程工程量计算标准》GB/T 50854—2024，下列关于油漆工程工程量计算的说法，正确的是（　　）。（2024 年）

A. 抹灰面油漆中的满刮腻子，不另计算工程量

B. 木窗、金属窗中的刮腻子，不另计算工程量（已删）

C. 金属门窗油漆中的除锈，应单独列项计算工程量

D. 木门、金属门油漆中的刮腻子，应单独列项计算工程量（已删）

（二）多选题

暂无。

三、真题解析

Ⅰ　土石方工程

（一）单选题

1. 【答案】无

【解析】厚度>±300mm 的竖向布置挖土或山坡切土应按一般土方项目编码列项，故选项 A 错误。挖一般土方按设计图示尺寸以体积计算，故选项 B 错误。冻土按设计图示尺寸开挖面积乘以厚度以体积计算，故选项 D 错误。

2. 【答案】D

【解析】管沟土（石）方，按设计图示管底基础（含垫层）底面积另加工作面面积，乘以挖土（石）深度，以体积计算。管沟土方工程量 = （2 + 0.4×2）×2×180 = 1008（m^3）。

3. 【答案】无

【解析】挖基坑土（石）方，按设计图示基础（含垫层）底面积另加工作面面积，乘以挖土（石）深度，以体积计算；管沟土（石）方，按设计图示管底基础（含垫层）底面积另加工作面面积，乘以挖土（石）深度以体积计算；无管底基础及垫层时，按管外径的水平投影面积另加工作面面积，乘以挖土（石）深度，以体积计算。管道线路上各类井的土（石）方并入管沟土（石）方。

4. 【答案】C

【解析】沟槽、基坑土（石）方的划分：基础土石方中，底宽≤3m 且底长>3 倍底宽的为沟槽，超出上述范围的为基坑。底宽、底长均不包含工作面尺寸。

5. 【答案】无

【解析】管沟土（石）方，按设计图示管底基础（含垫层）底面积另加工作面面积，乘以挖土（石）深度，以体积计算；无管底基础及垫层时，按管外径的水平投影面积另加工作面面积，乘以挖土（石）深度，以体积计算。管道线路上各类井的土（石）方并入管沟土（石）方。

6. 【答案】无

【解析】A 选项，回填方，按设计图示尺寸以体积计算。项目特征需描述：填方部位、材料品种、密实度。回填方的“材料品种”可描述为就地取土、素土、灰土等。如同时采用多种材料回填，应分别编码列项。工作内容包括：运输、回填、压实。D 选项，基础回填，按设计图示基础（含垫层）底面积另加工作面面积，乘以回填深度，减去回填范围内建筑物（构筑物）、基础（含垫层）、管道，以体积计算。

7. 【答案】无

【解析】沟槽、基坑土石方的划分：基础土石方中，底宽≤3m 且底长>3 倍底宽的为沟槽，超出上述范围的为基坑。底宽、底长均不包含工作面尺寸。该题为基坑土方。

8. 【答案】无

【解析】挖基坑土（石）方，按设计图示基础（含垫层）底面积另加工作面面积，乘以挖土（石）深度，以体积计算。A 选项错误；基础沟槽土（石）方，按照设计图示基础（含垫层）底面积另加工作面面积，乘以挖土（石）深度，以体积计算。B 选项错误。管沟土（石）方，按设计图示管底基础（含垫层）底面积另加工作面面积，乘以挖土（石）深度，以体积计算；无管底基础及垫层时，按管外径的水平投影面积另加工作面面积，乘以挖土（石）深度，以体积计算。管道线路上各类井的土（石）方并入管沟土（石）方。D 选项错误。

9. **【答案】** 无

【解析】 沟槽、基坑土（石）方的划分：基础土石方中，底宽≤3m 且底长>3 倍底宽的为沟槽，超出上述范围的为基坑。底宽、底长均不包含工作面尺寸。该题为挖基坑土方项目。挖基坑土（石）方，按设计图示基础（含垫层）底面积另加工作面面积，乘以挖土（石）深度，以体积计算。30×（10+工作面×2）×0.8＝240（m^3）。

10. **【答案】** C

【解析】 管沟结构宽度 480mm≤500mm，混凝土及钢筋混凝土管道的施工每侧工作面宽度为 400mm。

11. **【答案】** 无

【解析】 选项 C，基础回填，按设计图示基础（含垫层）底面积另加工作面面积，乘以回填深度，减去回填范围内建筑物（构筑物）、基础（含垫层）、管道，以体积计算。选项 D，项目特征需描述：填方部位、材料品种、密实度。回填方的“材料品种”可描述为就地取土、素土、灰土等。如同时采用多种材料回填，应分别编码列项。工作内容包括：运输、回填、压实。

12. **【答案】** 无

【解析】 选项 A，室内回填工程量按主墙间净面积乘以回填厚度，不扣除间隔墙。选项 B，基础回填，按设计图示基础（含垫层）底面积另加工作面面积，乘以回填深度，减去回填范围内建筑物（构筑物）、基础（含垫层）、管道，以体积计算。选项 C，填方密实度要求，在无特殊要求的情况下，项目特征可描述为满足设计和规范的要求。选项 D，填方材料品种可以不描述，但应注明由投标人根据设计要求验方后方可填入，并符合相关工程的质量规范要求。填方粒径要求，在无特殊要求的情况下，项目特征可以不描述。

13. **【答案】** D

【解析】 建筑物场地厚度小于或等于±300mm 的挖、填、运、找平，应按平整场地项目编码列项。

14. **【答案】** D

【解析】 挖基坑土（石）方，按设计图示基础（含垫层）底面积另加工作面面积，乘以挖土（石）深度，以体积计算。挖基坑土方项目特征需描述：土类别、开挖深度、基底处理方式；挖基坑石方项目特征需描述：开挖深度、岩石类别。项目特征中的“基底处理方式”可描述为基底夯实、基底钎探等。如基础土石方采用逆作法等特殊工艺时，应增加相应特征描述。基础土方的开挖深度，自预设标高算至基础（含垫层）底标高，下有石方的算至土石分界线。基础石方开挖深度，按石方开挖前标高至基础（含垫层）

底标高计算。

（二）多选题

1.【答案】B

【解析】沟槽、基坑土石方的划分：基础土石方中，底宽≤3m 且底长>3 倍底宽的为沟槽，超出上述范围的为基坑。底宽、底长均不包含工作面尺寸。该题为挖基坑土方项目。挖基坑土（石）方，按设计图示基础（含垫层）底面积另加工作面面积，乘以挖土（石）深度，以体积计算。工程量=（8+0.6×2）×22×1.6=323.84（m^3）。

2.【答案】B

【解析】平整场地，按设计图示尺寸以建筑物首层建筑面积计算。挖基坑土（石）方，按设计图示基础（含垫层）底面积另加工作面面积，乘以挖土（石）深度，以体积计算。基础沟槽土（石）方，按照设计图示基础（含垫层）底面积另加工作面面积，乘以挖土（石）深度，以体积计算。管沟土（石）方，按设计图示管底基础（含垫层）底面积另加工作面面积，乘以挖土（石）深度，以体积计算。

3.【答案】无

【解析】挖基坑土（石）方，按设计图示基础（含垫层）底面积另加工作面面积，乘以挖土（石）深度，以体积计算。基础沟槽土（石）方，按照设计图示基础（含垫层）底面积另加工作面面积，乘以挖土（石）深度，以体积计算。管沟土（石）方，按设计图示管底基础（含垫层）底面积另加工作面面积，乘以挖土（石）深度，以体积计算。

4.【答案】无

【解析】沟槽、基坑土石方的划分：基础土石方中，底宽≤3m 且底长>3 倍底宽的为沟槽，超出上述范围的为基坑。底宽、底长均不包含工作面尺寸。

5.【答案】无

【解析】A 选项，管沟土（石）方按设计图示管底基础（含垫层）底面积另加工作面面积，乘以挖土（石）深度，以体积计算。B 选项，挖沟槽、基坑、一般土方因工作面和放坡增加的工程量（管沟工作面增加的工程量）是否并入各土方工程量中，按各省、自治区、直辖市或行业建设主管部门的规定实施。C 选项，虚方指未经碾压、堆积时间≤1 年的土壤。D 选项，桩间挖土不扣除桩的体积，并在项目特征中加以描述。E 选项，基础土方的开挖深度，自预设标高算至基础（含垫层）底标高，下有石方的算至土石分界线。

6.【答案】A

【解析】本题考查的是土方工程。选项 A，平整场地，按设计图示尺寸以建筑物首层建筑面积计算。选项 B，基础土方的开挖深度，自预设标高算至基础（含垫层）底标高，下有石方的算至土石分界线。选项 E，桩间挖土不扣除桩的体积，并在项目特征中加以描述。

7.【答案】无

【解析】沟槽、基坑土石方的划分：基础土石方中，底宽≤3m 且底长>3 倍底宽的为沟槽，超出上述范围的为基坑。底宽、底长均不包含工作面尺寸。基础回填，按设计图示基础（含垫层）底面积另加工作面面积，乘以回填深度，减去回填范围内建筑物（构筑物）、基础（含垫层）、管道，以体积计算。

Ⅱ 地基处理与边坡支护工程

（一）单选题

1. **【答案】** 无

【解析】 预压地基、强夯地基：按设计图示处理范围以面积计算，单位：m^2；振冲密实（地基）（不填料）：按设计图示处理范围以面积计算，单位：m^2。

2. **【答案】** 无

【解析】 振冲桩（填料）以“m”计量，按设计图示尺寸以桩长计算或以“m^3”计量，按设计桩截面乘以桩长以体积计算（已删）。砂石桩按设计图示尺寸以桩长（包括桩尖）计算（已删），单位为m；或按设计桩截面乘以桩长（包括桩尖）以体积计算，单位为m^3。水泥粉煤灰碎石桩（新标准为“水泥粉煤灰碎石桩复合地基”）按设计桩截面面积乘以桩长计算，单位为m^3。深层搅拌桩按设计图示尺寸以桩长计算（已删），单位为m。

3. **【答案】** 无

【解析】 地下连续墙按设计图示墙中心线长乘以厚度乘以槽深以体积计算，单位为m^3。钢板桩按设计图示尺寸以质量计算，单位为t。预制钢筋混凝土板桩按设计图示尺寸以桩长（包括桩尖）计算（已删），单位为m；或按设计图示数量计算，单位为根。喷射混凝土（水泥砂浆）按设计图示尺寸以面积计算。

4. **【答案】** 无

【解析】 选项B错误，强夯地基按设计图示处理范围以面积计算。

5. **【答案】** A

【解析】 换填垫层按设计图示尺寸以体积计算。强夯地基按设计图示处理范围以面积计算。振冲桩（填料）（已删）以“m”计量，按设计图示尺寸以桩长计算或以“m^3”计量，按设计桩截面乘以桩长以体积计算。水泥粉煤灰碎石桩（新标准中为“水泥粉煤灰碎石桩复合地基”）按设计桩截面面积乘以桩长以体积计算。

6. **【答案】** C

【解析】 锚杆（锚索），按设计图示尺寸以钻孔深度计算。

7. **【答案】** D

【解析】 换填垫层项目特征需描述材料种类及配比、换填方式及压实系数、掺加剂（料）品种。项目特征中“换填材料种类”可描述为砂石、粉质黏土、灰土、粉煤灰、矿渣等。如有土工合成材料，则应增加相应特征描述。

8. **【答案】** D

【解析】 地下连续墙，按设计图示墙中心线长乘以厚度乘以槽深以体积“m^3”计算。

9. **【答案】** 无

【解析】 砂石桩（已删）以“m”计量，按设计图示尺寸以桩长（包括桩尖）计算；以“m^3”计量，按设计桩截面乘以桩长（包括桩尖）以体积计算。

10. 【答案】A

【解析】项目特征中的“桩长”应包括桩尖（若有），空桩长度=孔深-桩长，孔深为自然地面至设计桩底的深度。孔深=19.000-0.300=18.7（m），空桩长度=孔深-桩长=18.7-18=0.7（m）。

（二）多选题

【答案】DE

【解析】选项A正确，砂石桩（已删）以“m”计量，按设计图示尺寸以桩长（包括桩尖）计算；以“m^3”计量，按设计桩截面乘以桩长（包括桩尖）以体积计算。选项B错误，水泥粉煤灰碎石桩、夯实水泥土桩、石灰桩、灰土（土）挤密桩，按设计图示尺寸以桩长（包括桩尖）“m”计算（已删）。选项C正确，振冲桩（填料）以“m”计量，按设计图示尺寸以桩长计算；以“m^3”计量，按设计桩截面乘以桩长以体积计算。选项D错误，水泥土搅拌桩复合地基，按设计图示桩体尺寸以体积计算。选项E正确，注浆地基（新标准中为“注浆加固地基”）以“m^3”计量，按设计图示尺寸以加固体积计算。

Ⅲ　桩基础工程

（一）单选题

1. 【答案】A

【解析】打试验桩和打斜桩应按相应项目单独编码列项，并应在项目特征中注明试验桩或斜桩（斜率）。预制钢筋混凝土方桩、预制钢筋混凝土管桩按设计图示尺寸以桩长计算。截（凿）桩头，按设计图示数量计算（单位：根）。截（凿）桩头项目适用于“地基处理与边坡支护工程”“桩基工程”所列桩的桩头截（凿）。挖孔桩土（石）方按设计图示尺寸（含护壁）截面积乘以挖孔深度以体积计算。

2. 【答案】无

【解析】选项A，预制钢筋混凝土方桩（已删）、预制钢筋混凝土管桩按设计图示尺寸以桩长计算；或按设计图示截面积乘以桩长（包括桩尖）以体积计算；或按设计图示数量计算。打试验桩和打斜桩应按相应项目单独列项。选项C，钢管桩按设计图示尺寸以质量计算。项目特征需描述：地层类别，送桩深度、桩长，材质，管径、壁厚。选项D，型钢桩、钢板桩按设计图示尺寸以质量计算。项目特征需描述：地层类别，截面形式或组合截面形式，钢桩材质规格和型号，送桩深度、桩长，是否拔出。

3. 【答案】A

【解析】钻孔压浆桩（新标准中为“钻孔压灌桩”），按设计图示尺寸以桩长计算。项目特征需描述：地层类别，空钻长度、桩长，钻孔直径；材料种类、配比、强度等级。

4. 【答案】无

【解析】选项A，打入实体长度应当包含桩尖。选项C、D，打桩的工程内容中包括了接桩和送桩，不需要单独列项，应在综合单价中考虑。预制钢筋混凝土实心（空心）桩，按设计图示尺寸以桩长计算。

5. **【答案】** A

【解析】 打桩的工程内容中包括了接桩和送桩，不需要单独列项，应在综合单价中考虑。

6. **【答案】** D

【解析】 本题考查的是桩基础工程。截（凿）桩头，按设计图示数量计算（单位：根）。截（凿）桩头项目适用于“地基处理与边坡支护工程”“桩基工程”所列桩的桩头截（凿）。

7. **【答案】** 无

【解析】 预制钢筋混凝土实心桩项目特征需描述：地层类别，送桩深度、桩长，桩截面形式、尺寸，混凝土强度等级。预制钢筋混凝土空心桩项目特征需描述：地层类别，送桩深度、桩长，桩截面形式、尺寸，桩尖类型，混凝土强度等级。

（二）多选题

暂无。

Ⅳ 砌筑工程

（一）单选题

1. **【答案】** B

【解析】 选项 A，砖基础工程量不扣除基础大放脚 T 形接头处的重叠部分及嵌入基础内的钢筋、铁件、管道、基础砂浆防潮层和单个面积≤0.3m^2 的孔洞所占体积。选项 B，基础与墙（柱）身使用同一种材料时，以设计室内地面为界（有地下室者，以地下室室内设计地面为界），以下为基础，以上为墙（柱）身。选项 C，凸出墙面的砖垛并入墙体体积内计算。选项 D（已删）。

2. **【答案】** D

【解析】 选项 A，石挡土墙工程量按设计图示尺寸以体积计算。选项 B，石勒脚工程量按设计图示尺寸以体积计算。选项 C，石围墙以设计室外地坪为界，两侧地坪标高不同时，应以较低地坪标高为界，以下为基础，以上为墙身；当两侧标高之差为挡土墙时，挡土墙以上为墙身。选项 D，石护坡工程量按设计图示尺寸以体积计算。

3. **【答案】** A

【解析】 扣除门窗洞口、嵌入墙内的柱、梁、板及凹进墙内的壁龛、管槽、暖气槽、消火栓箱所占体积，不扣除单个面积≤0.3m^2 的孔洞及墙内檩头、垫木、木楞头、沿缘木、木砖、门窗走头、加固钢筋、木筋、铁件、管道所占的体积。扣除混凝土及钢筋混凝土梁垫、梁头、板头所占体积。选项 C 错误，凸出墙面的砖垛并入墙体体积内计算；选项 D 错误，不扣除单个面积≤0.3m^2 的孔洞及墙内檩头、垫木所占的体积。

4. **【答案】** A

【解析】 砖基础工程量按设计图示尺寸以体积计算，包括附墙垛基础宽出部分体积，扣除地梁（圈梁）、构造柱所占体积，不扣除基础大放脚 T 形接头处的重叠部分及嵌入基础内的钢筋、铁件、管道、基础砂浆防潮层和单个面积≤0.3m^2 的孔洞所占体积，靠墙暖气沟的挑檐不增加。基础长度的确定：外墙基础按外墙中心线，内墙基础按内墙净长线计算。选项 A 正确；选项 B 大放脚部分不扣除；选项 C 扣除地梁（圈梁）、构造柱所占体积；选项 D 靠墙暖气沟的挑檐不增加。

5. **【答案】** B

【解析】 选项 A 错误，凸出墙面的砖垛并入墙体体积内计算。选项 C 错误，围墙的高度算至压顶上表面（如有混凝土压顶时算至压顶下表面），围墙柱并入围墙体积内计算。选项 D 错误，平屋顶算至钢筋混凝土板底。

6. **【答案】** 无

【解析】 选项 A 错误，砖地沟按设计图示尺寸以中心线长度计算；选项 B 错误，砖地坪按设计图示水平投影面积计算；选项 C 错误，石挡墙按设计图示尺寸以体积计算。选项 D，石坡道按设计图示尺寸以体积（不含垫层）计算。

7. **【答案】** 无

【解析】 选项 A、B，砖墙、砌体墙等的加筋、墙体拉结筋、压砌钢筋网片，应按“混凝土及钢筋混凝土工程”中相关项目编码列项。选项 C，砌块墙工作内容中包括了刮缝，不包括勾缝，勾缝需要另列项计算工程量。

8. **【答案】** C

【解析】 选项 A，换土垫层以“m^3”为计量单位。选项 B，砌块墙以“m^3”为计量单位。选项 D，墙面抹灰以“m^2”为计量单位。

9. **【答案】** C

【解析】 基础与墙（柱）身的划分：基础与墙（柱）身使用同一种材料时，以设计室内地面为界（有地下室者，以地下室室内设计地面为界），以下为基础，以上为墙（柱）身。

10. **【答案】** 无

【解析】 选项 A 错误，石台阶项目包括石梯带（垂带），不包括石梯膀；选项 C 错误，石护坡，按设计图示尺寸以体积“m^3”计算；选项 D 错误，石挡土墙，按设计图示尺寸以体积“m^3”计算。

11. **【答案】** C

【解析】 选项 A，扣除凹进墙内的壁龛、管槽、暖气槽、消火栓箱所占体积；选项 B，框架间墙工程量计算不分内外墙按墙体净尺寸以体积计算；选项 D，女儿墙：从屋面板上表面算至女儿墙顶面（如有混凝土压顶时算至压顶下表面）。

12. **【答案】** B

【解析】 选项 A，石台阶，按设计图示尺寸以体积计算；选项 C，石砌体工作内容中包括了勾缝；选项 D，石基础，按设计图示尺寸以体积计算，包括附墙垛基础宽出部分体积，不扣除基础砂浆防潮层及单个面积小于或等于 $0.3m^2$ 的孔洞所占体积，靠墙暖气沟的挑檐不增加。

13. **【答案】** A

【解析】 本题考查的是砌筑工程。零星砌砖，按设计图示尺寸以体积计算。砖砌台阶、台阶挡墙、梯带、花台、花池、栏板，砖砌锅台、炉灶、蹲台、池槽、池槽腿、地垄墙，砖砌腰线、挑檐、压顶、窗台线、虎头砖、门窗套凸出墙面的部分及单个面积≤0.3m^2 的孔洞填塞等按“零星砌砖”编码列项。

14. **【答案】** C

【解析】 本题考查的是砌筑工程。选项 A，石砌体中工作内容包括了勾缝。选项 B，石勒脚，按设计图示尺寸以体积计算，不扣除单个面积≤0.3m^2 的孔洞所占的体积。选项 D，石台阶，按设计图示尺寸以体积（不含垫层）计算。

15. **【答案】** B

【解析】 选项 A 错误，砖基础不扣除基础大放脚 T 形接头处的重叠部分及嵌入基础内的钢筋、铁件、管道、基础砂浆防潮层和单个面积≤0.3m^2 的孔洞所占体积。选项 B 正确，砖砌体勾缝按墙面抹灰中“墙面勾缝”项目编码列项，实心砖墙、多孔砖墙、空心砖墙等项目工作内容中不包括勾缝，但包括刮缝。选项 C 错误，实心砖墙扣除门窗洞口、嵌入墙内的柱、梁、板及凹进墙内的壁龛、管槽、暖气槽、消火栓箱所占体积，不扣除单个面积≤0.3m^2 的孔洞及墙内檩头、垫木、木楞头、沿缘木、木砖、门窗走头、加固钢筋、木筋、铁件、管道所占的体积。实心砖墙、多孔砖墙、空心砖墙不扣除单个面积≤0.3m^2 的孔洞及墙内檩头、垫木、木楞头、沿缘木、木砖、门窗走头、加固钢筋、木筋、铁件、管道所占的体积。选项 D 错误，实心砖柱、多孔砖柱扣除混凝土及钢筋混凝土梁垫、梁头、板头所占体积。

16. **【答案】** 无

【解析】 选项 A、C 错误，砖墙、砌体墙等的加筋、墙体拉结筋、压砌钢筋网片，应按“混凝土及钢筋混凝土工程”中相关项目编码列项。砌块排列应上、下错缝搭砌，如果搭错缝长度满足不了规定的压搭要求，应采取压砌钢筋网片的措施，具体构造要求按设计规定。钢筋网片按“混凝土及钢筋混凝土工程”中相应编码列项。选项 B 错误，砖砌体、砌块墙工作内容中包括了刮缝，不包括勾缝，勾缝需要另列项计算工程量；石砌体工作内容中包括了勾缝。选项 D 已删。

（二）多选题

暂无。

V 混凝土及钢筋混凝土工程

（一）单选题

1. **【答案】** A

【解析】 箱式满堂基础及框架式设备基础中柱、梁、墙、板按现浇混凝土柱、梁、墙、板分别编码列项；箱式满堂基础底板按满堂基础项目列项，框架式设备基础的基础部分按设备基础列项。

2. **【答案】** 无

【解析】 构造柱按全高计算，嵌接墙体部分（马牙槎）并入柱身体积。

3. **【答案】** D

【解析】 栏板按设计图示尺寸以体积计算。雨篷、悬挑板、阳台板，按设计图示尺寸以墙外部分体积计算。散水、坡道、室外地坪，按设计图示尺寸以面积计算。

4. 【答案】D

【解析】选项 A 错误，有梁板的柱高，应自柱基上表面（或楼板上表面）至上一层楼板上表面之间的高度计算；选项 B 错误，无梁板的柱高，应自柱基上表面（或楼板上表面）至柱帽下表面之间的高度计算；选项 C 错误，框架柱的柱高应自柱基上表面至柱顶高度计算。

5. 【答案】A

【解析】选项 B，不扣除构件内钢筋、预埋铁件所占体积；选项 C，大型板应扣除单个尺寸≤300mm×300mm 的孔洞所占体积；选项 D，空心板扣除空洞体积。

6. 【答案】C

【解析】低合金钢筋采用后张混凝土自锚时，钢筋长度按孔道长度增加 0.35m 计算。

7. 【答案】B

【解析】(12000−25×2)/300+1=39.83+1，取整加 1 为 41。

8. 【答案】B

【解析】现浇混凝土墙按设计图示尺寸以体积计算，不扣除构件内钢筋、预埋铁件所占体积，扣除门窗洞口及单个面积大于 0.3m^2 的孔洞所占体积，墙垛及突出墙面部分并入墙体体积内计算。伸入墙内的梁头、梁垫并入梁体积内。选项 C，梁头并入体积内；选项 D，不扣除预埋铁件体积。

9. 【答案】B

【解析】选项 A 错误，雨篷与圈梁（包括其他梁）连接时，以梁外边线为分界线。选项 C 错误，挑檐板按其他板项目编码列项，按设计图示尺寸以构件净体积计算。选项 D 错误，空心板按设计图示尺寸以体积计算。空心楼板，按设计图示尺寸以体积计算。扣除内置筒芯、箱体部分的体积，板下柱帽并入板体积内。板与现浇墙、梁相交时，板尺寸算至墙、梁侧面。

10. 【答案】B

【解析】参见表 5-7。

表 5-7　混凝土保护层最小厚度（mm）

环境类别	板、墙、壳	梁、柱、杆
一	15	20
二 a	20	25
二 b	25	35
三 a	30	40
三 b	40	50

注：1. 混凝土强度等级不大于 C25 时，表中保护层厚度数值应增加 5mm。
2. 钢筋混凝土基础宜设置混凝土垫层，基础中钢筋的混凝土保护层厚度应从垫层顶面算起，且不应小于 40mm。

11. 【答案】B

【解析】对一般结构构件，箍筋弯钩的弯折角度不应小于 90°。

12. 【答案】C

【解析】选项C，楼梯按设计图示构件尺寸以体积计算。不扣除构件内钢筋、预埋部件、预留孔洞、后浇键槽及预制构件拼缝所占体积，构件外露钢筋、连接件及吊环体积亦不增加。

13. 【答案】C

【解析】钢筋网片按设计图示钢筋网面积乘以单位理论质量计算。

14. 【答案】无

【解析】选项A，散水、坡道、室外地坪，按设计图示尺寸以水平投影面积“m^2”计算。选项B，台阶按设计图示尺寸以水平投影面积计算。与上部平台相连时，算至最上一级踏步踏面，该踏面无设计宽度时，按下一级踏面宽度计算。工作内容中综合了地基夯实、垫层等内容。选项C，零星现浇构件，按设计图示尺寸以构件净体积计算。扶手、压顶、小型池槽、垫块、门窗框及其他单体体积≤$0.1m^3$的同类构件，按“零星现浇构件”项目分别编码列项，并描述构件名称。选项D坡道，按设计图示尺寸以斜面积计算。

15. 【答案】D

【解析】选项A，混凝土保护层是结构构件中钢筋外边缘至构件表面范围用于保护钢筋的混凝土。选项B，钢筋混凝土基础宜设置混凝土垫层，基础中钢筋的混凝土保护层厚度应从垫层顶面算起，且不应小于40mm。选项C，混凝土保护层厚度与设计使用年限有关。

16. 【答案】A

【解析】过梁按设计图示截面面积乘以梁长以体积计算。梁长按设计规定计算，设计无规定时，按梁下洞口宽度两端各加250mm。

17. 【答案】C

【解析】其他板按设计图示尺寸以构件净体积计算。依附其上的混凝土上翻、线条、外凸造型等并入板体积内。其他板与楼板、屋面板水平连接时，以外墙外边线为界；与梁水平连接时，以梁外边线为界；与梁、楼板竖向连接时，以梁、楼板上下表面为界。挑檐板、天沟板、雨篷板、凸飘窗顶（底）板、凸飘窗侧立板、下挂板、栏板、造型板等按“其他板”项目分别编码列项。

18. 【答案】无

【解析】选项A坡道，按设计图示尺寸以斜面积计算。工作内容中综合了地基夯实、垫层等内容。选项C，散水、地坪，按设计图示尺寸以水平投影面积计算。工作内容中综合了地基夯实、垫层等内容。选项D，电缆沟、地沟，按设计图示尺寸以中心线长度计算。工作内容中综合了地基夯实、垫层等内容。

19. 【答案】无

【解析】选项D构造柱按设计断面面积乘以柱高以体积计算。与砌体嵌接部分（马牙槎）并入柱体积内。

20. 【答案】B

【解析】钢筋混凝土墙按设计图示尺寸以体积计算。扣除门窗洞口及单个面积>$0.3m^2$的孔洞所占体积，墙柱、墙梁及突出墙面部分并入墙体体积内。

21. 【答案】B

【解析】选项 A，钢筋网片按设计图示钢筋网面积乘单位理论质量计算。选项 D，声测管按设计图示桩长乘以管根数计算。项目特征需描述：材质、规格，连接要求。

22. 【答案】无

【解析】选项 D，空心楼板按设计图示尺寸以体积计算。扣除内置筒芯、箱体部分的体积，板下柱帽并入板体积内。板与现浇墙、梁相交时，板尺寸算至墙、梁侧面。

23. 【答案】C

【解析】设计使用年限为 100 年的混凝土结构，最外层钢筋的保护层厚度不应小于混凝土保护层最小厚度表中数值的 1.4 倍。

24. 【答案】A

【解析】选项 A，楼梯按设计图示尺寸以体积计算，嵌入砌体墙内的部分并入楼梯体积内。楼梯包括楼梯梯段、楼梯梁、楼梯休息平台、平台梁；当楼梯与楼板无楼梯梁连接时，以楼梯的最上一级踏步边缘加 300mm 为界。选项 B，电缆沟、地沟按设计图示尺寸以中心线长度计算。工作内容中综合了地基夯实、垫层等内容。选项 C，其他构件按设计图示尺寸以体积计算。小型池槽、压顶、扶手、垫块、墩块、隔热板、花格等按“其他构件”项目分别编码列项，并描述构件名称。选项 D，后浇带按设计图示尺寸以体积计算。工作内容中综合了设置钢丝网或快速收口板留置后浇带。

25. 【答案】无

【解析】选项 A，箍筋单根长度=箍筋中心线长度+2×弯钩增加长度；选项 B，双肢箍单根长度=箍筋中心线长度+2×弯钩增加长度=构件周长−8×混凝土保护层厚度−4×箍筋直径+2×弯钩增加长度；选项 D，箍筋根数=箍筋分布长度/箍筋间距+1。

26. 【答案】无

【解析】实心条板、大型板按设计图示尺寸以体积计算。不扣除单个面积≤0.3m^2 的孔洞及宽度≤40mm 的板缝所占的体积，空心板空洞体积也不扣除，伸入墙内的板头并入板体积内计算。项目特征需描述：板形式及部位，图代号，混凝土强度等级，砂浆（细石混凝土）种类及强度等级。项目特征中“板形式”可描述为平板、槽形板、双 T 板等；“板部位”可描述为楼板、墙板、屋面板、挑檐板、雨篷板、栏板等。

（二）多选题

1. 【答案】无

【解析】选项 A 错误，电缆沟、地沟按设计图示尺寸以中心线长度计算。工作内容中综合了地基夯实、垫层等内容。选项 B，台阶按设计图示尺寸以水平投影面积计算。与上部平台相连时，算至最上一级踏步踏面，该踏面无设计宽度时，按下一级踏面宽度计算。工作内容中综合了地基夯实、垫层等内容。选项 C、D，零星现浇构件按设计图示尺寸以构件净体积计算。扶手、压顶、小型池槽、垫块、门窗框及其他单体体积≤0.1m2 的同类构件，按“零星现浇构件”项目分别编码列项，并描述构件名称。选项 E，化粪池、检查井按设计图示数量计算（单位：座）。

2. 【答案】ABCD

【解析】选项 E 错误，箍筋根数=箍筋分布长度/箍筋间距+1。

3. 【答案】C

【解析】选项 A，构造柱按设计断面面积乘以柱高以体积计算。与砌体嵌接部分（马牙槎）并入柱体积内。选项 B，钢筋混凝土柱、劲性钢筋混凝土柱按设计断面面积乘以柱高以体积计算。扣除劲性钢骨架所占体积，附着在柱上的牛腿并入柱体积内。柱高：柱基上表面至柱顶之间的高度，其楼层分界线为各层楼板上表面，其与柱帽的分界线为柱帽下表面。选项 C，钢筋混凝土梁、劲性钢筋混凝土梁按设计图示尺寸以体积计算。扣除劲性钢骨架所占体积，伸入砌体墙内的梁头、梁垫并入梁体积内。项目特征需描述：混凝土种类，混凝土强度等级，坡度。梁长：梁与柱相交时，梁长算至柱侧面；主梁与次梁相交时，次梁长算至主梁侧面，梁高：梁顶部与板相交时，梁高算至板顶；梁中部、底部与板相交时，梁高不扣除板厚。选项 E，挑檐板按其他板列项，按设计图示尺寸以构件净体积计算。

4. 【答案】A

【解析】本题考查的是现浇混凝土工程。选项 A，现浇钢筋混凝土构件均不扣除构件内钢筋、螺栓、预埋铁件、张拉孔道所占体积，但应扣除劲性骨架的型钢所占体积。选项 B，空心楼板按设计图示尺寸以体积计算。扣除内置筒芯、箱体部分的体积，板下柱帽并入板体积内。板与现浇墙、梁相交时，板尺寸算至墙、梁侧面。选项 E，挑檐板按设计图示尺寸以构件净体积计算。

5. 【答案】CE

【解析】选项 B，其他构件按设计图示尺寸以体积计算。小型池槽、压顶、扶手、垫块、墩块、隔热板、花格等按“其他构件”项目分别编码列项，并描述构件名称。选项 C 坡道，按设计图示尺寸以斜面积计算。工作内容中综合了地基夯实、垫层等内容。选项 D 台阶，按设计图示尺寸以水平投影面积计算。选项 E 电缆沟、地沟，按设计图示尺寸以中心线长度计算。工作内容中综合了地基夯实、垫层等内容。

6. 【答案】CDE

【解析】B 地下室外墙、钢筋混凝土墙按设计图示尺寸以体积计算。扣除门窗洞口及单个面积>0.3m^2 的孔洞所占体积，墙柱、墙梁及突出墙面部分并入墙体体积内。钢筋混凝土墙除剪力墙身（简称墙身）外，还包括剪力墙柱（简称墙柱）和剪力墙梁（简称墙梁）。

Ⅵ 金属结构工程

（一）单选题

1. 【答案】C

【解析】选项 A，钢桁架工程量不增加铆钉质量；选项 B，不扣除切边的质量；选项 D，钢屋架工程量中不应扣除孔眼质量。

2. 【答案】A

【解析】钢网架工程量按设计图示尺寸以质量计算。

3. 【答案】A

【解析】以“t”计量时，按设计图示尺寸以质量计算，不扣除孔眼的质量，焊条、铆钉、螺栓等不另增加质量。

4. **【答案】** C

【解析】 压型钢板楼承板，按设计图示尺寸以铺设水平投影面积计算，不扣除单个面积小于或等于 0.3m^2 柱、垛及孔洞所占面积。

5. **【答案】** 无

【解析】 选项 A，项目特征需描述：结构形式、跨度；杆件钢材品种、规格；节点形式、连接方式；节点钢材品种、规格；构件涂（镀）层要求；探伤要求。选项 B，焊条、铆钉等不另增加质量。选项 C，螺栓不另增加质量。选项 D，钢网架工程量按设计图示尺寸以质量“t”计算，不扣除孔眼的质量。

6. **【答案】** B

【解析】 钢管柱中，焊条、铆钉、螺栓等不另增加质量。钢柱上的节点板、加强环、内衬管、牛腿及悬臂梁等并入钢柱工程量内。

7. **【答案】** D

【解析】 压型钢板楼承板，按设计图示尺寸以铺设水平投影面积“m^2”计算，不扣除单个面积≤0.3m^2 的柱、垛及孔洞所占面积。

8. **【答案】** A

【解析】 钢网壳清单项目设置包括钢网架、钢网壳等。工程量按设计图示尺寸以质量计算。不扣除孔眼的质量，焊条、螺钉（或销子）等不另增加质量。项目特征需描述：结构形式、跨度；杆件钢材品种、规格；节点形式、连接方式；节点钢材品种、规格；构件涂（镀）层要求；探伤要求。

9. **【答案】** A

【解析】 本题考查的是金属结构工程。选项 C，钢平台、钢走道，按设计图示尺寸以质量计算。不扣除孔眼的质量，焊条、铆钉、普通螺栓等不另增加质量，依附平台或走道的型钢并入其工程量内。选项 D，钢护栏、零星钢构件，按设计图示尺寸以质量计算。不扣除孔眼的质量，焊条、铆钉、普通螺栓等不另增加质量。

10. **【答案】** B

【解析】 本题考查的是金属结构工程。金属制品清单项目设置包括金属百页护栏、金属栅栏、金属网栏、金属井（沟）盖及盖座等。（1）金属百页护栏、金属栅栏、金属网栏，按设计图示尺寸以框外围展开面积计算。（2）金属井（沟）盖及盖座，按设计图示数量计算（单位：套）。

11. **【答案】** B

【解析】 本题考查的是金属结构工程。选项 A，钢屋架工程量按设计图示尺寸以质量计算。不扣除孔眼的质量，焊条、铆钉、普通螺栓等不另增加质量。选项 B，实腹柱、空腹柱，按设计图示尺寸以质量“t”计算。不扣除孔眼的质量，焊条、铆钉、螺栓等不另增加质量，依附在钢柱上的牛腿及悬臂梁等并入钢柱工程量内。选项 C，钢管柱，按设计图示尺寸以质量“t”计算。不扣除孔眼的质量，焊条、铆钉、螺栓等不另增加质量，钢管柱上的节点板、加强环、内衬管、牛腿等并入钢管柱工程量内。选项 D，钢梁、钢吊车梁，按设计图示尺寸以质量“t”计算。不扣除孔眼的质量，焊条、铆钉、螺栓等不另增加质量，制动梁、制动板、制动桁架、车挡并入钢吊车梁工程量内。

12.【答案】D

【解析】钢屋架，不扣除孔眼的质量，焊条、铆钉、螺栓等不另增加质量。钢网架，不扣除孔眼的质量，焊条、铆钉等不另增加质量。实腹柱、空腹柱，依附在钢柱上的牛腿及悬臂梁等并入钢柱工程量内。钢管柱上的节点板、加强环、内衬管、牛腿等并入钢管柱工程量内。

13.【答案】无

【解析】钢屋架工程量按设计图示尺寸以质量计算。不扣除孔眼的质量，焊条、铆钉、普通螺栓等不另增加质量。

14.【答案】D

【解析】钢平台、钢板天沟：按设计图示尺寸以质量“t”计算。压型钢板楼承板：按设计图示尺寸以铺设水平投影面积“m^2”计算。钢板墙板：按设计图示尺寸以铺挂展开面积“m^2”计算。

（二）多选题

【答案】ABC

【解析】选项D错误，钢漏斗、钢板天沟，按设计图示尺寸以重量计算。

Ⅶ 木结构

（一）单选题

【答案】A

【解析】木屋架工程量按设计图示数量以榀计算。项目特征需描述：屋架种类，跨度，材料品种、规格，刨光要求，拉杆及夹板种类，防护材料种类。屋架的“屋架种类”可描述为木、钢木。

（二）多选题

【答案】ABDE

【解析】木屋架工程量按设计图示数量以榀计算。项目特征需描述：屋架种类，跨度，材料品种、规格，刨光要求，拉杆及夹板种类，防护材料种类。屋架的“屋架种类”可描述为木、钢木。

Ⅷ 门窗工程

（一）单选题

1.【答案】无

【解析】选项A，木质门、木质门带套，工程量可以按设计图示数量计算。

2.【答案】D

【解析】选项A错误，木门框按设计图示尺寸以框中心线长度计算。选项B错误，金属纱窗按纱扇框的外围尺寸以面积计算。选项C错误，窗台板工程量按设计图示尺寸以展开面积计算。选项D正确，门锁安装按设计图示数量计算。

3.【答案】A

【解析】选项 B、C，按设计图示洞口尺寸以面积计算。选项 D，金属门清单项目设置包括金属（塑钢）门、彩板门、防盗门、钢质防火门等。

4.【答案】D

【解析】五金安装应计算在综合单价中。需要注意的是，木门五金不含门锁，门锁安装单独列项计算。

5.【答案】D

【解析】本题考查的是门窗工程。木质门项目特征需描述：门洞口尺寸，门类型，开启方式，框、扇木材材质，玻璃品种、厚度，五金种类、规格，其他工艺要求。木门中门锁安装，按设计图示数量计算（单位：套）。单独安装门锁按“门锁安装”项目编码列项。金属门清单项目设置包括金属（塑钢）门、彩板门、防盗门、钢质防火门等。金属（塑钢）门、彩板门、防盗门、钢质防火门，按设计图示洞口尺寸以面积计算。钢质防火门项目特征需描述：门洞口尺寸，防火等级，开启方式，框、扇材质，玻璃品种、厚度，五金种类、规格，防护材料种类。

（二）多选题

【答案】无

【解析】金属门五金安装应计算在综合单价中。但应注意，金属门门锁已包含在门五金中，不需要另行计算。木门五金不含门锁，门锁安装单独列项计算。金属橱窗、飘（凸）窗以“樘”计量，项目特征必须描述框外围展开面积。木质门按设计图示洞口尺寸以面积计算。金属门刷防护涂料应包括在综合单价中。

Ⅸ　屋面及防水工程

（一）单选题

1.【答案】B

【解析】选项 A，斜屋顶（不包括平屋顶找坡）按斜面积计算；选项 C，平屋面女儿墙弯起部分卷材防水计工程量；选项 D，平屋面伸缩缝卷材防水计工程量。

2.【答案】C

【解析】选项 A 错误，防水层、隔离层的搭接、拼缝、压边、留槎用量及为满足施工规范所需的附加层用量均不另行计算。但设计文件中标注具体尺寸的附加层，应计算工程量，并按附加层材质、做法等项目特征单独编码列项。选项 B 错误，屋面排水管，按设计图示尺寸以长度计算。如设计未标注尺寸，以檐口至设计室外散水上表面垂直距离计算。选项 C 错误，天沟（檐沟）防水，按设计图示尺寸以展开面积计算。“天沟、檐沟防水”项目是指外挑天沟、檐沟部位的防水，与屋面相连的内天沟、檐沟的防水并入屋面防水计算。选项 D 错误，屋面变形缝，按设计图示以长度计算。

3.【答案】B

【解析】屋面卷材防水、屋面涂膜防水按设计图示尺寸以面积计算。斜屋顶（不包括平屋顶找坡）按斜面积计算，平屋顶按水平投影面积计算，不扣除房上烟囱、风帽底座、风道、屋面小气窗和斜沟所占面积。

4. **【答案】**无

【解析】选项 A，屋面卷材防水、屋面涂膜防水，按设计图示尺寸以面积“m^2”计算。斜屋顶（不包括平屋顶找坡）按斜面积计算，平屋顶按水平投影面积计算。不扣除房上烟囱、风帽底座、风道、屋面小气窗和斜沟所占面积。选项 B、D，屋面的女儿墙、伸缩缝和天窗等处的弯起部分，并入屋面工程量内。选项 C，防水层、隔离层的搭接、拼缝、压边、留槎用量及为满足施工规范所需的附加层用量均不另行计算。但设计文件中标注具体尺寸的附加层，应计算工程量，并按附加层材质、做法等项目特征单独编码列项。

5. **【答案】**无

【解析】选项 A，瓦屋面、型材屋面，按设计图示尺寸以斜面积计算；选项 B，膜结构屋面，按设计图示尺寸以需要覆盖的水平投影面积计算；选项 C，木基层按木结构工程编码列项。

6. **【答案】**B

【解析】屋面卷材防水、屋面涂膜防水，按设计图示尺寸以面积“m^2”计算。斜屋顶（不包括平屋顶找坡）按斜面积计算，平屋顶按水平投影面积计算。不扣除房上烟囱、风帽底座、风道、屋面小气窗和斜沟所占面积。屋面的女儿墙、伸缩缝和天窗等处的弯起部分，并入屋面工程量内。防水层、隔离层的搭接、拼缝、压边、留槎用量及为满足施工规范所需的附加层用量均不另行计算。但设计文件中标注具体尺寸的附加层，应计算工程量，并按附加层材质、做法等项目特征单独编码列项。

7. **【答案】**无

【解析】本题考查的是屋面及防水工程。屋面保温材料形成的找坡层、屋面防水保温一体化工程按“保温、隔热、防腐工程”中的“保温隔热屋面”项目编码列项。保温隔热屋面，按设计图示尺寸以面积计算。屋面卷材防水、屋面涂膜防水，按设计图示尺寸以面积“m^2”计算。斜屋顶（不包括平屋顶找坡）按斜面积计算，平屋顶按水平投影面积计算。不扣除房上烟囱、风帽底座、风道、屋面小气窗和斜沟所占面积。屋面的女儿墙、伸缩缝和天窗等处的弯起部分，并入屋面工程量内。屋面刚性层，按设计图示尺寸以面积计算，屋面排水管，按设计图示尺寸以长度计算。屋面变形缝，按设计图示尺寸以长度计算。

8. **【答案】**B

【解析】楼（地）面卷材防水、楼（地）面涂膜防水、楼（地）面砂浆防水（防潮），按设计图示尺寸以主墙间净面积计算，扣除凸出地面的构筑物、设备基础及单个面积$>0.3m^2$的柱、垛、烟囱和孔洞等所占面积。楼（地）面防水上翻高度≤300mm 时，工程量并入楼地面防水工程量内。楼（地）面防水上翻高度>300mm 时，按墙面防水相应项目编码列项。楼（地）面及基础防水找平层按“楼地面装饰工程”中相关找平层项目编码列项。

9. **【答案】**B

【解析】斜屋顶（不包括平屋顶找坡）按斜面积计算，平屋顶按水平投影面积计算，不扣除房上烟囱、风帽底座、风道、屋面小气窗和斜沟所占面积。屋面天沟、檐沟，按设计图示尺寸以展开面积“m^2”计算。屋面刚性层，按设计图示尺寸以面积“m^2”计算。

（二）多选题

1. **【答案】** CD

【解析】 选项 A、B 错误，墙面卷材防水、墙面涂膜防水、墙面砂浆防水（潮），按设计图示尺寸以面积计算。墙面防水搭接及附加层用量不另行计算，在综合单价中考虑。选项 E 错误，防水层、隔离层的搭接、拼缝、压边、留槎用量及为满足施工规范所需的附加层用量均不另行计算。但设计文件中标注具体尺寸的附加层，应计算工程量，并按附加层材质、做法等项目特征单独编码列项。

2. **【答案】** DE

【解析】 选项 A 错误，屋面排水管，按设计图示尺寸以长度“m”计算。如设计未标注尺寸，再以檐口至设计室外散水上表面垂直距离计算。选项 B 错误，斜屋面卷材防水按斜面积计算。选项 C 错误，屋面排（透）气管，按设计图示尺寸以长度“m”计算。

3. **【答案】** AE

【解析】 屋面卷材防水、屋面涂膜防水、屋面柔性隔离层，按设计图示尺寸以面积计算。斜屋顶（不包括平屋顶找坡）按斜面积计算，平屋顶按水平投影面积计算；不扣除房上烟囱、风帽底座、风道、屋面小气窗和斜沟所占面积，相应上述部位上翻不增加；屋面的女儿墙、伸缩缝、设备基础和天窗等处的上翻部分，并入屋面工程量内。屋面卷材防水项目特征需描述：卷材品种、规格、厚度，防水层数，防水层做法。种植屋面过滤层按“屋面柔性隔离层”项目编码列项。选项 B，防水层、隔离层的搭接、拼缝、压边、留槎用量及为满足施工规范所需的附加层用量均不另行计算。但设计文件中标注具体尺寸的附加层，应计算工程量，并按附加层材质、做法等项目特征单独编码列项。选项 C，屋面及防水工程中，设计采用成型钢筋网片、成品钢丝网，按“混凝土及钢筋混凝土工程”中的“钢筋网片”“钢丝网”项目编码列项；设计采用其他形式的钢筋，按“屋面刚性层内配钢筋”项目编码列项。选项 D，屋面变形缝，按设计图示尺寸以长度计算。各变形缝项目均按单侧做法的项目特征进行描述。若为双侧做法且做法一致时，工程量乘以系数 2；双侧做法不一致时，两侧需分别编码列项。

4. **【答案】** AC

【解析】 本题考查的是楼（地）面防水、防潮。楼（地）面卷材防水、楼（地）面涂膜防水、楼（地）面砂浆防水（防潮），按设计图示尺寸以主墙间净面积计算，扣除凸出地面的构筑物、设备基础及单个面积>$0.3m^2$ 的柱、垛、烟囱和孔洞等所占面积。选项 B，楼（地）面防水上翻高度≤300mm 时，工程量并入楼地面防水工程量内。楼（地）面防水上翻高度>300mm 时，按墙面防水相应项目编码列项。选项 D，屋面变形缝，按设计图示尺寸以长度计算。选项 E，防水层、隔离层的搭接、拼缝、压边、留槎用量及为满足施工规范所需的附加层用量均不另行计算。但设计文件中标注具体尺寸的附加层，应计算工程量，并按附加层材质、做法等项目特征单独编码列项。

X 保温、隔热、防腐工程

（一）单选题

1.【答案】C

【解析】隔离层防腐、防腐涂料，按设计图示尺寸以面积计算：平面的需扣除凸出地面的构筑物、设备基础所占面积，不扣除单个面积≤0.3m^2 的柱、垛、孔洞等所占面积，门洞、空圈、暖气包槽、壁龛的开口部分不增加面积；立面的需扣除门窗洞口面积，不扣除单个面积≤0.3m^2 的梁、孔洞所占面积，门窗洞口侧壁、垛突出部分按展开面积并入墙面积内。

2.【答案】B

【解析】选项A，柱帽保温隔热应并入天棚保温隔热工程量内；选项C，保温隔热墙面，按设计图示尺寸以面积“m^2”计算，扣除门窗洞口以及面积大于0.3m^2 的梁、孔洞所占面积；门窗洞口侧壁以及与墙相连的柱，并入保温墙体工程量；选项D，梁按设计图示梁断面保温层中心线展开长度乘以保温层长度以面积计算。

3.【答案】A

【解析】本题考查的是保温、隔热、防腐工程。选项B错误，平面防腐：需扣除凸出地面的构筑物、设备基础所占面积，不扣除单个面积≤0.3m^2 的柱、垛、孔洞所占面积，门洞、空圈、暖气包槽、壁龛的开口部分不增加面积。选项C错误，防腐涂料需要刮腻子时，项目特征应描述刮腻子的种类及遍数，并包含在综合单价内，不另计算。选项D错误，砌筑沥青浸渍砖项目在其他防腐中列项。

4.【答案】C

【解析】选项A错，保温隔热屋面按设计图示尺寸以面积“m^2”计算。选项B错，保温隔热墙面按设计图示尺寸以面积“m^2”计算。选项D错，保温隔热楼地面按设计图示尺寸以面积“m^2”计算。

5.【答案】D

【解析】选项A，保温隔热楼地面，按设计图示尺寸以面积计算。不扣除单个面积≤0.3m^2 的柱、垛、孔洞所占面积。门洞、空圈、暖气包槽、壁龛的开口部分不增加面积。选项B，与天棚相连的梁按展开面积计算，并入天棚工程量内。选项C，保温隔热楼地面，按设计图示尺寸以面积“m^2”计算。

（二）多选题

暂无。

XI 楼地面装饰工程

（一）单选题

1.【答案】C

【解析】踢脚线清单项目设置包括水泥砂浆踢脚线、石材踢脚线、块料踢脚线、塑料板踢脚线、木质踢脚线、金属踢脚线等。工程量按设计图示尺寸以长度计算。项目特征均需要描述踢脚线高度。

2.【答案】ACD

【解析】水泥砂浆楼地面、细石混凝土楼地面、自流平楼地面、耐磨楼地面、塑胶地面，按设计图示尺寸以面积计算。扣除凸出地面构筑物、设备基础、室内管道、地沟、柱、垛、附墙烟囱及孔洞所占面积。门洞、空圈、暖气包槽、壁龛的开口部分并入相应的工程量内。

3.【答案】C

【解析】楼梯装饰清单项目设置包括水泥砂浆楼梯、石材楼梯、块料楼梯、地毯楼梯、木板（复合）楼梯、橡塑板楼梯、橡塑卷材楼梯等。工程量按设计图示尺寸以面层展开面积计算。楼梯与楼地面相连时，算至最上一级踏步踏面（该踏面无设计宽度时按300mm计算）。项目特征中的楼梯面层的“楼梯部位”可描述为楼梯踏步、休息平台、楼梯侧面等。

4.【答案】D

【解析】整体面层包括水泥砂浆楼地面、细石混凝土楼地面、自流平楼地面、耐磨楼地面、塑胶地面，按设计图示尺寸以面积计算。扣除凸出地面构筑物、设备基础、室内管道、地沟、柱、垛、附墙烟囱及孔洞所占面积。门洞、空圈、暖气包槽、壁龛的开口部分并入相应的工程量内。橡塑板楼地面、橡塑卷材楼地面、塑胶运动地板，按设计图示尺寸以面积计算。门洞、空圈、暖气包槽、壁龛的开口部分并入相应的工程量内。橡塑面层、其他材料面层项目中如涉及找平层，另按“整体面层及找平层”中的找平层相关项目编码列项。

（二）多选题

1.【答案】BE

【解析】选项A、B，整体面层包括水泥砂浆楼地面、细石混凝土楼地面、自流平楼地面、耐磨楼地面、塑胶地面，按设计图示尺寸以面积计算。扣除凸出地面构筑物、设备基础、室内管道、地沟、柱、垛、附墙烟囱及孔洞所占面积。门洞、空圈、暖气包槽、壁龛的开口部分并入相应的工程量内。选项C，踢脚线清单项目设置包括水泥砂浆踢脚线、石材踢脚线、块料踢脚线、塑料板踢脚线、木质踢脚线、金属踢脚线等。工程量按设计图示尺寸以长度计算。项目特征均需要描述踢脚线高度。选项D，台阶装饰清单项目设置包括水泥砂浆台阶、石材台阶、拼碎块料台阶、块料台阶、剁假石台阶等。工程量按设计图示尺寸以面层展开面积计算。台阶与楼地面相连时，算至最上一级踏步踏面（该踏面无设计宽度时，按下一级踏面宽度计算）。选项E，橡塑板楼地面、橡塑卷材楼地面、塑胶运动地板，按设计图示尺寸以面积计算。门洞、空圈、暖气包槽、壁龛的开口部分并入相应的工程量内。

2.【答案】E

【解析】选项C，台阶装饰清单项目设置包括水泥砂浆台阶、石材台阶、拼碎块料台阶、块料台阶、剁假石台阶等。工程量按设计图示尺寸以面层展开面积计算。台阶与楼地面相连时，算至最上一级踏步踏面（该踏面无设计宽度时，按下一级踏面宽度计算）。选项D，清单项目设置包括水泥砂浆踢脚线、石材踢脚线、块料踢脚线、塑料板踢脚线、木质踢脚线、金属踢脚线等。工程量按设计图示尺寸以长度计算。项目特征均需描述踢脚线高度。

3. 【答案】BE

【解析】整体面层及找平层包括水泥砂浆楼地面、现浇水磨石楼地面、细石混凝土楼地面、菱苦土楼地面、自流坪楼地面、平面砂浆找平层。

Ⅻ 墙、柱面装饰与隔断、幕墙工程

（一）单选题

1. 【答案】B

【解析】选项 A 错误，不扣除与构件交接处的面积。

2. 【答案】C

【解析】选项 A 错误，清单项目设置包括墙（柱）面一般抹灰、墙（柱）面装饰抹灰、墙（柱）面勾缝、立面砂浆找平层等。工程量按设计图示尺寸以面积计算。选项 C、D，墙、柱面抹石灰砂浆、水泥砂浆、混合砂浆、聚合物水泥砂浆、麻刀石灰浆、石膏灰浆等按“墙、柱面一般抹灰”列项，项目特征描述中的“面层处理方式”可描述为拉毛、提浆压光等；“装饰抹灰类型”可描述为水刷石、斩假石、干粘石、假面砖等。

3. 【答案】无

【解析】构件式玻璃幕墙，按设计图示框外围尺寸以面积计算，扣除开启扇面积。项目特征需描述：骨架材料种类及型号，框格形式，面层材料品种、规格、表面处理，隔离带、框边封闭材料品种。工作内容包括：骨架（含埋件）制作、安装，面层安装，防雷引下，隔离带、框边封闭，勾缝、塞口，清洗。

4. 【答案】无

【解析】选项 A，柱面勾缝，按设计图示尺寸以面积计算。选项 B，墙、柱面抹石灰砂浆、水泥砂浆、混合砂浆、聚合物水泥砂浆、麻刀石灰浆、石膏灰浆等按“墙、柱面一般抹灰”列项，项目特征描述中的“面层处理方式”可描述为拉毛、提浆压光等；“装饰抹灰类型”可描述为水刷石、斩假石、干粘石、假面砖等。

5. 【答案】D

【解析】墙、柱面抹灰清单项目设置包括墙（柱）面一般抹灰、墙（柱）面装饰抹灰、墙（柱）面勾缝、立面砂浆找平层等。工程量按设计图示尺寸以面积计算。

6. 【答案】无

【解析】A 选项错，清单项目设置包括墙（柱）面一般抹灰、墙（柱）面装饰抹灰、墙（柱）面勾缝、立面砂浆找平层等。工程量按设计图示尺寸以面积计算。扣除墙裙、门窗洞口面积；不扣除单个面积≤$0.3m^2$ 的孔洞面积，不扣除挂镜线、墙与构件交接处的面积；外墙抹灰面积按外墙垂直投影面积计算。

7. 【答案】B

【解析】选项 A，“立面砂浆找平层”项目适用于仅做找平层的立面抹灰。选项 C，(柱）面勾缝工程量按设计图示尺寸以面积计算。扣除墙裙、门窗洞口面积；不扣除单个面积≤$0.3m^2$ 的孔洞面积，不扣除挂镜线、墙与构件交接处的面积。选项 D，天棚抹灰，按设计图示尺寸以水平投影面积计算。不扣除垛、柱、附墙烟囱、检查口和管道所占的面积；带梁天棚的梁两侧抹灰面积并入天棚面积内；无天棚的独立梁抹灰按“天棚抹灰”

项目编码列项。选项 C 错，墙、柱面抹灰。清单项目设置包括墙（柱）面一般抹灰、墙（柱）面装饰抹灰、墙（柱）面勾缝、立面砂浆找平层等。工程量按设计图示尺寸以面积计算。

（二）多选题

【答案】 E

【解析】 选项 A 错误、选项 D 错误，柱面勾缝，工程量按设计图示尺寸以面积计算。选项 B 错误，柱（梁）面抹石灰砂浆、水泥砂浆、混合砂浆、聚合物水泥砂浆、麻刀石灰浆、石膏灰浆等按柱（梁）面一般抹灰编码列项；柱（梁）面水刷石、斩假石、干粘石、假面砖等按柱（梁）面装饰抹灰项目编码列项。选项 E，“立面砂浆找平层”项目适用于仅做找平层的立面抹灰。立面砂浆找平层等工程量按设计图示尺寸以面积计算。

XIII 天棚工程

（一）单选题

1. **【答案】** D

【解析】 A 选项错，不扣除垛、柱、附墙烟囱、检查口和管道所占的面积。B 选项错，板式楼梯底面抹灰按斜面积计算。

2. **【答案】** B

【解析】 天棚抹灰，按设计图示尺寸以水平投影面积计算。平面吊顶天棚；不扣除检查口，按设计图示尺寸以水平投影面积计算 D 平面吊顶天棚、跌级吊顶天棚、艺术造型吊顶天棚龙骨包含在工作内容中，天棚龙骨不需另外列项计算工程量。

3. **【答案】** A

【解析】 选项 B，板式楼梯底面抹灰按斜面积计算，锯齿形楼梯底板抹灰按展开面积计算。选项 C，成品装饰带，按设计图示尺寸以中心线长度计算。选项 D，成品装饰口，按设计图示数量计算（单位：个）。

4. **【答案】** D

【解析】 A 选项错，天棚抹灰，按设计图示尺寸以水平投影面积“m^2”计算。不扣除垛、柱、附墙烟囱、检查口和管道所占的面积；带梁天棚的梁两侧抹灰面积并入天棚面积内；板式楼梯底面抹灰按斜面积计算；锯齿形楼梯底板抹灰按展开面积计算。C 选项错，锯齿形楼梯底板抹灰按展开面积计算。

（二）多选题

暂无。

XIV 油漆、涂料、裱糊工程

（一）单选题

1. **【答案】** A

【解析】 选项 B 错误，金属构件刷防火涂料可按设计图示尺寸以构件质量计算；选项 C 错误，空花格、栏杆刷涂料按设计图示尺寸以单面外围面积计算；选项 D 错误，线条刷涂料按设计图示尺寸以中心线长度计算。

2. **【答案】** 无

【解析】木板条、线条油漆，按设计图示尺寸以中心线长度计算。木板条、线条油漆包括木扶手、窗帘盒、封檐板、顺水板、挂衣板、黑板框、挂镜线、窗帘棍、木线条油漆。

3. 【答案】无

【解析】木门油漆、木窗油漆，按设计图示洞口尺寸以面积计算。B 木门油漆工作内容中包含“刮腻子”不单独计算。D 金属面油漆，按设计图示尺寸以面积计算。

4. 【答案】B

【解析】B 选项正确，木材面油漆，按设计图示尺寸以面积计算。木材面油漆包括木护墙、木墙裙、窗台板、筒子板、盖板、门窗套、踢脚线、清水板条天棚、檐口、木方格吊顶天棚、吸音板墙面、天棚面、暖气罩、其他木材面等。

5. 【答案】B

【解析】选项 A，抹灰面油漆、刮腻子，按设计图示尺寸以面积计算。抹灰面油漆项目特征需描述：基层类型，腻子种类，刮腻子遍数，防护材料种类，油漆品种、刷漆遍数。选项 C，金属构件油漆、金属构件除锈，按设计图示尺寸以构件质量计算。选项 D，木门、金属门油漆工作内容包括刮腻子。

（二）多选题

暂无。

丛书主编　柯　洪

全国一级造价工程师职业资格考试十年真题·九套模拟

建设工程技术与计量

（土木建筑工程）

下册　九套模拟

主编　李毅佳

中国建筑工业出版社
中国城市出版社

目　录

上册　十年真题

下册　九套模拟

逆袭卷

模拟题一

一、单项选择题（共60题，每题1分，每题的备选项中，只有一个最符合题意）

1. 以下岩石的地质特征，说法正确的是（　　）。

A. 含有黑云母的岩石以碎屑、泥质及生物碎屑结构为特征

B. 含有辉石的岩石具层理构造，以变晶结构等为特征

C. 含有石榴子石的岩石直接由高温熔融的岩浆形成，多具片理构造

D. 高岭石作为主要矿物成分常出现于沉积岩与变质岩中

2. 以下关于地下水的特征，说法正确的是（　　）。

A. 承压水的水质易受污染

B. 同一个区域内的自流盆地和自流斜地，可埋藏多个含水层

C. 包气带水埋藏浅，分布区和补给区不一致

D. 冰水沉积物中的水，其水位的升降决定于水压的传递

3. 对于隧道工程来说，隧道一般从褶曲的（　　）通过是比较有利的。

A. 腋部　　　　B. 翼部

C. 轴部　　　　D. 核部

4. 对于边墙部分岩块可能沿某一结构面出现滑动时，应该用（　　）保证围岩整体的稳定性。

A. 锚固桩　　　　B. 锚杆加固

C. 横向拉索　　　　D. 喷混凝土

5. 对于坚硬的整体围岩，喷混凝土的作用主要是（　　）。

A. 缩短了开挖与支护的间隔时间　　　　B. 防止地下水渗入隧道内

C. 防止围岩表面风化　　　　D. 在结合面上传递各种应力

6. 对于地下工程的选址，对工程地质的影响还要特别注意考虑（　　）。

A. 区域性深大断裂交会

B. 区域地质构造形成的整体滑坡

C. 区域的地震烈度

D. 区域内地下水的性质

7. 适合开间进深较小，房间面积小，多层或低层建筑的常用结构形式为（　　）。

A. 木结构　　　　B. 砖木结构

C. 砖混结构　　　　D. 钢结构

8. 当建筑物上部结构荷载较大而土质较差时，最经济的基础形式是（　　）。

A. 箱形基础　　　　B. 无肋式条形基础

C. 柱下十字交叉基础　　　　D. 井格基础

9. 结构刚度较差或受振动影响的工程应采用（　　）防水材料。

A. 防水混凝土　　B. 防水砂浆

C. 卷材　　D. 铅合金防水卷材

10. 在墙身中设置防潮层，不是为了（　　）。

A. 提高建筑物的耐久性　　B. 保持室内干燥卫生

C. 防止土壤中的水分沿基础墙上升　　D. 提高建筑物的抗震性能

11. 当荷载或梯段跨度较大时，采用（　　）比较经济。

A. 板式楼梯　　B. 梁式楼梯

C. 墙式楼梯　　D. 悬挑式楼梯

12. 下列道路路面的基本结构层中，属于非必要性设置的层次是（　　）。

A. 面层　　B. 基层

C. 底基层　　D. 垫层

13. 以下关于沥青路面的基层，说法正确的是（　　）。

A. 级配砾石基层属于半刚性基层，适用于交通量大、轴载重的道路

B. 石灰稳定土的板体性好但水稳性优于水泥稳定土

C. 水泥稳定粒料的干缩系数明显小于水泥稳定细粒土

D. 水泥土可作为快速路路面的基层使用

14. 由预应力混凝土构件组成的空心桥墩，应优先考虑采用（　　）。

A. 框架墩　　B. 柔性桥墩

C. 重力式桥墩　　D. 弹性墩

15. 适用于无石料地区且过水面积较大的明涵的是（　　）。

A. 石盖板涵　　B. 钢筋混凝土盖板涵

C. 钢筋混凝土箱涵　　D. 倒虹吸管涵

16. 以下关于地下车站，说法正确的是（　　）。

A. 地下车站宜深，车站层数宜多

B. 高架车站及地面建筑可分期建设

C. 车站间的距离一般在城市中心区和居民稠密地区 0.5km 为宜

D. 车站平面形式应根据客流实际条件确定

17. 市政干线综合管廊应设置于（　　）。

A. 道路中央下方　　B. 人行道下方

C. 非机动车道下方　　D. 分割带下方

18. 以下冷轧带肋钢筋，可以用于非预应力混凝土钢筋的是（　　）。

A. CRB600H　　B. CRB800H

C. CRB650　　D. CRB800

19. 适用于浆锚、喷锚支护、抢修、抗硫酸盐腐蚀、海洋建筑等工程的水泥宜采用（　　）。

A. 铝酸盐水泥　　B. 快硬硫铝酸盐水泥

C. 普通硅酸盐水泥　　D. 矿渣硅酸盐水泥

20. 以下关于石子的颗粒级配，说法错误的是（　　）。

A. 连续级配比间断级配黏聚性较好

B. 连续级配比间断级配水泥用量稍多

C. 泵送混凝土的粗骨料应采用间断级配

D. 连续级配是现浇混凝土中最常用的形式

21. 保持强度不变，掺入（　　）可节约水泥用量。

A. 氯盐早强剂　　B. 硫酸盐早强剂

C. 高效减水剂　　D. 硫铝酸钙膨胀剂

22. 以下关于砖的说法正确的是（　　）。

A. 烟囱可以采用烧结实心砖砌筑

B. 烧结普通砖的标准尺寸为 150mm×150mm×150mm

C. 烧结多孔砖孔小而多，孔洞平行于大面受力

D. 烧结空心砖多用于建筑物的承重墙体

23. 能有效吸收太阳的辐射热，产生“冷室效应”的节能装饰型玻璃是（　　）。

A. 真空玻璃　　B. 中空玻璃

C. 镀膜玻璃　　D. 着色玻璃

24. 可作为绝热材料使用的人造木板是（　　）。

A. 胶合板　　B. 纤维板

C. 胶板夹合板　　D. 旋切微薄木

25. 具有低频吸声特性，并有助于声波的扩散的吸声结构应为（　　）。

A. 帘幕吸声结构　　B. 柔性吸声结构

C. 薄板振动吸声结构　　D. 悬挂空间吸声结构

26. 适于基坑侧壁安全等级为一级的深基坑支护基本形式的是（　　）。

A. 水泥土桩墙式　　B. 排桩与桩墙

C. 边坡稳定式　　D. 逆作拱墙式

27. 对于挖、填相邻，地形起伏较大，且工作地段较长的情况，铲运机的开行路线为（　　）。

A. 环形路线　　B. 8 字形路线

C. 三角形路线　　D. 矩形路线

28. 关于土木工程的地基问题，说法错误的是（　　）。

A. 当地基的承载能力不足以支承上部结构的自重及外荷载时，地基就会产生局部剪切破坏

B. 当地基在上部结构的自重及外荷载作用下产生过大的变形时，会影响结构物的正常使用

C. 地基的渗漏量超过容许值时，会发生水量损失以至于产生事故

D. 机器以及车辆的振动荷载一定会引起饱和无黏性土的液化

29. 以下关于填土压实方法，说法正确的是（　　）。

A. 羊足碾适于砂性土

B. 先重碾压，后轻碾压会取得较好的压实效果
C. 振动压实法适宜爆破石渣压实
D. 振动碾比平碾效率要低

30. 可用于现场浇筑双曲线冷却塔的模板形式应为（　　）。
A. 组合模板　　B. 滑升模板
C. 永久模板　　D. 台模

31. 对于净空不高和尺寸不大的薄壳结构吊装中，一般选用（　　）。
A. 大跨度结构高空拼装法施工　　B. 大跨度结构整体吊装法施工
C. 大跨度结构整体顶升法施工　　D. 大跨度结构滑移法施工

32. 地下连续墙施工中采用最多的一种施工接头是（　　）。
A. 接头管接头　　B. 接头箱接头
C. 隔板式接头　　D. 预埋连接钢板接头

33. 关于地面砖铺贴施工，说法正确的是（　　）。
A. 铺贴前严禁浸水湿润，天然石材铺贴前试拼
B. 结合层砂浆宜采用体积比为 1：2 的干硬性水泥砂浆
C. 铺贴前应在水泥砂浆上刷一道水灰比为 1：3 的素水泥浆
D. 铺贴后应及时清理表面，24h 后应用 1：1 水泥浆灌缝

34. 以下关于墙面石材铺装施工，说法正确的是（　　）。
A. 采用粘贴法施工时基层应压光
B. 较厚的石材应在背面粘贴玻璃纤维网布
C. 灌注砂浆时应分层进行，插捣应密实
D. 采用湿作业法施工时，固定石材的钢筋网应与主体混凝土连接牢固

35. 路堤填筑时应优先选用的填筑材料为（　　）。
A. 粗砂　　B. 粉性土
C. 重黏土　　D. 亚砂土

36. 下列指标中，不属于混凝土路面配合比设计指标的是（　　）。
A. 工作性　　B. 抗压强度
C. 耐久性　　D. 弯拉强度

37. 悬索桥的主缆索主要承受（　　）。
A. 拉力　　B. 横向水平力
C. 纵向水平力　　D. 主缆索荷载

38. 当两个深浅不同的基坑同时挖土时，操作不正确的是（　　）。
A. 先撑后挖　　B. 先浅后深
C. 分层开挖　　D. 严禁超挖

39. 不利于钻爆法使用的区域是（　　）。
A. 长洞　　B. 地下大洞室
C. 不是圆形的隧洞　　D. 地质条件变化大的地方

40. 在普通水泥砂浆锚杆中，钻孔方向宜尽量（　　）。

A. 与开挖面垂直　　　　　　　　B. 与岩层主要结构面垂直

C. 与岩层主要结构面平行　　　　D. 与开挖面平行

41. 以下关于工程总承包与施工发承包的说法正确的是（　　）。

A. 工程总承包的编制依据是计量标准、施工图设计文件、技术标准及其他有关技术经济文件

B. 工程总承包的合同工程计量是采用总价合同，除工程变更外，工程量不予调整

C. 施工发承包的清单缺陷责任是由投标人（承包人）承担

D. 施工发承包的项目清单可以是单位工程或扩大分部分项工程等合同工程计量

42. 关于计算工程量程序统筹图的说法，正确的是（　　）。

A. “三线一面”中的“一面”是指建筑物标准层建筑面积

B. 统筹图计算程序为先主后次

C. 统筹图与基数有共性关系的分部分项工程量用“册”或图示尺寸进行计算

D. 次要程序线是指在“线”“面”基数上连续计算项目的线

43. 以下关于梁平法施工图分平面注写方式，说法正确的是（　　）。

A. 集中标注表达梁的特殊数值

B. 原位标注表达梁的通用数值

C. 原位标注当中的某项数值不适用于梁的某部位时，将该项数值集中标注

D. 施工时，原位标注优先于集中标注

44. 根据《民用建筑通用规范》GB 55031—2022 规定，永久性结构的建筑空间，有永久性顶盖、结构层高或斜面结构板顶高在 2.20m 及以上的，应按（　　）规定计算建筑面积。

A. 有围护结构、封闭围合的建筑空间，应按其外围护结构外表面所围空间的水平投影面积的 1/2 计算

B. 无围护结构、以柱围合，或部分围护结构与柱共同围合，不封闭的建筑空间，应按其柱或外围护结构外表面所围空间的水平投影面积的 1/2 计算

C. 无围护结构、单排柱或独立柱、不封闭的建筑空间，应按其顶盖水平投影面积计算

D. 无围护结构、有围护设施、无柱、附属在建筑外围护结构、不封闭的建筑空间，应按其围护设施外表面所围空间水平投影面积的 1/2 计算

45. 根据《民用建筑通用规范》GB 55031—2022 规定，关于建筑的室内净高的说法，不正确的是（　　）。

A. 上部局部的结构梁或设备管线不影响室内有效使用空间时，室内净高应计算至楼板下皮

B. 室内有吊顶时，室内净高应计算至吊顶下皮

C. 上部的结构梁或设备管线影响室内有效使用空间时，室内净高应计算至结构梁或设备管线下皮

D. 地下室、局部夹层、公共走道、建筑避难区、架空层等有人员正常活动的场所最低处室内净高不应小于 2.20m

46. 根据《民用建筑通用规范》GB 55031—2022 的规定，附属在建筑物外墙的落地橱窗建筑面积，计算正确的是（　　）。

A. 层高不足 1.80m 者不计算面积　　B. 层高为 2.10m 的，计算 1/2 面积

C. 层高为 2.10m 的，应计算全面积　　D. 层高为 2.20m 以上的，应计算全面积

47. 土石方的划分中，基础土石方中，底宽 3m，底长 10m 的为（　　）

A. 单独土方　　B. 一般土方

C. 基坑　　D. 沟槽

48. 根据《房屋建筑与装饰工程工程量计算标准》GB/T 50854—2024 规定，下列关于地基处理工程量计算的说法，正确的是（　　）。

A. 换填垫层按照图示尺寸以体积计算

B. 强夯地基按设计图示处理范围以体积计算

C. 填料桩复合地基按设计图示桩体尺寸以体积计算

D. 水泥土搅拌桩复合地基按设计桩截面面积乘以桩长以体积计算

49. 基坑与边坡支护中，钢支撑按设计图示尺寸以（　　）计算。

A. 质量　　B. 桩长

C. 面积　　D. 体积

50. 下列关于桩的叙述，错误的是（　　）。

A. 打试验桩和打斜桩应按相应项目单独编码列项

B. 预制桩的工作内容中包括了接桩和送桩，不需要单独列项

C. 预制桩项目工作内容包括预制桩的场内堆放、场内转运

D. 预制桩项目工作内容不包括使用成品预制桩时的成品桩购置工作

51. 根据《房屋建筑与装饰工程工程量计算标准》GB/T 50854—2024 规定，关于实心砖墙工程量计算，说法不正确的是（　　）

A. 腰线、挑檐、压顶、窗台线、虎头砖、门窗套凸出墙面部分的体积并入计算

B. 不扣除单个面积≤0.3m² 的孔洞及墙内檩头、垫木、木楞头、沿缘木、木砖、门窗走头、加固钢筋、木筋、铁件、管道所占的体积

C. 扣除门窗洞口、嵌入墙内的柱、梁、板及凹进墙内的壁龛、管槽、暖气槽、消火栓箱所占体积

D. 同材质围墙柱及围墙压顶并入围墙体积内计算

52. 根据《混凝土结构工程施工规范》GB 50666—2011，一般构件的箍筋加工时，应使（　　）。

A. 弯钩的弯折角度不小于 45°　　B. 弯钩的弯折角度不小于 90°

C. 弯折后平直段长度不小于 2.5d　　D. 弯折后平直段长度不小于 3d

53. 根据《房屋建筑与装饰工程工程量计算标准》GB/T 50854—2024 规定，下列关于金属结构工程量计算的说法，正确的是（　　）。

A. 实腹钢柱按图示尺寸的长度计算，牛腿和悬臂梁质量另计

B. 钢吊车梁工程量包括制动梁、制动桁架工程量

C. 空腹钢柱按设计图示尺寸以质量计算，普通螺栓的质量计入工程量

D. 钢管柱按设计图示尺寸以质量计算，扣除加强环、内衬管的工程量

54. 根据《房屋建筑与装饰工程工程量计算标准》GB/T 50854—2024 规定，下列关于木结构屋面木基层工程量计算的说法，错误的是（　　）。

A. 屋面木基层，按设计图示尺寸以水平投影面积计算

B. 不扣除斜沟所占面积

C. 项目特征包括防护材料种类

D. 小气窗的出檐部分不增加面积

55. 根据《房屋建筑与装饰工程工程量计算标准》GB/T 50854—2024 规定，关于金属窗工程量计算，说法正确的是（　　）。

A. 钢质防火门，按设计图示门框尺寸以面积计算

B. 金属橱窗，按设计图示窗框尺寸以面积计算

C. 金属纱窗，按纱扇框的外围尺寸以面积计算

D. 钢质花饰大门，按设计图示洞口尺寸以面积计算

56. 根据《房屋建筑与装饰工程工程量计算标准》GB/T 50854—2024，下列关于屋面及防水工程工程量的说法，正确的是（　　）。

A. 玻璃钢屋面，按设计图示外表面积计算

B. 屋面变形缝，按设计图示尺寸以长度计算

C. 膜结构屋面，按设计图示尺寸以外表面积计算

D. 玻璃采光顶，按设计图示尺寸以斜面积计算

57. 根据《房屋建筑与装饰工程工程量计算标准》GB/T 50854—2024，下列关于玻璃钢防腐面层的工程量计算规则，正确的说法是（　　）。

A. 不扣除凸出地面的构筑物所占面积

B. 平面防腐需扣除小于 0.3m^2 孔洞所占面积

C. 立面防腐需扣除小于 0.3m^2 孔洞所占面积

D. 立面防腐中门窗洞口侧壁突出部分按展开面积并入墙面积内

58. 根据《房屋建筑与装饰工程工程量计算标准》GB/T 50854—2024 规定，下列关于墙、柱面抹灰工程量的说法，正确的是（　　）。

A. 墙面抹灰工程量扣除挂镜线、墙与构件交接处面积

B. 零星抹灰工程量按设计图示尺寸以面积计算

C. 墙、柱面装饰浮雕，按设计图示尺寸以面积计算

D. 成品隔断，按设计图示框外围尺寸以数量计算

59. 下列油漆工程量计算规则中，正确的是（　　）。

A. 木门窗油漆按按设计图示尺寸以展开面积计算

B. 木板条油漆按设计图示尺寸以面积计算

C. 金属面油漆按设计图示尺寸以构件质量计算

D. 抹灰面油漆按设计图示尺寸以面积计算

60. 根据《房屋建筑与装饰工程工程量计算标准》GB/T 50854—2024 规定，在浴厕配件中，洗漱台工程量应（　　）。

A. 按设计图示尺寸以台面内接方形面积计算

B. 按设计图示尺寸以台面外接方形面积计算

C. 按设计图示尺寸以台面内接矩形面积计算

D. 按设计图示尺寸以台面外接矩形面积计算

二、多项选择题（共 20 题，每题 2 分。每题的备选项中，有 2 个或 2 个以上符合题意，至少有 1 个错项。错选，本题不得分；少选，所选的每个选项得 0.5 分）

61. 以下矿物硬度数之和不小于 10 的是（　　）。

A. 石英、石膏　　B. 黄玉、方解石

C. 滑石、磷灰石　　D. 长石、萤石

E. 刚玉、金刚石

62. 断层、泥化软弱夹层根据埋深和厚度，可采用（　　）进行抗滑处理。

A. 锚杆　　B. 钢筋拱架

C. 抗滑桩　　D. 预应力锚索

E. 凿毛岩层滑动控制面

63. 以下关于外墙内保温的说法，正确的有（　　）。

A. 大多采用干作业施工　　B. 保温隔热效果好

C. 保温层不易出现裂缝　　D. 耐久性好于外墙外保温

E. 施工方便，造价相对较低

64. 以下关于现浇钢筋混凝土楼板，说法正确的是（　　）。

A. 现场施工是湿作业　　B. 高层建筑中常被采用

C. 施工周期短　　D. 施工工序少

E. 防水、抗震性能好

65. 关于平屋顶排水方式的说法，正确的有（　　）。

A. 暴雨强度较大地区的大型屋面，宜采用虹吸式屋面雨水排水系统

B. 严寒地区应采用内排水

C. 湿陷性黄土地区宜采用有组织排水

D. 多层建筑屋面宜采用有组织外排水

E. 高层建筑屋面采用外排水

66. 桥梁伸缩缝的构造要求（　　）。

A. 在设置伸缩缝处，栏杆与桥面铺装不必断开

B. 车辆驶过时应平顺，无突跳与噪声

C. 要能防止雨水和垃圾泥土渗入阻塞

D. 在平行、垂直于桥梁轴线的两个方向，均能自由伸缩

E. 在平行于桥梁轴线的一个方向能自由伸缩

67. 影响混凝土和易性的主要因素有（　　）。

A. 水泥浆　　B. 湿度

C. 骨料品种与品质　　D. 砂率

E. 温度和时间

68. 以下关于高强混凝土的特点，说法正确的有（　　）。

A. 可减少结构断面

B. 抗渗性优于普通混凝土

C. 能施加更大的预应力

D. 对其施工过程的质量管理水平要求高

E. 高强混凝土的延性比普通混凝土好

69. 花岗石中关于天然放射性核素的放射性比活度和外照射指数的限值，说法正确的有（　　）。

A. A 类产品的产销与使用范围不受限制

B. B 类产品可用于Ⅰ类民用建筑的内饰面

C. B 类产品可用于Ⅰ类民用建筑的外饰面

D. B 类产品不可用于一切建筑物的内饰面

E. C 类产品只可用于一切建筑物的外饰面

70. 可用于 500℃环境下的保温隔热材料有（　　）。

A. 石棉

B. 矿渣棉

C. 玻璃棉

D. 泡沫玻璃

E. 陶瓷纤维

71. 以下关于泥浆护壁成孔灌注桩，说法正确的有（　　）。

A. 正循环钻孔灌注桩适用于细粒碎石土及花岗石

B. 反循环钻孔灌注桩适用于砂土及强风化岩石

C. 钻孔扩底灌注桩适用于强风化及中等风化岩石

D. 冲击成孔灌注桩适用于流塑性黏土、碎石土和各种岩层

E. 泥浆护壁成孔灌注桩的桩顶标高至少要比设计标高高出 1.0m

72. 以下关于结构吊装工程施工，说法不正确的是（　　）。

A. 履带式起重机采用链式履带的行走装置，对地面压力大为减小

B. 轮胎起重机的优点是行驶速度较快，能迅速地转移工作地点或工地，对路面破坏大

C. 塔式起重机在多级高层结构吊装和垂直运输中得到广泛应用，但工作半径小

D. 自升式塔式起重机起重高度大，不占建筑物外围空间，司机不能看到起吊全过程

E. 起重量在 10t 左右的桅杆式起重机用角钢组成的格构式截面，桅杆高度可达 25m

73. 以下关于换填法，说法正确的有（　　）。

A. 抛石挤淤法对于软基较浅（1~2m）的泥沼地特别有效

B. 开挖换填法适用于常年积水，片石能沉达底部的泥沼或厚度为 3~4m 的软土

C. 开挖换填法按软土层的分布形态与开挖部位，有全面开挖换填和局部开挖换填

D. 爆破排淤法中先爆后填方法，适用于稠度较大的软土或泥沼

E. 换填法一般适用于地表下 0.5~3.0m 之间的软土处治

74. 以下关于填石路堤施工的填筑方法说法不正确的是（　　）。

A. 倾填法可用于大量以爆破方式挖开填筑的路段

B. 竖向填筑法施工压实的路基稳定性好

C. 碾压法逐层填筑，一并压实

D. 强力夯实法施工中不需铺撒细粒料

E. 在周围有建筑物时，冲击压实法使用受到限制

75. 深基坑支护形式中，属于板桩式的有（　　）。

A. 钢板桩　　B. 钻孔灌注桩

C. 型钢横挡板　　D. 挖孔灌注桩

E. 预制钢筋混凝土桩

76. 工程量计算标准附录 A~附录 Q（涵盖分部分项工程清单项目及以分部分项工程形式列项的措施项目）中规定的内容有（　　）。

A. 项目编码　　B. 项目名称

C. 项目工况　　D. 计量单位

E. 工程量计算规则

77. 建筑面积的作用有（　　）。

A. 评价设计方案的依据　　B. 确定各项技术经济指标的基础

C. 计算有关分项工程量的依据和基础　　D. 建设工程数据统计的重要指标

E. 确定建设规模的重要指标

78. 以下有关各项技术经济指标的计算，正确的有（　　）。

A. 单位面积工程造价=工程造价/建筑面积

B. 单位建筑面积的材料消耗指标=工程材料耗用量/建筑使用面积

C. 单位建筑面积的人工用量=工程人工工日耗用量/底层建筑面积

D. 单位建筑面积的材料消耗指标=工程材料耗用量/首层建筑面积

E. 单位建筑面积的人工用量=工程人工工日耗用量/建筑面积

79. 根据《房屋建筑与装饰工程工程量计算标准》GB/T 50854—2024 规定，下面关于土石方工程的说法，正确的是（　　）。

A. 底宽为 3m，底长为 9m 的基础土石方，按挖沟槽土方计算

B. 挖单独土（石）方、单独土石方回填，按原始地貌与预设标高之间的挖填尺寸，以体积计算

C. 挖冻土，按设计图示开挖面积乘以厚度，以体积计算

D. 挖淤泥流砂，按设计图示位置、界限，以体积计算

E. 房心回填，按设计图示基础（含垫层）底面积另加工作面面积，乘以回填深度，以体积计算

80. 根据《房屋建筑与装饰工程工程量计算标准》GB/T 50854—2024，关于钢筋及螺栓、铁件描述正确的是（　　）。

A. 螺栓，按设计（包括规范规定）要求以质量计算

B. 预埋铁件，按设计图示尺寸以质量计算

C. 钢丝网，按设计（包括规范规定）要求以面积计算

D. 阻尼器，按设计图示数量计算（单位：套）

E. 结构抗（隔）震支座，按设计图示尺寸以体积计算

逆袭卷

模拟题二

一、单项选择题（共60题，每题1分，每题的备选项中，只有一个最符合题意）

1. 角闪石作为主要矿物成分常出现于（　　）。

A. 岩浆岩与沉积岩中　　B. 岩浆岩与变质岩中

C. 沉积岩与变质岩中　　D. 火成岩与水成岩中

2. 地层岩性对边坡稳定性的影响很大，稳定程度最高的边坡岩体一般是（　　）。

A. 石英岩　　B. 角砾岩

C. 安山岩　　D. 玄武岩

3. 受气候影响很小的地下水是（　　）。

A. 潜水包气带水　　B. 裂隙水

C. 自流水　　D. 潜水

4. 当构造应力分布不均匀时，岩体中张开性构造裂隙分布不连续不沟通，这种裂隙赋存（　　）。

A. 成岩裂隙水　　B. 风化裂隙水

C. 脉状构造裂隙水　　D. 层状构造裂隙水

5. 在我国，常有潜蚀现象产生的地区是（　　）。

A. 红黏土地区　　B. 黄土层及岩溶地区

C. 流砂地区　　D. 高烈度地区

6. 道路选线难以避开地质缺陷，但尽可能使路线（　　）。

A. 处于顺风坡上方　　B. 处于顺风坡下方

C. 与岩层走向接近正交　　D. 与岩层走向接近平行

7. 重型单层厂房常选用的结构体系是（　　）。

A. 刚架结构　　B. 桁架结构

C. 剪力墙结构体系　　D. 筒体结构体系

8. 当地基基础软弱而荷载又很大，相邻基槽距离很小时的一些建筑物，最常采用的基础构造形式为（　　）。

A. 独立基础　　B. 柱下十字交叉基础

C. 筏形基础　　D. 箱形基础

9. 当房屋的开间、进深较大，楼面承受的弯矩较大时，常采用的现浇钢筋混凝土楼板是（　　）。

A. 板式楼板　　B. 梁板式肋形楼板

C. 井字形肋楼板　　D. 无梁楼板

10. 现浇水磨石楼地面与水泥砂浆地面相比，其优点在于（　　）。

A. 造价低　　B. 弹性好
C. 施工简便　　D. 装饰性强

11. 下列关于全预制装配式混凝土结构的特点，正确的是（　　）。
A. 通常采用柔性连接技术　　B. 部分构件在工厂内生产
C. 连接部位是强连接节点　　D. 抗震能力与现浇混凝土相同

12. 以下属于桥梁上部结构的有（　　）。
A. 桥墩　　B. 桥台
C. 桥梁盖梁　　D. 桥面构造

13. 关于道路交通管理设施的说法，正确的有（　　）。
A. 交通辅助标志可以单独使用
B. 标志板在一根支柱上并设时，应按禁令、警告、指示的顺序
C. 竖向排列的交通信号灯常用于路幅较窄的旧城路口
D. 信号灯设在进口端左侧人行道边

14. 小断面常用作排水的涵洞形式是（　　）。
A. 箱涵　　B. 管涵
C. 拱形涵　　D. 盖板涵

15. 以下关于道路路面排水，说法正确的是（　　）。
A. 路面排水宜在路口范围布置雨水口引导雨水流入
B. 城市建成区内道路排水宜采用边沟排水方式
C. 城市路堑边坡顶部必要时应设置截水沟
D. 道路的地面水必须采取阻隔措施，迅速排除

16. 以下关于市政管线工程的分类，说法正确的是（　　）。
A. 空气管道按性能与用途属于常见的管线工程
B. 照明线路可架空架设线路，也可地下敷设
C. 南方地区给水排水管道覆土可以浅埋
D. 灰渣管道按输送方式属于重力流管道

17. 以下市政管线中，可以采用架空架设的是（　　）。
A. 排水管道　　B. 热力管道
C. 燃气线路　　D. 电信线路

18. 用于大面积玻璃幕墙的玻璃，宜选择（　　），以避免受风荷载影响引起振动而自爆。
A. 防碎玻璃　　B. 夹层玻璃
C. 钢丝玻璃　　D. 半钢化玻璃

19. 以下关于饰面石材，说法正确的是（　　）。
A. 花岗石含有白云石，在高温下体积会变小
B. 大理石板中含有石英较多，耐火性差
C. 聚酯型人造石材耐老化性能优于天然花岗石，故多用于室外装饰
D. 用铝酸盐水泥制成的人造石材抗风化性能优于硅酸盐水泥制成的人造石材

20. 混凝土的抗侵蚀性与（　　）无关。

A. 水泥品种　　B. 密实度

C. 骨料集配　　D. 混凝土内部孔隙特征

21. 以下关于硅酸盐水泥、普通硅酸盐水泥，说法正确的是（　　）。

A. 普通硅酸盐水泥需要硅酸盐水泥熟料、4%～20%的混合材料、适量石膏磨细制成的水硬性胶凝材料

B. 掺活性混合材料时，最大掺量不得超过 20%，其中允许用不超过水泥质量 5%的石英砂代替

C. 硅酸盐水泥熟料中前期强度低、后期强度高的是硅酸三钙

D. 硅酸盐水泥的凝结硬化是水泥水化的结果

22. 题 22 图是低碳钢受拉时应力—应变图，与（　　）对应的应力称为弹性极限。

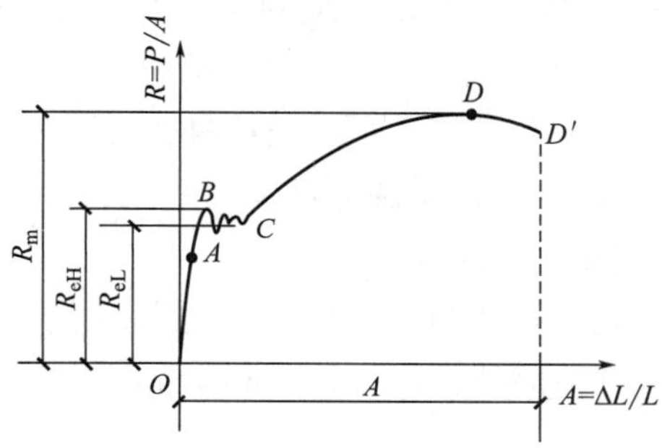

题 22 图　低碳钢受拉应力—应变图

A. A 点　　B. B 点

C. C 点　　D. D 点

23. 丙烯酸类密封胶具有良好的粘结性能，可以用于（　　）。

A. 污水厂嵌缝　　B. 桥面接缝

C. 广场接缝　　D. 门窗嵌缝

24. 以下防火堵料中，（　　）主要用于封堵后基本不变的场合。

A. 防火包　　B. 有机防火堵料

C. 无机防火堵料　　D. 可塑性防火堵料

25. 以下多孔状绝热材料中，（　　）广泛应用于外墙内外保温砂浆的轻质骨料。

A. 膨胀蛭石　　B. 膨胀珍珠岩

C. 玻化微珠　　D. 泡沫玻璃

26. 当土方施工机械需进出基坑时，常采用的轻型井点布置是（　　）。

A. 单排布置　　B. 双排布置

C. 环形布置　　D. U 形布置

27. 当基坑降水深度超过 8m 时，宜采用（　　）。

A. 深井井点　　B. 喷射井点

C. 电渗井点　　D. 管井井点

28. 以下关于土石方的填筑与压实，说法正确的是（　　）。

A. 下层宜填筑透水性较小的填料，上层宜填筑透水性较大的填料

B. 不宜采用同类土填筑

C. 有机物含量小于 5%的土不能作填土

D. 填土施工时，人工打夯比平碾机具每层压实遍数要少

29. 重锤夯实的效果与（　　）因素无关。

A. 落距　　B. 夯实遍数

C. 土的含水量　　D. 起重机械

30. 根据桩在土中受力情况，上部结构荷载主要依靠桩端反力支撑的是（　　）。

A. 摩擦桩　　B. 端承摩擦桩

C. 端承桩　　D. 摩擦端承桩

31. 可用于桩径为 1.2m、孔深为 48m 场地的泥浆护壁成孔灌注桩是（　　）。

A. 正循环钻孔灌注桩　　B. 反循环钻孔灌注桩

C. 钻孔扩底灌注桩　　D. 冲击成孔灌注桩

32. 以下关于混凝土浇筑施工方法正确的是（　　）。

A. 有主、次梁的楼板宜顺着主梁方向浇筑

B. 粗骨料最大粒径在 40mm 以内时可采用内径 150mm 的泵管

C. 同一施工段的混凝土应连续浇筑，应在底层混凝土完全硬化才可浇筑上一层混凝土

D. 在浇筑与柱和墙连成整体的梁和板时，应在柱和墙浇筑完毕后立即浇筑

33. 有抗渗要求的工程，常采用的水泥类型是（　　）。

A. 硅酸盐水泥　　B. 矿渣硅酸盐水泥

C. 粉煤灰硅酸盐水泥　　D. 火山灰质硅酸盐水泥

34. 在预应力混凝土结构中，预应力混凝土楼板结构的混凝土强度等级不应低于（　　）。

A. C30　　B. C40

C. C50　　D. C60

35. 关于涂膜防水层施工工艺，说法正确的是（　　）。

A. 清理、修理基层→节点部位附加增强处理→涂刷基层处理剂

B. 涂布防水涂料及铺贴胎体增强材料→平面部位浇筑细石混凝土保护层→清理及检查修理

C. 平面部位浇筑细石混凝土保护层→立面部位粘贴聚乙烯泡沫塑料保护层→基坑回填

D. 涂布防水涂料及铺贴胎体增强材料→节点部位附加增强处理→清理及检查修理

36. 桥梁承载结构施工方法中，投入施工设备和施工用钢量相对较少的是（　　）。

A. 转体施工法　　B. 顶推法

C. 移动模架逐孔施工法　　D. 提升与浮运施工

37. 适用于土石方大量集中、地势险要或工期紧迫的路段的爆破装药方法是（　　）。

A. 集中药包　　B. 分散药包

C. 药壶药包　　D. 坑道药包

38. 在我国，地下连续墙不可适用于（　　）。

A. 重要建筑物附近　　B. 熔岩地质

C. 软弱地层　　D. 人工填土地区

39. 适合于多车道公路隧道的沉管隧道施工中，最经济的管段形式是（　　）。

A. 船台上制作的钢壳圆形

B. 船台上制作的八角形管段

C. 干船坞中制作的花篮形管段

D. 干船坞中制作的矩形混凝土管段

40. 以下关于明挖法和盖挖法施工，说法正确的是（　　）。

A. 无围护结构明挖法适用于施工场地狭窄、土质自立性较差的地区

B. 明挖法施工可以分段同时作业，工程造价和运营费用均较高

C. 在盖挖逆作法施工中，先开挖下层土，再开挖中土层

D. 在盖挖半逆作法施工中，一般都必须设置横撑并施加预应力

41. 以下关于施工发承包清单的作用，说法正确的是（　　）。

A. 单价合同中合同清单不作为价款结算的依据

B. 总价合同中标价工程量清单中的清单项目、项目特征、工程数量具有合同约束力

C. 合同单价根据约定作为变更调价的依据

D. 价格清单列出的建筑安装工程的任何工程量及其价格仅限于作为合同约定的变更的参考

42. 《国家建筑标准设计图集》（22G101）平法施工图中，托柱转换梁的标注代号为（　　）。

A. TZL　　B. TL

C. TLZHZ　　D. TZHL

43. 以下关于统筹法计算工程量的说法，正确的是（　　）。

A. 统筹法适用于计算“线”“面”基数，与分部分项工程量无关

B. 统筹法合理安排工程量的计算程序，可以简化繁琐的计算

C. 统筹法图解主要用于展示各分项工程的独立计算流程

D. 运用统筹法计算工程量时，应先计算次要项目再处理主要项目

44. 下列关于功能单元建筑面积和使用面积，表述不正确的是（　　）。

A. 功能空间使用面积应按功能空间墙体饰面层内表面所围合空间的水平投影面积计算

B. 功能单元建筑面积包括为本功能单元服务的烟囱、通风道、管道井面积

C. 功能单元使用面积即为住宅套内使用面积

D. 功能单元的使用面积不包含功能单元之外的公共门厅、公共走道、公共楼梯等的面积

45. 根据《民用建筑通用规范》GB 55031—2022 的规定，建筑物的面积应按自然层

外墙结构外围水平面积之和计算。以下说法正确的是（　　）。

A. 斜面结构板顶高度为 2.100m 的，应计算全面积

B. 斜面结构板顶高度为 1.80m 的，不计算面积

C. 结构层高为 2.00m 的，应计算 1/2 面积

D. 结构净高为 2.10m 的，应计算 1/2 面积

46. 根据《民用建筑通用规范》GB 55031—2022 规定，地下室、局部夹层、公共走道、建筑避难区、架空层等有人员正常活动的场所最低处室内净高不应小于（　　）。

A. 1.8m　　B. 2.0m

C. 2.1m　　D. 2.2m

47. 根据《房屋建筑与装饰工程工程量计算标准》GB/T 50854—2024 规定，下列关于平整场地及其他工程量清单的说法，描述错误的是（　　）。

A. 平整场地的项目特征是土石类别

B. 平整场地和余方弃置的计量单位都是“m^3”

C. 余方弃置按挖方清单项目工程量减回填清单项目工程量（可利用），以体积计算

D. 平整场地按设计图示尺寸以建筑物首层建筑面积计算。建筑物地下室结构外边线突出首层结构外边线时，其突出部分的建筑面积合并计算

48. 振冲密实地基（不填料）工程量按（　　）。

A. 设计图示基础（含垫层）底面积以面积计算

B. 设计图示处理范围面积乘以基础厚度以体积计算

C. 设计图示处理范围以面积计算

D. 设计图示尺寸以体积计算

49. 根据《房屋建筑与装饰工程工程量计算标准》GB/T 50854—2024 规定，地下连续墙的工程量应（　　）。

A. 按设计图示尺寸以面积计算

B. 按设计图示墙体尺寸以体积计算

C. 按设计图示尺寸以墙体中心线长度计算

D. 按设计成墙截面尺寸乘以成槽深度以体积计算

50. 根据《房屋建筑与装饰工程工程量计算标准》GB/T 50854—2024 规定，灌注桩后注浆的计量单位是（　　）。

A. t　　B. m^3

C. 孔　　D. 个

51. 关于石砌体工程量计算，基础与勒脚应以（　　）为界。

A. 设计室内地面

B. 设计室外地坪

C. 以设计室内地面与设计室外地坪相比地坪较高者

D. 以设计室内地面与设计室外地坪相比地坪较低者

52. 某现浇混凝土梁，截面周长为 1500mm，保护层厚度为 25mm，采用的双肢箍筋，直径为 8mm，弯钩增加长度为 90mm，计算单根箍筋长度为（　　）mm。

A. 1448　　B. 1458

C. 1480　　D. 1630

53. 根据《房屋建筑与装饰工程工程量计算标准》GB/T 50854—2024 规定，钢板楼板、钢板墙板工程量计量的说法，正确的是（　　）。

A. 钢屋面板，按设计图示尺寸以铺设水平投影面积计算

B. 钢板墙板，需计入包角、包边、窗台泛水的面积

C. 钢板墙板，按设计图示尺寸以铺挂面积计算

D. 钢板楼板，按设计图示尺寸以铺设水平投影面积计算，扣除垛及孔洞所占面积

54. 根据《房屋建筑与装饰工程工程量计算标准》GB/T 50854—2024 规定，关于木结构装配式木楼梯工程量计算的说法，错误的是（　　）。

A. 栏杆（栏板）、扶手，应按“其他装饰工程”中的相关项目编码列项

B. 不扣除楼梯井所占的面积

C. 不扣除套管所占的面积

D. 按设计图示尺寸以水平投影面积计算

55. 根据《房屋建筑与装饰工程工程量计算标准》GB/T 50854—2024，下列关于门窗工程量计算的说法，正确的是（　　）。

A. 金属纱窗按设计图示洞口尺寸以面积计算

B. 特种门，按设计图示门框尺寸以面积计算

C. 木门框按设计图示洞口尺寸以面积计算

D. 木门的门锁安装按设计图示数量计算

56. 根据《房屋建筑与装饰工程工程量计算标准》GB/T 50854—2024，膜结构屋面的工程量应（　　）。

A. 按设计图示尺寸以长度计算

B. 按设计图示尺寸以斜面积计算

C. 按设计图示尺寸外表面积计算

D. 按设计图示尺寸以需要覆盖的水平投影面积计算

57. 根据《房屋建筑与装饰工程工程量计算标准》GB/T 50854—2024，下列关于保温隔热天棚工程量计算的说法，正确的是（　　）。

A. 与天棚相连的梁按展开面积计算，并入天棚工程量内

B. 扣除面积小于 0.3m^2 柱、垛、孔洞所占面积

C. 按设计图示尺寸以质量计算

D. 柱帽保温隔热不计算工程量

58. 根据《房屋建筑与装饰工程工程量计算标准》GB/T 50854—2024，计算细石混凝土找平层工程量时，应扣除（　　）。

A. 门洞　　B. 0.3m^2 以内柱

C. 0.3m^2 以内附墙烟囱　　D. 突出地面的室内管道

59. 根据《房屋建筑与装饰工程工程量计算标准》GB/T 50854—2024 规定，下列（　　）不是按设计图示框外围尺寸以面积计算的。

A. 构件式玻璃幕墙　　B. 构件式金属板幕墙

C. 轻质隔断　　D. 成品隔断

60. 根据《房屋建筑与装饰工程工程量计算标准》GB/T 50854—2024 规定，下列项目中，不以长度（m）为计量单位的是（　　）。

A. 成品装饰带　　B. 抹灰线条油漆

C. 带扶手的栏杆　　D. 金属面油漆

二、多项选择题（共 20 题，每题 2 分。每题的备选项中，有 2 个或 2 个以上符合题意，至少有 1 个错项。错选，本题不得分；少选，所选的每个选项得 0.5 分）

61. 以下土体不属于团聚结构的是（　　）。

A. 砂土　　B. 卵石土

C. 砾石土　　D. 碎石土

E. 黏性土

62. 关于地下水，以下正确的说法有（　　）。

A. 地下水能够软化和溶蚀边坡岩体，导致上覆岩体塌陷

B. 渗入裂隙中结冰的水，促使岩体破坏倾倒

C. 地下水产生静水浮托力，促使岩体下滑或崩倒

D. 地下水产生动水压力，提高岩体稳定性

E. 地下水产生浮托力，使岩体有效重量相对减轻，稳定性下降

63. 关于涵洞工程，以下说法正确的有（　　）。

A. 圆管涵两端仅需设置端墙　　B. 圆管涵在低路堤使用受到限制

C. 拱涵适用于低路堤　　D. 箱涵适用于软土地基

E. 盖板涵在结构形式方面有利于在高路堤上使用

64. 以下关于坡屋面的细部构造，说法正确的是（　　）。

A. 砖挑檐每层砖挑长为 60mm，砖可平挑出，也可把砖斜放

B. 挑出部分的椽条，外侧可钉封檐板，底部可钉木条并油漆

C. 坡屋面的房屋平面形状有凸出部分，屋面上会出现斜天沟

D. 烟囱四周应做泛水，以防雨水的渗漏

E. 坡屋面房屋需在檐口处设檐沟，并布置导流管

65. 以下关于板式楼板，说法不正确的是（　　）。

A. 单向板的长短边比值小于或等于 3

B. 单向板仅长边受力

C. 双向板四边支承、双向受力

D. 悬挑板主要受力钢筋摆在板的下方

E. 悬挑板的端部厚度通常比根部厚度要小些

66. 单层厂房的围护结构包括（　　）。

A. 屋顶　　B. 带牛腿的柱子

C. 地沟　　D. 坡道

E. 支撑

67. 以下关于纤维混凝土的作用，说法正确的是（　　）。

A. 利用纤维束增加塑性裂缝和混凝土的渗透性

B. 对混凝土具有微观补强的作用

C. 增强混凝土的抗磨损能力

D. 增加混凝土的抗破损能力

E. 很好地控制混凝土的非结构性裂缝

68. 下列环境或部位中，不应采用轻骨料混凝土小型空心砌块作为填充墙的是（　　）。

A. 建筑物防潮层以上墙体

B. 间歇性潮湿的储藏室

C. 砌体表面温度为 90℃的工业炉附近墙体

D. 低层住宅的非承重内墙

69. 以下塑料管材既可以输送冷饮水，也可以输送热饮水的是（　　）。

A. PVC-U 管　　B. PVC-C 管

C. PP-R 管　　D. PB 管

E. PEX 管

70. 关于保温隔热材料的说法，正确的有（　　）。

A. 岩棉的缺点是吸水性大、弹性小　　B. 石棉对人体无害，可用于民用建筑

C. 玻璃棉广泛用于温度较高的热力设备　　D. 陶瓷纤维耐高温、热稳定性好

E. 陶瓷纤维导热率低、比热容小

71. 以下关于土石方工程机械化施工，说法正确的有（　　）。

A. 下坡推土法在推土丘时可采用

B. 分批集中、一次推送法可使铲刀的推送数量增大

C. 并列推土法推土机并列台数宜大于 5 台小于 10 台

D. 沟槽推土法在管沟回填且无倒车余地时可采用

E. 斜角推土法可以和分批集中、一次推送法联合运用

72. 防水混凝土在施工中应注意（　　）。

A. 采用预拌混凝土时，坍落度每小时损失不应大于 20mm

B. 应采用人工振捣，并保证振捣密实

C. 防水混凝土应喷水养护，养护时间不少于 14d

D. 喷射混凝土终凝 2h 后应采取蒸汽养护，养护时间不得少于 14d

E. 防水混凝土结构的埋件应按施工方案设置

73. 为使爆破设计断面内的岩体大量抛掷（抛坍）出路基，减少爆破后的清方工作量，可根据地形和路基断面形式，采用（　　）。

A. 抛掷爆破　　B. 光面爆破

C. 定向爆破　　D. 预裂爆破

E. 松动爆破

74. 以下关于地下连续墙施工清底做法，不正确的有（　　）。

A. 插入钢筋笼之后进行第一次清底

B. 地下连续墙施工清底必须一次完成

C. 清底后槽内泥浆的相对密度应在 1.5g/cm^3 以下

D. 清底多采用沉淀法

E. 以泥浆反循环法进行挖槽施工，可在挖槽后紧接着进行清底工作

75. 关于浅埋暗挖法施工，说法正确的是（　　）。

A. 管超前

B. 严注浆

C. 长开挖

D. 强支护

E. 快封闭

76. 以下关于独立基础平法施工图的注写方式，说法正确的是（　　）。

A. 集中标注包括基础形式和编号、截面竖向尺寸、配筋三项必注内容

B. 集中标注 DJ_J01 表示序号 01 的杯口阶形截面独立基础

C. 集中标注基础底板顶部配筋以 T 表示，T 后先注写分布筋，再注写受力筋

D. 原位标注对相同编号的基础，可选择一个或多个进行原位标注

E. 原位标注当平面图形较小时，可将所选定标注的基础按比例适当放大

77. 根据《民用建筑通用规范》GB 55031—2022 规定，下列关于建筑面积计算的说法，正确的有（　　）。

A. 有柱的室外连廊按其柱外表面所围空间的水平投影面积计算

B. 独立柱支撑的室外连廊按其顶盖水平投影面积计算

C. 无柱的室外连廊按其围护设施外表面所围空间水平投影面积的 1/2 计算

D. 无柱雨篷按其围护设施外表面所围空间水平投影面积的 1/2 计算

E. 室外场馆看台雨篷按其顶盖水平投影面积计算

78. 根据《民用建筑通用规范》GB 55031—2022 的规定，不计算建筑面积的是（　　）。

A. 独立于建筑物之外的烟囱

B. 室外台阶

C. 无顶盖架空通廊

D. 与建筑物不相连的有顶盖车棚

E. 建筑出挑部分的下部空间

79. 根据《房屋建筑与装饰工程工程量计算标准》GB/T 50854—2024 规定，下列关于管沟土（石）方工程量计算的说法，正确的有（　　）。

A. 管道线路上各类井的土（石）方并入管沟土（石）方

B. 按设计图示管沟断面面积，乘以管道中心线长度，以体积计算

C. 按设计图示管底基础（含垫层）底面积另加工作面面积，乘以挖土（石）深度，以体积计算

D. 无管底基础及垫层时，按管外径的水平投影面积另加工作面面积，乘以挖土（石）深度，以体积计算

E. 挖沟槽土（石）方项目特征需描述土类别、开挖深度、基底处理方式，与挖基坑土（石）方项目特征描述不同

80. 根据《房屋建筑与装饰工程工程量计算标准》GB/T 50854—2024，关于现浇混凝土墙工程量计算，说法不正确的有（　　）。

A. 钢筋混凝土墙按设计图示尺寸以体积计算

B. 地下室外墙按设计图示尺寸以体积计算

C. 墙柱及墙梁单独列项计算

D. 墙体工程量应扣除预埋铁件所占体积

E. 突出墙面部分的体积不计算

逆袭卷

模拟题三

一、单项选择题（共 60 题，每题 1 分，每题的备选项中，只有一个最符合题意）

1. 粒径大于 2mm 的颗粒含量不超过全重 50%，且粒径大于 0.075mm 的颗粒含量超过全重 50%的土的是（　　）。

A. 黏土　　B. 粉土

C. 砂土　　D. 碎石土

2. 地层岩性对边坡稳定影响较大，使边坡最易发生顺坡滑动和上部崩塌的岩层是（　　）。

A. 玄武岩　　B. 石英岩

C. 黏土质页岩　　D. 火山角砾岩

3. 埋藏较深的破碎岩层，如断层破碎带，可以采用的加固方法有（　　）。

A. 挖除　　B. 水泥浆灌浆加固

C. 锚杆加固　　D. 钢筋混凝土格构

4. 依据地下工程的岩性条件，应优先选择的岩石是（　　）。

A. 岩浆岩　　B. 千枚岩

C. 凝灰岩　　D. 页岩

5. 以下工程选址不容易产生坍塌的是（　　）。

A. 裂隙的主要发育方向与建筑边坡走向平行

B. 当路线与断层走向平行，路基靠近断层破碎带时

C. 路线的走向与岩层的走向垂直

D. 在断层发育地带修建隧道

6. 在水平层状围岩中，层间软硬相间时，顶板要特别警惕（　　）。

A. 下沉弯曲折断　　B. 边墙弯曲

C. 拱顶掉块　　D. 岩体塌方

7. 建筑高度 25.0m 的普通住宅属于（　　）。

A. 单层建筑　　B. 多层建筑

C. 高层建筑　　D. 超高层建筑

8. 以下关于钢框架—支撑结构体系，说法正确的是（　　）。

A. 支撑部分是剪切型结构

B. 钢框架底部层间位移较小，顶部层间位移较大

C. 支撑产生屈曲后会危及建筑物的基本安全

D. 支撑斜杆同时承受竖向和水平荷载

9. 在框架-剪力墙结构体系中，框架与剪力墙布置正确的是（　　）。

A. 框架变形为弯曲型变形　B. 纵向剪力墙布置在平面形状变化处
C. 横向剪力墙布置在建筑物两端附近　D. 框架与剪力墙通过楼盖联系在一起

10. 地下水位高，受冰冻影响的建筑物不宜采用的基础类型是（　　）。
A. 砖基础　B. 混凝土基础
C. 锥形钢筋混凝土基础　D. 阶梯形钢筋混凝土基础

11. 整体现浇混凝土板上的找平层厚度一般是（　　）。
A. 15~20mm　B. 20~25mm
C. 25~30mm　D. 30~35mm

12. 以集散交通的功能为主，兼有服务功能的城镇道路称为（　　）。
A. 快速路　B. 主干路
C. 次干路　D. 支路

13. 填土路基宜选用级配较好的（　　）作填料。
A. 风积土　B. 粗粒土
C. 细粒土　D. 特殊土

14. 刚架式大跨度悬索桥的桥塔通常采用（　　）。
A. 板式截面　B. 肋梁式截面
C. 箱形截面　D. 圆形截面

15. 以下关于涵洞的构造说法不正确的是（　　）。
A. 圆形管涵不采用提高节　B. 圆管涵比盖板涵的过水能力强
C. 倒虹吸管涵不适用于排洪河沟　D. 钢筋混凝土箱涵适用于软土地基

16. 具有相同运送能力而使旅客换乘次数最少的地铁路网布置方式是（　　）。
A. 单环式　B. 多线式
C. 棋盘式　D. 蛛网式

17. 在我国北方寒冷地区，市政管线埋深可不超过 1.5m 的是（　　）。
A. 给水管道　B. 排水管道
C. 电力线路　D. 含水煤气管道

18. 能反映钢材的利用率和结构安全可靠程度的指标是（　　）。
A. 屈服强度　B. 抗拉强度
C. 强屈比　D. 伸长率

19. 关于硅酸盐水泥的技术性质，说法不正确的是（　　）。
A. 细度直接影响水泥的活性和强度
B. 颗粒越细，与水反应的表面积越大
C. 颗粒过粗，不利于水泥活性的发挥
D. 颗粒越细，早期强度高，硬化收缩较小

20. 结构混凝土用水泥的主要控制指标不包括（　　）。
A. 硬度　B. 凝结时间
C. 胶砂强度　D. 氯离子含量

21. 以下关于混凝土的抗拉强度与抗压强度，说法正确的是（　　）。

A. 混凝土的抗拉强度比抗压强度大得多
B. 混凝土的强度等级增大，抗拉强度和抗压强度也在增加
C. 混凝土的抗拉强度只有抗压强度的 1/30~1/20
D. 混凝土在工作时主要依靠其抗拉强度和抗压强度

22. 在混凝土中掺入适量（　　），可显著提高混凝土的抗渗性。

A. 缓凝剂　　B. 引气剂
C. 减水剂　　D. 早强剂

23. 可用于车站等公共建筑工程的室内柱面的一种理想的室内高级装饰材料是（　　）。

A. 细面花岗石板材　　B. 大理石板材
C. 复合型人造石材　　D. 烧结型人造石材

24. 堤坝防水抗渗工程常用（　　）。

A. 三元乙丙橡胶防水卷材　　B. 聚氯乙烯防水卷材
C. 氯化聚乙烯防水卷材　　D. 氯化聚乙烯-橡胶共混型防水卷材

25. 可作为建筑物墙体的保温隔热和吸声材料的是（　　）。

A. 陶瓷纤维　　B. 石棉
C. 矿渣棉　　D. 玻璃棉

26. 对于城市建设工程而言，投资资金少且适用于混凝土用量不大的工程的商品混凝土搅拌站是（　　）。

A. 固定式混凝土搅拌站　　B. 拆装式混凝土搅拌站
C. 移动式混凝土搅拌站　　D. 固定式混凝土搅拌楼

27. 在地势平坦、土质较坚硬的地方进行铲运机铲土时，可采用（　　）以缩短铲土时间。

A. 侧铲法　　B. 跨铲法
C. 助铲法　　D. 并列法

28. 将各种预先制作好的桩沉至地基内达到所需要的深度，最常采用的施工方法是（　　）。

A. 打入桩　　B. 压入桩
C. 旋入桩　　D. 振入桩

29. 以下关于套管成孔灌注桩，说法正确的是（　　）。

A. 单打法施工适用于饱和土层
B. 管内灌满混凝土后应先拔管再振动
C. 第一次浇筑混凝土至钢筋笼一半高度，再放置钢筋笼
D. 全长复打施工应在第一次浇筑的混凝土初凝之前完成

30. 下列关于静钻根植桩施工，说法正确的是（　　）。

A. 注浆施工时先桩周注浆再桩端注浆
B. 可用于全风化岩、强风化岩，不可用于软质中风化岩
C. 钻孔过程中使桩孔内土体分散形成可塑状态的泥浆

D. 地基中夹层多存在软硬变化较大的土层可优先采用

31. 关于基坑土石方工程轻型井点布置，说法正确的是（　　）。

A. 当土方施工机械需进出基坑时，可采用 U 形布置

B. 单排布置适用于基坑、槽宽度小于 5m，且降水深度不超过 6m 的情况

C. 双排布置适用于基坑宽度大于 6m 或土质良好的情况

D. 单排布置井点管布置长度应和基坑长度一致

32. 关于推土机施工作业，说法错误的是（　　）。

A. 下坡推土法在回填管沟时可采用

B. 在较硬的土中且切土深度较大时可用分批集中、一次推送法

C. 在较大面积的平整场地施工中，采用两台或三台推土机并列推土

D. 沟槽推土法沿第一次推过的原槽推土，前次推土所形成的土埂能阻止土的散失

33. 用于完成铲土、运土、卸土、填筑、压实的机械是（　　）。

A. 履带式推土机　　B. 铲运机

C. 平地机　　D. 轮胎式推土机

34. 关于一般抹灰的说法 ，正确的是（　　）。

A. 抹灰用的水泥宜为矿渣硅酸盐水泥

B. 抹水泥砂浆，每遍厚度宜为 5~7mm

C. 抹灰用砂子宜选用细砂，砂子使用前应过筛

D. 用水泥砂浆和水泥混合砂浆抹灰时，应待前一抹灰层七八成干后方可抹后一层

35. 关于软土路基施工中，垂直排水固结法施工常用于（　　）。

A. 解决黄土的沉陷问题　　B. 提高人工填土的承载力

C. 解决软土地基的沉降问题　　D. 改善地基的压缩性和强度特征

36. 关于石方爆破作业，错误的顺序是（　　）。

A. 对爆破器材进行检查→试验→选择炮位→清除表土

B. 选择炮位→凿孔→装药→堵塞

C. 堵塞→敷设起爆网路→设置警戒线→起爆

D. 敷设起爆网路→设置警戒线→起爆→清方

37. 以下关于混凝土拱涵施工，说法正确的是（　　）。

A. 拱圈支架未拆除，拱圈中砂浆强度达到设计强度的 100%时，可进行拱顶填土

B. 当拱涵用混凝土预制拱圈安装时，成品达到设计强度的 100%时才允许搬运、安装

C. 采用混凝土砌块拱圈时，砌块应提前制作，宜比封顶时间提前 4 个月

D. 拱座石与拱圈石及拱座石与边墙砌石之间的错缝不得小于 200mm

38. 地下连续墙是以专门的挖槽设备，沿着深基或地下构筑物周边，采用（　　）护壁，按设计开挖沟槽。

A. 砖砌体　　B. 触变泥浆

C. 钢筋混凝土　　D. 人工挖孔桩水泥

39. 以下关于水泥混凝土路面施工，说法正确的是（　　）。

A. 采用轨道摊铺机铺筑时，最小摊铺宽度不宜小于 3.25m

B. 采用滑模摊铺机摊铺时，混凝土坍落度小，应用低频振动、高速度摊铺

C. 接缝上部灌填缝料，下部安装胀缝板和传力杆

D. 开放交通，在混凝土达到设计弯拉强度的 70%以后，可允许行人通过

40. 喷射混凝土施工对于水平坑道的喷射顺序为（　　）。

A. 先墙后拱、自上而下　　B. 先墙后拱、自下而上

C. 先拱后墙、自上而下　　D. 先拱后墙、自下而上

41. 以下不属于工程量计算原则的是（　　）。

A. 图纸与规范为基准的计量原则　　B. 非设计要求不计量原则

C. 履约计量原则　　D. 按实际施工量计量原则

42. 下列关于工程量计算标准中工作内容的说法，正确的是（　　）。

A. 给出了具体施工工序

B. 可将工作内容中已经包含的工作拆分再列清单

C. 工作内容等同于项目特征

D. 反映了清单项目的质量和安全要求

43. 以下关于工程量计算标准，说法正确的是（　　）。

A. 在编制工程量清单时，对于标准中未包括的项目，编制人不可以补充

B. 多个单位工程中项目特征相同的项目，其编码可保持一致

C. 工程量清单的分部分项工程的项目名称应按工程量计算标准附录中的项目名称确定

D. 项目特征对报价有实质影响的内容都必须描述

44. 根据《民用建筑通用规范》GB 55031—2022 规定，下列关于层高的说法，正确的是（　　）。

A. 建筑物各层之间以楼（地）面面层（结构完成面）至上层楼板面层（设计完成面）计算的垂直距离

B. 建筑物各层之间以楼（地）面面层（设计完成面）至上层楼板面层（结构完成面）计算的垂直距离

C. 建筑物各层之间以楼（地）面面层（结构完成面）计算的垂直距离

D. 建筑物各层之间以楼（地）面面层（设计完成面）计算的垂直距离

45. 根据《民用建筑通用规范》GB 55031—2022 的规定，某住宅楼室外设计地面标高为-0.3m，屋面面层标高为 24.0m，女儿墙标高为 25.2m，出屋面楼梯间屋顶标高为 27.6m，屋面楼梯间占屋面面积的 1/5，则该工程的建筑高度为（　　）。

A. 24.3m　　B. 25.5m

C. 25.2m　　D. 27.9m

46. 根据《民用建筑通用规范》GB 55031—2022 规定，历史建筑、历史文化名城名镇名村、历史文化街区、文物保护单位、风景名胜区、自然保护区的保护规划区内的建筑，关于建筑高度计算的说法，正确的是（　　）。

A. 应按建筑物室外设计地坪至屋面面层计算

B. 应按建筑物室外设计地坪至建（构）筑物最高点计算

C. 应按建筑物主入口场地室外设计地坪至建（构）筑物最高点计算

D. 应按建筑物主入口场地室外设计地坪至屋面面层计算

47. 挖沟槽石方工程量应（　　）。

A. 按设计图示尺寸以体积计算

B. 按设计图示开挖面积乘以厚度，以体积计算

C. 按管外径的水平投影面积另加工作面面积，乘以挖土（石）深度，以体积计算

D. 按设计图示基础（含垫层）底面积另加工作面面积，乘以挖土（石）深度，以体积计算

48. 根据《房屋建筑与装饰工程工程量计算标准》GB/T 50854—2024 规定，下列关于地基处理工程量的说法，正确的是（　　）。

A. 水泥粉煤灰碎石桩复合地基按设计图示桩体尺寸以体积计算

B. 褥垫层，按设计图示尺寸以体积计算

C. 注浆加固地基，按设计加固地基尺寸以面积计算

D. 旋喷桩复合地基，按设计图示尺寸以体积计算

49. 根据《房屋建筑与装饰工程工程量计算标准》GB/T 50854—2024 规定，关于基坑与边坡支护工程量计算的说法，正确的是（　　）。

A. 钢板桩按照设计图示尺寸以桩长计算

B. 咬合灌注桩按设计图示尺寸以桩长计算

C. 型钢水泥土搅拌墙按设计图示尺寸以长度计算

D. 地下连续墙按设计图示尺寸以长度计算

50. 根据《房屋建筑与装饰工程工程量计算标准》GB/T 50854—2024 规定，下列关于预制钢管桩的工程量计算，描述正确的是（　　）

A. 按设计图示数量计算（单位：根）　　B. 按设计图示尺寸以桩长计算

C. 按设计图示尺寸以植入桩桩长计算　　D. 按设计图示尺寸以质量计算

51. 根据《房屋建筑与装饰工程工程量计算标准》GB/T 50854—2024 规定，实心砖墙的项目特征不包括的是（　　）。

A. 墙体厚度　　B. 墙体类型

C. 墙、柱面勾缝　　D. 砖品种、规格、强度等级

52. 根据《房屋建筑与装饰工程工程量计算标准》GB/T 50854—2024 规定，关于现浇钢筋混凝土梁的梁长和梁高的说法，描述不正确的是（　　）。

A. 梁顶部与板相交时，梁高算至板顶

B. 梁中部、底部与板相交时，梁高扣除板厚

C. 梁与柱相交时，梁长算至柱侧面

D. 主梁与次梁相交时，次梁长算至主梁侧面

53. 根据《房屋建筑与装饰工程工程量计算标准》GB/T 50854—2024，钢网架项目特征需进行描述的不包括（　　）。

A. 螺栓种类　　B. 网架跨度

C. 探伤要求　　D. 涂（镀）层要求

54. 根据《房屋建筑与装饰工程工程量计算标准》GB/T 50854—2024 规定，关于木结构工程量计算正确的为（　　）

A. 屋架以“榀”为计量单位

B. 木梁以“m”为计量单位

C. 木楼梯按设计图示尺寸以长度计算

D. 屋面木基层按设计图示以水平投影面积计算

55. 根据《房屋建筑与装饰工程工程量计算标准》GB/T 50854—2024 规定，屋面防水工程量的计算规则，正确的是（　　）。

A. 外挑天沟、檐沟按设计图示尺寸以长度计算

B. 屋面排汽管，按设计图示以数量计算（单位：根）

C. 屋面涂膜防水的屋面伸缩缝处的上翻部分并入屋面工程量内

D. 屋面排水管设计未标注尺寸的，以屋面最低点至地面散水上表面垂直距离计算

56. 根据《房屋建筑与装饰工程工程量计算标准》GB/T 50854—2024 规定，防腐混凝土面层工程量应（　　）。

A. 按设计图示尺寸以长度计算

B. 按设计图示尺寸以面积计算

C. 按设计图示数量计算

D. 按设计图示尺寸以需要覆盖的水平投影面积计算

57. 根据《房屋建筑与装饰工程工程量计算标准》GB/T 50854—2024 规定，关于零星装饰项目的工程量计算的说法，正确的是（　　）。

A. 水泥砂浆零星项目，按设计图示尺寸以质量计算

B. 标识按设计图示尺寸以面积计算

C. 标线按设计图示尺寸以长度计算

D. 面积≤$0.5m^2$ 的少量分散的楼地面装饰应按“零星装饰”项目编码列项

58. 根据《房屋建筑与装饰工程工程量计算标准》GB/T 50854—2024 规定，墙面一般抹灰工程量计算时，不计算工程量的是（　　）。

A. 附墙柱侧壁　　B. 门窗洞口侧壁

C. 附墙垛侧壁　　D. 附墙烟囱侧壁

59. 根据《房屋建筑与装饰工程工程量计算标准》GB/T 50854—2024 规定，平面吊顶天棚工程量按设计图示尺寸以（　　）计算。

A. 展开面积　　B. 外围尺寸面积

C. 水平投影面积　　D. 垂直投影面积

60. 根据《房屋建筑与装饰工程工程量计算标准》GB/T 50854—2024 规定，关于刷喷涂料工程量计算，说法正确的是（　　）。

A. 木材构件喷刷防火涂料按设计图示尺寸以构件质量计算

B. 金属构件喷刷防火涂料按设计图示尺寸以构件质量计算

C. 空花格、栏杆刷涂料按设计图示尺寸以双面外围面积计算

D. 线条刷涂料，按设计图示尺寸以展开面积计算

二、多项选择题（共 20 题，每题 2 分。每题的备选项中，有 2 个或 2 个以上符合题意，至少有 1 个错项。错选，本题不得分；少选，所选的每个选项得 0.5 分）

61. 以下关于喷出岩和侵入岩，说法正确的是（　　）。

A. 喷出岩比侵入岩强度低
B. 侵入岩没有喷出岩强度高
C. 喷出岩比侵入岩透水性强
D. 喷出岩比侵入岩抗风能力差
E. 侵入岩没有比喷出岩抗风能力好

62. 对于影响边坡稳定的的松散土层，常用的措施有（　　）。

A. 沉井
B. 预制桩
C. 混凝土护面
D. 地下连续墙
E. 打土钉支护

63. 以下关于工程地质对建筑结构的影响，说法正确的是（　　）。

A. 地基土层松散软弱工程地质可采用片筏基础
B. 岩层破碎工程地质可采用箱形基础
C. 地基土层松散软弱工程地质可采用条形基础
D. 较深松散地层根据地质缺陷程度，加大基础的结构尺寸
E. 较深松散地层有的要采用桩基础加固

64. 以下可采用现浇钢筋混凝土板式楼板的是（　　）。

A. 厨房
B. 走廊
C. 遮阳
D. 仓库
E. 贮藏室

65. 以下关于瓦屋面工程的防水做法，说法正确的是（　　）。

A. 一级防水等级时，防水做法不应少于 3 道
B. 一级防水等级时，至少做 2 道防水垫层
C. 二级防水等级时，屋面瓦防水层为 1 道
D. 二级防水等级时，防水卷材防水层不应少于 1 道
E. 烧结瓦屋面的坡度不得小于 20%

66. 桥梁按主跨结构所用材料划分为（　　）。

A. 圬工桥
B. 刚架桥
C. 悬索桥
D. 预应力混凝土桥
E. 钢筋混凝土桥

67. 钢结构常用热轧型钢有（　　）。

A. 工字钢
B. T 型钢
C. 等边角钢
D. 碳素结构钢
E. 开口薄壁型钢

68. 能使用引气减水剂的混凝土有（　　）。

A. 贫混凝土
B. 蒸养混凝土
C. 预应力混凝土
D. 轻骨料混凝土
E. 泌水严重的混凝土

69. 以下关于沥青混合料的组成结构，说法正确的是（　　）。
A. 悬浮密实结构粗集料的数量较多，细集料的数量较少
B. 悬浮密实结构内摩擦角较小，高温稳定性较好
C. 骨架空隙结构粗集料的数量较少，细集料的数量较多
D. 骨架空隙结构受沥青材料性质的变化影响较小，热稳定性较好
E. 骨架密实结构摩擦角较高，黏聚力较高
70. 地面涂料应满足的基本要求有（　　）。
A. 耐碱性良好　　B. 耐候性良好
C. 耐水性良好　　D. 耐污染性好
E. 耐粉化性良好
71. 关于先张法预应力混凝土施工流程，说法正确的有（　　）。
A. 支底模—预应力钢筋安放—张拉钢筋—支侧模—安装预埋件
B. 支底模—支侧模—张拉钢筋—浇筑混凝土—放张钢筋
C. 支底模—钢筋安放—支侧模—张拉钢筋—浇筑混凝土
D. 超张拉的目的是减少预应力的松弛损失
E. 采取正确的养护制度以减少由于温差引起的预应力损失
72. 关于卷材防水屋面施工，说法正确的有（　　）。
A. 当卷材防水层上有重物覆盖应优先采用满粘法
B. 合成高分子防水卷材采用热熔法施工
C. 立面铺贴卷材时，应采用条粘法
D. 天沟卷材施工时，宜顺天沟方向铺贴
E. 卷材防水层施工时，应先进行细部构造处理
73. 关于路基石方施工，说法正确的有（　　）。
A. 浅孔爆破通常用冲击式钻机
B. 集中药包爆炸后可以使岩石均匀地破碎
C. 药壶药包适用于结构均匀致密的硬土
D. 竖向填筑法逐层填筑，逐层压实
E. 石方爆破后，必须按爆破次数分次清理
74. 关于隧道工程锚杆施工，说法正确的有（　　）。
A. 岩石为倾斜时，锚杆的方向要尽可能与岩层层面垂直相交
B. 粘结砂浆应拌合均匀，一次拌合的砂浆应在初凝前用完
C. 采用树脂药包时，搅拌时间应根据现场湿度决定
D. 安设锚杆前应吹孔，安设完成后应检查风压
E. 若作为永久支护则灌注有膨胀性的砂浆
75. 关于地下连续墙施工，说法正确的有（　　）。
A. 速度快，振动小
B. 开挖基坑需要放坡
C. 制浆及处理系统占用空间少

D. 用触变泥浆保护孔壁和止水，施工安全可靠

E. 可应用在水坝防渗工程

76. 以下关于柱平法施工图的注写方式：φ10@100/200（φ12@100），含义正确的是（　　）。

A. φ表示柱中箍筋为 HPB300 钢筋，直径为 10mm

B. 非加密区间距为 100mm

C. 加密区间距为 200mm

D. 框架节点核心区箍筋为 HPB300 钢筋，直径为 12mm

E. 框架节点核心区箍筋间距为 100mm

77. 根据《民用建筑通用规范》GB 55031—2022 规定，下列（　　）建筑空间，按其柱或外围护结构外表面所围空间的水平投影面积计算。

A. 室外楼梯

B. 独立柱支撑的室外楼梯

C. 出挑的无柱室外楼梯

D. 有顶盖空中花园

E. 出挑的有顶盖空中花园

78. 根据《民用建筑通用规范》GB 55031—2022 的规定，下列建筑中不应计算建筑面积的有（　　）。

A. 单斜面结构板顶高度为 2.20m

B. 建筑物中用作城市街巷通行的公共交通空间

C. 附属在建筑外围护结构上的装饰柱

D. 外挑宽度大于 1.2m 但不足 2.10m 的无柱雨篷

E. 建筑物内的沉降缝

79. 根据《房屋建筑与装饰工程工程量计算标准》GB/T 50854—2024 规定，下列关于土石方工程的说法，正确的有（　　）。

A. 基础土石方中，底宽<3m 且底长≥3 倍底宽的为沟槽，超出上述范围的为基坑

B. 管道线路上各类井的土（石）方并入管沟土（石）方

C. 基础土方的开挖深度，自预设标高算至基础（含垫层）底标高，下有石方的算至土石分界线

D. 单独土石方和基础土石方由同一承包人连续施工，不再单列平整场地清单项目

E. 计算土石方的开挖、回填工程量时，均不考虑不同密实状态的土、石体积折算

80. 根据《房屋建筑与装饰工程工程量计算标准》GB/T 50854—2024，以下关于桩基础工程量的说法，正确的是（　　）。

A. 不包括使用成品预制桩时的成品桩购置

B. 工作桩截面形式、桩尖类型等不可直接用标准图集的相关代号或设计桩型描述

C. 接桩和送桩不需要单独列项，应在综合单价中

D. 考虑打试验桩和打斜桩应按相应项目单独编码列项，并应在项目特征中注明试验桩或斜桩（斜率）

E. 预制钢筋混凝土桩的桩顶与桩承台的连接构造，应按“混凝土及钢筋混凝土工程”的基础相关项目编码列项

逆袭卷

模拟题四

一、单项选择题（共60题，每题1分，每题的备选项中，只有一个最符合题意）

1. 以下关于矿物的性质，说法正确的是（　　）。

A. 假色可以鉴别矿物的特征

B. 光泽可以鉴定矿物类别

C. 硬度可以鉴定风化程度

D. 物理性质是鉴别矿物的主要依据

2. 当岩层出露地表时，常赋存（　　）。

A. 风化裂隙水　　B. 成岩裂隙潜水

C. 层状构造裂隙水　　D. 脉状构造裂隙水

3. 对落水洞宜采用的处理措施是（　　）。

A. 桩基法　　B. 垫层法

C. 充填法　　D. 填夯实法

4. 岩性较软弱且易风化，在产状陡立的地段，临近斜坡表部容易出现蠕动变形的岩层是（　　）。

A. 沉积岩　　B. 安山岩

C. 泥灰岩　　D. 千枚岩

5. 隧道选线经过现代构造运动较为强烈的地段，应尽可能使隧道轴向与现代构造运动较为强烈的地段走向（　　）。

A. 近乎垂直　　B. 交角小些

C. 方向一致　　D. 方向相反

6. 岩层发生强烈的断裂变动对工程建筑的影响主要在于降低了岩石的（　　）。

A. 整体性　　B. 抗渗性

C. 稳定性　　D. 抗冻性

7. 以下关于剪力墙体系，说法正确的是（　　）。

A. 剪力墙承受垂直荷载，不承受水平荷载　B. 剪力墙适用于大空间的公共建筑

C. 剪力墙结构侧向刚度大　　D. 剪力墙结构自重较轻

8. 悬索结构是比较理想的大跨度结构，其主要承重构件是（　　）。

A. 锚锭　　B. 吊索

C. 受拉的钢索　　D. 加劲梁

9. 砖砌体结构的空旷单层仓库，檐口标高为6m时，应设置的圈梁数量为（　　）。

A. 一道　　B. 二道

C. 三道　　D. 四道

10. 以下关于墙的构造柱不可以设置的位置是（　　）。

A. 外墙四角　　B. 错层部位

C. 较大洞口内侧　　D. 横墙与外纵墙交接处

11. 单层厂房屋盖支撑的主要作用是（　　）。

A. 传递屋面板荷载　　B. 传递吊车刹车时产生的冲剪力

C. 传递水平荷载　　D. 传递天窗及托架荷载

12. 行车荷载作用下水泥混凝土路面的力学特性为（　　）。

A. 弯沉变形较大，抗弯拉强度大　　B. 弯沉变形较大，抗弯拉强度小

C. 弯沉变形很小，抗弯拉强度大　　D. 弯沉变形很小，抗弯拉强度小

13. 以下关于路基形式，说法正确的是（　　）。

A. 填土路基不同填料可混合填筑同一水平层

B. 砌石路基应分段砌筑并设沉降缝，可不设伸缩缝

C. 快速路的半填半挖路基可分期修建，以保障交通持续运营

D. 护脚路基的护脚由干砌片石砌筑，断面为梯形，顶宽不小于 1m

14. 适用于地基承载力较低、台身较高、跨径较大的梁桥的桥台类型是（　　）。

A. 重力式桥台　　B. 轻型桥台

C. 框架式桥台　　D. 组合式桥台

15. 钢材的焊接，能揭示焊件在受弯表面存在的未熔合、裂纹和夹杂物等问题的试验是（　　）。

A. 冲击试验　　B. 抗拉试验

C. 硬度试验　　D. 冷弯试验

16. 由多条辐射状线路与环形线路组合的地下铁路路网的基本类型是（　　）。

A. 多环式　　B. 多线式

C. 蛛网式　　D. 棋盘式

17. 除建筑限界外，道路隧道的横断面净空还包括（　　）。

A. 通风设备空间、照明设备空间、车道的宽度

B. 管道设备空间、监控设备空间、施工允许误差

C. 防灾设备空间、富余量、人行道的净高

D. 路肩的宽度、人行道的宽度、车道

18. 能提高混凝土抗冻性的外加剂是（　　）。

A. 引气剂　　B. 早强剂

C. 减水剂　　D. 膨胀剂

19. 以下关于碾压混凝土的特点，说法不正确的是（　　）。

A. 用水量少，混凝土的干缩减少　　B. 抵抗变形的能力增加

C. 填充孔隙所需胶结材料比普通混凝土多　　D. 大为减少碾压混凝土的水泥用量

20. 不宜用于蒸压养护的预制混凝土的外加剂是（　　）。

A. 泵送剂　　B. 缓凝剂

C. 普通减水剂　　D. 氯盐早强剂

21. 下列关于沥青混合料组成结构适用场景的说法中，正确的是（　　）。
A. AC 型沥青混合料（密级配）适用于次干路及以下道路施工
B. AM 型沥青混合料（开集配）适用于需要快速排水的路段
C. OGFC 型沥青混合料（半开集配）适用于排水降噪路面
D. SMA 型沥青混合料适合于快速路和主干路施工
22. 以下关于合成树脂，说法正确的是（　　）。
A. 热固性树脂质地脆硬　　B. 热塑性树脂耐热性好
C. 热固性树脂耐热性较差　　D. 热塑性树脂刚度较大
23. 寒冷地区或变形较大的土木建筑防水工程，防水材料应优先选用（　　）。
A. 三元乙丙橡胶防水卷材　　B. 聚氯乙烯防水卷材
C. 氯化聚乙烯-橡胶共混型防水卷材　　D. 沥青复合胎柔性防水卷材
24. 以下关于高强混凝土的特点，说法正确的是（　　）。
A. 高强混凝土的延性比普通混凝土好
B. 普通混凝土抗冻性能优于高强混凝土
C. 高强混凝土的水泥用量大，早期强度发展较慢
D. 混凝土的抗拉强度和抗压强度的比值随着抗压强度的提高而降低
25. 对固体声最有效的隔绝措施，是在房屋的框架和隔墙之间添加（　　）。
A. 钢板　　B. 软木
C. 混凝土　　D. 钢筋混凝土
26. 在土的渗透系数大、地下水量大的土层中，宜优先选用的降水法是（　　）。
A. 单级轻型井点降水　　B. 管井井点降水
C. 电渗井点降水　　D. 深井井点降水
27. 适用于处理飞机跑道中大面积冲填土地基的加固处理方法是（　　）。
A. 换填地基法　　B. 夯实地基法
C. 预压地基法　　D. 振冲地基法
28. 下列土质中，水泥土搅拌桩复合地基不适用于处理的是（　　）。
A. 中密粉细砂　　B. 稍密中粗砂
C. 密实砂类土　　D. 淤泥质土
29. 钢筋混凝土预制桩的制作和堆放应满足以下要求（　　）。
A. 长度较长的桩一般多在工厂预制　　B. 现场预制桩多用间隔法预制
C. 不同规格的桩应分别堆放　　D. 桩堆放时设置的各层垫木应左右对齐
30. 以下沉桩的方式，不适用于砂土的是（　　）。
A. 锤击沉桩　　B. 静力压桩
C. 射水沉桩　　D. 振动沉桩
31. 当桩的规格不同时，打桩顺序宜（　　）。
A. 自外向内　　B. 先大后小
C. 先短后长　　D. 周边向中间
32. 关于射水沉桩法的选择，说法正确的是（　　）。

A. 在砂夹卵石层一般以锤击为主　　B. 在坚硬土层中一般以射水为辅
C. 在粉质黏土中一般以锤击或振动为主　　D. 下沉空心桩一般用多管外射水

33. 套管成孔灌注桩成桩的施工工艺顺序错误的是（　　）。

A. 桩机就位→锤击（振动）沉管→上料

B. 锤击（振动）沉管→上料→边锤击（振动）边拔管，并继续浇筑混凝土

C. 上料→边锤击（振动）边拔管，并继续浇筑混凝土→下钢筋笼，继续浇筑混凝土及拔管

D. 下钢筋笼，继续浇筑混凝土及拔管→边锤击（振动）边拔管，并继续浇筑混凝土→成桩

34. 可以实现混凝土自防水的技术途径有（　　）。

A. 适当提高水灰比　　B. 适当减小灰砂比
C. 适当提高砂率　　D. 适当提高孔隙率

35. 观察先张法生产示意图（题 35 图），以下说法正确的是（　　）。

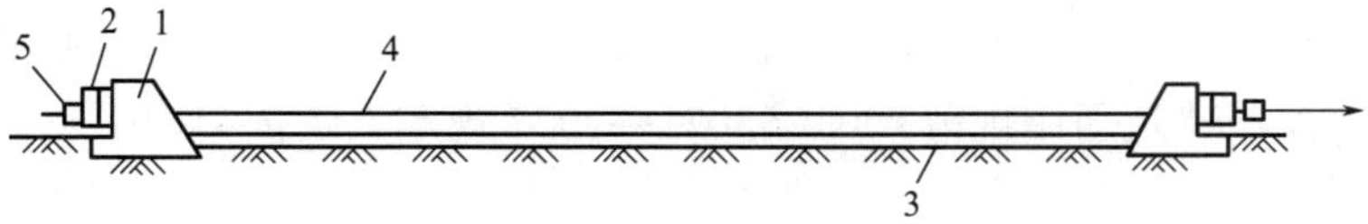

题 35 图　先张法生产示意图

A. 1 是混凝土构件　　B. 2 是横梁
C. 3 是预应力筋　　D. 4 是台面

36. 以下关于路堤的混合填筑法施工，说法正确的是（　　）。

A. 路堤下层用水平分层填筑　　B. 路堤上层用竖向填筑
C. 多在地势平坦的场合采用　　D. 可将不同性质的土任意混填

37. 适用于路堑过长、弃土运距过长的傍山路堑，应采用的开挖方法是（　　）。

A. 分段纵挖法　　B. 通道纵挖法
C. 单层横挖掘法　　D. 多层横挖掘法

38. 水泥土挡墙式深基坑支护方式不宜用于（　　）。

A. 基坑侧壁安全等级为一级　　B. 施工范围内地基承载力大于 150kPa
C. 基坑深度小于 7m　　D. 基坑周围工作面较宽

39. 地下连续墙混凝土浇灌工程施工，说法正确的是（　　）。

A. 槽段长度为 5. 5m 时，混凝土使用一根导管进行灌注

B. 混凝土浇灌前，利用混凝土导管进行约 10min 的泥浆循环

C. 地下连续墙混凝土顶面应比设计高度超浇 0. 4m 以上

D. 混凝土导管底部应与槽底相距约 200mm

40. 与明挖法相比，关于浅埋暗挖法的特点，描述正确的是（　　）。

A. 灵活多变　　B. 占地多
C. 污染城市　　D. 对地下管网影响大

41. 以下不属于工程量计算规则指向范围，需由投标人在报价中综合考虑的是（　　）。
A. 设计图纸标明的钢筋锚固长度
B. 规范规定的混凝土构件尺寸偏差
C. 土方开挖中的放坡工程量
D. 设计图示的基础垫层底面积
42. 依据平法施工图的注写方式，如 DJ_J01 表示的独立基础是（　　）。
A. 普通阶形截面独立基础
B. 普通锥形截面独立基础
C. 杯口阶形截面独立基础
D. 杯口锥形截面独立基础
43. 以下关于有梁楼盖板平法施工图的注写方式，说法正确的是（　　）。
A. 当轴网向心布置时，径向为 X 向，切向为 Y 向
B. 对于普通楼面，两向均以两跨为一板块
C. 贯通钢筋按板块的下部和上部分部注写，B 代表下部，T 代表上部
D. 板支座上部贯通筋自边线向跨内的伸出长度，注写在线段的上方位置
44. 根据《民用建筑通用规范》GB 55031—2022 规定，围护结构不包括（　　）。
A. 墙体　　B. 门
C. 栏杆　　D. 窗
45. 根据《民用建筑通用规范》GB 55031—2022 的规定，功能空间使用面积的计算应按照（　　）所围合空间的水平投影面积确定。
A. 墙体内表面　　B. 墙体外表面
C. 墙体中心线　　D. 墙体饰面层表面
46. 根据《民用建筑通用规范》GB 55031—2022 规定，机场、广播电视、电信、微波通信、气象台、卫星地面站、军事要塞等设施的技术作业控制区内及机场航线控制范围内的建筑，关于建筑高度计算，说法正确的是（　　）。
A. 应按建筑物主入口场地室外设计地坪至建（构）筑物最高点计算
B. 应按建筑物主入口场地室外设计地坪至屋面面层计算
C. 应按建筑物室外设计地坪至屋面面层计算
D. 应按建筑物室外设计地坪至建（构）筑物最高点计算
47. 根据《房屋建筑与装饰工程工程量计算标准》GB/T 50854—2024 规定，下列关于回填方工程量计算的说法，正确的是（　　）。
A. 基础回填不扣除回填范围内基础（含垫层）的体积
B. 如同时采用多种材料回填，应分别编码列项
C. 房心回填，按回填区内墙范围的设计图示尺寸以体积计算
D. 回填方按设计图示尺寸以面积计算
48. 根据《房屋建筑与装饰工程工程量计算标准》GB/T 50854—2024 规定，旋喷桩复合地基的工程量是以（　　）计算。
A. 体积　　B. 面积

C. 桩长　　　　D. 质量

49. 根据《房屋建筑与装饰工程工程量计算标准》GB/T 50854—2024 规定，基坑与边坡支护计算时以体积计算的是（　　）。

A. 喷射混凝土　　　　B. 型钢桩

C. 型钢水泥土搅拌墙　　　　D. 钢腰梁

50. 根据《房屋建筑与装饰工程工程量计算标准》GB/T 50854—2024 规定，下列关于干作业机械成孔灌注桩的说法，不正确的是（　　）

A. 适用于地下水位以下的土层

B. 按设计截面面积乘以设计桩长以体积计算

C. 截面局部扩大部分体积并入计算

D. 空桩长度、桩长、桩径、扩孔直径、高度等需在项目特征中进行描述

51. 根据《房屋建筑与装饰工程工程量计算标准》GB/T 50854—2024 规定，实心砖柱工程量计算规则错误的是（　　）

A. 按设计图示尺寸以体积计算

B. 扣除钢筋混凝土梁垫所占体积

C. 不扣除钢筋混凝梁头所占体积

D. 扣除钢筋混凝土板头所占体积

52. 根据《房屋建筑与装饰工程工程量计算标准》GB/T 50854—2024 规定，关于现浇混凝土构件工程量计算正确的为（　　）。

A. 坡道，按设计图示尺寸以投影面积计算

B. 挡土墙按设计图示尺寸以体积计算，扣除泄水孔所占体积，墙垛及突出墙面部分并入墙体体积内

C. 电缆沟、地沟，按设计图示尺寸以体积计算

D. 化粪池、检查井，按设计图示数量计算（单位：座）

53. 根据《房屋建筑与装饰工程工程量计算标准》GB/T 50854—2024，金属结构钢管柱工程量计算时，不予计量的是（　　）。

A. 节点板　　　　B. 普通螺栓

C. 加强环　　　　D. 牛腿

54. 根据《房屋建筑与装饰工程工程量计算标准》GB/T 50854—2024，下列关于木门工程量计算的描述，正确的是（　　）。

A. 木质门带套项目单独列项计算工程量

B. 木门框，按设计图示洞口尺寸以面积计算

C. 木质门带套，按设计图示数量计算（单位：套）

D. 单独制作、安装木门框应按“木门框”项目编码列项

55. 根据《房屋建筑与装饰工程工程量计算标准》GB/T 50854—2024 规定，下列关于地面卷材防水的工程量计算的描述，错误的是（　　）。

A. 不扣除单个不大于 0.3m^2 的孔洞所占面积

B. 楼（地）面防水上翻高度≤300mm 时，工程量并入楼地面防水工程量内

C. 扣除凸出地面的设备基础所占面积

D. 不扣除柱、垛所占面积

56. 根据《房屋建筑与装饰工程工程量计算标准》GB/T 50854—2024，下列关于保温隔热工程量计算的说法，正确的是（　　）。

A. 保温隔热层屋面按设计图示尺寸以展开面积计算

B. 与保温隔热层天棚相连的梁应单独列项计算

C. 保温隔热层楼地面，按设计图示尺寸以面积计算，扣除单个面积≥0.3m^2 的柱、垛、孔洞所占面积

D. 保温梁按设计图示梁断面保温层中心线展开长度乘保温层长度以面积计算

57. 根据《房屋建筑与装饰工程工程量计算标准》GB/T 50854—2024 规定，下列关于楼地面装饰装修工程的工程量计算描述，正确的是（　　）。

A. 水泥砂浆楼梯面层工程量按设计图示尺寸以面层展开面积计算塑

B. 石材楼地面按设计图示尺寸以体积计算，门洞的开口部分并入工程量计算

C. 地毯楼地面按设计图示尺寸以面积计算，门洞、空圈部分所占面积不另增加

D. 塑胶地面按设计图示尺寸以面积计算，不扣除设备基础和室内地沟所占面积

58. 根据《房屋建筑与装饰工程工程量计算标准》GB/T 50854—2024 的规定，下列关于隔断工程量计算的说法，错误的是（　　）

A. 轻质隔断浴厕门的材质与隔断相同时，门的面积并入隔断面积内

B. 轻质隔断工程量按设计洞口尺寸以面积计算

C. 轻质隔墙工程量按设计图示框外围尺寸以面积计算

D. 骨架及边框制作、安装包含在工作内容中，不另列项计算工程量

59. 根据《房屋建筑与装饰工程工程量计算标准》GB/T 50854—2024 规定，下列关于油漆、涂料、裱糊工程的工程量计算，描述错误的是（　　）。

A. 抹灰面油漆，按设计图示尺寸以面积计算

B. 抹灰线条油漆，按设计图示尺寸以面积计算

C. 金属窗油漆，按设计图示洞口尺寸以面积计算

D. 木地板烫硬蜡面，按设计图示尺寸以单面外围面积计算

60. 根据《房屋建筑与装饰工程工程量计算标准》GB/T 50854—2024，下列装饰工程按数量计算工程量的是（　　）。

A. 镜面玻璃　　B. 装饰柜

C. 竖式标箱　　D. 箱式招牌

二、多项选择题（共 20 题，每题 2 分。每题的备选项中，有 2 个或 2 个以上符合题意，至少有 1 个错项。错选，本题不得分；少选，所选的每个选项得 0.5 分）

61. 扭性裂隙一般发生在（　　）。

A. 断层附近　　B. 软弱夹层中

C. 褶曲的翼部　　D. 向斜褶皱的轴部

E. 背斜褶皱的轴部

62. 当基坑底为隔水层且层底作用有承压水时，为保证坑底土层稳定可采用（　　）。

A. 坑底突涌验算
B. 水平封底隔渗
C. 钻孔减压措施
D. 设置坑底排水沟
E. 增加边坡支护结构

63. 以下关于对建筑结构选型和建筑材料选择的影响，说法正确的有（　　）。
A. 因工程地质原因造成的地基承载力问题，要采用框架结构
B. 因工程地质原因造成的地基承载力不均匀性的问题，要采用筒体结构
C. 可以选用钢筋混凝土结构的，要采用钢筋混凝土
D. 可以选用砌体的，要采用混凝土
E. 可以选用砌体的，要采用钢结构

64. 钢结构的特点包括（　　）。
A. 强度高
B. 自重轻
C. 整体刚性好
D. 变形能力弱
E. 抗震性能好

65. 以下关于单层厂房承重结构构造，说法正确的是（　　）。
A. 钢筋混凝土屋面梁构造较稳定、施工复杂
B. 振动较大的厂房宜采用三铰拱屋架
C. 拱形桁架式屋架适用于卷材屋面防水面中的重型厂房
D. 大型仓库采用有檩方案比较合适
E. 钢木屋架的下弦受力状况好，适用跨度为 18~21m

66. 以下关于水泥混凝土路面的基层，说法正确的是（　　）。
A. 碾压混凝土基层应与混凝土面层错缝布置
B. 中、轻交通道路宜选用水泥稳定粒料作为基层材料
C. 湿润和多雨地区，繁重交通路段宜采用排水基层
D. 贫混凝土、碾压混凝土属于柔性基层
E. 使用小型机具施工基层，其宽度每侧至少比面层宽出 300mm

67. 以下关于热轧光圆钢筋，说法正确的有（　　）。
A. 强度较高
B. 塑性不好
C. 容易焊接
D. 不易弯折成形
E. 可作为冷加工的原料

68. 热处理钢筋强度高，用材省，锚固性好，预应力稳定，可用于（　　）。
A. 预应力钢筋混凝土轨枕
B. 非预应力混凝土结构
C. 预应力混凝土板
D. 吊车梁
E. 配筋砌体

69. 以下关于硅酸盐水泥及普通硅酸盐水泥的技术性质，说法正确的是（　　）。
A. 水泥颗粒越细，与水反应的表面积越大
B. 水泥颗粒越细，水化速度快
C. 水泥颗粒越细，早期强度低
D. 水泥颗粒越细，硬化收缩较大

E. 水泥颗粒越细，粉磨时能耗小

70. 影响混凝土抗冻性的重要因素有（　　）。

A. 水灰比　　B. 混凝土的密实度

C. 砂率　　D. 孔隙的构造特征

E. 水泥品种

71. 土方开挖的降水深度约为 16m，土体渗透系数为 0.005m/d，可采用的降水方式有（　　）。

A. 单级轻型井点　　B. 多级轻型井点

C. 电渗井点　　D. 喷射井点

E. 深井井点

72. 路基石方爆破开挖时起爆作业说法正确的有（　　）。

A. 导爆线可使几个药室同时起爆

B. 导爆线主要用于深孔爆破，不可用于药室爆破

C. 中小型爆破可用雷管从炮孔的内部引入炮孔的药室使炸药爆炸

D. 塑料导爆管起爆具有抗杂电、操作简单的优点

E. 导爆线有逐渐取代导火索和塑料导爆管的趋势

73. 山岭隧道常使用的隧道施工方法有（　　）。

A. 钻爆法　　B. 明挖法

C. 沉管法　　D. 盾构法

E. 掘进法

74. 根据《建筑工程建筑面积计算规范》GB/T 50353—2013，关于建筑面积计算正确的为（　　）。

A. 形成建筑空间的坡屋顶，结构净高为 1.7m 应计算 1/2 面积

B. 有顶盖无围护结构的场馆看台应按其顶盖水平投影计算建筑面积

C. 出入口外墙外侧坡道有顶盖的部位，应按其外墙结构外围水平面积计算

D. 建筑物架空层及坡地建筑物吊脚架空层，应按其顶板水平投影计算建筑面积

E. 大厅内设置的走廊应按走廊结构底板水平投影面积计算建筑面积

75. 根据《建筑工程建筑面积计算规范》GB/T 50353—2013，关于建筑面积计算正确的为（　　）。

A. 挑出宽度超过 2.1m 的空调室外机搁板不计算

B. 有顶盖无围护结构的收费站应按其顶盖水平投影面积的 1/2 计算建筑面积

C. 骑楼底层开放空间按骑楼底板水平面积计算建筑面积

D. 露台及装饰性结构构件不计算建筑面积

E. 以幕墙作为围护结构的建筑物，应按幕墙外边线计算建筑面积

76. 以下关于独立基础的短柱平法施工图的注写方式：DZ 4Φ20/5Φ18/5Φ18，φ10@100，-2.500～-0.050，含义正确的是（　　）。

A. 表示独立基础的短柱设置在-2.500～-0.050m

B. 配置 HRB400 竖向纵筋和箍筋

C. 角筋 5 ⏀18

D. x 边中部筋 4 ⏀20，y 边中部筋 5 ⏀18

E. 箍筋直径为 10mm，间距 100mm

77. 根据《民用建筑通用规范》GB 55031—2022 规定，下列空间与部位不应计算建筑面积的是（　　）。

A. 结构板顶高度小于 2. 0m 的坡屋顶

B. 无顶盖的建筑空间

C. 层高小于 2. 20m 的设备管道夹层

D. 无柱的室外檐廊

E. 无柱雨篷

78. 根据《房屋建筑与装饰工程工程量计算标准》GB/T 50854—2024 规定，无设计要求时，下列关于挖沟槽、基坑土石方的工作面宽度，说法正确的有（　　）。

A. 基础材料为砖基础时，每边各增加的工作面宽度为 200mm

B. 基础材料为混凝土基础时，每边各增加的工作面宽度为 600mm

C. 基础垂直面做防水层时，每边各增加的工作面宽度为 400mm

D. 采用支挡土板时，每边各增加的工作面宽度需额外增加 100mm

E. 基础材料为浆砌毛石、条石基础时，每边各增加的工作面宽度为 200mm

79. 根据《房屋建筑与装饰工程工程量计算标准》GB/T 50854—2024，现浇钢筋混凝土楼梯的工程量应（　　）。

A. 按设计图示尺寸以体积计算

B. 嵌入砌体墙内的部分并入楼梯体积内

C. 按设计图示尺寸以水平投影面积计算

D. 当楼梯与楼板无楼梯梁连接时，以楼梯的最上一级踏步边缘加 250mm 为界

E. 架空式混凝土台阶应按“楼梯”项目编码列项

80. 根据《房屋建筑与装饰工程工程量计算标准》GB/T 50854—2024，下列关于措施项目的说法，正确的是（　　）。

A. 不再区分“能计量”和“不能计量”的项目

B. 垂直运输包括人力辅助工器具进行的垂直运输

C. 夜间施工增加包括因夜间或在地下室等特殊施工部位施工时

D. 发包人提供设计图纸并要求按其施工的措施项目，可参照分部分项工程补充编码列项

E. 如“施工排水”和“施工降水”有专项设计方案，可根据专项设计按照分部分项工程的形式编码列项计算工程量

逆袭卷

模拟题五

一、单项选择题（共60题，每题1分，每题的备选项中，只有一个最符合题意）

1. 某基岩被3组杂乱裂隙切割成碎石状，多数为张开裂隙，间距0.05~0.1m，一般均有填充物，此基岩的裂隙发育程度为（　　）。

A. 裂隙不发育　　　B. 裂隙较发育

C. 裂隙发育　　　D. 裂隙很发育

2. 以下关于地下水的特征，说法正确的是（　　）。

A. 包气带水季节性变化不大

B. 风化裂隙水无承压性，多属潜水

C. 潜水分水岭形成在山脊地带潜水位的最高处

D. 岩溶的发育对地下工程建设有利

3. 当地下水的动水压力大于土粒的浮容重或地下水的水力坡度大于临界水力坡度时，就会产生（　　）。

A. 轻微流砂　　　B. 机械潜蚀

C. 化学潜蚀　　　D. 物理潜蚀

4. 以下关于地下工程位置选择的影响因素，说法正确的是（　　）。

A. 隧洞进出口可选择在傍河山嘴地段

B. 地下工程在坚硬完整岩层中开挖造价高

C. 地下工程最好选址在有轻微高压含水层的岩体内

D. 构造应力是决定围岩应力重分布的主要因素

5. 为了防止锚杆之间的碎块塌落，可采用（　　）来配合。

A. 锚碇块　　　B. 锚固桩

C. 横向拉索　　　D. 喷层和钢丝网

6. 工程地质是研究建设工程地基以及一定影响区域的（　　）。

A. 土层性质　　　B. 砂层性质

C. 岩层性质　　　D. 地层性质

7. 以下关于砖混结构的建筑物，说法正确的是（　　）。

A. 建筑物的柱采用钢筋混凝土结构　　　B. 建筑物的梁采用砌块砌筑

C. 适合开间进深较大的建筑物　　　D. 适合房间面积小的低层建筑物

8. 下列结构体系中，仅承受轴向压力的是（　　）。

A. 拱式结构体系　　　B. 桁架结构体系

C. 框架结构体系　　　D. 框架-剪力墙结构体系

9. 平屋面的涂膜防水构造有正置式和倒置式之分，所谓倒置式是指（　　）。

A. 防水层在下面，保温隔热层在上面 B. 隔热保温层在找平层之上
C. 保温隔热层在下面，防水层在上面 D. 基层处理剂在找平层之下

10. 房屋中跨度较小的房间，通常采用现浇钢筋混凝土（　　）。
A. 井字形肋楼板 B. 梁板式肋形楼板
C. 板式楼板 D. 无梁楼板

11. 下列坡屋顶屋面在挂瓦条上直接铺瓦，不需屋面板的是（　　）。
A. 波形瓦屋面 B. 小青瓦屋面
C. 冷摊瓦屋面 D. 平瓦屋面

12. 下列不属于基层应满足的性能要求的是（　　）
A. 扩散荷载的能力 B. 良好的水稳定性
C. 突出的柔韧性 D. 好的不透水性

13. 当桥梁跨径为 15m 时，简支板桥一般采用（　　）。
A. 钢筋混凝土实心板桥 B. 钢筋混凝土空心倾斜预制板桥
C. 预应力混凝土空心预制板桥 D. 预应力混凝土实心倾斜预制板桥

14. 观察桥台的示意图（题 14 图），属于的类型是（　　）。
A. U 形桥台 B. 埋置式桥台
C. 八字式桥台 D. 耳墙式桥台

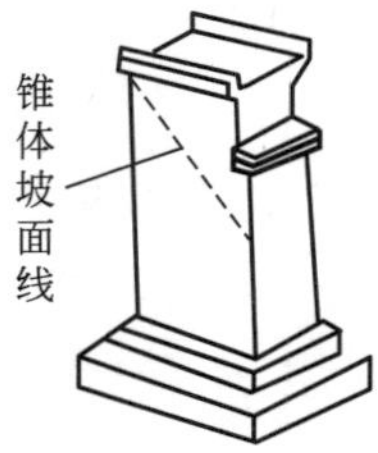

题 14 图　桥台示意

15. 在常用的涵洞洞口建筑形式中，泄水能力较强的是（　　）。
A. 端墙式 B. 八字式
C. 井口式 D. 正洞口式

16. 下列工程类型中，不属于地下工业工程分类的是（　　）。
A. 综合管廊工程 B. 地下能源工程
C. 地下冶金工程 D. 地下电力工程

17. 根据市政管线工程的布置方式与布置原则，人行道可以用于铺设（　　）。
A. 电缆 B. 热力管网
C. 煤气管 D. 污水管道

18. 下列关于钢材化学成分，说法正确的是（　　）。
A. 钢材主要化学成分是碳 B. 磷可提高钢的耐磨性
C. 氧能提高钢材的焊接性能 D. 硫使钢材的冷脆性增大

19. 在石油沥青中，能提高碳酸盐类岩石的黏附性的组分是（　　）。
A. 油分 B. 树脂
C. 沥青质 D. 沥青碳

20. 高强混凝土组成材料应选用质量稳定的（　　）进行制备。
A. 硅酸盐水泥 B. 铝酸盐水泥
C. 铁铝酸盐水泥 D. 氟铝酸盐水泥

21. 广州出现了连续 7 日 40℃的高温天气，为了保障施工现场使用的混凝土的性能效果良好，需要的添加剂是（　　）。
A. 糖蜜 B. 硫酸盐

C. 三乙醇胺　　D. 松香热聚物

22. 主要用于非承重的围护墙的砌块是（　　）。

A. 粉煤灰砌块　　B. 蒸压加气混凝土砌块

C. 普通混凝土小型空心砌块　　D. 轻骨料混凝土小型空心砌块

23. 与耐火粗细集料可制成耐高温的耐热混凝土，应采用（　　）。

A. 硫铝酸盐水泥　　B. 矾土水泥

C. 硅酸盐水泥　　D. 普通硅酸盐水泥

24. 以下防水涂料不属于合成高分子防水涂料的是（　　）。

A. 聚氨酯防水涂料　　B. 橡胶改性防水涂料

C. 丙烯酸酯防水涂料　　D. 环氧树脂防水涂料

25. 可用于砌筑墙体或冷库隔热的材料是（　　）。

A. 膨胀蛭石　　B. 玻化微珠

C. 泡沫玻璃　　D. 膨胀珍珠岩

26. 采用明排水法开挖基坑，在基坑开挖过程中设置的集水坑应设置在题 26 图（　　）上。

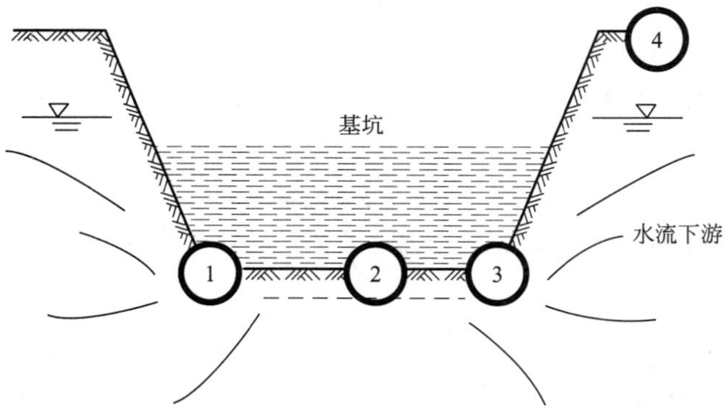

题 26 图　明排水法开挖基坑

A. 1　　B. 2

C. 3　　D. 4

27. 某建筑物设计基础底面以下有 1.5m 厚的淤泥质土需要换填加固，回填材料应优先采用（　　）。

A. 灰土　　B. 黄土

C. 砂砾石　　D. 粉煤灰

28. 以下塑料管材中无毒且难燃的是（　　）。

A. PVC-U 管　　B. PP-R 管

C. PB 管　　D. PVC-C 管

29. 以下关于有粘结后张法孔道敷设式施工，说法正确的是（　　）。

A. 钢管抽芯法可留设曲线孔道

B. 胶管抽芯法浇筑混凝土后可不抽出

C. 在曲线孔道的曲线波峰部位可设置兼作泌水管的排气管

D. 端部的预埋锚垫板应平行于孔道中心线

30. 钢结构喷涂不宜选用膨胀型防火涂料保护的是（　　）。

A. 室外钢结构　　B. 室外隐蔽构件

C. 半室外钢结构　　D. 设计耐火极限大于 1.50h 的构件

31. 单斗反铲挖掘机的作业特点是（　　）。

A. 前进向下，自重切土　　B. 后退向下，自重切土

C. 后退向下，强制切土　　D. 直上直下，自重切土

32. 板柱框架结构的楼板采用升板法施工，相对于其他施工方法，其优点是（　　）。

A. 用钢量小，造价较低　　B. 高空作业多，施工较为安全

C. 柱网布置灵活，设计结构多样　　D. 提升设备简单，不用大型机械

33. 适用于软土地区的桩基础工程，可采用（　　）。

A. 锤击沉桩施工　　B. 静力压桩施工

C. 射水沉桩施工　　D. 振动沉桩施工

34. 选作路堤填料时应慎重采用的土体类型是（　　）。

A. 粗砂　　B. 粉质砂土

C. 黏性土　　D. 粉质黏土

35. 能迅速地转移工作地点且不适合在泥泞的地面上工作的起重机是（　　）。

A. 履带起重机　　B. 汽车起重机

C. 轮胎起重机　　D. 塔式起重机

36. 适用于量大而集中的石方施工，常采用的装药形式为（　　）。

A. 集中药包　　B. 分散药包

C. 药壶药包　　D. 坑道药包

37. 关于桥梁墩台施工的说法，正确的是（　　）。

A. 简易活动脚手架适宜于 25m 以下的砌石墩台施工

B. 当墩台高度超过 30m 时宜采用固定模板施工

C. 墩台混凝土适宜采用强度等级较高的普通水泥

D. 6m 以下的墩台可采用悬吊脚手架施工

38. 以下关于导墙施工，说法正确的是（　　）。

A. 导墙宜采用钢筋结构　　B. 导墙属于永久结构

C. 导墙可作为测量的基准　　D. 导墙无法存蓄泥浆

39. 以下关于槽段内混凝土浇灌施工方法正确的是（　　）。

A. 混凝土浇灌可允许中断 45min

B. 混凝土搅拌好之后，以 1.5h 内浇筑完毕

C. 夏天施工必须在搅拌好之后 1.5h 内尽快浇完

D. 多导管浇灌使混凝土面波状峰谷高差不得大于 350mm

40. 以下关于建筑工程深基坑工程施工，说法不正确的是（　　）。

A. 当采用放坡挖土时，宜设置多级平台分层开挖

B. 整个土方开挖顺序必须与支护结构的设计工况严格一致

C. 同一基坑内当深浅不同时，土方开挖宜先从深基坑处开始

D. 遵循开槽支撑、先撑后挖、分层开挖、严禁超挖的原则

41. 在单价合同中，施工发承包的分部分项工程量清单缺陷责任由（　　）承担。

A. 招标人　　B. 投标人

C. 造价咨询机构　　D. 工程量清单编制人

42. 回填方项目特征可不描述的内容是（　　）。

A. 运距　　B. 密实度

C. 材料品种　　D. 填方部位

43. 以下关于《国家建筑标准设计图集》（22G101）的说法正确的是（　　）。

A. 把大量的结构尺寸和钢筋数据标注在多个结构平面图上

B. 包含了大量的标准结构详图，减少了图纸数量

C. 平法标准图集的内容主要包括标准构造详图和节点构造示意图两部分

D. 适用于抗震设防烈度为6~12度地区的现浇混凝土结构施工图的设计

44. 根据《民用建筑通用规范》GB 55031—2022规定，下面关于阳台的描述不正确的是（　　）。

A. 阳台建筑面积应按围护设施外表面所围空间水平投影面积的1/2计算

B. 当阳台封闭时，按其外围护结构外表面所围空间的水平投影面积的1/2计算

C. 阳台必须有顶盖

D. 无盖阳台按露台考虑，不计算建筑面积

45. 根据《民用建筑通用规范》GB 55031—2022的规定，某建筑物的建筑空间位于室外设计地坪中间位置，该空间建筑层高为3.6m，其楼面低于室外设计地坪1.5m，则该建筑空间应计入（　　）。

A. 地上建筑面积

B. 地下建筑面积

C. 不计算建筑面积

D. 按比例分别计入地上和地下建筑面积

46. 根据《民用建筑通用规范》GB 55031—2022规定，当同一座建筑有多种屋面形式或多个室外设计地坪时，说法正确的是（　　）。

A. 建筑高度应分别计算后取其中最大值

B. 平屋顶时，建筑高度按设计地坪最低值至女儿墙最高顶点的高度计算

C. 室外地坪起算点应为建筑围护结构外表面与室外设计地坪交界的最高处

D. 建筑高度应分别计算后取平均值

47. 根据《房屋建筑与装饰工程工程量计算标准》GB/T 50854—2024规定，下列关于基坑土方工程量计算的说法，正确的是（　　）。

A. 因工作面和放坡增加的工程量应单独列项

B. 开挖深度按基础垫层上表面标高至交付施工场地标高确定

C. 按设计图示基础（含垫层）底面积另加工作面面积，乘以挖土深度，以体积计算

D. 项目特征不需要描述基底处理方式

48. 根据《房屋建筑与装饰工程工程量计算标准》GB/T 50854—2024 规定，水泥土搅拌桩复合地基按设计图示桩体尺寸以（　　）计算。

A. 体积　　B. 面积
C. 桩长　　D. 质量

49. 根据《房屋建筑与装饰工程工程量计算标准》GB/T 50854—2024 规定，基坑与边坡支护计算时不以质量计算的是（　　）。

A. 钢板桩　　B. 木质桩
C. 钢支撑　　D. 钢腰梁

50. 根据《房屋建筑与装饰工程工程量计算标准》GB/T 50854—2024 规定，桩基工程中，截（凿）桩头按（　　）计量。

A. 按设计图示数量计算，单位：根
B. 按设计图示尺寸以长度计算，单位：m
C. 按设计图示尺寸以质量计算，单位：t
D. 按设计图示尺寸以体积计算，单位：m^3

51. 根据《房屋建筑与装饰工程工程量计算标准》GB/T 50854—2024 规定，下列关于石地沟、明沟工程量计算规则，说法正确的是（　　）

A. 按设计图示以长度计算
B. 按设计图示尺寸以面积计算
C. 按设计图示尺寸以体积计算
D. 按设计图示尺寸以中心线长度计算

52. 根据《房屋建筑与装饰工程工程量计算标准》GB/T 50854—2024 规定，下列关于现浇混凝土构件工程量计算的说法，错误的是（　　）。

A. 散水、地坪，按设计图示尺寸以水平投影面积计算
B. 坡道按设计图示尺寸以斜面积计算
C. 台阶按设计图示尺寸以展开面积计算
D. 后浇带按设计图示尺寸以体积计算

53. 根据《房屋建筑与装饰工程工程量计算标准》GB/T 50854—2024，计算空腹钢柱的工程量时，要计算重量并入钢柱工程量内的有（　　）。

A. 螺栓、加强环
B. 节点板、焊条
C. 钢板孔眼、铆钉
D. 悬臂梁、牛腿

54. 根据《房屋建筑与装饰工程工程量计算标准》GB/T 50854—2024，关于木质门及金属门工程量清单项目所包含的五金配件，下列说法正确的是（　　）。

A. 木质门五金安装中包括了门锁安装
B. 金属门五金安装中未包括电子锁安装
C. 木质门五金安装中未包括地弹簧安装
D. 金属门五金安装中包括了装饰拉手安装

55. 根据《房屋建筑与装饰工程工程量计算标准》GB/T 50854—2024 规定，下列关于屋面工程量计算，说法正确的是（　　）。

A. 瓦屋面工程量应扣除房上烟囱、风帽底座、风道、小气窗、斜沟等所占面积

B. 瓦屋面按设计图示尺寸以需要覆盖的水平投影面积计算

C. 膜结构屋面按设计图示尺寸以斜面积计算

D. 阳光板屋面工程量不扣除屋面面积小于或等于 0.3m^2 孔洞所占面积

56. 根据《房屋建筑与装饰工程工程量计算标准》GB/T 50854—2024，与墙相连的墙间柱保温隔热工程量计算正确的为（　　）。

A. 不单独计算，并入保温墙体工程量内

B. 按设计图示尺寸以展开面积计算

C. 按设计图示梁断面保温层中心线展开长度以长度计算

D. 按设计图示柱断面保温层中心线展开长度乘保温层高度以面积计算

57. 根据《房屋建筑与装饰工程工程量计算标准》GB/T 50854—2024 规定，车库标识的工程量计算规则是（　　）

A. 按设计图示数量计算

B. 按设计图形以外接矩形面积计算

C. 按设计图示尺寸以面积计算

D. 按设计图示尺寸以长度计算

58. 根据《房屋建筑与装饰工程工程量计算标准》GB/T 50854—2024 规定，墙面抹灰按设计图示尺寸以面积计，但应扣除（　　）。

A. 墙裙　　B. 构件与墙交界面

C. 挂镜线　　D. 单个面积 0.3m^2 的孔洞

59. 根据《房屋建筑与装饰工程工程量计算标准》GB/T 50854—2024，关于天棚工程量计算的说法，正确的是（　　）。

A. 艺术造型吊顶天棚不扣除与天棚相连的窗帘盒所占的面积

B. 艺术造型吊顶天棚面中的灯槽及跌级天棚面积展开计算

C. 锯齿形楼梯底板抹灰按设计图示尺寸以水平投影面积计算

D. 带梁天棚的梁两侧抹灰面积并入天棚面积内计算

60. 根据《房屋建筑与装饰工程工程量计算标准》GB/T 50854—2024，属于特殊施工环境的是（　　）。

A. 沿海　　B. 高温

C. 沙漠　　D. 邻公路

二、多项选择题（共 20 题，每题 2 分。每题的备选项中，有 2 个或 2 个以上符合题意，至少有 1 个错项。错选，本题不得分；少选，所选的每个选项得 0.5 分）

61. 下盘沿断层面相对上升，这类断层大多是（　　）。

A. 受到水平方向强烈张应力形成的　　B. 受到水平方向强烈挤压力形成的

C. 受到强烈垂直作用力形成的　　D. 断层线与拉应力作用方向基本平行

E. 断层线与褶皱轴的方向基本一致

62. 以下关于地层岩性对边坡稳定性的影响，说法正确的是（　　）。
A. 石英岩构成的边坡一般稳定程度是较低
B. 火山角砾岩尤其是柱状节理发育时，不易形成直立边坡
C. 含有黏土质页岩的沉积岩边坡最易发生顺层滑动
D. 片岩的岩性较软弱且易风化
E. 残积层地区的下伏基岩面常常是一个逆倾向河谷的斜坡面
63. 以下关于工业建筑的说法正确的是（　　）。
A. 同一厂房内既有单层又有多层的厂房属于多层厂房
B. 水泵房、污水处理站属于生产辅助厂房
C. 修理车间属于冷加工车间
D. 纺织车间属于热加工车间
E. 机械加工车间属于生产厂房
64. 下列门中，门的最小宽度限制不小于 900mm 的是（　　）。
A. 厨房门　　B. 卧室门
C. 普通教室门　　D. 办公室门
E. 住宅入户门
65. 为了防止屋面防水层出现龟裂现象，构造上应采取（　　）。
A. 设找平层　　B. 在找平层表面做隔汽层
C. 在防水层下保温层内设排汽通道　　D. 在防水层上设分格缝
E. 在保温层内部加吸水材料
66. 沥青路面中间层、下面层应根据（　　）选择适当的沥青结构。
A. 路基强度　　B. 公路等级
C. 表面层透水性　　D. 气候条件
E. 沥青层厚度
67. 以下关于施工脚手架构造要求，说法正确的是（　　）。
A. 连墙件连墙点的水平间距不得超过 3 跨，竖向间距不得超过 3 步
B. 每道剪刀撑的宽度应为 4~6 跨，且不应小于 6m，也不应大于 9m
C. 剪刀撑斜杆与水平面的倾角应在 45°~75°之间
D. 当搭设高度在 24m 及以上时，应在架体两端每隔不超过 15m 处各设置一道剪刀撑
E. 当插入的立杆钢管直径为 42mm 时，调节螺杆伸出长度不应大于 200mm
68. 可改善混凝土耐久性的外加剂有（　　）。
A. 引气剂　　B. 防冻剂
C. 阻锈剂　　D. 缓凝剂
E. 速凝剂
69. 钢材主要化学成分中，属于有害的元素是（　　）。
A. 碳　　B. 硅
C. 磷　　D. 硫
E. 氧

70. 以下关于沥青混合料特点，说法正确的是（　　）。

A. 它是一种黏弹塑性材料　　B. 修筑路面需设置接缝

C. 能及时开放交通　　D. 不可再生利用

E. 有良好的力学性能

71. 关于轻骨料混凝土，下列说法正确的有（　　）。

A. 很大程度上受轻骨料性能的制约

B. 与同强度等级的普通混凝土相比，耐久性明显改善

C. 弹性模量比普通混凝土低

D. 强度等级划分的方法同普通混凝土

E. 在抗压强度相同的条件下，其干表观密度比普通混凝土高

72. 卷材防水屋面施工时，卷材铺贴正确的有（　　）。

A. 平行屋脊的搭接缝应逆流水方向

B. 同一层相邻两幅卷材短边搭接缝错开不应小于 500mm

C. 上下层卷材长边搭接缝应错开，且不应小于幅宽的 1/3

D. 叠层铺贴的各层卷材，在天沟与屋面的交接处，应采用叉接法搭接

E. 搭接缝宜留在沟底，不宜留在屋面与天沟侧面

73. 关于热拌沥青混合料路面施工，说法正确的是（　　）。

A. 初压应采用钢轮压路机静压 1~2 遍

B. 在超高路段和坡道上由高处向低处碾压

C. 沥青混合料面层压实度，对城市快速路不应小于 96%

D. 在基层表面喷洒黏层油不宜采用快凝石油沥青

E. 摊铺机上面层宜采用导梁或平衡梁自动找平

74. 关于移动模架逐孔施工的特点，说法正确的是（　　）。

A. 需设置地面支架　　B. 一套模架可多次周转使用

C. 自动化程度高　　D. 移动模架设备投资大

E. 有良好的施工环境

75. 关于普通水泥砂浆锚杆施工特点，说法正确的是（　　）。

A. 砂浆强度等级不低于 M30　　B. 杆体材料宜用 HRB335 钢筋

C. 孔钻好后用高压水将孔眼冲洗干净　D. 粘结砂浆应拌合均匀随拌随用

E. 一次拌合的砂浆应在初凝前用完

76. 以下关于统筹法计算工程量的方法，说法不正确的是（　　）。

A. 当基础断面不同，在计算基础工程量时，就应分层计算

B. 各楼层的建筑面积或砌体砂浆强度等级不同时，就应分段计算

C. 基础深度不同的内外墙基础、宽度不同的散水等工程可采取补加计算法

D. 各层楼面除每层盥洗间为水磨石面层外，其余均为水泥砂浆面层，可采取补减计算法

E. 在特殊工程上，不能完全用“线”或“面”的一个数作为基数，必须结合实际灵活计算

77. 根据《民用建筑通用规范》GB 55031—2022 规定，下列空间与部位不应计算建筑面积的是（　　）。

A. 室外挑台

B. 室外楼梯

C. 骑楼

D. 室外场馆看台下部空间

E. 附属在外墙的装饰柱

78. 根据《房屋建筑与装饰工程工程量计算标准》GB/T 50854—2024 规定，挖沟槽石方的工作内容包括（　　）。

A. 开挖

B. 放坡

C. 基底夯实

D. 基底钎探

E. 检底修边

79 . 根据《房屋建筑与装饰工程工程量计算标准》GB/T 50854—2024，下列关于钢筋笼工程量的说法，正确的是（　　）。

A. 按设计图示钢筋笼面积乘单位理论质量计算

B. 按设计图示钢筋中心线长度乘单位理论质量计算

C. 按照钢筋网片列项计算

D. 设计（包括规范规定）标明的搭接应计算在内

E. 灌注桩允许超灌长度内的钢筋不并入计算

80. 根据《房屋建筑与装饰工程工程量计算标准》GB/T 50854—2024，关于油漆工程量计算的说法，正确的是（　　）。

A. 木墙裙油漆按设计图示尺寸以面积计算

B. 封檐板油漆按设计图示尺寸以面积计算

C. 金属窗油漆按设计图示洞口尺寸以面积计算

D. 木扶手油漆按设计图示尺寸以面积计算

E. 栏杆刷涂料按设计图示尺寸以单面外围面积计算

黑白卷

模拟题六

一、单项选择题（共 60 题，每题 1 分，每题的备选项中，只有一个最符合题意）

1. 下列关于地质构造说法正确的是（　　）。

A. 石灰岩中裂隙的面积与岩石总面积的百分比与裂隙发育程度成反比

B. 褶皱构造是岩层产生的脆性变形

C. 张性裂隙主要发育在背斜的轴部

D. 千枚岩石分布地区对路基边坡的稳定有利

2. 下列关于地震的说法，正确的是（　　）。

A. 地震波先传达到震中　　B. 面波的传播速度最快

C. 纵波振幅大　　D. 横波周期短

3. 压力分布不均且水量变化大的裂隙水是（　　）。

A. 成岩裂隙水　　B. 风化裂隙水

C. 脉状构造裂隙水　　D. 层状构造裂隙水

4. 在大型工程中，能有效提高围岩自身的承载力和稳定性，常用喷混凝土再配合（　　）进行加固。

A. 木锚杆　　B. 预应力锚杆

C. 楔缝式金属锚杆　　D. 钢丝绳砂浆锚杆

5. 为了防止大气降水向岩体中渗透，一般是在滑坡体外围布置（　　）加以处理。

A. 排水沟　　B. 急流槽

C. 截水沟槽　　D. 支挡建筑物

6. 以下关于工程地质对工程选址的影响说法正确的是（　　）。

A. 大型建设工程与一般中小型建设工程选址相比，不太注重的工程地质问题是岩石风化

B. 对地下隧道的选线应特别注意避免平行靠近断层破碎带

C. 道路选线应尽可能选择在与主要裂隙发育方向平行的地方

D. 对路基稳定最不利的是岩层倾角大于坡面倾角的逆向坡

7. 工业建筑按工业建筑用途分类，属于生产辅助厂房的是（　　）。

A. 变电所　　B. 工具车间

C. 热处理车间　　D. 金属材料库

8. 高层建筑优先使用的结构体系是（　　）。

A. 混合结构系统　　B. 钢筋混凝土墙承重系统

C. 框架结构体系　　D. 钢结构体系

9. 主要适用于东、西向的窗口的建筑遮阳方式是（　　）。

A. 水平遮阳　　B. 垂直遮阳

C. 综合遮阳　　D. 挡板遮阳

10. 关于砖墙墙体防潮层设置的说法，正确的是（　　）。

A. 室内地面均为实铺时，外墙防潮层设在室内地坪以上

B. 墙体两侧地坪不等高时，其防潮层应分别设置在每侧地表下

C. 室内采用架空木地板时，外墙防潮层设在室外地坪以下

D. 细石混凝土基础的砖墙墙体不需设置水平和垂直防潮层

11. 当柱间需要通行、需设置设备或柱距较大，采用交叉式支撑有困难时，可采用（　　）进行施工。

A. 柱式支撑　　B. 梁式支撑

C. 门架式支撑　　D. 附着式支撑

12. 坚硬岩石地段陡山坡上的半填半挖路基，当填方不大，但边坡伸出较远不易修筑时，可设置（　　）。

A. 填土路基　　B. 填石路基

C. 护肩路基　　D. 护脚路基

13. 交通标志应设置在驾驶人员易于见到的位置，一般安设在（　　）。

A. 车辆行进方向道路的左侧　　B. 车辆行进方向道路的右侧

C. 车行道下方　　D. 隔离带上方

14. 以下关于柔性排架桩墩的桥梁，说法正确的是（　　）。

A. 可用于墩台高度 12m 的桥梁

B. 可用于跨径在 20m 的大型桥梁上

C. 在桥梁中墩上可设置活动支座

D. 桥梁桩墩高度大于 5.0m 可采用单排架墩

15. 在要求通过较大的排洪量、地质条件较差、路堤高度较小的设涵处，常采用（　　）。

A. 拱涵　　B. 盖板涵

C. 波纹管管涵　　D. 倒虹吸管涵

16. −30～−10m 深度空间内可建设的地下工程是（　　）。

A. 文娱空间　　B. 危险品仓库

C. 城市通信设施　　D. 高速地下交通轨道

17. 依据设计地下工程管网常规做法，建筑物与红线之间的地带用于（　　）。

A. 敷设自来水　　B. 敷设热力管网

C. 敷设电缆　　D. 敷设煤气管

18. 对热轧钢筋进行冷加工，以下关于冷轧带肋钢筋，说法错误的是（　　）。

A. 节约钢材，质量稳定　　B. 塑性降低，强屈比变大

C. 克服了冷拉钢筋握裹力低的缺点　　D. 用低碳钢热轧盘圆条直接冷轧形成

19. 适用于交通干道抢修等工程的水泥宜采用（　　）。

A. 铝酸盐水泥　　B. 快硬硫铝酸盐水泥

C. 普通硅酸盐水泥　　D. 矿渣硅酸盐水泥

20. 以下关于建筑石油沥青的要求，说法正确的是（　　）。

A. 针入度较大　　B. 软化点较高

C. 延伸度较大　　D. 塑性较大

21. 用来评定沥青混合料的低温脆化的试验方法是（　　）。

A. 弯拉破坏试验　　B. 低温收缩试验

C. 低频疲劳试验　　D. 抗压破坏实验

22. 主要用于六层以下建筑物的承重墙体的砌筑材料是（　　）。

A. 烧结空心砖　　B. 烧结多孔砖

C. 蒸压加气混凝土小砌块　　D. 轻骨料混凝土小砌块

23. 据控制室内环境污染的不同要求，下列不属于Ⅰ类民用建筑工程的是（　　）。

A. 学校教室　　B. 医院病房

C. 体育馆　　D. 幼儿园

24. 单面镀膜玻璃在安装时，应将膜层面向（　　）。

A. 室内　　B. 室外

C. 室内或室外　　D. 室内和室外

25. 可用于金属材料嵌缝，并且与混凝土有良好粘结性的密封材料是（　　）。

A. 沥青嵌缝油膏　　B. 聚氨酯类密封膏

C. 丙烯酸类密封胶　　D. 聚氯乙烯接缝膏

26. 井点系统的安装顺序错误的是（　　）。

A. 挖井点沟槽→铺设集水总管

B. 冲孔→灌填砂滤料→沉设井点管

C. 弯联管将井点管与集水总管连接→安装抽水设备

D. 安装抽水设备→试抽

27. 场地填筑的填料为爆破石渣、碎石类土、杂填土时，宜采用的压实机械为（　　）。

A. 平碾　　B. 羊足碾

C. 振动碾　　D. 气胎碾

28. 以下关于振冲碎石桩和沉管砂石桩复合地基材料及应用的说法，正确的是（　　）。

A. 振冲碎石桩可采用含泥量≤10%的碎石

B. 沉管砂石桩可用风化易碎石料作为桩体材料

C. 砂石桩适用于处理饱和黏土地基且变形控制严格的场景

D. 振冲碎石桩可用于挤密松散砂土、粉土及可液化地基

29. 地基土土质为可塑性黏土且桩径为 0.4m 的桩，优先选用的沉桩方法是（　　）。

A. 锤击沉桩　　B. 挖孔埋桩

C. 射水沉桩　　D. 振动沉桩

30. 关于脚手架搭设顺序的规定，下列说法正确的是（　　）。

A. 悬挑脚手架一次搭设高度不应超过最上层连墙件 2 步，且自由高度不大于 4m
B. 剪刀撑、斜撑杆等加固杆件可在架体搭设完成后统一安装
C. 构件组装类脚手架应自两端向中间对称搭设，且可跨越式施工
D. 每搭设完两步距架体后，再校正立杆垂直度及水平杆水平度

31. 在混凝土小型空心砌块砌体工程中，小砌块施工中正确的是（　　）。
A. 天气炎热宜在砌筑前对混凝土小型空心砌块浇水湿润
B. 单排孔小砌块的搭接长度应为块体长度的 1/3
C. 将生产时的底面朝上反砌于墙上
D. 砌体水平灰缝砂浆饱满度按净面积计算不得低于 80%

32. 采用涂膜防水屋面施工时，以下施工方法错误的是（　　）。
A. 铺设胎体增强材料时，屋面坡度小于 15%时，可平行屋脊铺设
B. 采用二层胎体增强材料时，上下层可以垂直铺设
C. 二层胎体增强材料胎体长边搭接宽度不应小于 50mm
D. 胎体增强材料搭接缝间距不应小于幅宽的 1/3

33. 采取防火构造措施后，可适用于建筑高度在 100m 以下的住宅建筑和 50m 以下的非幕墙建筑的外墙外保温系统是（　　）。
A. 聚苯板薄抹灰外墙外保温系统
B. 胶粉聚苯颗粒复合型外墙外保温系统
C. 聚苯板钢丝网架现浇混凝土外墙外保温系统
D. 聚苯板现浇混凝土外墙外保温系统

34. 浮雕涂饰工程面层涂饰时，溶剂型涂料应选用的施工方法是（　　）。
A. 喷涂法　　B. 刷漆法
C. 滚涂法　　D. 粘贴法

35. 以下关于山区填石路堤，说法正确的是（　　）。
A. 倾填法施工中填方和挖方作业面形成台阶状
B. 分层压实法主要用于高速公路、一级公路
C. 冲击压实法有效解决了大块石填筑地基厚层施工的夯实难题
D. 强力夯实法在周围有建筑物时使用受到限制

36. 整体式墩台施工中所采用的施工脚手架，做法错误的是（　　）。
A. 施工脚手架应平行墩台搭设，主要用以堆放材料
B. 轻型脚手架有适用于 6m 以下墩台的固定式轻型脚手架
C. 适用于 25m 以下墩台的简易活动脚手架
D. 较高的墩台可用悬吊脚手架

37. 地下连续墙混凝土浇灌应满足以下要求（　　）。
A. 水泥用量不宜小于 500kg/m^3　　B. 混凝土应具有良好的流动性
C. 混凝土水灰比不应小于 0.7　　D. 混凝土强度等级一般大于 C50

38. 下列深基坑支护形式，适于基坑侧壁安全等级一、二、三级的是（　　）。
A. 水泥土挡墙式　　B. 逆作挡墙式

C. 边坡稳定式　　D. 排桩与板墙式

39. 关于天井钻的开挖施工，说法正确的是（　　）。

A. 钻杆直径200~300mm，中空结构，钻机由液压电动驱动

B. 在钻杆上换直径较大的钻头，由下向上反钻竖井或斜井

C. 由下向上掘进时，用泥浆循环，带出石渣碎屑

D. 天井钻开挖直径最大不超过2.5m，深度通常小于100m

40. 围岩是软弱破碎带时的地下工程，宜采用的开挖方法是（　　）。

A. 带盾构的TBM掘进法　　B. 独臂钻法

C. 天井钻法　　D. 全断面掘进机法

41. 项目编码的十二位数字都有各自的含义，三、四位数字代表（　　）。

A. 附录分类顺序码　　B. 分部工程顺序码

C. 清单项目名称顺序码　　D. 分项工程项目名称顺序

42. 国家建筑标准设计图集平法施工图中，楼层框架扁梁的标注代号为（　　）。

A. KL　　B. KBL

C. LKBL　　D. LKJBL

43. 以下关于单位工程计算顺序，说法正确的是（　　）。

A. 先平面，再立面　　B. 先详图，再基本图

C. 先剖面，再立面　　D. 先立面，再平面

44. 下列关于功能单元墙体面积表述不正确的是（　　）。

A. 各功能空间周围的围护或承重墙体，或其他承重支撑体的水平投影面积

B. 功能单元之间的分隔墙按其水平投影面积的一半计入

C. 公共建筑空间的分隔墙按其水平投影面积的一半计入

D. 外墙（包括山墙）按其水平投影面积的一半计入

45. 符合规定“无围护结构、以柱围合，或部分围护结构与柱共同围合，不封闭的建筑空间，应按其柱或外围护结构外表面所围空间的水平投影面积计算”的是（　　）。

A. 通风排气竖井

B. 建筑内的设备层、管道层、避难层

C. 建筑物架空层及吊脚架空层

D. 室内场馆看台下部空间

46. 根据《民用建筑通用规范》GB 55031—2022的规定，下列关于阳台建筑面积计算的说法，正确的是（　　）。

A. 阳台建筑面积应按围护设施外表面所围空间水平投影面积计算

B. 当阳台封闭时应按其外围护结构外表面所围空间的水平投影面积计算

C. 无顶盖的阳台按阳台面积的1/2计算建筑面积

D. 有顶盖的阳台按阳台底板投影面积计算全面积

47. 根据《房屋建筑与装饰工程工程量计算标准》GB/T 50854—2024规定，下列关于回填方工程量计算规则的说法，不正确的是（　　）。

A. 回填方，按设计图示尺寸以体积计算

B. 基础回填按设计图示基础（含垫层）底面积另加工作面面积，乘以回填深度，以体积计算

C. 回填方的项目特征需描述填方部位、材料品种、密实度

D. 房心回填，按回填区的净体积计算

48. 根据《房屋建筑与装饰工程工程量计算标准》GB/T 50854—2024 规定，旋喷桩复合地基项目特征中“喷射注浆类型”的描述不包括（　　）。

A. 复合管　　B. 三重管

C. 双重管　　D. 单重管

49. 根据《房屋建筑与装饰工程工程量计算标准》GB/T 50854—2024 规定，边坡土钉支护工程量应按（　　）。

A. 设计图示土钉数量以质量计算

B. 设计图示支护面积乘以置入深度以体积计算

C. 设计图示尺寸以面积计算

D. 设计图示尺寸以土钉置入深度计算

50. 根据《房屋建筑与装饰工程工程量计算标准》GB/T 50854—2024 规定，预制钢筋混凝土空心桩与预制钢筋混凝土实心桩的项目特征相比，不同的是（　　）。

A. 桩尖类型　　B. 地层类别

C. 桩截面形式、尺寸　　D. 送桩深度、桩长

51. 根据《房屋建筑与装饰工程工程量计算标准》GB/T 50854—2024 规定，下列关于石护坡、石台阶、石坡道，说法正确的是（　　）

A. 按设计图示尺寸以体积（含垫层）计算。

B. 工作内容中综合了铺设垫层

C. 石台阶项目不包括石梯带（垂带）

D. 石台阶项目包括石梯膀

52. 在抗震等级为二级的地区，当梁截面高度为 400mm 时，其箍筋的加密区范围最小为（　　）mm。

A. 500　　B. 600

C. 800　　D. 1000

53. 根据《房屋建筑与装饰工程工程量计算标准》GB/T 50854—2024，金属百页护栏工程量应按设计图示尺寸以（　　）计算。

A. 垂直投影面积　　B. 框外围展开面积

C. 长度　　D. 质量

54. 根据《房屋建筑与装饰工程工程量计算标准》GB/T 50854—2024 规定，有关木构件的工程量计算规则，说法错误的是（　　）。

A. 木柱、木梁按设计图示尺寸以体积计算

B. 木楼梯按设计图示尺寸以斜面积计算

C. 木楼梯不扣除宽度小于 300mm 的楼梯井

D. 木楼梯伸入墙内部分应计算

55. 根据《房屋建筑与装饰工程工程量计算标准》GB/T 50854—2024，门窗工程中按设计图示门框尺寸以面积计算的是（　　）。

A. 木质防火门　　B. 钢质防火门

C. 钢质花饰大门　　D. 全钢板大门

56. 根据《房屋建筑与装饰工程工程量计算标准》GB/T 50854—2024 规定，关于屋面卷材防水、屋面涂膜防水工程量的说法，正确的是（　　）。

A. 斜屋顶（不包括平屋顶找坡）按斜面积计算

B. 房上烟囱、风帽底座、风道、屋面小气窗和斜沟等处的上翻部分，并入屋面工程量内

C. 屋面的女儿墙、伸缩缝、设备基础和天窗等处的上翻部分，不增加面积

D. 不扣除房上烟囱、风帽底座、风道、屋面小气窗和斜沟所占面积

57. 根据《房屋建筑与装饰工程工程量计算标准》GB/T 50854—2024，关于防腐工程量计算的说法，正确的是（　　）。

A. 池、槽块料防腐面层，按设计图示尺寸以面积计算

B. 平面防腐面层，门洞、空圈、暖气包槽、壁龛的开口部分不增加面积

C. 立面防腐面层，洞口侧壁、垛突出部分不增加面积

D. 平面防腐面层，不扣除凸出地面的构筑物、设备基础等所占面积

58. 根据《房屋建筑与装饰工程工程量计算标准》GB/T 50854—2024 规定，楼地面面层工程量计算中，对门洞、空圈、壁龛等开口部分不增加工程量的是（　　）。

A. 塑胶运动地板　　B. 地毯楼地面

C. 自流平楼地面　　D. 自流平找平层地面

59. 根据《房屋建筑与装饰工程工程量计算标准》GB/T 50854—2024，下列关于吊顶天棚工程量计算规则的说法，正确的是（　　）。

A. 无天棚的独立梁抹灰按“墙、柱面抹灰”项目编码列项

B. 圆弧形、拱形等造型天棚按“艺术造型吊顶天棚”项目编码列项

C. 天棚面层不在同一标高的一般直线型吊顶天棚，高差>400mm 且跌级>3 级时，按“艺术造型吊顶天棚”项目编码列项

D. 艺术造型吊顶天棚面中的灯槽展开计算

60. 根据《房屋建筑与装饰工程工程量计算标准》GB/T 50854—2024，下列关于装饰工程工程量计算的说法，不正确的是（　　）。

A. 成品柜工程量按设计图示尺寸以正投影面积计算

B. 扶手按设计图示以扶手中心线长度计算

C. 暖气罩工程量按设计图示尺寸以垂直投影面积展开计算

D. 装饰板雨篷按设计图示尺寸以水平投影面积计算

二、多项选择题（共 20 题，每题 2 分。每题的备选项中，有 2 个或 2 个以上符合题意，至少有 1 个错项。错选，本题不得分；少选，所选的每个选项得 0.5 分）

61. 以下关于岩体结构特征，说法正确的是（　　）。

A. 整体块状结构延展性差

B. 层状结构承载能力较强

C. 层状结构沿层面方向的抗剪强度比垂直层面方向要高

D. 碎裂结构岩体中节理、裂隙发育

E. 散体结构岩体节理、裂隙不发育

62. 对塌陷或浅埋溶洞可采用（　　）进行处理。

A. 充填法　　B. 桩基法

C. 注浆法　　D. 垫层法

E. 挖填夯实法

63. 以下关于框架结构特点，说法正确的是（　　）。

A. 承受竖向荷载，不承受水平荷载　　B. 建筑平面布置灵活

C. 侧向刚度大　　D. 不会产生较大的侧移

E. 建筑立面处理比较方便

64. 以下关于砖墙的防潮层的特点，说法正确的是（　　）。

A. 当室内地面均为实铺时，外墙墙身防潮层在室内地坪以下 60mm 处

B. 当建筑物墙体两侧地坪不等高时，在每侧地表下 60mm 处，防潮层应分别设置

C. 当室内地面采用架空木地板时，外墙防潮层应设在室外地坪以上

D. 墙身中设置防潮层的目的是提高建筑物的适用性

E. 在墙身中设置防潮层的作用是防止土壤中的水分沿基础墙上升

65. 与有檩钢屋架相比，关于无檩钢屋架的特点，说法正确的是（　　）。

A. 钢屋架构件多　　B. 钢屋架安装效率高

C. 整体性好　　D. 屋面构造简单

E. 对地震抵御能力强

66. 机动车交通道路照明的评价指标有（　　）。

A. 环境比　　B. 眩光限制

C. 垂直照度　　D. 路面最小照度

E. 路面平均亮度

67. 以下关于石油沥青，说法正确的是（　　）。

A. 伸长度反映石油沥青抵抗剪切变形的能力

B. 当温度升高时，则黏滞性随之增大

C. 延度愈大，塑性愈好

D. 油分含量较少时，则黏滞性较大

E. 针入度值越小，表明黏度越小

68. 以下砌筑材料主要用于非结构承重的是（　　）。

A. 烧结多孔砖　　B. 烧结矩形条孔砖

C. 蒸压加气混凝土砌块　　D. 轻骨料混凝土小型空心砌块

E. 普通混凝土小型空心砌块

69. 常用于内墙涂料的是（　　）。

A. 多彩涂料　　B. 聚醋酸乙烯乳液涂料

C. 合成树脂乳液砂壁状涂料

D. 苯乙烯-丙烯酸酯乳液涂料

E. 醋酸乙烯-丙烯酸酯有光乳液涂料

70. 不得在下列墙体或部位设置脚手眼的是（　　）。

A. 120mm 厚墙

B. 清水墙、夹心复合墙外叶墙

C. 宽度小于 1.5m 的窗间墙

D. 梁下及其左右 500mm 范围内

E. 砌体门窗洞口两侧 500mm 范围内

71. 以下关于钻孔压灌桩特点，说法正确的有（　　）。

A. 振动小，噪声低

B. 可解决断桩、缩颈等问题

C. 施工速度快、工期短

D. 单桩承载力较低

E. 地面上水泥浆流失较少

72. 以下关于碎石桩加固法地基处理，说法正确的有（　　）。

A. 利用水平振动的管桩机械在软弱黏土中成孔

B. 孔内填入碎石或矿渣形成桩体，与周围土构成复合地基

C. 桩体承载力主要取决于周围软土的约束作用

D. 适用于抗剪强度较低的软黏土地基且无须特殊处理

E. 可提高地基承载力并降低压缩性

73. 以下关于桥梁上部结构的转体施工特点，说法正确的有（　　）。

A. 可以利用地形，方便预制构件

B. 高空作业繁多，但施工工序简单

C. 节省木材，节省施工用料

D. 施工设备少，装置复杂

E. 施工期间不断航，不影响桥下交通

74. 以下关于边坡稳定式适用条件，说法正确的有（　　）。

A. 基坑侧壁安全等级宜为二、三级非软土场地

B. 土钉墙基坑深度不宜大于 18m

C. 喷锚支护适用于流砂等土层的基坑

D. 当地下水位高于基坑底面时，应采取降水措施

E. 喷锚支护基坑，开挖深度不大于 12m

75. 以下关于气动夯管锤说法正确的是（　　）。

A. 铺管几乎适应除岩层以外的所有地层

B. 使地表容易产生隆起或沉降现象

C. 铺管适合较短长度的管道铺设

D. 铺管要求管道材料必须是钢管

E. 施工条件要求简单，施工进度快

76. 以下关于独立承台的平面注写方式：△5 Φ 22@ 150+6 Φ 22@ 150×2，含义正确的是（　　）。

A. △5⏀22@150+6⏀22@150×2 表示等腰三桩承台

B. 5⏀22 表示等腰三桩承台底边配置 5 根直径为 22mm 的钢筋

C. ⏀表示 HRB335 级钢筋

D. 150 表示钢筋间距为 150mm

E. 6⏀22@150×2 表示两对称斜边各配置 6 根直径为 22mm 的钢筋

77. 根据《民用建筑通用规范》GB 55031—2022 规定，关于平屋顶建筑高度的说法，正确的有（ ）。

A. 无女儿墙的建筑按建筑物主入口场地室外设计地面至屋面檐口顶点的高度计算

B. 有女儿墙的建筑按室外设计地坪至建筑物女儿墙顶点的高度计算

C. 有女儿墙的建筑按建筑物主入口场地室外设计地面至建筑物女儿墙顶点的高度计算

D. 无女儿墙的建筑按室外设计地坪至屋面檐口顶点的高度计算

E. 按建筑物主入口场地室外设计地坪至屋面面层的高度计算

78. 根据《房屋建筑与装饰工程工程量计算标准》GB/T 50854—2024 规定，下列（ ）地基处理工程量是以体积计算。

A. 填料桩复合地基

B. 水泥土搅拌桩复合地基

C. 旋喷桩复合地基

D. 水泥粉煤灰碎石桩复合地基

E. 换填垫层

79. 根据《房屋建筑与装饰工程工程量计算标准》GB/T 50854—2024，砖基础砌筑工程量按设计图示尺寸以体积计算，但应扣除（ ）。

A. 构造柱所占体积

B. 地梁所占体积

C. 圈梁所占体积

D. 基础大放脚 T 形接头处的重叠部分

E. 嵌入基础内的基础砂浆防潮层

80. 根据《房屋建筑与装饰工程工程量计算标准》GB/T 50854—2024 规定，下列关于混凝土模板的工程量计算，说法正确的是（ ）。

A. 梁模板，按模板与现浇混凝土构件的接触面积计算

B. 柱帽模板并入柱面模板计算工程量

C. 构造柱模板，按模板与现浇混凝土构件的接触面积计算

D. 过梁模板，按混凝土外露宽度乘以柱高以面积计算

E. 过梁梁长设计无规定时，按梁下洞口宽度两端各加 250mm，计算侧模面积

黑白卷

模拟题七

一、单项选择题（共 60 题，每题 1 分，每题的备选项中，只有一个最符合题意）

1. 裂隙宽度为 2mm 属于（　　）。

A. 密闭裂隙　　B. 微张裂隙

C. 张开裂隙　　D. 宽张裂隙

2. 不影响岩石孔隙度大小的因素是（　　）。

A. 岩石的结构　　B. 岩石的构造

C. 外力的影响　　D. 含水量

3. 以下地下水中不属于包气带水的是（　　）。

A. 土壤水　　B. 沼泽水

C. 海滨砂丘水　　D. 不透水透镜体上的上层滞水

4. 为防止岩溶地区的土层产生地表塌陷，以下处理措施不能得到改善的是（　　）。

A. 设置反滤层　　B. 改良土的性质

C. 加快地下水流速　　D. 堵截地表水流入土层

5. 边坡易直接发生崩塌的岩层是（　　）。

A. 泥灰岩　　B. 安山岩

C. 泥岩　　D. 页岩

6. 当隧道轴线与断层走向平行时，应尽量避免与断层（　　）接触。

A. 正断层　　B. 逆断层

C. 破碎带　　D. 断层泥

7. 以下建筑不属于公共建筑的是（　　）。

A. 办公建筑　　B. 民政建筑

C. 商业建筑　　D. 医疗建筑

8. 关于墙体构造中防火墙特殊构造措施，说法正确的是（　　）。

A. 紧靠防火墙两侧的门、窗洞口之间最近边缘的水平距离不应小于 3m

B. 设置在转角附近的防火墙，内转角两侧门、窗洞口最近边缘水平距离不应大于 4.0m

C. 当建筑外墙为难燃烧体时，防火墙应突出墙的外表面 0.4m 以上

D. 甲级防火门、防火窗耐火极限应不低于 3h

9. 在制作宽度为 400mm 的洞口上部的过梁中，最为广泛采用的材料是（　　）。

A. 木材　　B. 型钢

C. 砖　　D. 钢筋混凝土

10. 以下关于阳台排水处理经济合理的施工方法是（　　）。

A. 阳台地面应低于室内地面 20mm
B. 阳台板的内侧设挡水边坎
C. 在阳台至少 3 处埋设泄水管将雨水排出
D. 泄水管可采用镀锌钢管，管口外伸 80mm
11. 以下关于涂膜防水屋面倒置式施工方法，符合要求的是（　　）。
A. 防水层在下面，保温隔热层在上面
B. 保温隔热层在下面，防水层在上面
C. 找平层在下面，基层处理剂在上面
D. 基层处理剂在上面，防水层在下面
12. 城市道路中必须设置中央隔离带的是（　　）。
A. 两幅快速路　　B. 三幅主干路
C. 单幅次干路　　D. 单幅支路
13. 一般公路，其路肩横坡应满足的要求是（　　）。
A. 路肩横坡度可比路面横坡度减小 1.0%
B. 路肩横坡应采用内倾横坡
C. 路肩横坡与路面横坡坡度应一致
D. 路肩横坡度可比路面横坡度加大 1.0%
14. 以下关于简单体系拱桥，说法正确的是（　　）。
A. 拱桥的传力结构与主拱形成整体，共同承受荷载
B. 桥上的全部荷载由主拱单独承受
C. 基础是桥跨结构的主要承重构件
D. 拱的水平推力由系杆承受
15. 当路基顶面高程低于横穿沟渠的水面高程时，也可设置的涵洞是（　　）。
A. 半压力式涵洞　　B. 无压力式涵洞
C. 倒虹吸管涵　　D. 以上都可以
16. 关于半地下道路的特点，错误的是（　　）。
A. 有利于减少噪声和排放的废气
B. 能得到充足的日照和上部的开敞空间
C. 造价介于全地下道路与地面道路之间
D. 排水、除雪方便
17. 依据市政管线工程的布置方式，用于敷设自来水管道的区域是（　　）。
A. 人行道　　B. 分车带
C. 在街道内两侧　　D. 建筑物与红线之间的地带
18. 根据相关规范，下列关于冷轧带肋钢筋的说法，正确的是（　　）。
A. CRB550 钢筋的公称直径范围为 4~16mm
B. CRB600H 钢筋外形应为三面肋
C. CRB650 钢筋的公称直径包含 4mm、5mm、6mm
D. CRB650 钢筋外形为应为二面肋

19. 判定硅酸盐水泥是否废弃的技术指标是（　　）。
A. 初凝时间　　B. 水化热
C. 水泥强度　　D. 水泥细度

20. 能够耐酸、耐碱的改性石油沥青制品是（　　）。
A. SBS 改性沥青　　B. 丁基橡胶改性沥青
C. 聚乙烯改性沥青　　D. 滑石粉填充料改性沥青

21. 以下关于沥青混合料骨架空隙结构，说法正确的是（　　）。
A. 内摩擦角较小　　B. 黏聚力较低
C. 热稳定性较差　　D. 沥青与矿料的空隙率小

22. 与普通混凝土小型空心砌块相比，轻骨料混凝土小型空心砌块特点，说法正确的是（　　）。
A. 密度较大　　B. 热工性能较好
C. 干缩值较小　　D. 不容易产生裂缝

23. 人造饰面石材多种多样，其中仿花岗石瓷砖属于（　　）。
A. 聚酯型人造石材　　B. 烧结型人造石材
C. 水泥型人造石材　　D. 复合型人造石材

24. 木材和木制品使用时避免变形或开裂而应控制的含水率指标是（　　）。
A. 饱和含水率　　B. 平衡含水率
C. 纤维饱和点　　D. 绝干状态含水率

25. 可用于砌筑墙体或冷库隔热的材料是（　　）。
A. 膨胀蛭石　　B. 玻化微珠
C. 泡沫玻璃　　D. 膨胀珍珠岩

26. 以下关于横撑式支撑，说法正确的是（　　）。
A. 开挖较宽的沟槽，多用横撑式土壁支撑
B. 间断式水平挡土板支撑适宜开挖湿度大的黏性土
C. 垂直挡土板式支撑适宜开挖湿度小的黏性土
D. 用垂直挡土板式支撑，其挖土深度不限

27. 不宜用重型碾压机械直接滚压，否则土层有强烈起伏现象的土是（　　）。
A. 砂土　　B. 松土
C. 黏性土　　D. 砂性土

28. CFG 桩褥垫层材料不宜选用（　　）。
A. 碎石　　B. 卵石
C. 粗砂　　D. 级配砂石

29. 关于灌注桩后注浆的施工流程，错误的是（　　）。
A. 管阀制作→灌注桩施工→注浆设备选型
B. 桩身注浆管连接安装→打开排气阀并开泵放气调试→关闭排气阀压清水开塞
C. 按设计水灰比拌制水泥浆液→关闭排气阀压清水开塞→水泥浆经过滤至储浆桶
D. 水泥浆经过滤至储浆桶→待注浆管道通畅后压注水泥浆液→桩检测

30. 关于砖砌体的转角处和交接处施工方法，说法正确的是（　　）。
A. 应同时砌筑，严禁无可靠措施的内外墙分砌施工
B. 普通砖砌体斜槎水平投影长度不应小于高度的 1/2
C. 多孔砖砌体的斜槎长高比不应小于 1/3
D. 斜槎高度应超过一步脚手架的高度
31. 关于钢筋配料与代换的说法，正确的是（　　）。
A. 钢筋配料时先计算根数，后绘制单根钢筋简图并编号
B. 当构件按最小配筋率配筋时，应采用等强度代换原则
C. 同钢号钢筋代换时，需按面积相等原则进行代换
D. 钢筋代换经施工单位技术负责人审批后即可实施
32. 关于屋面防水的基本要求，说法错误的是（　　）。
A. 当采用材料找坡时，宜采用质量轻、吸水率低和有一定强度的材料
B. 水泥终凝前完成收水后应二次压光，并应及时取出分格条
C. 排汽孔应作防水处理，在保温层下也可铺设带支点的塑料板
D. 涂膜防水层的上下层胎体增强材料需相互垂直铺设
33. 以下关于倒置式屋面保温层，说法错误的是（　　）。
A. 保温层应覆盖变形缝挡墙的两侧
B. 低女儿墙和山墙的保温层应铺到压顶下
C. 高女儿墙和山墙内侧的保温层应铺到顶部
D. 屋面设施基座与结构层相连时，保温层应包裹基座的下部
34. 种植屋面不可采用的绝热材料是（　　）。
A. 硬泡聚氨酯板　　B. 散状绝热料板
C. 酚醛硬泡保温板　　D. 挤塑聚苯乙烯泡沫塑料保温板
35. 适用于施工期限不紧迫、材料来源充足、运距不远的软土路基的施工方法是（　　）。
A. 砂垫层　　B. 反压护道
C. 土工布处置　　D. 土工格栅处置
36. 墩台混凝土施工所用的水泥优先选用（　　）。
A. 普通水泥　　B. 矿渣水泥
C. 铝酸盐水泥　　D. 粉煤灰水泥
37. 钢筋混凝土圆涵施工浇捣管座需要在管道接缝（　　）就进行护管。
A. 硬化前　　B. 刚刚开始硬化时
C. 基本硬化后　　D. 完全硬化后
38. 以下关于复合土钉墙支护特点，说法错误的是（　　）。
A. 机动灵活　　B. 兼备截水
C. 施工时需要降水　　D. 支护能力强
39. 关于混凝土拱涵拱圈施工，说法不正确的是（　　）。
A. 在拱顶处开始砌筑，向拱脚方向进行

B. 两端及上下游均需对称施工

C. 小跨度石拱涵多采用块石砌筑

D. 全拱一次灌完，不能中途间歇

40. 以下关于沉井的不排水下沉法，说法不正确的是（　　）。

A. 适用于土层中有较厚的粉砂土

B. 适用于有产生流砂的可能性土层

C. 下沉中要使井外水面高出井内水面 1～2m

D. 适用于地下水丰富的土层

41. 项目编码中，一、二位为专业工程代码，其中 04 代表（　　）。

A. 矿山工程　　B. 市政工程

C. 爆破工程　　D. 装饰工程

42. 根据工程量计算规范，工程计量时每一项目汇总的有效位数应遵守的规定，正确的是（　　）。

A. 以“kg”为单位，应保留小数点后三位数字

B. 以“t”为单位，第三位小数四舍五入

C. 以“m^2”为单位，应保留小数点后三位数字

D. 以“个、件、根、组、系统”为单位，应取整数

43. 如题 43 图所示，以下关于现浇混凝土板式楼梯平法施工图的注写方式，说法正确的是（　　）。

A. 1800/12 表示踏步段总高度/踏步级数

B. Φ12@150 表示上部纵筋

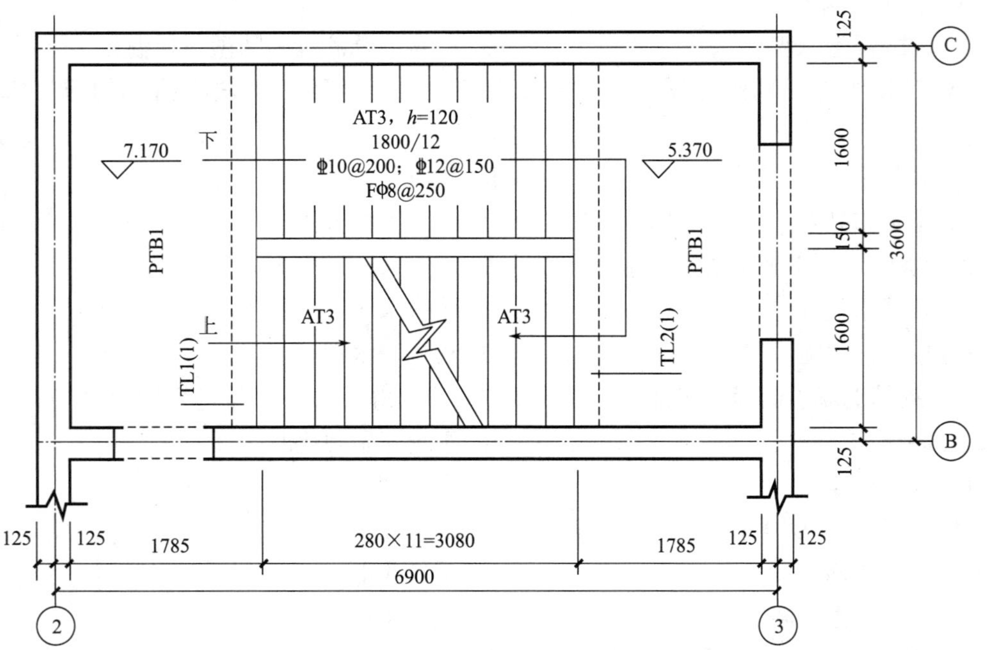

题 43 图　某标高段 AT 型楼梯平面图

C. F ϕ 8@250 表示下部纵筋

D. ϕ 10@200 表示梯板分布筋

44. 根据《民用建筑通用规范》GB 55031—2022 规定，下列建筑面积计算正确的是（　　）。

A. 有顶盖的采光井按其顶盖水平投影面积的 1/2 计算

B. 半地下室及其出入口按其柱或外围护结构外表面所围空间的水平投影面积的 1/2 计算

C. 由墙、柱围合的雨篷、车棚按其柱或外围护结构外表面所围空间的水平投影面积计算

D. 出挑的有顶盖空中花园按其围护设施外表面所围空间水平投影面积计算

45. 根据《民用建筑通用规范》GB 55031—2022 的规定，某多层住宅，自然层为 6 层，各层外围水平面积为 300m^2，二层及以上楼层每层主体结构外有四个未封闭的凹阳台，每个水平面积为 2.8m^2，则该建筑的总建筑面积为（　　）m^2。

A. 1867.2　　　　B. 1833.6

C. 1856　　　　D. 1828

46. 根据《民用建筑通用规范》GB 55031—2022 规定，半地下室是（　　）。

A. 房间楼（地）面低于室外设计地坪的高度超过该房间建筑层高的 1/3 者为地下室

B. 房间楼（地）面低于室外设计地坪的高度超过该房间建筑层高的 1/2 者为地下室

C. 房间楼（地）面低于室外设计地坪的高度超过该房间建筑层高的 1/3，且不超过 1/2

D. 房间楼（地）面低于室外设计地坪的高度超过该房间建筑层高的 1/2，且不超过 2/3

47. 根据《房屋建筑与装饰工程工程量计算标准》GB/T 50854—2024 规定，若钢筋混凝土管道的结构宽为 2500mm，在其管沟施工时，工作面宽度无设计要求，应为（　　）。

A. 400mm　　　　B. 500mm

C. 600mm　　　　D. 700mm

48. 根据《房屋建筑与装饰工程工程量计算标准》GB/T 50854—2024 规定，强夯地基的工程量应（　　）。

A. 按设计图示尺寸以体积计算

B. 按设计图示处理范围以面积计算

C. 按设计处理地基尺寸以体积计算

D. 按设计基础（含垫层）底面积以面积计算

49. 根据《房屋建筑与装饰工程工程量计算标准》GB/T 50854—2024 规定，下列关于钢支撑的工程量，说法不正确的是（　　）。

A. 螺栓计入质量

B. 不扣除孔眼质量

C. 按设计图示尺寸以质量计算

D. 焊条、铆钉等不另增加质量

50. 根据《房屋建筑与装饰工程工程量计算标准》GB/T 50854—2024 规定，下列关于泥浆护壁成孔灌注桩工程量计算的说法，正确的是（　　）。

A. 按设计图示尺寸以桩长计算

B. 按设计图示以注浆孔数计算（单位：孔）

C. 按设计图示桩长乘以管根数计算

D. 按设计截面面积乘以设计桩长以体积计算

51. 根据《房屋建筑与装饰工程工程量计算标准》GB/T 50854—2024 规定，关于砖检查井的工程量计算规则，说法正确的是（　　）

A. 按设计图示数量计算

B. 按设计图示尺寸以面积计算

C. 按设计图示尺寸以体积计算

D. 按设计图示尺寸以中心线长度计算

52. 根据《房屋建筑与装饰工程工程量计算标准》GB/T 50854—2024 规定，某钢筋混凝土梁长为 10000mm，设计保护层厚为 25mm，箍筋为 ϕ8@250，则该梁所配箍筋数量应为（　　）。

A. 40 根　　B. 41 根

C. 42 根　　D. 250 根

53. 根据《房屋建筑与装饰工程工程量计算标准》GB/T 50854—2024，关于钢网架清单项，下列说法正确的是（　　）。

A. 钢网架项目特征中应描述探伤要求和构件涂层要求

B. 钢网架中螺栓按设计图示数量计算

C. 钢网架铆钉应按设计图示数量计算

D. 钢网架按设计图示尺寸以质量计算，扣除孔眼部分的质量

54. 根据《房屋建筑与装饰工程工程量计算标准》GB/T 50854—2024，木门综合单价计算不包括（　　）。

A. 门锁安装

B. 合页、插销安装

C. 门吸、闭门器安装

D. 地弹簧、角码安装

55. 根据《房屋建筑与装饰工程工程量计算标准》GB/T 50854—2024 规定，下列关于楼面防水工程量计量，说法正确的是（　　）。

A. 按设计图示尺寸以主墙间净面积乘以厚度以体积计算

B. 楼面防水上翻高度不大于 300mm 时，工程量并入楼地面防水工程量

C. 变形缝按设计图示尺寸以面积计算

D. 扣除单个面积为>0.3m^2 的孔洞所占面积

56. 根据《房屋建筑与装饰工程工程量计算标准》GB/T 50854—2024 规定，关于保温柱的工程量计算，正确的是（　　）。

A. 按设计图示尺寸以体积计算

B. 按设计图示尺寸以保温层外边线展开长度乘保温层高度以面积计算

C. 按图示尺寸以柱面积计算

D. 按设计图示尺寸以保温层中心线展开长度乘保温层高度以面积计算

57. 根据《房屋建筑与装饰工程工程量计算标准》GB/T 50854—2024，楼地面装饰装修工程的工程量计算，不正确的是（　　）。

A. 水泥砂浆楼地面整体面层按设计图示尺寸以面积计算，扣除凸出地面构筑物、设备基础、室内管道、地沟、柱、垛、附墙烟囱及孔洞所占面积

B. 石材楼地面按设计图示尺寸以面积计算，门洞、空圈、暖气包槽、壁龛的开口部分并入相应的工程量内

C. 竹/木（复合）地板按设计图示尺寸以面积计算，门洞、空圈、暖气包槽、壁龛的开口部分并入相应的工程量内

D. 水泥砂浆楼梯面按设计图示尺寸以楼梯（包括踏步、休息平台、楼梯井）水平投影面积计算

58. 根据《房屋建筑与装饰工程工程量计算标准》GB/T 50854—2024，下列关于墙柱装饰工程量计算的说法，正确的是（　　）。

A. 柱饰面按设计图示饰面尺寸以展开面积计算

B. 门窗洞口和孔洞的侧壁并入相应的墙面面积

C. 墙、柱面装饰浮雕，按设计图示框外围尺寸以投影面积计算

D. 墙、柱面装配式装饰板，按设计图示饰面外围尺寸以面积计算

59. 根据《房屋建筑与装饰工程工程量计算标准》GB/T 50854—2024，下列关于天棚抹灰工程量计算的说法，正确的是（　　）。

A. 附墙烟囱所占面积应予扣除

B. 锯齿形楼梯底板抹灰按展开面积计算

C. 板式楼梯底面抹灰按水平投影面积计算

D. 带梁天棚，梁两侧抹灰面积不计算

60. 根据《房屋建筑与装饰工程工程量计算标准》GB/T 50854—2024，成品带扶手栏杆、栏板的工程量计算应按（　　）。

A. 设计图示尺寸以水平投影长度计算

B. 设计图示以栏杆、栏板中心线长度计算

C. 设计图示尺寸栏杆以中心线长度计算，栏板以垂直投影面积计算

D. 设计图示尺寸栏杆以中心线长度计算，栏板以水平投影面积计算

二、多项选择题（共 20 题，每题 2 分。每题的备选项中，有 2 个或 2 个以上符合题意，至少有 1 个错项。错选，本题不得分；少选，所选的每个选项得 0.5 分）

61. 以下关于软土的工程性质，说法正确的是（　　）。

A. 高含水量　　B. 高孔隙性

C. 高渗透性　　D. 高压缩性

E. 高抗剪强度

62. 以下关于土体的工程地质性质，说法正确的是（　　）。
A. 土的含水量增大时，其强度就降低
B. 土的饱和度越大，表明土孔隙中充水愈少
C. 孔隙比小于0.6的土是疏松的高压缩性土
D. 塑性指数愈大，可塑性就愈强
E. 液性指数愈大，土质愈软
63. 以下关于绿色建筑与节能建筑，说法正确的是（　　）。
A. 先进行绿色建筑评价，再进行建筑工程竣工验收
B. 绿色建筑评价指标体系统一设置加分项
C. 绿色建筑总得分65分为一星级
D. 零能耗建筑完全依靠太阳能或者其他可再生能源
E. 产能型建筑是为住宅所产生的能量超过其自身运行所需要能量的住宅
64. 与内保温墙体比较，有关外保温墙体特点的说法正确的是（　　）。
A. 外墙外保温系统易产生热桥
B. 外保温对提高室内温度的稳定性有利
C. 外保温墙体能有效地减少温度波动对墙体的破坏
D. 外保温墙体构造可用于旧建筑外墙的节能改造
E. 外保温有利于加快施工进度
65. 以下关于楼地面装饰构造，说法正确的是（　　）。
A. 水泥砂浆地面装饰效果优于水磨石地面
B. 水泥砂浆楼地面防水性能优于细石混凝土
C. 自流平楼地面坡度大于5%的基层不得使用自流平砂浆
D. 塑胶地面无需胶粘剂，直接冷压成型
E. 水泥砂浆地面具有耐水、整体性能好等优点，但热传导性高
66. 下列关于桥面车行道横坡设置的说法中，正确的是（　　）。
A. 在快速路桥上，横坡宜为2%
B. 在主干路桥上，横坡宜为1%
C. 在支路桥上，横坡宜为1.5%~2.0%
D. 在次干路桥上，横坡宜为1.0%~1.5%
E. 人行道上宜设置1%~2%向车行道的单向横坡
67. 以下关于钢材化学成分描述正确的是（　　）。
A. 碳随着含量的加大可降低抗大气腐蚀能力
B. 硅随着含量的加大可降低钢材的强度
C. 磷随着含量的加大可使塑性显著提升
D. 氮随着含量的加大可使其焊接性能变好
E. 钛随着含量的加大可显著提高钢的强度
68. 以下关于混凝土早强剂特点，说法正确的是（　　）。
A. 对混凝土后期强度无显著影响

B. 多用于抢修混凝土工程

C. 可用于蒸养有早强要求的混凝土工程

D. 环境温度低于-5℃时可以使用早强剂

E. 宜用于大体积混凝土

69. 以下关于夹丝玻璃，说法正确是（　　）。

A. 遭受到冲击而破坏时，碎片会飞散

B. 当遭遇火灾时，可防止火焰蔓延

C. 能起到防盗、防抢的安全作用

D. 可用于水下工程等安全性能高的场所

E. 夹丝玻璃可以切割，但断口处金属丝作防锈处理

70. 以下关于正铲挖掘机的挖土特点，说法正确是（　　）。

A. 后退向下，强制切土

B. 能开挖停机面以内的Ⅰ~Ⅵ级土

C. 适宜在有地下水的地区工作

D. 可正向挖土、侧向卸土

E. 可正向挖土、后方卸土

71. 砌筑砂浆使用水泥应符合的规定是（　　）。

A. 快硬硅酸盐水泥最迟半个月复查试验，并按复验结果使用

B. 散装水泥不超过 500t 为一批，每批抽样不少于一次

C. 建筑生石灰粉可以替代石灰膏配制水泥石灰砂浆

D. 水泥砂浆和水泥混合砂浆机械搅拌时间不得少于 120s

E. 同一验收批砂浆试块强度平均值应大于或等于设计强度等级值的 1.10 倍

72. 以下关于钢筋连接的基本要求，说法正确的有（　　）。

A. 不同直径钢筋焊接时，接头面积百分率按较大直径计算

B. 焊接钢筋骨架，较小钢筋直径不大于 10mm 时，大小钢筋直径之比不宜大于 2

C. 电渣压力焊适用于直径 14~40mm 的竖向钢筋焊接，不得用于梁、板水平钢筋连接

D. 梁、板受弯构件应按全截面钢筋面积计算搭接接头面积百分率

E. 搭接钢筋接头宜交错布置，接头面积百分率为 50%时隔一搭一

73. 关于石灰粉煤灰稳定碎石混合料基层施工的说法，不正确的是（　　）。

A. 可用薄层贴补的方法进行找平

B. 施工期的最低气温不应低于 5℃

C. 混合料每层最大压实厚度为 200mm

D. 直线和设超高的平曲线段，应由外侧向内侧碾压

E. 城区施工应采用厂拌（异地集中拌合）方式

74. 以下关于悬臂浇筑施工特点，说法正确的是（　　）。

A. 悬臂浇筑施工复杂

B. 结构整体性好

C. 施工中不可调整位置

D. 常在跨径大于 100m 的桥梁上选用

E. 桥梁上下部结构不可平行作业

75. 以下关于地下连续墙泥浆护壁施工方法，合理的是（　　）。

A. 泥浆要与地下水、砂和混凝土接触后直接使用

B. 一般情况下泥浆搅拌后应静置 24h 后使用

C. 泥浆反循环比正循环施工法出渣率高

D. 反循环排渣法对于较深的槽段效果更为显著

E. 泥浆的作用以护壁为主

76. 根据平法标注规定，平法编号说法正确的是（　　）。

A. 纵筋加强带代号为 ZQD

B. 板翻边代号为 FB

C. 板开洞代号为 BD

D. 悬挑板阴角附加筋代号为 Ces

E. 抗冲切箍筋代号为 Rh

77. 根据《民用建筑通用规范》GB 55031—2022 规定，关于建筑的室内净高，说法正确的是（　　）。

A. 室内净高是指室内有效使用空间的垂直距离

B. 室内净高为室内楼（地）面面层（结构完成面）至上部吊顶或楼板、屋面板底面之间有效使用空间的垂直距离

C. 地下室、局部夹层、公共走道、建筑避难区、架空层等有人员正常活动的场所最低处室内净高不应小于 2.00m

D. 建筑的室内净高应满足各类型功能场所空间净高的最低要求

E. 室内净高是保证安全、人身健康、公众权益和公共利益的控制性底线要求

78. 根据《房屋建筑与装饰工程工程量计算标准》GB/T 50854—2024，下列关于土石方工程工程量计算，说法正确的有（　　）。

A. 平整场地按设计图示尺寸以建筑物首层建筑面积计算

B. 挖基坑土方按设计图示基础（含垫层）底面积另加工作面面积，乘以挖土深度

C. 冻土开挖按设计图示尺寸开挖面积乘以厚度以体积计算

D. 管沟土方，按设计图示管底基础（含垫层）底面积乘以挖土深度，以体积计算

E. 基础回填，按设计图示基础（含垫层）底面积乘以回填深度，以体积计算

79. 根据《房屋建筑与装饰工程工程量计算标准》GB/T 50854—2024 规定，下列关于地基处理与边坡支护工程的清单项目工作内容的说法，正确的是（　　）。

A. 截（凿）桩头

B. 无法自行移动的大型施工机械的场内就位及移位

C. 混凝土挡土墙

D. 试夯、试打等现场试验工序

E. 施工过程中必须的土石方挖填

80. 根据《房屋建筑与装饰工程工程量计算标准》GB/T 50854—2024，现浇钢筋混凝土构件，均不扣除构件内（　　）所占体积。

A. 钢筋

B. 螺栓

C. 预埋铁件

D. 张拉孔道

E. 劲性骨架的型钢

黑白卷

模拟题八

一、单项选择题（共60题，每题1分，每题的备选项中，只有一个最符合题意）

1. 以下关于岩石的成因类型及其特征的说法正确的是（　　）。

A. 花岗斑岩是岩浆经风化作用沿地壳致密岩层渗透沉积固化形成的岩石

B. 辉绿岩岩性均一，节理裂隙发育，故其常被选为理想的建筑基础

C. 白云岩是经风化、搬运、沉积和成岩等一系列地质作用而形成的

D. 石英岩矿物均匀分布、结构均一、无定向排列，多具层理构造

2. 以下关于岩石的物理力学性质，说法正确的是（　　）。

A. 组成岩石的矿物比重大，则岩石的重度就小

B. 岩石的孔隙性小，则岩石的重度就小

C. 重度小说明岩石的结构致密

D. 孔隙性小，稳定性较高

3. 水位升降决定于地表水的渗入和地下蒸发，并在某些地方决定于水压的传递的地下水是（　　）。

A. 土壤水　　　　B. 沼泽水

C. 自流盆地中的水　　　　D. 包气带水

4. 对于裂隙发育影响地基承载能力可采用的加固施工方法是（　　）。

A. 灌浆　　　　B. 衬砌

C. 打桩　　　　D. 振冲置换

5. 以下关于动水压力产生流砂和潜蚀的说法正确的是（　　）。

A. 基坑底部若出现渗水沟纹，通常属于中等流砂现象

B. 机械潜蚀和化学潜蚀这两种作用一般并非同时进行

C. 当渗流水力坡度小于临界水力坡度时，可能会产生流砂现象

D. 针对动水压力引发的潜蚀可采取化学加固的方式予以处置

6. 以下直接影响工程造价的是（　　）。

A. 勘察资料的准确性　　　　B. 对特殊不良工程地质问题认识不足

C. 选择工程地质条件有利的路线　　　　D. 施工技术条件

7. 以下关于墙体防火说法正确的是（　　）。

A. 一级耐火等级建筑的承重墙耐火极限不应低于2.00h

B. 防火分区由防火墙、耐火楼板以及防火门、防火卷帘设施分隔而成

C. 在公用建筑中，当设置防火墙存在困难时，可通过改变结构形式设置防火墙

D. 轻质混凝土砌块墙作为承重墙达到180mm的厚度，其耐火极限均可达到或超过3.00h

8. 以下关于油毡防潮层特点，说法正确的是（　　）。

A. 有一定的韧性、延伸性、防潮性能差

B. 增加了上下砖砌体之间的粘结力

C. 降低了砖砌体的整体性

D. 宜用于有抗震要求的建筑中

9. 为了使密肋填充块楼板的整体性更好，填充块与肋采用的连接方式是（　　）。

A. 焊接　　B. 铆接

C. 咬接　　D. 刚接

10. 正置式和倒置式坡屋顶的保温层施工，都能采用的保温材料是（　　）。

A. 泡沫玻璃　　B. 挤塑聚苯板

C. 膨胀聚苯板　　D. 憎水性珍珠岩板

11. 当柱较高，自重较重，因受吊装设备的限制，为减轻柱重量时一般采用钢-钢筋混凝土组合柱，其组合形式为（　　）。

A. 上柱为钢柱，下柱为钢筋混凝土单肢管柱

B. 上柱为钢筋混凝土单肢管柱，下柱为钢柱

C. 上柱为钢柱，下柱为钢筋混凝土双肢柱

D. 上柱为钢筋混凝土双肢柱，下柱为钢柱

12. 水泥混凝土路面次干路的设计使用年限是（　　）。

A. 10 年　　B. 15 年

C. 20 年　　D. 30 年

13. 以下关于道路路面结构的垫层，说法正确的是（　　）。

A. 地下水位高、排水不良，路基处于中湿或潮湿状态的路段需设置垫层

B. 半刚性垫层宜采用低剂量水泥、石灰等无机结合料稳定粒料

C. 季节性冰冻地区当路面结构厚度大于最小防冻厚度时设置防冻垫层

D. 排水垫层应与边缘排水系统相连接，宽度不宜大于基层底面的宽度

14. 构造为静定结构，其各跨独立受力的桥梁是（　　）。

A. 悬索桥　　B. 连续梁桥

C. 简支梁桥　　D. 斜拉桥

15. 适用于石料丰富且过水流量较小的小型涵洞的是（　　）。

A. 箱涵　　B. 拱涵

C. 圆管涵　　D. 石盖板涵

16. 城市具有几条方向各异或客流量大的街道，可设置的地下铁路路网的基本类型是（　　）。

A. 单线式　　B. 单环式

C. 多线式　　D. 棋盘式

17. 以下关于城市综合管廊，说法正确的是（　　）。

A. 综合管廊监控系统是综合管廊的核心和关键

B. 综合管廊需重点防范酸碱物质腐蚀，以延长使用寿命

C. 支线综合管廊可以直接向用户提供服务
D. 小型综合管廊主要容纳小型主干线管线

18. 宜作为构造钢筋使用的冷加工钢筋是（ ）。
A. 冷拉热轧钢筋 B. 冷轧带肋钢筋
C. 冷拔低碳钢丝 D. 热处理钢筋

19. 以下关于石油沥青的组分，说法正确的是（ ）。
A. 地沥青质溶于酒精 B. 树脂分子量比油分大
C. 沥青脂胶中绝大部分属于酸性树脂 D. 蜡增加石油沥青的粘结性

20. 一般只适用于干燥环境中，而不宜用于潮湿环境的胶凝材料是（ ）。
A. 石灰 B. 普通硅酸盐水泥
C. 粉煤灰硅酸盐水泥 D. 火山灰质硅酸盐水泥

21. 沥青路面的抗滑性能与集料因素无关的是（ ）。
A. 表面结构 B. 级配组成
C. 沥青用量 D. 摊铺工艺

22. 可用于低层建筑的承重墙的砌块是（ ）。
A. 普通混凝土小型空心砌块 B. 轻骨料混凝土小型空心砌块
C. 加气混凝土砌块 D. 烧结黏土小型空心砌块

23. 以下特别适宜做大型公共建筑大厅地面的饰面石材是（ ）。
A. 镜面花岗石板材 B. 大理石板材
C. 聚酯型人造石材 D. 光面花岗石板材

24. 特别适用于薄壁小口径压力管道的塑料管材是（ ）。
A. PVC-U 管 B. PVC-C 管
C. PP-R 管 D. PB 管

25. 适用于有强烈太阳辐射地区的建筑物防水卷材是（ ）。
A. SBS 改性沥青防水卷材 B. APP 改性沥青防水卷材
C. 沥青复合胎柔性防水卷材 D. 氯化聚乙烯-橡胶共混型防水卷材

26. 具有防渗和挡土双重功能的基坑支护结构是（ ）。
A. 横撑式支撑结构 B. 重力式支护结构
C. 悬臂式支护结构 D. 支撑式支护结构

27. 边坡坡面上如有局部渗出地下水时，应在渗水处设置（ ），防止土粒流失。
A. 防水层 B. 渗水层
C. 过滤层 D. 导流管

28. 适用于“围海造地”地基加固处理的方法是（ ）。
A. 重锤夯实法 B. 强夯法
C. 振动水冲法 D. 多重管法

29. 不可以用于淤泥质土的地基加固处理方法是（ ）。
A. 换填地基法 B. 预压地基法
C. 柱锤冲扩桩法 D. 深层搅拌桩地基法

30. 关于升板结构及其施工特点，说法不正确的是（　　）。

A. 设计结构单一　　B. 节约大量模板

C. 高空作业减少　　D. 节省施工用钢

31. 关于柱、墙与梁、板混凝土强度等级不同时的浇筑规定，正确的是（　　）。

A. 当柱、墙强度比梁、板高一个等级时，柱、墙位置的梁、板高度范围内混凝土必须采用高强度等级

B. 当柱、墙强度比梁、板高两个等级时，分隔位置应设在高强度等级构件中，距离高强度构件边缘≥500mm

C. 应先浇筑高强度等级混凝土，后浇筑低强度等级混凝土，且分隔位置为临时隔断而非施工缝

D. 采用钢丝网板分隔时，两侧混凝土可在任意时间浇筑，只需保证振捣密实

32. 卷材防水层完工需要制作保护层，以下关于保护层，说法错误的是（　　）。

A. 顶板的细石混凝土保护层与防水层之间宜设置隔离层

B. 机械回填时不宜小于 70mm，人工回填时不宜小于 50mm

C. 底板的细石混凝土保护层厚度不应小于 70mm

D. 侧墙宜采用软质保护材料或铺抹 20mm 厚 1∶2.5 水泥砂浆

33. 关于种植平屋面的基本构造层次，说法正确的是（　　）。

A. 绝热层放在找平层之上　　B. 普通防水层放在耐根穿刺防水层之上

C. 保护层放在排水层之上　　D. 种植土层放在过滤层之上

34. 以下关于装配式混凝土结构构件设计的说法，正确的是（　　）。

A. 跨度大于 3m 的叠合板，宜采用预应力混凝土预制板

B. 整体式接缝宜设置在叠合板的次要受力方向上且宜避开最大弯矩截面

C. 当采用凹口截面预制梁时，凹口深度不宜小于 60mm，凹口边厚度不宜小于 50mm

D. 叠合梁可采用搭接连接，连接处应设置后浇段

35. 能开挖停机面以内的Ⅳ级土的挖掘机是（　　）。

A. 正铲挖掘机　　B. 反铲挖掘机

C. 拉铲挖掘机　　D. 抓铲挖掘机

36. 桥梁墩台基础施工时，在砂夹卵石层，优先采用的主要沉桩方法为（　　）。

A. 锤击压桩　　B. 射水沉桩

C. 振动沉桩　　D. 静力压桩

37. 钢筋混凝土圆涵施工中，中小型涵管可采用（　　）。

A. 外壁边线排管　　B. 柔性排管

C. 混凝土排管　　D. 中心线法排管

38. 以下关于深基坑支护施工逆作拱墙式，说法不正确的是（　　）。

A. 结构截面小　　B. 可减少埋深

C. 底部需嵌固　　D. 费用低

39. 以下关于建筑外墙防水施工，说法正确的是（　　）。

A. 防水等级为一级的框架填充外墙，应设置 1 道及以上防水层

B. 涂料饰面外墙宜采用聚合物乳液防水涂料作为防水层
C. 外墙门、窗框安装完毕后，方可进行防水施工
D. 外墙防水层施工前，应先大面积施工再处理节点

40. 适宜于开挖软岩，不适宜于开挖地下水较多的地层的掘进机是（　　）。

A. 独臂钻　　B. 天井钻
C. 带盾构的 TBM　　D. 全断面掘进机

41. 房屋的条形基础土方计算工程量顺序不正确的是（　　）。

A. 先横后竖　　B. 先上后下
C. 先左后右　　D. 先外后内

42. 在我国现行的 16G101 系列平法标准图集中，楼层屋面框架梁的标注代号为（　　）。

A. WML　　B. KJL
C. WKL　　D. LWL

43. 以下不属于云计量技术对工程造价管理的主要作用的是（　　）。

A. 降低劳动强度　　B. 保证计量质量
C. 显著提高计算的效率，降低成本　　D. 减少对本地资源的需求

44. 根据《民用建筑通用规范》GB 55031—2022 规定，关于建筑面积的说法，不正确的是（　　）。

A. 建筑每个自然层楼（地）面处外围护结构外边线所围空间水平投影的面积
B. 是核定估算、概算、预算工程造价的一个重要基础数据
C. 是国家进行建设工程数据统计、固定资产宏观调控的重要指标
D. 是房地产交易、工程发承包交易的一个关键指标

45. 符合规定“无围护结构、有围护设施、无柱、附属在建筑外围护结构、不封闭的建筑空间，应按其围护设施外表面所围空间水平投影面积的 1/2 计算”的是（　　）。

A. 无柱雨篷　　B. 无柱的室外挑廊
C. 地下车库出入口　　D. 附属在建筑物外墙的落地橱窗

46. 根据《房屋建筑与装饰工程工程量计算标准》GB/T 50854—2024，下列关于挖基坑土（石）方，描述正确的是（　　）。

A. 基础土石方采用逆作法施工时可不描述相应特征
B. 挖基坑石方项目特征需描述土类别、开挖深度、基底处理方式
C. 基础土方开挖深度，按石方开挖前标高至基础（含垫层）底标高计算
D. 挖基坑土方按照设计图示基础（含垫层）底面积另加工作面面积，乘以挖土（石）深度，以体积计算

47. 根据《房屋建筑与装饰工程工程量计算标准》GB/T 50854—2024，对于单独土石方回填的计算，说法正确的是（　　）。

A. 按基础垫层底面积乘以深度以体积计算
B. 按施工组织设计确定的开挖范围以体积计算
C. 以原始地貌与室内地坪标高的差值以体积计算

D. 按原始地貌与预设标高之间的挖填尺寸以体积计算

48. 根据《房屋建筑与装饰工程工程量计算标准》GB/T 50854—2024，关于地基处理工程量计算的说法，正确的是（　　）。

A. 换填垫层按照图示尺寸以面积计算

B. 填料桩复合地基按图示尺寸以铺设长度计算

C. 预压地基按图示处理范围和深度以体积计算

D. 水泥土搅拌桩复合地基按设计图示桩体尺寸以体积计算。

49. 根据《房屋建筑与装饰工程工程量计算标准》GB/T 50854—2024，下列关于石基础、石勒脚、石墙的划分，正确的是（　　）。

A. 石围墙以设计室内地坪为界

B. 勒脚与墙身应以设计室内地面为界

C. 基础与勒脚应以设计室内地坪为界

D. 石围墙两侧标高之差为挡土墙时，挡土墙底部以下为墙身

50. 根据《房屋建筑与装饰工程工程量计算标准》GB/T 50854—2024，关于现浇钢筋混凝土梁工程量计算的说法，正确的是（　　）。

A. 过梁不单独计算，并入墙体工程量计算

B. 钢筋混凝土梁按设计图示尺寸以体积计算

C. 圈梁按设计图示长度乘以设计厚度以面积计算

D. 圈梁与构造柱连接时，梁长算至构造柱（含马牙槎）的侧面

51. 根据《房屋建筑与装饰工程工程量计算标准》GB/T 50854—2024，下列关于一般预制混凝土构件，描述正确的是（　　）。

A. 盖板按设计图示以面积计算

B. 异型梁按设计图示尺寸以体积计算

C. 实心条板扣除单个面积≤0. 3m^2 的孔洞

D. 大型板扣除宽度≤40mm 的板缝所占的体积

52. 根据《房屋建筑与装饰工程工程量计算标准》GB/T 50854—2024，下列关于金属结构工程量计算，说法正确的是（　　）。

A. 钢托架工程量中，焊条、铆钉、螺栓等另增加质量

B. 钢梁上的加强肋、制动梁按零星构件项目单独列项

C. 实腹钢柱上的节点板、加强环、内衬管、牛腿并入钢柱工程量内

D. 钢板墙板按设计图示尺寸以铺设面积计算，不扣除门窗洞口所占面积

53. 根据《房屋建筑与装饰工程工程量计算标准》GB/T 50854—2024，关于门窗工程量计算，正确的是（　　）。

A. 木门门锁安装按照按设计图示数量计算

B. 木门框按设计图示洞口尺寸以面积计算

C. 金属纱窗按设计图示洞口尺寸以面积计算

D. 金属门窗套按设计图示以水平投影面积计算

54. 根据《房屋建筑与装饰工程工程量计算标准》GB/T 50854—2024，关于屋面防水

工程量计算，说法正确的是（　　）。

A. 平屋顶天窗处上翻部分卷材防水不计工程量

B. 斜屋顶屋面柔性隔离层的工程量按水平投影面积计算

C. 平屋顶卷材防水工程量不扣除屋面小气窗所占面积

D. 种植屋面过滤层应按“屋面保温层”项目编码列项

55. 根据《房屋建筑与装饰工程工程量计算标准》GB/T 50854—2024，下列关于保温隔热工程量计算，说法正确的是（　　）。

A. 保温隔热楼地面按设计图示尺寸以面积计算

B. 保温隔热天棚按设计图示尺寸面积乘以厚度以体积计算

C. 设有龙骨的保温隔热墙面，龙骨需单独列项计算工程量

D. 保温梁按设计图示柱断面保温层中心线展开长度乘保温层高度以面积计算

56. 根据《房屋建筑与装饰工程工程量计算标准》GB/T 50854—2024，关于楼地面装饰装修工程的工程量计算，正确的是（　　）。

A. 细石混凝土楼地面按设计图示尺寸以面积计算，不扣除地面构筑物、设备基础所占面积

B. 块料楼地面按设计图示尺寸以面积计算，门洞、壁龛的开口部分并入相应的工程量内

C. 地毯楼地面按设计图示尺寸以面积计算，空圈、暖气包槽部分所占面积不另增加

D. 石材楼梯面层按设计图示尺寸以楼梯水平投影面积计算

57. 根据《房屋建筑与装饰工程工程量计算标准》GB/T 50854—2024，关于零星装饰项目工程量以数量计算的是（　　）。

A. 车挡　　B. 标志牌

C. 车库标线　　D. 块料零星项目

58. 根据《房屋建筑与装饰工程工程量计算标准》GB/T 50854—2024，下列关于墙柱装饰工程量计算，正确的是（　　）。

A. 墙饰面按柱设计高度以长度计算

B. 柱面抹灰的附墙柱并入相应的墙面面积内

C. 柱面保温装饰一体板按设计图示尺寸以面积计算

D. 构件式金属板幕墙按设计图示框外围尺寸以投影面积计算

59. 根据《房屋建筑与装饰工程工程量计算标准》GB/T 50854—2024，关于天棚工程量计算方法，正确的为（　　）。

A. 带梁天棚的梁两侧抹灰面积并入天棚面积内计算

B. 跌级吊顶天棚面中的灯槽及跌级天棚面积展开计算

C. 锯齿形楼梯底板按设计图示尺寸以水平投影面积计算

D. 平面吊顶天棚不扣除与天棚相连的窗帘盒所占的面积

60. 根据《房屋建筑与装饰工程工程量计算标准》GB/T 50854—2024，属于特殊施工环境的是（　　）。

A. 沿海　　B. 沙漠

C. 高寒　　D. 邻铁路

二、多项选择题（共 20 题，每题 2 分。每题的备选项中，有 2 个或 2 个以上符合题意，至少有 1 个错项。错选，本题不得分；少选，所选的每个选项得 0.5 分）

61. 以下关于震级与地震烈度的关系，说法正确的是（　　）。

A. 震级越高，地震烈度就越高

B. 震源越浅，距震中越远

C. 一次地震只有一个震级

D. 一次地震形成多个不同的地震烈度区

E. 震中周围地区的破坏程度，随距震中距离的加大而逐渐减小

62. 以下关于围岩的工程地质分析，说法正确的是（　　）。

A. 脆性破裂，经常产生于高膨胀应力地区

B. 块体滑移常以结构面交汇切割组合成不同形状的块体塌落形式出现

C. 岩层的弯曲折断是层状围岩变形失稳的主要形式

D. 碎裂结构岩体在压力和振动力作用下容易松动、解脱

E. 新近堆积的土体，在重力的作用下常产生弹性变形

63. 以下关于网架结构体系，说法正确的是（　　）。

A. 是静定的空间结构　　B. 曲面网架采用较多

C. 平板网架受力合理　　D. 平板网架整体性能差

E. 网架结构体系杆件类型较少

64. 一般处于侵蚀介质中的工程可采用的地下室防水做法有（　　）。

A. 涂料防水　　B. 防水砂浆

C. 膨润土防水　　D. 防水板防水

E. 耐腐蚀的防水混凝土

65. 以下关于单层厂房的钢筋混凝土柱，说法正确的是（　　）。

A. 钢筋混凝土柱在单层厂房中的柱施工中采用较多

B. 矩形柱在大、中型厂房内采用较为广泛

C. 工字形柱与截面尺寸相同的矩形柱相比，承载力基本相同

D. 斜腹杆双肢柱受力性能和刚度不如平腹杆双肢柱

E. 钢筋混凝土管柱与墙的连接不如矩形柱方便

66. 以下关于沉井基础施工，说法正确的是（　　）。

A. 桥梁工程常用沉井作为墩台的基础

B. 既是基础，又是施工时的挡土和挡土围堰结构物

C. 当桥梁结构上部荷载较大，需要表层地基土有足够的承载力

D. 扩大基础开挖工作量大，施工围堰支撑有困难

E. 采用沉井基础与其他深基础相比，经济上花费较多

67. 对于泵送混凝土可选用的水泥是（　　）。

A. 硅酸盐水泥　　B. 普通硅酸盐水泥

C. 矿渣硅酸盐水泥　　D. 粉煤灰硅酸盐水泥

E. 火山灰质硅酸盐水泥

68. 以下关于悬浮密实结构特点，说法正确的是（ ）。

A. 粗集料的数量较少

B. 细集料的数量较多

C. 黏聚力较大

D. 内摩擦角较高

E. 高温稳定性较好

69. 以下关于建筑装饰钢材，说法正确的是（ ）。

A. 不锈钢中铬的含量越高，钢的抗腐蚀性越好

B. 轻钢龙骨在装饰工程中广泛应用

C. 彩色涂层钢板常用作家用电器的外壳

D. 彩色涂层钢板经二次机械加工，涂层也不破坏

E. 彩色压型钢板经轧制或冷弯成异形后，自重增加

70. 以下关于聚氨酯泡沫塑料特点与用途，说法正确的是（ ）。

A. 防水性能优异

B. 吸水率很高

C. 燃烧性能等级不低于 B_2 级

D. 耐化学腐蚀性好

E. 可应用于屋面保温

71. 以下关于室内防水施工的说法，正确的有（ ）。

A. 涂膜防水层施工前需完成管道安装及管孔堵填

B. 高聚物改性沥青防水涂料可用于涂膜防水工程

C. 刚性防水层宜采用补偿收缩混凝土或水泥砂浆

D. 淋浴区墙面防水层高度需同时满足≥2000mm 且≥喷淋口高度

E. 盥洗池处墙面防水层翻起高度不应小于 250mm

72. 以下关于构件式玻璃幕墙施工的说法，正确的有（ ）。

A. 铝合金立柱接头处应留设空隙，通过活动接头连接

B. 立柱与钢连接件接触面之间需加防腐隔离柔性垫片

C. 每个连接部位的受力螺栓至少布置 2 个

D. 固定玻璃板块的压块规格应符合设计要求，可采用自攻螺钉固定

E. 明框玻璃幕墙的玻璃与框构件之间应设置弹性定位垫块

73. 下列关于混凝土高温施工，说法正确的是（ ）。

A. 采用高水泥用量的原则

B. 混凝土坍落度不宜小于 60mm

C. 混凝土宜采用黑色涂装的混凝土搅拌运输车运输

D. 混凝土浇筑入模温度不应高于 35℃

E. 可采用粉煤灰取代部分水泥

74. 桥梁承载结构采用移动模架逐孔施工，其主要特点有（ ）。

A. 不影响通航和桥下交通

B. 模架可多次周转使用

C. 施工准备和操作比较简单

D. 机械化、自动化程度高

E. 可上下平行作业缩短工期

75. 冻结排桩法可适用于施工的是（ ）。

A. 软土地基基础施工
B. 大体积深基础开挖施工
C. 含水量高的地基基础施工
D. 地下水丰富的地基基础施工
E. 含盐量大的地基基础施工

76. 以下关于桩基础的平面注写方式：15Φ20，15Φ18/6000，含义正确的是（　　）。

A. 表示采用通长变截面配筋方式
B. 桩通长纵筋为 15Φ20；
C. 桩非通长纵筋为 15Φ18
D. 从桩顶起算的入桩长度为 6000mm
E. 实际桩上段纵筋为 15Φ20

77. 根据《民用建筑通用规范》GB 55031—2022 规定，关于坡屋顶建筑，说法正确的有（　　）。

A. 坡屋顶建筑应分别计算檐口及屋脊高度
B. 建筑高度为建筑室外设计地坪至其檐口与屋脊的平均高度
C. 檐口高度应按室外设计地坪至屋面檐口或坡屋面最低点的高度计算
D. 屋脊高度应按室外设计地坪至屋脊的高度计算
E. 建筑高度为建筑物主入口场地室外设计地坪至其檐口与屋脊的平均高度

78. 根据《房屋建筑与装饰工程工程量计算标准》GB/T 50854—2024，关于钢筋及螺栓、铁件描述正确的是（　　）。

A. 螺栓，按设计（包括规范规定）要求以数量计算（单位：套）
B. 预埋铁件，按设计图示尺寸以质量计算
C. 钢丝网按照钢筋网片列项
D. 阻尼器，按设计图示数量计算（单位：套）
E. 结构抗（隔）震支座，按设计图示尺寸以质量计算

79. 根据《房屋建筑与装饰工程工程量计算标准》GB/T 50854—2024，工程量按体积计算的项目有（　　）。

A. 坡道
B. 检查井
C. 电缆沟
D. 坡道板
E. 坡屋面板

80. 根据《房屋建筑与装饰工程工程量计算标准》GB/T 50854—2024，下列关于措施项目说法，正确的有（　　）。

A. 不能计量的措施项目，需附有补充项目的名称、工作内容及包含范围
B. 措施项目的工作内容可以区分“能计量”和“不能计量”的项目
C. 施工排水（有专项设计方案）可根据专项设计按照分部分项工程的形式编码列项计算工程量
D. 施工发承包模式下，措施项目清单缺陷责任不论总价合同还是单价合同均由发包人承担
E. 垂直运输仅包括工程施工过程中的大型垂直运输机械

定心卷

模拟题九

一、单项选择题（共 60 题，每题 1 分，每题的备选项中，只有一个最符合题意）

1. 以下矿物不可被钢刀刻画的是（　　）。

A. 石英　　B. 萤石

C. 磷灰石　　D. 方解石

2. 地表以下充满两个稳定隔水层之间的重力水为（　　）。

A. 包气带水　　B. 潜水

C. 承压水　　D. 裂隙水

3. 衬砌是加固围岩的永久性结构，其作用主要是（　　）。

A. 消除岩面凹凸不平

B. 防止围岩早期松动

C. 防止围岩表面风化

D. 承受围岩压力及内水压力

4. 对不满足承载力的深层软弱土层，可采用（　　）加以处理。

A. 系统锚杆　　B. 振冲置换

C. 固结灌浆　　D. 地下连续墙

5. 地下工程在褶皱的（　　）开挖时，地下水最有可能会突然涌入洞室。

A. 向斜翼部　　B. 向斜核部

C. 背斜翼部　　D. 背斜核部

6. 决定工程建设的技术经济效果乃至工程建设成败的是（　　）。

A. 工程选址　　B. 工程设计

C. 工程可行性研究　　D. 工程勘察

7. 下列关于桁架结构体系，说法正确的是（　　）。

A. 空间受力体系

B. 节点一般假定为铰节点

C. 屋架的高跨比一般为 1/6~1/4 较为合理

D. 一般屋架为平面结构，平面外刚度非常强

8. 当房屋的开间、进深较大以及楼面承受的弯矩较大时，常采用的楼板是（　　）。

A. 板式楼板

B. 无梁楼板

C. 井字形肋楼板

D. 梁板式肋形楼板

9. 根据建筑物窗口的朝向，题 9 图中编号适用于东北附近窗口的遮阳板是（　　）。

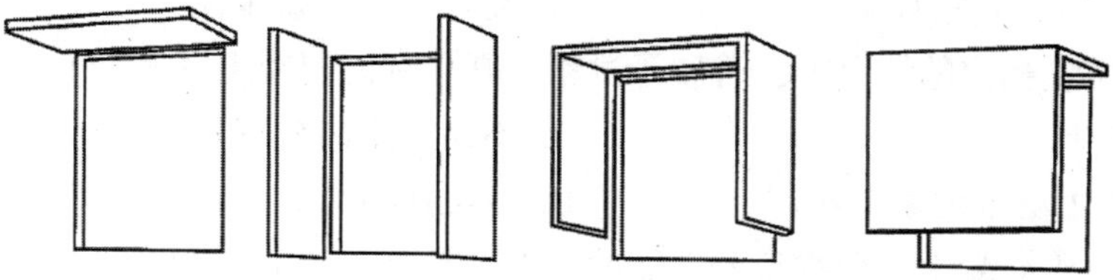

A.　　B.　　C.　　D.

题 9 图

10. 平屋顶倒置式保温材料和正置式保温材料都能采用的材料是（　　）。

A. 膨胀聚苯板　　B. 挤塑聚苯板

C. 加气混凝土　　D. 硬泡聚氨酯

11. 五层办公楼的钢筋混凝土梁式楼梯施工中，设置不合理的是（　　）。

A. 梯梁布置在踏步板的水平中线端

B. 梯梁设置在踏步板之下

C. 梯梁设置在踏步板之上

D. 梯梁可用单梁悬挑踏步板

12. 作为城市道路网主要骨架的城镇道路是（　　）。

A. 快速路　　B. 主干路

C. 次干路　　D. 支路

13. 在路基土质较差、水温状况不好时，宜在基层之下设置（　　）。

A. 封层　　B. 透层

C. 垫层　　D. 粘结层

14. 对于大跨度斜拉桥的索塔，根据设计要求更为合理的横截面是（　　）。

A. 实心截面　　B. 工形截面

C. 箱形截面　　D. 肋梁式截面

15. 洞底应有适当的纵坡，当洞底纵坡为 6%时，此涵洞的基础应（　　）。

A. 做成连续纵坡　　B. 分段做成纵坡

C. 做成阶梯形　　D. 分段做成阶梯形

16. 上海某区域-25m 深度空间内可建设的地下工程是（　　）。

A. 大型超市　　B. 危险品仓库

C. 地下污水处理厂　　D. 高速地下交通轨道

17. 不属于汽车停车场的构造基准的是（　　）。

A. 直线车道宽度　　B. 交叉车道宽度

C. 弯道处车道宽度　　D. 车道坡度

18. 可用于中小型混凝土结构的受力钢筋原料是（　　）。

A. 热轧光圆钢筋　　B. 冷拉热轧钢筋

C. 冷拔低碳钢丝　　D. 热处理钢筋

19. 不宜用于大体积混凝土工程的水泥类型是（　　）。

A. 硅酸盐水泥　　B. 矿渣硅酸盐水泥

C. 火山灰质硅酸盐水泥　　D. 粉煤灰硅酸盐水泥

20. 在砂用量相同的情况下，若砂子过粗，则拌制的混凝土（　　）。

A. 黏聚性差　　B. 不易产生离析现象

C. 不易产生泌水现象　　D. 水泥用量大

21. 能够改善混凝土拌合物流变性能的外加剂是（　　）。

A. 缓凝剂　　B. 加气剂

C. 引气剂　　D. 膨胀剂

22. 与普通混凝土小型空心砌块相比，关于轻骨料混凝土小型空心砌块的特点，说法不正确的是（　　）。

A. 轻骨料混凝土小型空心砌块密度较小

B. 轻骨料混凝土小型空心砌块热工性能较好

C. 轻骨料混凝土小型空心砌块干缩值较大

D. 轻骨料混凝土小型空心砌块不容易产生裂缝

23. 与中空玻璃相比，关于真空玻璃，说法不正确的是（　　）。

A. 真空玻璃有更好的隔热性能　　B. 真空玻璃有更好的隔声性能

C. 真空玻璃空气层厚度更大　　D. 真空玻璃结构更复杂

24. 可用于有耐腐蚀要求的构件的建筑装饰钢材是（　　）。

A. 轻钢龙骨　　B. 彩色涂层钢板

C. 彩色压型钢板　　D. 不锈钢及其制品

25. 较大孔洞的防火材料优先选用的是（　　）。

A. 阻火包　　B. 有机防火堵料

C. 无机防火堵料　　D. 可塑性防火堵料

26. 以下可不设支撑点，适用于基坑较浅且具有一定刚度的挡土墙的是（　　）。

A. 悬臂式挡墙　　B. 重力式挡墙

C. 加筋土挡墙　　D. 柱板式挡土墙

27. 对于挖、填相邻，地形起伏较大，且工作地段较长的情况，可采用的铲运机的开行路线是（　　）。

A. 矩形路线　　B. 环形路线

C. 大环形路线　　D. 8 字形路线

28. 可挖掘独立基坑、沉井，且特别适于水下挖土，宜优先选用（　　）。

A. 正铲挖掘机　　B. 反铲挖掘机

C. 拉铲挖掘机　　D. 抓铲挖掘机

29. 下列泥浆护壁成孔灌注桩类型中，在厚砂层及软塑~流塑状态的淤泥、淤泥质土中需谨慎使用的是（　　）。

A. 正循环钻孔灌注桩　　B. 反循环钻孔灌注桩

C. 钻孔扩底灌注桩　　D. 冲击成孔灌注桩

30. 关于土钉墙施工方法，正确的是（　　）。

A. 成孔注浆型钢筋土钉应采用两次注浆工艺施工

B. 喷射混凝土应分段分片自上而下进行

C. 土钉与加强钢筋宜采用铆接连接

D. 预应力锚杆复合土钉墙宜采用土锚杆

31. 装配式混凝土施工，浇筑用材料的强度等级不应低于（　　）。

A. C30

B. C40

C. 连接处构件混凝土强度设计等级的较大值

D. 连接处构件混凝土强度设计等级的较小值

32. 涂膜防水层的施工应采取的原则是（　　）。

A. 先左后右　　B. 先高后低

C. 先近后远　　D. 先长边后短边

33. 下列关于墙体节能工程，关于外墙外保温系统，说法不正确的是（　　）。

A. 聚苯板薄抹灰外墙外保温系统是以阻燃型聚苯乙烯泡沫塑料板为保温材料

B. 聚苯板薄抹灰外墙外保温系统适用高度在 100m 以下的住宅建筑

C. 聚苯板薄抹灰外墙外保温系统适用高度在 50m 以下的非幕墙建筑

D. 聚苯板现浇混凝土外墙外保温系统，聚苯板与混凝土墙体联结成一体

34. 关于钢筋混凝土预制桩施工，说法正确的是（　　）。

A. 桩在起吊和搬运时，满足吊桩弯矩最大的原则

B. 桩堆放时应设置垫木，堆放层数不宜超过 5 层

C. 锤击沉桩法适用于桩径较小的可塑性黏土

D. 打桩宜采用轻锤高击

35. 以下路堑的开挖，不能开挖较长路堑的是（　　）。

A. 横向挖掘法　　B. 分层纵挖法

C. 分段纵挖法　　D. 通道纵挖法

36. 适用于施工期限不紧迫、材料来源充足、运距不远的湿陷性大的黄土路基的施工方法是（　　）。

A. 砂垫层处理法　　B. 反压护道处理法

C. 土工布处置　　D. 土工格栅

37. 以下关于顶推法施工的特点，说法正确的有（　　）。

A. 施工费用高　　B. 用钢量较低

C. 结构整体性好　　D. 在变截面梁上使用

38. 在深水中建单跨梁桥通常采用（　　）。

A. 顶推法　　B. 转体法

C. 悬臂浇筑法　　D. 悬臂施工法

39. 下列设备中，专门用来开挖竖井或斜井的大型钻具是（　　）。

A. 全断面掘进机　　B. 独臂钻机

C. 天井钻机　　D. TBM 设备

40. 常用于高边坡、大坝以及大跨度地下隧道洞室的抢修的锚杆施工方法是（　　）。

A. 缝管式摩擦锚杆施工

B. 普通水泥砂浆锚杆施工

C. 早强水泥砂浆锚杆施工

D. 胀壳式内锚头预应力锚索施工

41. 以下关于工程总承包模式下项目清单设置与施工发承包模式下项目清单设置，说法正确的是（　　）。

A. 可行性研究和方案设计完成后招标的项目清单中装饰工程的计量单位为 m^3

B. 可行性研究和方案设计完成后招标的项目清单中居住建筑的小高层建筑编码为 A01

C. 初步设计完成后招标的项目清单中砌筑基础的计量规则为按设计图示尺寸以体积计算，过梁、圈梁、反坎、构造柱等并入砌块砌体体积计算

D. 施工图设计完成后招标的清单项目中多孔砖柱的计算规则是按设计图示尺寸以体积计算。不扣除混凝土及钢筋混凝土梁垫、梁头、板头所占体积

42. 独立基础平法施工图的注写方式中 DJ_J01，400/300 表述不正确的是（　　）。

A. 序号 01 的普通阶形截面独立基础

B. 400/300 表示基础的竖向尺寸为 $h_1=400mm$、$h_2=300mm$

C. 基础底板厚度或基础高度为 700mm

D. 序号 01 的普通坡形截面独立基础

43. 剪力墙构件的平面表达方式有列表注写和（　　）两种。

A. 原位注写　　B. 截面注写

C. 集中注写　　D. 标准图集

44. 根据《民用建筑通用规范》GB 55031—2022 规定，下列关于建筑面积计算原则的说法，不正确的有（　　）。

A. 永久性结构的建筑空间

B. 不包括临时搭建的各类顶盖

C. 结构层高或斜面结构板顶高度在 2. 00m 及以上的建筑空间

D. 要有永久性顶盖

45. 根据《民用建筑通用规范》GB 55031—2022 规定，下列建筑空间或部位，不符合按其柱或外围护结构外表面所围空间的水平投影面积计算的是（　　）。

A. 门廊、门斗

B. 露台

C. 结构转换层

D. 地下车库出入口

46. 根据《房屋建筑与装饰工程工程量计算标准》GB/T 50854—2024 规定，平整场地工程量计算规则是（　　）。

A. 按建筑物外围面积乘以平均挖土厚度计算

B. 按建筑物外边线外加 2m 以平面面积计算

C. 按建筑物首层面积乘以平均挖土厚度计算

D. 按设计图示尺寸以建筑物首层建筑面积计算

47. 根据《房屋建筑与装饰工程工程量计算标准》GB/T 50854—2024，基坑支护的土钉工程量应（　　）

A. 按设计图示尺寸以支护体体积计算

B. 按设计图示尺寸以支护面积计算

C. 土钉按设计图示尺寸以土钉置入深度计算

D. 按设计图示尺寸以质量计算

48. 根据《房屋建筑与装饰工程工程量计算标准》GB/T 50854—2024，关于灌注桩的工程量，说法正确的是（　　）。

A. 静钻根植桩按设计图示尺寸以植入桩桩长计算

B. 灌注桩后压浆按设计图示以注浆体积计算

C. 钻孔压灌桩按设计图示尺寸以桩长（不含桩尖）“m”计算

D. 钢管桩按设计图示尺寸以桩长计算

49. 根据《房屋建筑与装饰工程工程量计算标准》GB/T 50854—2024，石坡道的工程量应（　　）。

A. 按设计图示尺寸以展开面积计算

B. 按设计图示尺寸以斜面积计算

C. 按设计图示尺寸以水平投影面积计算

D. 按设计图示尺寸以体积计算

50. 根据《房屋建筑与装饰工程工程量计算标准》GB/T 50854—2024，关于预制混凝土构件中井盖板工程量，说法正确的是（　　）。

A. 按设计图示尺寸以“座”计算

B. 按设计图示尺寸以体积计算

C. 扣除钢筋所占的体积

D. 按设计图示数量计算

51. 根据《房屋建筑与装饰工程工程量计算标准》GB/T 50854—2024，关于混凝土及钢筋混凝土工程量，说法正确的是（　　）。

A. 独立基础扣除伸入桩承台的桩头所占体积

B. 现浇混凝土圈梁与过梁相连时，应分别列项

C. 梁板式条形基础需扣除构件内钢筋所占体积

D. 梁与柱相交时，梁长算至柱中心

52. 根据《房屋建筑与装饰工程工程量计算标准》GB/T 50854—2024，钢屋架工程量计算应（　　）。

A. 不扣除孔眼的质量

B. 按设计用量计算螺栓质量

C. 按设计用量计算铆钉质量

D. 按设计用量计算焊条质量

53. 根据《房屋建筑与装饰工程工程量计算标准》GB/T 50854—2024，压型钢板墙板

工程量应（　　）。

A. 按设计图示尺寸以体积计算

B. 扣除所有柱垛及孔洞所占面积

C. 按设计图示尺寸以铺挂展开面积计算

D. 按设计图示尺寸以质量计算

54. 根据《房屋建筑与装饰工程工程量计算标准》GB/T 50854—2024，木屋架工程量应（　　）。

A. 按设计图示数量以“榀”计算

B. 按设计图示尺寸以体积计算

C. 按设计图示尺寸以下弦中心线长度计算

D. 按设计图示尺寸以上部屋面斜面积计算

55. 根据《房屋建筑与装饰工程工程量计算标准》GB/T 50854—2024，以下关于木屋架工程量，说法正确的是（　　）。

A. 屋架中钢拉杆按相关屋架项目编码列项

B. 木屋架按设计图示尺寸以上部屋面斜面积计算

C. 带气楼的屋架包含包括在清单项目的综合单价中

D. 非标准图设计木屋架项目特征中应描述刨光要求

56. 根据《房屋建筑与装饰工程工程量计算标准》GB/T 50854—2024，关于门窗工程的工程量计算，正确的是（　　）。

A. 金属推拉窗按设计图示尺寸以窗净面积计算

B. 金属窗套按设计图示尺寸以展开面积计算

C. 铝合金窗帘盒按设计图示尺寸以展开面积计算

D. 金属窗帘轨按设计图示尺寸数量计算

57. 根据《房屋建筑与装饰工程工程量计算标准》GB/T 50854—2024，关于屋面防水工程量的计算，正确的是（　　）。

A. 平、斜屋面卷材防水均按设计图示尺寸以水平投影面积计算

B. 屋面女儿墙、伸缩缝等处弯起部分卷材防水不另增加面积

C. 屋面排水管设计未标注尺寸的，以檐口至地面散水上表面垂直距离计算

D. 天沟防水按设计图示尺寸以长度计算

58. 根据《房屋建筑与装饰工程工程量计算标准》GB/T 50854—2024，关于碎拼石材零星项目工程量，说法正确的是（　　）。

A. 大于 $0.3m^2$ 的少量分散的楼地面镶贴石材面层按零星项目列项

B. 按设计图示尺寸以面积计算

C. 按设计图示尺寸以体积计算

D. 碎拼石材不单独计算工程量

59. 根据《房屋建筑与装饰工程工程量计算标准》GB/T 50854—2024，关于板式楼梯底面抹灰工程量，说法正确的是（　　）。

A. 按斜面积计算

B. 按展开面积计算

C. 设计图示尺寸以体积计算

D. 设计图示尺寸以长度计算

60. 根据《房屋建筑与装饰工程工程量计算标准》GB/T 50854—2024，墙、柱面装饰工程量中，按照展开面积计算工程量的是（　　）。

A. 零星抹灰

B. 墙面装饰板

C. 拼碎块零星项目

D. 单元式幕墙

二、多项选择题（共 20 题，每题 2 分。每题的备选项中，有 2 个或 2 个以上符合题意，至少有 1 个错项。错选，本题不得分；少选，所选的每个选项得 0.5 分）

61. 岩石受力作用会产生变形，以下关于岩石的变形，说法正确的是（　　）。

A. 弹性模量是横向应变与纵向应变的比

B. 岩石的弹性模量越大，变形越小

C. 泊松比是应力与应变之比

D. 泊松比越大，表示岩石受力作用后的横向变形越大

E. 岩石变形特性的物理量是一个常数

62. 地质构造对围岩稳定性的影响，说法正确的是（　　）。

A. 在褶皱强烈发育的区域，褶皱核部岩层的完整性最差

B. 背斜核部岩层顶部被张裂隙切割的岩块上窄下宽

C. 地下工程开挖如遇较大规模的断层基本上都会产生塌方

D. 地下工程轴线与岩层走向垂直时，对边墙稳定有利

E. 当岩层倾角较平缓且节理发育时，在洞顶易发生局部岩块塌落现象

63. 现代木结构是我国装配式建筑发展的方向之一，与传统木结构相比（　　）。

A. 由天然材料所构成的结构系统　　B. 绿色环保

C. 建造周期短　　D. 抗震耐久

E. 多用在民用和中小型工业厂房的屋盖中

64. 关于现浇密肋填充块楼板，说法正确的是（　　）。

A. 底面平整　　B. 隔声效果好

C. 能充分利用不同材料的性能　　D. 保温效果好

E. 整体性差

65. 在相同条件下，采用钢筋混凝土基础比混凝土基础（　　）。

A. 节约造价　　B. 节省大量的混凝土材料

C. 提高基础的抗冻性　　D. 节省大量的挖土工程量

E. 节约钢材

66. 关于悬索桥的说法，正确的有（　　）。

A. 是最简单的一种索结构

B. 锚碇是悬索桥的主要承重构件

C. 吊索与加劲梁有鞍挂式连接

D. 大跨度吊桥的主缆索多采用平行丝束钢缆

E. 索鞍是支撑主缆的重要构件

67. 关于后张法预应力孔道灌浆，说法正确的是（　　）。

A. 当工程所处环境温度高于 30℃或连续 5d 环境日平均温度低于 5℃时，不宜进行灌浆施工

B. 宜先灌注下层孔道，后灌注上层孔道

C. 灌浆完毕应顺浆体流动方向将排气孔对称封闭

D. 排气孔全部封闭后，宜继续加压 0.7~0.9MPa，并稳压 5min 后封闭灌浆口

E. 当泌水较大时，宜进行二次灌浆

68. 关于钢管混凝土结构用钢材的选用，合理的是（　　）。

A. 承重结构的圆钢管可采用输送流体用的螺旋焊管

B. 矩形钢管可采用冷成型矩形钢管

C. 直接承受动荷载的外露结构，不宜采用冷弯矩形钢管

D. 低温环境下的外露结构，不宜采用冷弯矩形钢管

E. 多边形钢管可采用焊接钢管

69. 下列可以改善砂浆和易性的掺合料有（　　）。

A. 消石灰粉　　B. 石灰膏

C. 电石膏　　D. 粉煤灰

E. 沸石粉

70. 下列关于硬泡聚氨酯，说法不正确的是（　　）。

A. 防水性能优异，吸水率很低

B. 燃烧性能等级不低于 B_1 级

C. 耐化学腐蚀性好

D. 使用复杂，可现场喷涂为任意形状

E. 可代替传统的防水层和保温层

71. 下列关于施工现场常见脚手架的说法正确的是（　　）。

A. 承插型盘扣式钢管脚手架可用于搭设高度为 10m 的满堂作业

B. 脚手架应采用钢管或竹（木）材料搭设脚手架

C. 门式脚手架不得用于搭设满堂承重支撑架体系

D. 里脚手架必须轻便灵活、稳固可靠、搬移和装拆方便

E. 里脚手架常用的类型是多立杆式脚手架

72. 关于钻孔压灌桩施工法特点，说法不正确的是（　　）。

A. 在流砂的地质条件下，采用水泥浆护壁成孔成桩

B. 施工速度快、振动大、噪声大

C. 脆性比普通钢筋混凝土桩要小

D. 可解决断桩、缩颈、桩底虚土等问题

E. 注浆结束后，地面上水泥浆流失较多

73. 下列软土路基施工，工期要求不紧的项目可采用的方法是（　　）。

A. 反压护道法　　B. 土工聚合物处置

C. 开挖换填法　　D. 堆载预压法

E. 砂垫层法

74. 下列关于桥梁混凝土墩台，说法正确的是（　　）。

A. 水泥应优先选用高强普通硅酸盐水泥

B. 当墩台截面小于或等于 $100m^2$ 时应连续灌注混凝土

C. 墩台水平截面面积在 $200m^2$ 内不得超过 2 块，每块面积不得小于 $50m^2$

D. 墩台混凝土宜水平分层浇筑，每层高度宜为 1.5~2.0m

E. 墩台混凝土分块浇筑时，接缝应与墩台截面尺寸较大的一边平行

75. 下列关于现浇混凝土板式楼梯平法施工图标注，说法正确的是（　　）。

A. 楼梯包含 12 种类型

B. 梯板类型代号是 GT

C. h=130（P150），130 表示梯段板厚度，150 表示梯板平板段的厚度

D. 1800/12 表示踏步段总高度 1.8m，踏步级数 12 级

E. F 打头注写受力钢筋具体值

76. 下列关于现浇混凝土板式楼梯平法施工图标注说法正确的是（　　）。

A. 楼梯包含 AT~GT、ATa、ATb、ATc、CTa、CTb 共 12 种类型

B. h=130（P150），130 表示梯段板厚度，150 表示梯板平板段的厚度

C. 梯板支座上部纵筋、下部纵筋，之间以“;”分隔

D. 1800/12 表示踏步段总高度 1.8m，踏步级数 12 级

E. 梯板分布筋，以 F 打头注写分布钢筋具体值

77. 根据《民用建筑通用规范》GB 55031—2022 规定，关于建筑高度说法正确的是（　　）。

A. 针对住宅建筑，首层高度不大于 2.2m 的部分，不计算建筑高

B. 针对住宅建筑，地下室高出室外设计地面不大于 1.5m 的部分，不计算建筑高

C. 住宅建筑的屋顶楼梯间、电梯机房、水箱间、装饰塔等屋顶设备用房及其他局部突出屋面用房的总面积不超过屋面面积的 1/4 时，不应计入建筑高度

D. 历史文化名城名镇名村、历史文化街区等建筑屋顶的局部突出物应计算建筑高度

E. 气象台、卫星地面站等设施的技术作业控制区内建筑屋顶的局部突出物应计算建筑高度

78. 根据《房屋建筑与装饰工程工程量计算标准》GB/T 50854—2024，关于楼地面装饰工程量计算，正确的有（　　）。

A. 塑胶地面按设计图示尺寸以面积计算

B. 自流平楼地面按设计图示尺寸以体积计算

C. 水泥砂浆踢脚线按延长米计算

D. 塑料板楼梯面层按设计图示尺寸以楼梯水平投影面积“m^2”计算

E. 水泥砂浆台阶按设计图示尺寸以面层展开面积计算

79. 根据《房屋建筑与装饰工程工程量计算标准》GB/T 50854—2024，关于墙面抹灰工程量计算，正确的为（　　）。

A. 墙面勾缝忽略不计

B. 墙面勾缝按设计图示尺寸以长度计算

C. 墙面一般抹灰按设计图示尺寸以面积计算

D. 墙面砂浆找平按设计图示尺寸以面积计算

E. 墙面抹聚合物水泥砂浆墙面装饰抹灰编码列项

80. 根据《房屋建筑与装饰工程工程量计算标准》GB/T 50854—2024，下列关于装饰装修工程量计算，正确的有（　　）。

A. 天棚抹灰不扣除检查口和管道所占的面积

B. 成品装饰带按设计图示以面积计算

C. 无天棚的独立梁抹灰按“天棚抹灰”项目编码列项

D. 块料梁面，按设计图示镶贴后表面积计算。

E. 天棚龙骨不需另外列项计算工程量

模拟题一答案与解析

一、单项选择题（共60题，每题1分，每题的备选项中，只有一个最符合题意）

1.【答案】D

【解析】A选项错，含有黑云母的岩石属于岩浆岩，以结晶粒状、斑状结构为特征。B选项错，含有辉石的岩石是岩浆岩，以结晶粒状、斑状结构为特征，具块状、流纹状、气孔状、杏仁状构造。C选项错，含有石榴子石的岩石属于变质岩，由先成的岩浆岩、沉积岩和变质岩，经变质作用而形成，多具片理构造。

2.【答案】B

【解析】A选项错，承压水是因为限制在两个隔水层之间而具有一定压力，承压性是承压水的重要特征。因有隔水顶板存在，与地表水联系较弱，承压水受气候的影响很小，动态较稳定，不易受污染。C选项错，包气带水埋藏浅，分布区和补给区一致。D选项错，承压水的水位的升降决定于水压的传递，冰水沉积物中的水属于潜水，其水位升降决定地表水的渗入和地下蒸发，并在某些地方决定于水压的传递。

3.【答案】B

【解析】对于隧道工程来说，褶曲构造的轴部是岩层倾向发生显著变化的地方，是岩层应力最集中的地方，容易遇到工程地质问题，主要是由于岩层破碎而产生的岩体稳定问题和向斜轴部地下水的问题。因而，隧道一般从褶曲的翼部通过是比较有利的。

4.【答案】B

【解析】对于块状围岩，其坍塌总是从个别石块即“危石”掉落开始，再逐渐发展扩大，只要及时有效地防止个别“危石”掉落，就能保证围岩整体的稳定性。一般而言，对于此类围岩，喷混凝土支护即可，但对于边墙部分岩块可能沿某一结构面出现滑动时，应该用锚杆加固。

5.【答案】C

【解析】对于坚硬的整体围岩，岩块强度高，整体性好，在地下工程开挖后自身稳定性好，基本上不存在支护问题。这种情况下喷混凝土的作用主要是防止围岩表面风化，消除开挖后表面的凹凸不平及防止个别岩块掉落。

6.【答案】A

【解析】对于地下工程的选址，工程地质的影响要考虑区域稳定性的问题。对区域性深大断裂交会、近期活动断层和现代构造运动较为强烈的地段，要给予足够的注意。

7.【答案】C

【解析】砖混结构是指建筑物中竖向承重结构的墙、柱等采用砖或砌块砌筑，横向承重的梁、楼板、屋面板等采用钢筋混凝土结构的建筑。砖混结构是以小部分钢筋混凝土及大部分砖墙承重的结构。适合开间进深较小，房间面积小，多层或低层的建筑。

8.【答案】B

【解析】条形基础是承重墙基础的主要形式，常用砖、毛石、三合土或灰土建造。当上部结构荷载较大而土质较差时，可采用钢筋混凝土建造，墙下钢筋混凝土条形基础一般做成无肋式。

9.【答案】C

【解析】一般处于侵蚀介质中的工程应采用耐腐蚀的防水混凝土、防水砂浆或卷材、涂料；结构刚度较差或受振动影响的工程应采用卷材、涂料等柔性防水材料。

10.【答案】D

【解析】在墙身中设置防潮层的目的是，防止土壤中的水分沿基础墙上升和勒脚部位的地面水影响墙身，其作用是提高建筑物的耐久性，保持室内干燥、卫生。

11.【答案】B

【解析】梯梁通常设两根，分别布置在踏步板的两端。梯梁与踏步板在竖向的相对位置有两种：一种为明步，即梯梁在踏步板之下，踏步外露；另一种为暗步，即梯梁在踏步板之上，形成反梁，踏步包在里面。梯梁也可以只设一根，通常有两种形式：一种是踏步板的一端设梯梁，另一端搁置在墙上；另一种是用单梁悬挑踏步板。当荷载或梯段跨度较大时，采用梁式楼梯比较经济。

12.【答案】D

【解析】道路路面的基本结构层一般为面层、基层、垫层（有设计要求时基层下加垫层）三个主要层次。

13.【答案】C

【解析】A 选项错，级配型材料基层包括级配砂砾与级配砾石基层、级配碎石及级配碎砾石基层，属于柔性基层。B 选项错，石灰稳定土有良好的板体性，但其水稳性、抗冻性以及早期强度不如水泥稳定土。D 选项错，水泥土只用作快速路、主干路等高级路面的底基层。水泥稳定粒料可以作为各等级路面的基层和底基层。

14.【答案】A

【解析】框架墩采用压挠和挠曲构件，组成平面框架代替墩身，支承上部结构，必要时可做成双层或更多层的框架支承上部结构。这类空心桥墩为轻型结构，由钢筋混凝土或预应力混凝土构件组成。

15.【答案】B

【解析】盖板涵在结构形式方面有利于在低路堤上使用，当填土较小时可做成明涵。钢筋混凝土盖板涵适用于无石料地区且过水面积较大的明涵或暗涵。石盖板涵适用于石料丰富且过水流量较小的小型涵洞。

16.【答案】B

【解析】A 选项错，地下车站宜浅，车站层数宜少。C 选项错，车站间的距离应根据现状及规划的城市道路布局和客流实际需要确定，一般在城市中心区和居民稠密地区宜为 1km 左右，在城市外围区应根据具体情况适当加大车站间的距离。D 选项错，车站平面形式应根据线路特征、营运要求、地上和地下环境及施工方法等条件确定。车站间的距离应根据现状及规划的城市道路布局和客流实际需要确定。

17. 【答案】A

【解析】干线综合管廊主要收容城市中的各种供给主干线，但不直接为周边用户提供服务。设置于道路中央下方，向支线共同沟提供配送服务，管线主要为通信、有线电视、电力、燃气、自来水等。特点为结构断面尺寸大、覆土深、系统稳定且输送量大，具有高度的安全性，维修及检测要求高。

18. 【答案】A

【解析】冷轧带肋钢筋分为 CRB550、CRB650、CRB800、CRB600H、CRB680H、CRB800H 六个牌号。CRB550、CRB600H 为普通钢筋混凝土用钢筋，CRB650、CRB800、CRB800H 为预应力混凝土用钢筋。

19. 【答案】B

【解析】快硬硫铝酸盐水泥具有快凝、早强、不收缩的特点，宜用于配制早强、抗渗和抗硫酸盐侵蚀混凝土等，适用于浆锚、喷锚支护、抢修、抗硫酸盐腐蚀、海洋建筑等工程。

20. 【答案】C

【解析】泵送混凝土的粗骨料应采用连续级配，粗骨料的级配影响孔隙率和砂浆用量，对混凝土泵送影响较大。水泥混凝土路面混凝土板用粗骨料，应采用连续粒级 5~40mm。

21. 【答案】C

【解析】混凝土掺入减水剂的技术经济效果：①保持坍落度不变，掺减水剂可降低单位混凝土用水量，从而降低了水灰比，提高混凝土强度，同时改善混凝土的密实度，提高耐久性；②保持用水量不变，掺减水剂可增大混凝土坍落度（流动性）；③保持强度不变，掺减水剂可节约水泥用量。减水剂常用品种有普通减水剂、高效减水剂、高性能减水剂等。

22. 【答案】A

【解析】B 选项错，烧结普通砖的外形为直角六面体，其标准尺寸为 240mm×115mm×53mm。C、D 选项错，烧结多孔砖是以黏土、页岩、煤矸石、粉煤灰等为主要原料烧制的主要用于结构承重的多孔砖。多孔砖大面有孔，孔多而小，孔洞垂直于大面（即受压面），孔洞率不小于 28%。烧结空心砖强度不高，而且自重较轻，因而多用于非承重墙。如多层建筑内隔墙或框架结构的填充墙等。

23. 【答案】D

【解析】着色玻璃能有效吸收太阳的辐射热，产生“冷室效应”，可达到避热节能的效果。着色玻璃能吸收较多的可见光，使透过的阳光变得柔和，避免眩光并改善室内色泽。着色玻璃能较强地吸收太阳的紫外线，有效地防止紫外线对室内物品的褪色和变质产生的影响。

24. 【答案】B

【解析】硬质纤维板密度大、强度高，主要用作壁板、门板、地板、家具和室内装修等。中密度纤维板是家具制造和室内装修的优良材料。软质纤维板表观密度小、吸声绝热性能好，可作为吸声或绝热材料使用。

25. 【答案】C

【解析】薄板振动吸声结构具有低频吸声特性，同时还有助于声波的扩散。建筑中常用胶合板、薄木板、硬质纤维板、石膏板、石棉水泥板或金属板等，将其固定在墙或天棚的龙骨上，并在背后留有空气层，即成薄板振动吸声结构。

26. 【答案】B

【解析】见答 26 表。

答 26 表　　基坑结构安全等级及重要性系数

安全等级	破坏后果	γ_0
一级	支护结构失效、土体失稳或过大变形对基坑周边环境及地下结构施工影响很严重	1.10
二级	支护结构失效、土体失稳或过大变形对基坑周边环境及地下结构施工影响严重	1.00
三级	支护结构失效、土体失稳或过大变形对基坑周边环境及地下结构施工影响不严重	0.90

排桩与桩墙。挡土灌注排桩是以现场灌注桩、按队列式布置组成的支护结构；地下连续墙系用机械施工方法成槽浇灌钢筋混凝土形成的地下墙体。具有刚度大、抗弯强度高、变形小、适应性强、工作场地不大、振动小、噪声低等特点，但排桩墙不能止水，连续墙施工需要较多机具设备。其适用条件如下：适于基坑侧壁安全等级一、二、三级；悬臂式结构在软土场地中不宜大于 5m；当地下水位高于基坑底面时，宜采用降水、排桩与水泥土桩组合截水帷幕或采用地下连续墙；用于逆作法施工。

27. 【答案】B

【解析】对于挖、填相邻，地形起伏较大，且工作地段较长的情况，可采用 8 字形路线。

28. 【答案】D

【解析】土木工程的地基问题，概括地说，可包括以下四个方面：①强度和稳定性问题。当地基的承载能力不足以支承上部结构的自重及外荷载时，地基就会产生局部或整体剪切破坏。②压缩及不均匀沉降问题。当地基在上部结构的自重及外荷载作用下产生过大的变形时，会影响结构物的正常使用，特别是超过结构物所能容许的不均匀沉降时，结构可能开裂破坏。沉降量较大时，不均匀沉降往往也较大。③地基的渗漏量超过容许值时，会发生水量损失，导致事故。④地震、机器以及车辆的振动、波浪作用和爆破等动力荷载可能引起地基土，特别是饱和无黏性土的液化、失稳和振陷等危害。

29. 【答案】C

【解析】A 选项错，羊足碾一般用于碾压黏性土，不适于砂性土，因为在砂土中碾压时，土的颗粒受到羊足碾较大的单位压力后会向四面移动而使土的结构破坏。B 选项错，如果先用轻碾压实，再用重碾压实就会取得较好效果。D 选项错，振动碾是一种振动和碾压同时作用的高效能压实机械，比一般平碾提高功效 1~2 倍，可节省动力 30%。

30. 【答案】B

【解析】滑升模板是一种工具式模板，由模板系统、操作平台系统和液压系统三部分组成。适用于现场浇筑高耸的构筑物和高层建筑物等，如烟囱、筒仓、电视塔、竖井、沉井、双曲线冷却塔和剪力墙体系及筒体体系的高层建筑等。

31. 【答案】C

【解析】大跨度结构整体顶升法施工在国内还只适用于净空不高和尺寸不大的薄壳结构吊装。

32. 【答案】A

【解析】接头管是目前地下连续墙施工中采用最多的一种接头。施工时，当一个单元槽段的土方挖完后，在槽段的端部用吊车放入接头管，然后吊放钢筋笼并浇筑混凝土。

33. 【答案】D

【解析】A 选项错，石材、地面砖铺贴前应浸水湿润。B 选项错，结合层砂浆宜采用体积比为 1∶3 的干硬性水泥砂浆。C 选项错，铺贴前应在水泥砂浆上刷一道水灰比为 1∶2 的素水泥浆。

34. 【答案】C

【解析】墙面石材铺装应符合下列规定：

（1）墙面砖铺贴前应进行挑选，并应按设计要求进行预拼。

（2）强度较低或较薄的石材应在背面粘贴玻璃纤维网布。

（3）当采用湿作业法施工时，固定石材的钢筋网应与预埋件连接牢固。每块石材与钢筋网拉结点不得少于 4 个。拉结用金属丝应具有防锈性能。灌注砂浆前应将石材背面及基层湿润，并应用填缝材料临时封闭石材板缝，避免漏浆。灌注砂浆宜用 1∶2.5 水泥砂浆，灌注时应分层进行，每层灌注高度宜为 150～200mm，且不超过板高的 1/3，插捣应密实。待其初凝后方可灌注上层水泥砂浆。

（4）当采用粘贴法施工时，基层处理应平整但不应压光。胶粘剂的配合比应符合产品说明书的要求。胶液应均匀、饱满地刷抹在基层和石材背面，石材就位时应准确，并应立即挤紧、找平、找正，进行顶、卡固定。溢出胶液应随时清除。

35. 【答案】A

【解析】路堤通常是利用沿线就近土石作为填筑材料。选择填料时应尽可能选择当地强度高、稳定性好并利于施工的土石作路堤填料。一般情况下，碎石、卵石、砾石、粗砂等具有良好透水性，而且强度高、稳定性好，因此可优先采用。亚砂土、粉质黏土等经压实后也具有足够的强度，故也可采用。粉性土水稳定性差，不宜作路堤填料。重黏土、黏性土、捣碎后的植物土等由于透水性差，作路堤填料时应慎重采用。

36. 【答案】B

【解析】混凝土的配合比设计在兼顾技术经济性的同时应满足弯拉强度、工作性、耐久性三项指标要求。

37. 【答案】A

【解析】锚碇是主缆索的锚固构造。主缆索中的拉力通过锚碇传至基础。

38. 【答案】B

【解析】整个土方开挖顺序必须与支护结构的设计工况严格一致，要遵循开槽支撑、先撑后挖、分层开挖、严禁超挖的原则。同一基坑内当深浅不同时，土方开挖宜先从浅基坑处开始，如条件允许可待浅基坑处底板浇筑后，再挖基坑较深处的土方。当两个深浅不同的基坑同时挖土时，土方开挖宜先从较深基坑开始，待较深基坑底板浇筑后，再开始挖较浅基坑的土方。基坑采用机械挖土，坑底应保留 200~300mm 厚基土，用人工清理整平，防止坑底土扰动。

39. 【答案】A

【解析】钻爆法由于采用爆炸的方式，在城市人口密集地区不能采用，因为振动可能影响附近的建筑或居民生活。因此，一般短洞、地下大洞室、不是圆形的隧洞、地质条件变化大的地方都常用钻爆法；长洞，又没有条件布置施工支洞、施工斜井的，或者地质条件很差，特别软弱的地方，不利于钻爆法。

40. 【答案】B

【解析】本题考核普通水泥砂浆锚杆施工要点。普通水泥砂浆锚杆如教材中图 4. 3. 21 所示，是以普通水泥砂浆作为胶粘剂的全长粘结式锚杆。

（1）砂浆强度等级不低于 M20；砂浆配合比一般为水泥：砂：水 = 1：（1~15）：（0. 45~0. 50）。水灰比宜为 0. 45~0. 50，砂的粒径≥3mm。

（2）杆体材料宜用 HRB335 钢筋，一般采用 HPB300 钢筋；直径 14~22mm 为宜，长度 2. 0~3. 5m，为增加锚固力，杆体内端可以劈口叉开。

（3）钻孔方向宜尽量与岩层主要结构面垂直。孔钻好后用高压水将孔眼冲洗干净，并用塞子塞紧孔口，以防止石渣或泥土掉入钻孔内。

（4）锚杆及胶粘剂材料制作，应符合设计要求，锚杆应按实际要求尺寸截取，外端不用垫板的锚杆应先弯制弯头。

（5）粘结砂浆应拌合均匀，随拌随用，一次拌合的砂浆应在初凝前用完。

41. 【答案】B

【解析】A 选项错，工程总承包的编制依据是计量规范、可行性研究文件、方案设计文件、初步设计文件及其他有关技术经济文件。C 选项错，施工发承包的清单缺陷责任：单价合同中，分部分项工程量清单缺陷责任由招标人（承包人）承担；总价合同中，分部分项工程量清单缺陷责任由投标人（承包人）承担。措施项目清单缺陷责任不论总价合同还是单价合同均由投标人（承包人）承担。D 选项错，施工发承包的清单形式是项目清单，清单项目可以是单位工程或扩大分部分项工程等合同工程计量。

42. 【答案】B

【解析】C 选项错，统筹图以“三线一面”作为基数，连续计算与之有共性关系的分部分项工程量，而与基数无共性关系的分部分项工程量则用“册”或图示尺寸进行计算。D 选项错，统筹图主要由计算工程量的主次程序线、基数、分部分项工程量计算式及计算单位组成。主要程序线是指在“线”“面”基数上连续计算项目的线，次要程序线是指在分部分项项目上连续计算的线。

43. 【答案】D

【解析】梁的平面注写包括集中标注与原位标注。集中标注表达梁的通用数值，原位标注表达梁的特殊数值。当集中标注中的某项数值不适用于梁的某部位时，则将该项数值原位标注，施工时，原位标注优先于集中标注。

44. 【答案】D

【解析】永久性结构的建筑空间，有永久性顶盖、结构层高或斜面结构板顶高在

2.20m 及以上的，应按下列规定计算建筑面积：

1）有围护结构、封闭围合的建筑空间，应按其外围护结构外表面所围空间的水平投影面积计算。

2）无围护结构、以柱围合，或部分围护结构与柱共同围合，不封闭的建筑空间，应按其柱或外围护结构外表面所围空间的水平投影面积计算。

3）无围护结构、单排柱或独立柱、不封闭的建筑空间，应按其顶盖水平投影面积的1/2 计算。

4）无围护结构、有围护设施、无柱、附属在建筑外围护结构、不封闭的建筑空间，应按其围护设施外表面所围空间水平投影面积的 1/2 计算。

A、B、C 选项错误，D 选项正确。因此，答案为 D。

45. 【答案】D

【解析】D 选项的说法不正确，建筑的室内净高应满足各类型功能场所空间净高的最低要求，地下室、局部夹层、公共走道、建筑避难区、架空层等有人员正常活动的场所最低处室内净高不应小于 2.00m。因此，答案为 D。

46. 【答案】D

【解析】永久性结构的建筑空间，有永久性顶盖、结构层高或斜面结构板顶高在2.20m 及以上的，应按下列规定计算建筑面积：有围护结构、封闭围合的建筑空间，应按其外围护结构外表面所围空间的水平投影面积计算。包括建筑外围护结构以内的各类使用空间及局部楼层；地下室、半地下室及其相应出入口；与室内相通的变形缝；建筑内的设备层、管道层、避难层；立体书库、立体仓库、立体车库；水箱间、电梯机房；门厅、大厅及门厅、大厅内的回廊；封闭的通廊、挑廊、连廊，封闭架空通道；有顶盖的采光井；室内有围护设施的悬挑看台、舞台灯控室、室内场馆看台下部空间；附属在建筑物外墙的落地橱窗等。

47. 【答案】D

【解析】基础土石方中，底宽≤3m 且底长>3 倍底宽的为沟槽，超出上述范围的为基坑。底宽 3m，底长 10m，应为沟槽。

48. 【答案】A

【解析】A 选项正确，换填垫层，按设计图示尺寸以体积计算。B 选项不正确，强夯地基按设计图示处理范围以体积计算。C 选项不正确，填料桩复合地基按设计桩截面面积乘以桩长以体积计算。D 选项不正确，水泥土搅拌桩复合地基，按设计图示桩体尺寸以体积计算。

49. 【答案】A

【解析】钢支撑、钢腰梁（冠梁），按设计图示尺寸以质量计算，不扣除孔眼质量，焊条、铆钉、螺栓等不另增加质量。

50. 【答案】D

【解析】预制桩的工作内容中包括了接桩和送桩，不需要单独列项，应在综合单价中考虑。预制桩项目工作内容均包括预制桩的场内堆放、场内转运，还包括使用成品预制桩时的成品桩购置工作及使用现场预制桩时的桩制作全部工序。使用现场预制桩时，应在项目特征中增加相关描述。

51. 【答案】A

【解析】实心砖墙、多孔砖墙、空心砖墙，按设计图示尺寸以体积计算。扣除门窗洞口、嵌入墙内的柱、梁、板及凹进墙内的壁龛、管槽、暖气槽、消火栓箱所占体积，不扣除单个面积≤0.3m^2的孔洞及墙内檩头、垫木、木楞头、沿缘木、木砖、门窗走头、加固钢筋、木筋、铁件、管道所占的体积。凸出墙面的墙垛并入计算。腰线、挑檐、压顶、窗台线、虎头砖、门窗套凸出墙面部分的体积不并入计算。同材质围墙柱及围墙压顶并入围墙体积内计算。

52. 【答案】B

【解析】《混凝土结构工程施工规范》GB 50666—2011对箍筋、拉筋末端弯钩的要求：对一般结构构件，箍筋弯钩的弯折角度不应小于90°，弯折后平直段长度不应小于箍筋直径的5倍；对有抗震设防要求或设计有专门要求的结构构件，箍筋弯钩的弯折角度不应小于135°，弯折后平直段长度不应小于箍筋直径的10倍和75mm两者之中的较大值。

53. 【答案】B

【解析】选项B正确，清单项目设置包括钢梁、钢吊车梁，工程量按设计图示尺寸以质量计算。不扣除孔眼的质量，焊条、铆钉、普通螺栓等不另增加质量，节点板、加强肋、制动梁、制动板、制动桁架、车挡并入钢梁及吊车梁工程量内。

选项A、C、D错误，清单项目设置包括实腹钢柱、空腹钢柱、钢管柱等。工程量按设计图示尺寸以质量计算。不扣除孔眼的质量，焊条、铆钉、普通螺栓等不另增加质量，钢柱上的节点板、加强环、内衬管、牛腿及悬臂梁等并入钢柱工程量内。

54. 【答案】A

【解析】A选项错误，工程量按设计图示尺寸以斜面积计算。

55. 【答案】C

【解析】选项A错误，钢质防火门，按设计图示洞口尺寸以面积计算。选项B错误，金属（塑钢）窗按设计图示洞口尺寸以面积计算。选项C正确，金属纱窗，按纱扇框的外围尺寸以面积计算。选项D错误，钢质花饰大门，按设计图示门框尺寸以面积计算。

56. 【答案】B

【解析】A选项不正确，玻璃钢屋面，按设计图示尺寸以斜面积计算。B选项正确，屋面变形缝，按设计图示尺寸以长度计算。C选项不正确，膜结构屋面，按设计图示尺寸以需要覆盖的水平投影面积计算。D选项不正确，玻璃采光顶、金属板幕墙顶，按设计图示外表面积计算。

57. 【答案】D

【解析】防腐混凝土面层、防腐砂浆面层、防腐胶泥面层、玻璃钢防腐面层、聚氯乙烯板面层、块料防腐面层，按设计图示尺寸以面积计算：平面防腐面层需扣除凸出地面的构筑物、设备基础所占面积，不扣除单个面积≤0.3m^2的柱、垛、孔洞所占面积，门洞、空圈、暖气包槽、壁龛的开口部分不增加面积；立面防腐面层需扣除门窗洞口所占面积，不扣除单个面积≤0.3m^2的梁、孔洞所占面积，门窗洞口侧壁、垛突出部分按展开面积并入墙面积内。

58. 【答案】C

【解析】A 选项不正确，墙、柱面抹灰工程量按设计图示尺寸以面积计算。扣除墙裙、门窗洞口面积；不扣除单个面积≤0.3m² 的孔洞面积，不扣除挂镜线、墙与构件交接处的面积；附墙柱、梁、垛、烟囱侧壁并入相应的墙面面积内；门窗洞口和孔洞的侧壁及顶面不增加面积。B 选项不正确，零星抹灰工程量按设计图示尺寸以展开面积计算。C 选项正确，墙、柱面装饰浮雕，按设计图示尺寸以面积计算。D 选项不正确，成品隔断，按设计图示框外围尺寸以面积计算。

59. 【答案】D

【解析】选项 A 错误，木门油漆、木窗油漆，按设计图示洞口尺寸以面积计算。选项 B 错误，木板条、线条油漆，按设计图示尺寸以中心线长度计。选项 C 错误，金属面油漆，按设计图示尺寸以面积计算。选项 D 正确，抹灰面油漆、刮腻子，按设计图示尺寸以面积计算。

60. 【答案】D

【解析】洗漱台，按设计图示尺寸以台面外接矩形面积计算。不扣除孔洞、挖弯、削角所占面积；挡板、吊沿板面积并入台面面积内。

二、多项选择题（共 20 题，每题 2 分。每题的备选项中，有 2 个或 2 个以上符合题意，至少有 1 个错项。错选，本题不得分；少选，所选的每个选项得 0.5 分）

61. 【答案】BDE

【解析】石英、石膏硬度数之和是 9，黄玉、方解石硬度数之和是 11，滑石、磷灰石硬度数之和是 6，长石、萤石硬度数之和是 10，刚玉、金刚石硬度数之和是 19（答 61 表）。

答 61 表 矿物硬度表

硬度	1	2	3	4	5	6	7	8	9	10
矿物	滑石	石膏	方解石	萤石	磷灰石	长石	石英	黄玉	刚玉	金刚石

62. 【答案】ACD

【解析】对充填胶结差，影响承载力或抗渗要求的断层，浅埋的尽可能清除回填，深埋的灌水泥浆处理；泥化夹层影响承载能力，浅埋的尽可能清除回填，深埋的一般不影响承载能力。断层、泥化软弱夹层可能是基础或边坡的滑动控制面，对于不便清除回填的，根据埋深和厚度，可采用锚杆、抗滑桩、预应力锚索等进行抗滑处理。

63. 【答案】ADE

【解析】外墙内保温大多采用干作业施工，使保温材料避免了施工水分的入侵而变潮。外墙内保温的优点有：一是外墙内保温的保温材料在楼板处被分割，施工时仅在一个层高内进行保温施工，施工时不用脚手架或高空吊篮，施工比较安全方便，不损害建筑物原有的立面造型，施工造价相对较低。二是由于绝热层在内侧，在夏季的晚上，墙的内表面温度随空气温度的下降而迅速下降，减少闷热感。三是耐久性好于外墙外保温，增加了保温材料的使用寿命。四是有利于安全防火。五是施工方便，受风、雨天影响小。外墙内保温的主要缺点是：一是保温隔热效果差，外墙平均传热系数高。二是热桥保温处理困难，易出现结露现象。三是占用室内使用面积。四是不利于室内装修，包括重物钉挂困难等，在安装空调、电话及其他装饰物等设施时尤其不便。五是不利于既有建筑的节能改造。六是保温层易出现裂缝。由于外墙的温差大，直接影响到墙体内表面应力变化，这种变化一般比外保温墙体大得多。昼夜和四季的更替，易引起内表面保温的开裂，特别是保温板之间的裂缝尤为明显。

64. **【答案】** ABE

【解析】 现浇钢筋混凝土楼板：在施工现场支模、绑扎钢筋、浇筑混凝土并养护，当混凝土强度达到规定的拆模强度，并拆除模板后形成的楼板，称为现浇钢筋混凝土楼板。由于是在现场施工又是湿作业，且施工工序多，因而劳动强度较大，施工周期相对较长，但现浇钢筋混凝土楼盖具有整体性好，平面形状根据需要任意选择，防水、抗震性能好等优点，在一些房屋特别是高层建筑中经常采用。

65. **【答案】** ABCD

【解析】 高层建筑屋面宜采用内排水；多层建筑屋面宜采用有组织外排水；低层建筑及檐高小于 10m 的屋面，可采用无组织排水。多跨及汇水面积较大的屋面宜采用天沟排水，天沟找坡较长时，宜采用中间内排水和两端外排水。

屋面应适当划分排水区域，排水路线应简洁，排水应通畅。采用重力式排水时，屋面每个汇水面积内，雨水排水管不宜少于 2 根，暴雨强度较大地区的大型屋面，宜采用虹吸式屋面雨水排水系统。严寒地区应采用内排水，寒冷地区宜采用内排水。湿陷性黄土地区宜采用有组织排水，并应将雨雪水直接排至排水管网。

66. **【答案】** BCD

【解析】 A 选项错，在设置伸缩缝处，栏杆与桥面铺装都要断开。E 选项错，要求伸缩缝在平行、垂直于桥梁轴线的两个方向，均能自由伸缩。

67. **【答案】** ACDE

【解析】 影响混凝土和易性的主要因素：

（1）水泥浆。水泥浆是普通混凝土和易性最敏感的影响因素。

（2）骨料品种与品质。采用最大粒径稍小、棱角少、片状针颗粒少、级配好的粗骨料，细度模数偏大的中粗砂、砂率稍高、水泥浆体量较多的拌合物，混凝土和易性的综合指标较好。一般采用卵石（河砂）拌制的混凝土拌合物比采用碎石（山砂）拌制的混凝土拌合物流动性好。

（3）砂率。是指混凝土拌合物砂用量与砂石总量比值的百分率。砂率过大或过小都降低混凝土拌合物的流动性，因此砂率有一个合理值，即在用水量及水泥用量一定的条件下，存在最佳砂率，使混凝土拌合物获得最大的流动性，且保持黏聚性和保水性。

（4）其他因素

1）水泥与外加剂。与普通硅酸盐水泥相比，采用矿渣水泥、火山灰水泥的混凝土拌合物流动性较小。在混凝土拌合物中加入适量外加剂，如减水剂、引气剂等，使混凝土在较低水灰比、较小用水量的条件下，仍能获得很好的流动性。

2）温度和时间。混凝土拌合物流动性随温度的升高而降低。随着时间的延长，拌合好的混凝土坍落度逐渐减小。

68. **【答案】** ABCD

【解析】高强混凝土的特点：

（1）高强混凝土的优点

1）高强混凝土可减少结构断面，降低钢筋用量，增加房屋使用面积和有效空间，减轻地基负荷；

2）高强混凝土致密坚硬，其抗渗性、抗冻性、耐蚀性、抗冲击性等诸方面性能均优于普通混凝土；

3）对预应力钢筋混凝土构件，高强混凝土由于刚度大、变形小，故可以施加更大的预应力和更早地施加预应力，以及减少因徐变而导致的预应力损失。

（2）高强混凝土的不利条件

1）高强混凝土容易受到施工各环节中环境条件的影响，所以对其施工过程的质量管理水平要求高；

2）高强混凝土的延性比普通混凝土差。

69.【答案】ACE

【解析】现行国家标准《建筑材料放射性核素限量》GB 6566—2010 中规定，装修材料（花岗石、建筑陶瓷、石膏制品等）中以天然放射性核素的放射性比活度和外照射指数的限值分为 A、B、C 三类：A 类产品的产销与使用范围不受限制；B 类产品不可用于Ⅰ类民用建筑的内饰面，但可用于Ⅰ类民用建筑的外饰面及其他一切建筑物的内、外饰面；C 类产品只可用于一切建筑物的外饰面。

70.【答案】ABDE

【解析】岩棉及矿渣棉最高使用温度约 600℃。石棉最高使用温度可达 500～600℃。玻璃棉最高使用温度 400℃。泡沫玻璃最高使用温度 500℃。陶瓷纤维最高使用温度为 1100～1350℃。

71.【答案】BCE

【解析】A 选项错，正循环钻孔灌注桩适用于黏性土、砂土、强风化、中等到微风化岩石。D 选项错，冲击成孔灌注桩适用于黏性土、砂土、碎石土和各种岩层。

72.【答案】BCDE

【解析】B 选项错，轮胎起重机的优点是行驶速度较快，能迅速地转移工作地点或工地，对路面破坏小。C 选项错，塔式起重机具有较高的塔身，起重臂安装在塔身顶部，具有较高的有效高度和较大的工作半径，起重臂可以回转 360°。因此，塔式起重机在多级高层结构吊装和垂直运输中得到广泛应用。D 选项错，自升式塔式起重机，直接固定在建筑物或构筑物近旁的混凝土基础上，随着结构的升高，不断自行接高塔身，使起重高度不断增大。因起重机械在结构近旁，司机能看到吊装的全过程，自身的安装与拆卸不妨碍施工过程。E 选项，起重量在 10t 左右的桅杆式起重机，大多用无缝钢管做成，桅杆高度可达 25m。

73.【答案】CE

【解析】换填法：一般适用于地表下 0. 5～3. 0m 之间的软土处治。

（1）开挖换填法。将软弱地基层全部挖除或部分挖除，用透水性较好的材料（如砂砾、碎石、钢渣等）进行回填。该方法简单易行，也便于掌握。对于软基较浅（1～2m）

的泥沼地特别有效。但对于深层软基处理，要求沉降控制较严的路基、桥涵构造物、引道等，应考虑采用其他方法。按软土层的分布形态与开挖部位，有全面开挖换填和局部开挖换填两种。

（2）抛石挤淤法。在路基底部抛投一定数量片石，将淤泥挤出基底范围，以提高地基的强度。这种方法施工简单、迅速、方便，适用于常年积水的洼地，排水困难，泥炭呈流动状态，厚度较薄，表层无硬壳，片石能沉达底部的泥沼或厚度为 3~4m 的软土；在特别软弱的地面上施工由于机械无法进入，或是表面存在大量积水无法排除时；石料丰富、运距较短的情况。

（3）爆破排淤法。爆破排淤法用于淤泥（泥炭）层较厚、稠度大、路堤较高和施工期紧迫时；路段内没有桥涵等构造物，路基承载力均衡一致，因整体沉降不会对道路产生破坏，也可考虑换填。但对桥涵构造物及两侧引道等应考虑采用其他方法。

74. **【答案】** BC

【解析】 填石路堤施工的填筑方法主要有：①竖向填筑法（倾填法）：可用在陡峻山坡等施工特别困难或大量以爆破方式挖开填筑的路段。②分层压实法（碾压法）：自下而上水平分层，逐层填筑，逐层压实，是普遍采用并能保证填石路堤质量的方法。③冲击压实法：具有分层法连续性的优点，又具有强力夯实法压实厚度深的优点。缺点是在周围有建筑物时，使用受到限制。④强力夯实法：该方法机械设备简单，击实效果显著，施工中不需铺撒细粒料，施工速度快，有效解决了大块石填筑地基厚层施工的夯实难题。

75. **【答案】** AC

【解析】 深基坑支护形式中，属于板桩式的有：钢板桩、型钢横挡板、钢筋混凝土板桩。

76. **【答案】** ABDE

【解析】 工程量计算标准包括正文、附录和条文说明三部分。正文部分包括总则、术语、工程计量、工程量清单编制。附录 A~附录 Q（主要为分部分项工程清单项目，包括按分部分项工程形式列项的措施项目）对项目编码、项目名称、项目特征描述的内容、计量单位、工程量计算规则及工作内容作了规定。

77. **【答案】** ABCE

【解析】 建筑面积的作用，具体有以下几个方面：① 建筑面积是确定建设规模的重要指标；② 建筑面积是确定各项技术经济指标的基础；③ 评价设计方案的依据；④ 计算有关分项工程量的依据和基础。D 选项错误。因此，答案为 D。

78. **【答案】** AE

【解析】 单位面积工程造价=工程造价/建筑面积；单位建筑面积的材料消耗指标=工程材料耗用量/建筑面积；单位建筑面积的人工用量=工程人工工日耗用量/建筑面积

79. **【答案】** BCD

【解析】 A 选项不正确，基础土石方中，底宽≤3m 且底长>3 倍底宽的为沟槽，超出上述范围的为基坑。底宽为 3m，底长为 9m 的基础土石方，应按挖基坑土方计算。E 选项不正确，房心回填，按回填区的净体积计算。挖单独土（石）方、单独土石方回填，按原始地貌与预设标高之间的挖填尺寸，以体积计算。挖冻土，按设计图示开挖面积乘以厚度，以体积计算。挖淤泥流砂，按设计图示位置、界限，以体积计算。

80. **【答案】** BCD

【解析】 钢丝网，按设计（包括规范规定）要求以面积计算。螺栓，按设计（包括规范规定）要求以数量计算（单位：套）。预埋铁件，按设计图示尺寸以质量计算。结构抗（隔）震支座、阻尼器，按设计图示数量计算（单位：套）。

专家权威详解

模拟题二答案与解析

一、单项选择题（共 60 题，每题 1 分，每题的备选项中，只有一个最符合题意）

1. 【答案】B

【解析】岩浆岩、沉积岩和变质岩的地质特征，见答 1 表。

答 1 表　　三种岩石的地质特征

岩类	岩浆岩	沉积岩	变质岩
主要矿物成分	全部为从岩浆岩中析出的原生矿物，成分复杂，但较稳定。浅色的矿物有石英、长石、白云母等；深色的矿物有黑云母、角闪石、辉石、橄榄石等	次生矿物占主要地位，成分单一，一般多不固定。常见的有石英、长石、白云母、方解石、白云石、高岭石等	除具有变质前原来岩石的矿物，如石英、长石、云母、角闪石、辉石、方解石、白云石、高岭石等外，尚有经变质作用产生的矿物，如石榴子石、滑石、绿泥石、蛇纹石等
结构	以结晶粒状、斑状结构为特征	以碎屑、泥质及生物碎屑结构为特征。部分为成分单一的结晶结构，但肉眼不易分辨	以变晶结构等为特征
构造	具块状、流纹状、气孔状、杏仁状构造	具层理构造	多具片理构造
成因	直接由高温熔融的岩浆形成	主要由先成岩石的风化产物，经压密、胶结、重结晶等成岩作用而形成	由先成的岩浆岩、沉积岩和变质岩，经变质作用而形成

2. 【答案】A

【解析】对于深层侵入岩、厚层坚硬的沉积岩以及片麻岩、石英岩等构成的边坡，一般稳定程度是较高的。只有在节理发育、有软弱结构面穿插且边坡高陡时，才易发生崩塌或滑坡现象。

3. 【答案】C

【解析】承压水也称为自流水，是地表以下充满两个稳定隔水层之间的重力水。承压水含水层上部的隔水层称为隔水顶板，下部的隔水层称为隔水底板。顶底板之间的距离为含水层厚度。

4. 【答案】C

【解析】构造裂隙水分布在构造裂隙中。由于地壳的构造运动，岩石受挤压、剪切等应力作用形成构造裂隙，其发育程度既取决于岩石本身的性质，也取决于边界条件及构造应力分布等因素。当构造应力分布比较均匀且强度足够时，则在岩体中形成比较密集均匀且相互连通的张开性构造裂隙，这种裂隙常赋存层状构造裂隙水。当构造应力分布不均匀时，岩体中张开性构造裂隙分布不连续不沟通，则赋存脉状构造裂隙水。

5. **【答案】** B

【解析】 潜蚀作用可分为机械潜蚀和化学潜蚀两种。如果地下水渗流产生的动水压力小于土颗粒的有效重度，即渗流水力坡度小于临界水力坡度，虽然不会发生流砂现象，但是土中细小颗粒仍有可能穿过粗颗粒之间的孔隙被渗流携带流失，在土层中将形成管状空洞，使土体结构破坏，强度降低，压缩性增加，这种现象称之为机械潜蚀。化学潜蚀是指地下水溶解土中的易溶盐分，破坏土粒间的结合力和土的结构，土粒被水带走，形成洞穴的作用。这两种作用一般是同时进行的。在地基土层内如具有地下水的潜蚀作用时，将会破坏地基土的强度，形成空洞，产生地表塌陷，影响建筑工程的稳定。在我国的黄土层及岩溶地区的土层中，常有潜蚀现象产生。

6. **【答案】** C

【解析】 道路选线应尽量避开断层裂谷边坡，尤其是不稳定边坡；避开岩层倾向与坡面倾向一致的顺向坡，尤其是岩层倾角小于坡面倾角的顺向坡；避免路线与主要裂隙发育方向平行，尤其是裂隙倾向与边坡倾向一致的；避免经过大型滑坡体、不稳定岩堆和泥石流地段及其下方。

7. **【答案】** B

【解析】 单层厂房的屋架常选用桁架结构。桁架结构在其他结构体系中也得到了应用，如拱式结构、单层刚架结构等，当断面较大时，也可采用桁架的形式。

8. **【答案】** C

【解析】 如地基基础软弱而荷载又很大，采用十字基础仍不能满足要求或相邻基槽距离很小时，可用钢筋混凝土做成混凝土的筏形基础。

9. **【答案】** B

【解析】 梁板式肋形楼板由主梁、次梁（肋）、板组成，具有传力线路明确、受力合理的特点。当房屋的开间、进深较大，楼面承受的弯矩较大时，常采用这种楼板。

10. **【答案】** D

【解析】 水磨石地面坚硬、耐磨、光洁、不透水、不起灰，它的装饰效果也优于水泥砂浆地面，但造价高于水泥砂浆地面，施工较复杂，无弹性，吸热性强，常用于人流量较大的交通空间和房间。

11. **【答案】** A

【解析】 全预制装配式结构通常采用柔性连接技术，因此，地震作用下弹塑性变形通常发生在连接处，而梁柱构件本身不会被破坏，或者是变形在弹性范围内。因此全预制装配式结构的恢复性能好，震后只需对连接部位进行修复即可继续使用，具有较好的经济效益。预制装配整体式结构，是指部分结构构件均在工厂内生产，预制装配整体式结构通常采用强连接节点，由于强连接的装配式结构在地震中依靠构件面的非弹性变形耗能能力，因此能够达到与现浇混凝土结构相同或相近的抗震能力，具有良好的整体性能，具有足够的强度、刚度和延性，能安全抵抗地震力。

12. **【答案】** D

【解析】桥梁的组成与分类：①上部结构（也称桥跨结构）。上部结构是指桥梁结构中直接承受车辆和其他荷载，并跨越各种障碍物的结构部分。一般包括桥面构造（行车道、人行道、栏杆等）、桥梁跨越部分的承载结构和桥梁支座。②下部结构。下部结构是指桥梁结构中设置在地基上用于支承桥跨结构，将其荷载传递至地基的结构部分。一般包括桥墩、桥台及墩台基础。

13. 【答案】C

【解析】A 选项错，交通辅助标志不得单独使用；B 选项错，标志板在一根支柱上并设时，应按警告、禁令、指示的顺序；D 选项错，信号灯设在进口端右侧人行道边。

14. 【答案】B

【解析】涵洞是城镇道路路基工程重要组成部分。小断面涵洞通常用作排水，一般采用管涵形式。大断面涵洞分为拱形涵、盖板涵、箱涵，用作人行通道或车行道。

15. 【答案】C

【解析】A 选项错误，雨水口的布置方式应确保有效收集雨水，雨水不应流入路口范围，不应横向流过车行道。B 选项错误，城市建成区内道路排水应采用管道形式，城市外围道路可采用边沟排水。D 选项错误，道路的地面水必须采取可靠的措施，迅速排除。当道路的地下水可能对道路造成不良影响时，应采取适当的排除或阻隔措施。

16. 【答案】B

【解析】A 选项错，按性能与用途，空气管道、液体燃料管道、灰渣管道、地下建筑线路及工业生产专用管道等属于不常见的管线工程。C 选项错，在南方地区，由于冰冻线不存在或较浅，给水等管道也可以浅埋，而排水管道需要有一定的坡度要求，排水管道往往处于深埋状况。D 选项错，各种输送管道，按承压情况可分为压力管道，如给水、燃气、热力、灰渣等管道；重力流管道，如排水管道。

17. 【答案】D

【解析】按管线的敷设形式分为架空架设线路，如电力、电信、道路照明等；地下埋设线路，如给水、排水、燃气、热力、电信等线路。各种工业管道则根据工艺需要和厂区具体情况进行敷设；电力和照明线路，也可采用地下敷设。

18. 【答案】D

【解析】钢化玻璃具有较好的机械性能和热稳定性，常用作建筑物的门窗、隔墙、幕墙及橱窗、家具等。但钢化玻璃使用时不能切割、磨削，边角亦不能碰击挤压，需按现成的尺寸规格选用或提出具体设计图纸进行加工定制。用于大面积玻璃幕墙的玻璃在钢化程度上要予以控制，宜选择半钢化玻璃（即没达到完全钢化，其内应力较小），以避免受风荷载影响引起振动而自爆。

19. 【答案】D

【解析】A 选项错，花岗石中含有石英，在高温下会发生晶型转变，产生体积膨胀。B 选项错，大理石是将大理石荒料经锯切、研磨、抛光而成的高级室内外装饰材料，属于变质岩，由石灰岩或白云岩变质而成，主要矿物成分为方解石或白云石，是碳酸盐类岩石。C 选项错，与天然大理石相比，聚酯型人造石材具有强度高、密度小、厚度薄、耐酸碱腐蚀及美观等优点。但其耐老化性能不及天然花岗石，故多用于室内装饰。

20.【答案】C

【解析】抗侵蚀性：腐蚀的类型通常有淡水腐蚀、硫酸盐腐蚀、溶解性化学腐蚀、强碱腐蚀等。混凝土的抗侵蚀性与密实度有关，水泥品种、混凝土内部孔隙特征对抗腐蚀性也有较大影响。

21.【答案】D

【解析】A 选项错，由硅酸盐水泥熟料、6%~20%的混合材料、适量石膏磨细制成的水硬性胶凝材料，称为普通硅酸盐水泥，代号 P·O。B 选项错，掺活性混合材料时，最大掺量不得超过 20%，其中允许用不超过水泥质量 5%的石灰石代替。C 选项错，硅酸盐水泥熟料中前期强度低、后期强度高的是硅酸二钙。

22.【答案】A

【解析】抗拉性能是钢材的最主要性能，表征其性能的技术指标主要是屈服强度、抗拉强度和伸长率（答 22 图）。低碳钢（软钢）受拉的应力-应变图能够较好地解释这些重要的技术指标。低碳钢应力-应变曲线分为四个阶段：弹性阶段（$O \to A$）、弹塑性阶段（$A \to B$）、塑性阶段（$B \to C$）、应变强化阶段（$C \to D$），超过 D 点后试件产生颈缩和断裂。

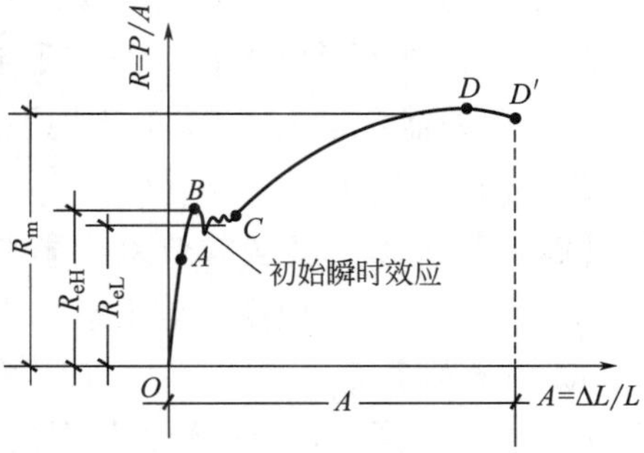

答 22 图 低碳钢受拉时应力-应变图

屈服强度：在弹性阶段 OA，如卸去拉力，试件能恢复原状，此阶段的变形为弹性变形，应力与应变成正比，其比值即为钢材的弹性模量，反映钢材的刚度。与 A 点对应的应力称为弹性极限。当对试件的拉伸进入 AB 阶段时，应力的增长滞后于应变的增加。当应力达到 B 点时，试件进入塑性阶段，应力不增加但应变增大，这时相应的应力称为屈服强度（屈服点）。

23.【答案】D

【解析】丙烯酸类密封胶应符合《丙烯酸酯建筑密封胶》JC/T 484 的要求，主要用于屋面、墙板、门、窗嵌缝，但它的耐水性不算很好，所以不宜用于经常泡在水中的工程，不宜用于广场、公路、桥面等有交通来往的接缝中，也不宜用于水池、污水厂、灌溉系统、堤坝等水下接缝中。

24.【答案】C

【解析】无机防火堵料又称速固型防火堵料，是以快干水泥为基料，添加防火剂、耐火材料等经研磨、混合而成的防火堵料，使用时加水拌合即可。无机防火堵料具有无毒无味、固化快速，耐火极限与力学强度较高，能承受一定重量，又有一定可拆性的特点。有较好的防火和水密、气密性能。主要用于封堵后基本不变的场合。

25.【答案】C

【解析】玻化微珠是一种酸性玻璃质熔岩矿物质（松脂岩矿砂），内部多孔、表面玻化封闭，呈球状体细径颗粒。玻化微珠吸水率低，易分散，可提高砂浆流动性，还具有防火、吸声、隔热等性能，是一种具有高性能的无机轻质绝热材料，广泛应用于外墙内外保温砂浆、装饰板、保温板的轻质骨料。用玻化微珠作为轻质骨料，可提高保温砂浆的易流动性和自抗强度，减少材料收缩率，提高保温砂浆综合性能，降低综合生产成本。

26.【答案】D

【解析】轻型井点布置，当土方施工机械需进出基坑时，可采用 U 形布置。

27.【答案】B

【解析】当基坑较深而地下水位又较高时，需要采用多级轻型井点，会增加基坑的挖土量，延长工期并增加设备数量，是不经济的，因此当降水深度超过 8m 时，宜采用喷射井点，降水深度可达 8~20m。

28.【答案】D

【解析】A、B 选项错，填方宜采用同类土填筑，如采用不同透水性的土分层填筑时，下层宜填筑透水性较大、上层宜填筑透水性较小的填料，或将透水性较小的土层表面做成适当坡度，以免形成水囊。C 选项错，淤泥、冻土、膨胀性土及有机物含量大于 5%的土，以及硫酸盐含量大于 5%的土均不能作填土。

29.【答案】D

【解析】重锤夯实法的效果或影响深度与夯锤的重量、锤底直径、落距、夯实的遍数、土的含水量及土质条件等因素有关。

30.【答案】C

【解析】根据桩在土中受力情况的不同，可以分为端承桩和摩擦桩。端承桩是穿过软弱土层而达到硬土层或岩层的一种桩，上部结构荷载主要依靠桩端反力支撑；摩擦桩是完全设置在软弱土层一定深度的一种桩，上部结构荷载主要由桩侧的摩阻力承担，而桩端反力承担的荷载只占很小的部分。

31.【答案】A

【解析】泥浆护壁成孔灌注桩按成孔工艺和成孔机械不同分为：正循环钻孔灌注桩、反循环钻孔灌注桩、钻孔扩底灌注桩和冲击成孔灌注桩，其使用范围如下：

（1）正循环钻孔灌注桩适用于黏性土、砂土、强风化、中等至微风化岩石。可用于桩径小于 1.5m、孔深一般小于或等于 50m 的场地。

（2）反循环钻孔灌注桩适用于黏性土、砂土、细粒碎石土及强风化、中等至微风化岩石，可用于桩径小于 2m，孔深一般小于或等于 60m 的场地。

（3）钻孔扩底灌注桩适用于黏性土、砂土、细粒碎石土、全风化、强风化、中等风化岩石时，孔深一般小于或等于 40m。

（4）冲击成孔灌注桩适用于黏性土、砂土、碎石土和各种岩层。对厚砂层软塑至流塑状态的淤泥及淤泥质土应慎重使用。

32.【答案】B

【解析】A 选项错，有主、次梁的楼板宜顺着次梁方向浇筑。C 选项错，同一施工段的混凝土应连续浇筑，并应在底层混凝土初凝之前将上一层混凝土浇筑完毕。D 选项错，在浇筑与柱和墙连成整体的梁和板时，应在柱和墙浇筑完毕后停歇 1~1.5h，再继续浇筑。

33.【答案】D

【解析】火山灰质硅酸盐水泥适用范围：①大体积工程；②有抗渗要求的工程；③蒸

汽养护的混凝土构件；④可用于一般混凝土结构；⑤有抗硫酸盐侵蚀要求的一般工程。

34.【答案】A

【解析】在预应力混凝土结构中，预应力混凝土楼板结构的混凝土强度等级不应低于C30，其他预应力混凝土结构构件的混凝土强度等级不应低于C40。

35.【答案】C

【解析】地下工程涂膜防水层施工的一般程序为：清理、修理基层→涂刷基层处理剂→节点部位附加增强处理→涂布防水涂料及铺贴胎体增强材料→清理及检查修理→平面部位铺贴油毡保护隔离层→平面部位浇筑细石混凝土保护层→立面部位粘贴聚乙烯泡沫塑料保护层→基坑回填。

36.【答案】A

【解析】转体施工的主要特点：①可以利用地形，方便预制构件。②施工期间不断航，不影响桥下交通，并可在跨越通车线路上进行桥梁施工。③施工设备少，装置简单，容易制作并便于掌握。④节省木材，节省施工用料。采用转体施工与缆索无支架施工比较，可节省木材80%，节省施工用钢60%。⑤减少高空作业，施工工序简单，施工迅速，当主要结构先期合拢后，给以后施工带来方便。⑥转体施工适合于单跨和三跨桥梁，可在深水、峡谷中建桥采用，同时也适用于平原区以及城市跨线桥。⑦大跨径桥梁采用转体施工将会取得良好的技术经济效益，转体重量轻型化，多种工艺综合利用，是大跨及特大路桥施工有力的竞争方案。

37.【答案】D

【解析】药包安装在竖井或平垌底部的特制的储药室内，装药量大，属于大型爆破的装药方式。它适用于土石方大量集中、地势险要或工期紧迫的路段，以及一些特殊的爆破工程。

38.【答案】B

【解析】地下连续墙的优点主要表现在如下方面：对开挖的地层适应性强，在我国除熔岩地质外，可适用于各种地质条件，无论是软弱地层或在重要建筑物附近的工程中，都能安全地施工。

39.【答案】D

【解析】在干船坞中制作的矩形混凝土管段比在船台上制作的钢壳圆形、八角形或花篮形管段经济，且矩形断面更能充分利用隧道内的空间，可作为多车道、大宽度的公路隧道，是沉管隧道的主流结构。

40.【答案】D

【解析】A选项错，明挖法也有无围护结构的敞口明挖，适用于地面开阔、周围建筑物稀少、地质条件好、土质稳定且在基坑周围无较大荷载、对基坑周围的位移和沉降无严格要求的情况。B选项错，明挖法施工简单，技术成熟，施工快捷，根据需要可以分段同时作业，工程造价和运营费用均较低，且能耗较少。C选项错，盖挖逆作法的施工流程：构筑围护结构→构筑主体结构及中间立柱→构筑顶板→回填土、恢复路面→开挖中土层→构筑上层主体结构→开挖下层土→构筑下层主体结构。目前，城市中施工采用最多的是盖挖逆作法。

41. 【答案】C

【解析】A、B 选项错，单价合同中合同清单作为价款结算的依据。总价合同中标价工程量清单中的清单项目、项目特征、工程数量不具有合同约束力，合同单价根据约定作为变更调价的依据。D 选项错，价格清单列出的建筑安装工程的任何工程量及其价格应仅限于作为合同约定的变更和支付的参考，不应作为结算依据，是工程总承包的清单作用。

42. 【答案】C

【解析】梁编号由梁类型代号、序号、跨数及有无悬挑代号组成。梁的类型代号有楼层框架梁（KL）、楼层框架扁梁（KBL）、屋面框架梁（WKL）、框支梁（KZL）、托柱转换梁（TZL）、非框架梁（L）、悬挑梁（XL）、井字梁（JZL）。

43. 【答案】B

【解析】ACD 选项错，运用统筹法原理，对每个分部分项工程的工程量进行分析，然后依据计算过程的内在联系，按先主后次，统筹安排计算程序。

44. 【答案】A

【解析】功能空间使用面积应按功能空间墙体内表面所围合空间的水平投影面积计算。功能单元建筑面积为功能单元使用面积、功能单元墙体水平投影面积、功能单元内阳台面积及为本功能单元服务的烟囱、通风道、管道井面积之和。功能单元本身的使用面积和建筑面积，不包含功能单元之外的公共门厅、公共走道、公共楼梯等的面积。功能单元使用面积即为住宅套内使用面积。A 选项的说法不正确，因此，答案为 A。

45. 【答案】B

【解析】结构层高或斜面结构板顶高度小于 2.20m 的建筑空间不应计算建筑面积。

46. 【答案】B

【解析】建筑的室内净高应满足各类型功能场所空间净高的最低要求，地下室、局部夹层、公共走道、建筑避难区、架空层等有人员正常活动的场所最低处室内净高不应小于 2.00m。因此，答案为 B。

47. 【答案】B

【解析】平整场地，按设计图示尺寸以建筑物首层建筑面积计算。建筑物地下室结构外边线突出首层结构外边线时，其突出部分的建筑面积合并计算。项目特征需描述土石类别。余方弃置，按挖方清单项目工程量减回填清单项目工程量（可利用），以体积计算。项目特征需描述土石类别。

48. 【答案】C

【解析】预压地基、强夯地基、振冲密实地基（不填料），按设计图示处理范围以面积计算。

49. 【答案】B

【解析】地下连续墙，按设计图示墙体尺寸以体积计算。

50. 【答案】C

【解析】灌注桩后注浆，按设计图示以注浆孔数计算（单位：孔）。

51. 【答案】B

【解析】石基础、石勒脚、石墙的划分：基础与勒脚应以设计室外地坪为界。勒脚与墙身应以设计室内地面为界。石围墙以设计室外地坪为界，两侧地坪标高不同时，应以较低地坪标高为界，以下为基础，以上为墙身；当两侧标高之差为挡土墙时，挡土墙以上为墙身。B 选项说法正确。

52. 【答案】A

【解析】双肢箍的单根长度可按下式计算：

双肢箍单根长度＝箍筋中心线长度+2×弯钩增加长度＝构件周长−8×混凝土保护层厚度−4×箍筋直径+2×弯钩增加长度

因此，本体单根箍筋长度：1500−8×25−4×8+2×90＝1448（mm）。

53. 【答案】C

【解析】选项 A 错误，钢屋面板，按设计图示尺寸以铺设斜面积计算。选项 B 错误，钢板墙板，按设计图示尺寸以铺挂展开面积计算。包角、包边、窗台泛水等不另加面积。选项 C 正确，钢板墙板，按设计图示尺寸以铺挂展开面积计算。扣除门窗洞口所占面积，不扣除单个面积≤0.3m^2 的梁、孔洞所占面积，包角、包边、窗台泛水等不另加面积。选项 D 错误，钢板楼板，按设计图示尺寸以铺设水平投影面积计算。不扣除单个面积≤0.3m^2 的柱、垛及孔洞所占面积。

54. 【答案】B

【解析】B 选项错误，不扣除套管、线盒及宽度≤300mm 的楼梯井所占的面积，伸出梯板的连接件面积亦不增加。

55. 【答案】D

【解析】选项 A 错误，金属纱窗，按纱扇框的外围尺寸以面积计算。选项 B 错误，特种门，按设计图示洞口尺寸以面积计算。选项 C 错误，木门框，按设计图示尺寸以框中心线长度计算。选项 D 正确，门锁安装，按设计图示数量计算（单位：套）。

56. 【答案】D

【解析】膜结构屋面，按设计图示尺寸以需要覆盖的水平投影面积计算。

57. 【答案】A

【解析】保温隔热天棚，按设计图示尺寸以面积计算。不扣除单个面积≤0.3m^2 的柱、垛、孔洞所占面积，与天棚相连的梁按展开面积并入天棚工程量内。柱帽保温隔热应并入天棚保温隔热工程量内。

58. 【答案】D

【解析】平面砂浆找平层、细石混凝土找平层、自流平找平层，按设计图示尺寸以面积计算。扣除凸出地面构筑物、设备基础、室内管道、地沟等所占面积，不扣除≤0.3m^2 柱、垛、附墙烟囱及孔洞所占面积。门洞、空圈、暖气包槽、壁龛的开口部分不增加面积。

59. 【答案】B

【解析】构件式玻璃幕墙，按设计图示框外围尺寸以面积计算。构件式石材幕墙、构件式金属板幕墙、构件式人造板幕墙，按设计图示外表面积计算。轻质隔墙、轻质隔断，按设计图示框外围尺寸以面积计算。成品隔断，按设计图示框外围尺寸以面积计算。

60. 【答案】D

【解析】A 选项正确，成品装饰带，按设计图示尺寸以中心线长度计算。B 选项正确，抹灰线条油漆，按设计图示尺寸以中心线长度计算。C 选项正确，带扶手的栏杆（栏板）、不带扶手的栏杆（栏板），按设计图示以栏杆、栏板中心线长度计算。D 选项不正确，金属面油漆，按设计图示尺寸以面积计算。

二、多项选择题（共 20 题，每题 2 分。每题的备选项中，有 2 个或 2 个以上符合题意，至少有 1 个错项。错选，本题不得分；少选，所选的每个选项得 0.5 分）

61. 【答案】ABCD

【解析】土的结构和构造：土的结构是指土颗粒本身的特点和颗粒间相互关联的综合特征，一般可分为两大基本类型：

（1）单粒结构。也称散粒结构，是碎石（卵石）、砾石类土和砂土等无黏性土的基本结构形式，其对土的工程性质影响主要在于其松密程度。

（2）集合体结构。也称团聚结构或絮凝结构，这类结构为黏性土所特有。黏性土组成颗粒细小，表面能大，颗粒带电，沉积过程中粒间引力大于重力，并形成结合水膜连接，使之在水中不能以单个颗粒沉积下来，而是凝聚成较复杂的集合体进行沉积。

62. 【答案】ABCE

【解析】本题考查的是边坡稳定。地下水的作用是很复杂的，主要表现在以下几个方面：①地下水会使岩石软化或溶蚀，导致上覆岩体塌陷，进而发生崩塌或滑坡；②地下水产生静水压力或动水压力，促使岩体下滑或崩倒；③地下水增加了岩体重量，可使下滑力增大；④在寒冷地区，渗入裂隙中的水结冰，产生膨胀压力，促使岩体破坏倾倒；⑤地下水产生浮托力，使岩体有效重量减轻，稳定性下降。

63. 【答案】ABD

【解析】涵洞可分为圆管涵、盖板涵、拱涵、箱涵等。

（1）圆管涵。圆管涵的直径一般为 0.75～2m。圆管涵受力情况和适应基础的性能较好，两端仅需设置端墙，不需设置墩台，故圬工数量少，造价低，但低路堤使用受到限制。钢筋混凝土管涵适用于缺少石料地区且有足够填土高度的小跨径暗涵，一般采用单孔，多孔时不宜超过 3 孔。倒虹吸管涵适用于路堑挖方高度不能满足设置渡槽的净空要求时的灌溉渠道，不适用于排洪河沟。钢波纹管涵适用于地基承载力较低，或有较大沉降与变形的路基。

（2）盖板涵。盖板涵在结构形式方面有利于在低路堤上使用，当填土较少时可做成明涵。钢筋混凝土盖板涵适用于无石料地区且过水面积较大的明涵或暗涵。石盖板涵适用于石料丰富且过水流量较小的小型涵洞。

（3）拱涵。拱涵适用于跨越深沟或高路堤。一般超载潜力较大，砌筑技术容易掌握，是一种普遍采用的涵洞形式。

（4）箱涵。钢筋混凝土箱涵适用于软土地基，但施工困难且造价较高，较少采用。

64. 【答案】ABCD

【解析】坡屋面的细部构造：

（1）檐口。坡屋面的檐口式样主要有两种：一种是挑出檐口，要求挑出部分的坡度与屋面坡度一致；另一种是女儿墙檐口，要做好女儿墙内侧的防水，以防渗漏。

1）砖挑檐。砖挑檐一般不超过墙体厚度的1/2，且不大于240mm。每层砖挑长为60mm，砖可平挑出，也可把砖斜放，用砖角挑出，挑檐砖上方瓦伸出50mm。

2）椽木挑檐。当屋面有椽木时，可以用椽木出挑，以支承挑出部分的屋面。挑出部分的椽条，外侧可钉封檐板，底部可钉木条并油漆。

3）屋架端部附木挑檐或挑檐木挑檐。如需要较大挑长的挑檐，可以沿屋架下弦伸出附木，支承挑出的檐口木，并在附木外侧面钉封檐板，在附木底部做檐口吊顶。对于不设屋架的房屋，可以在其横向承重墙内压砌挑檐木并外挑，用挑檐木支承挑出的檐口。

4）钢筋混凝土挑天沟。当房屋屋面集水面积大、檐口高度高、降雨量大时，坡屋面的檐口可设钢筋混凝土天沟，并采用有组织排水。

（2）山墙。双坡屋面的山墙有硬山和悬山两种。硬山是指山墙与屋面等高或高于屋面成女儿墙。悬山是把屋面挑出山墙之外。

（3）斜天沟。坡屋面的房屋平面形状有凸出部分，屋面上会出现斜天沟。构造上常采用镀锌铁皮折成槽状，依势固定在斜天沟下的屋面板上，以作为防水层。

（4）烟囱泛水构造。烟囱四周应做泛水，以防雨水的渗漏。一种做法是镀锌铁皮泛水，将镀锌铁皮固定在烟囱四周的预埋件上，向下披水。在靠近屋脊的一侧，铁皮伸入瓦下，在靠近檐口的一侧，铁皮盖在瓦面上。另一种做法是用水泥砂浆或水泥石灰麻刀砂浆做抹灰泛水。

（5）檐沟和落水管。坡屋面房屋采用有组织排水时，需在檐口处设檐沟，并布置落水管。坡屋面排水计算、落水管的布置数量、落水管、雨水斗、落水口等要求同平屋顶有关要求。坡屋面檐沟和落水管可用镀锌铁皮、玻璃钢、石棉水泥管等材料。

65.【答案】ABD

【解析】A、B选项错，单向板（长短边比值大于或等于3，四边支承）仅短边受力。D选项错，悬挑板只有一边支承，其主要受力钢筋摆在板的上方，分布钢筋放在主要受力筋的下方。

66.【答案】ACD

【解析】单层厂房的围护结构包括外墙、屋顶、地面、门窗、天窗、地沟、散水、坡道、消防梯、吊车梯等。

67.【答案】BCDE

【解析】纤维混凝土的作用如下：

（1）很好地控制混凝土的非结构性裂缝；

（2）对混凝土具有微观补强的作用；

（3）利用纤维束减少塑性裂缝和混凝土的渗透性；

（4）增强混凝土的抗磨损能力；

（5）静载试验表明纤维混凝土可替代焊接钢丝网；

（6）增加混凝土的抗破损能力；

（7）增加混凝土的抗冲击能力。

68.【答案】C

【解析】下列部位或环境中的填充墙不应使用轻骨料混凝土小型空心砌块或蒸压加气混凝土砌块砌体：（1）建（构）筑物防潮层以下墙体；（2）长期浸水或化学侵蚀环境；（3）砌体表面温度高于 80℃的部位；（4）长期处于有振动源环境的墙体。

69. 【答案】CDE

【解析】A 选项错，硬聚氯乙烯（PVC-U）管通常直径为 40~100mm。内壁光滑阻力小、不结垢、无毒、无污染、耐腐蚀。使用温度不大于 40℃，为冷水管。B 选项错，氯化聚氯乙烯（PVC-C）管因其使用的胶水有毒性，一般不用于饮用水管道系统。

70. 【答案】ADE

【解析】矿渣棉可作为建筑物的墙体、屋顶、天棚等处的保温隔热和吸声材料，以及热力管道的保温材料。燃烧性能为不燃材料。由于石棉中的粉尘对人体有害，民用建筑很少使用，目前主要用于工业建筑的隔热、保温及防火覆盖等。玻璃棉可制成沥青玻璃棉毡、板及酚醛玻璃棉毡、板等制品，广泛用在温度较低的热力设备和房屋建筑中的保温隔热，同时它还是良好的吸声材料。玻璃棉燃烧性能为不燃材料。陶瓷纤维是一种纤维状轻质耐火材料，直径为 2~5μm，长度为 30~250mm，纤维表面呈光滑圆柱形。具有重量轻、耐高温、热稳定性好、导热率低、比热小及耐机械振动等优点。

71. 【答案】AB

【解析】推土机的特点是操作灵活、运输方便，所需工作面较小，行驶速度较快，易于转移。推土机可以单独使用，也可以卸下铲刀牵引其他无动力的土方机械，如拖式铲运机、松土机、羊足碾等。推土机的经济运距在 100m 以内，以 30~60m 为最佳运距，使用推土机推土的几种施工方法：

（1）下坡推土法。推土机顺地面坡势进行下坡推土，可以借机械本身的重力作用增加铲刀的切土力量，因而可增大推土机铲土深度和运土数量，提高生产效率，在推土丘、回填管沟时，均可采用。

（2）分批集中、一次推送法。在较硬的土中，推土机的切土深度较小，一次铲土不多，可分批集中，再整批地推送到卸土区。应用此法，可使铲刀的推送数量增大，缩短运输时间，提高生产效率 12%~18%。

（3）并列推土法。在较大面积的平整场地施工中，采用两台或三台推土机并列推土。能减少土的散失，因为两台或三台推土机单独推土时，有四边或六边向外撒土，而并列后只有两边向外撒土，一般可使每台推土机的推土量增加 20%。并列推土时，铲刀间距 15~30cm。并列台数不宜超过四台，否则互相影响。

（4）沟槽推土法。就是沿第一次推过的原槽推土，前次推土所形成的土埂能阻止土的散失，从而增加推运量。这种方法可以和分批集中、一次推送法联合运用。能够更有效地利用推土机，缩短运土时间。

（5）斜角推土法。将铲刀斜装在支架上，与推土机横轴在水平方向形成一定角度进行推土。一般在管沟回填且无倒车余地时可采用这种方法。

72. 【答案】AC

【解析】防水混凝土在施工中应注意事项：

1）保持施工环境干燥，避免带水施工。

2）防水混凝土采用预拌混凝土时，入泵坍落度宜控制在 120～140mm，坍落度每小时损失不应大于 20mm，坍落度总损失值不应大于 40mm。

3）防水混凝土浇筑时的自落高度不得大于 1.5m；防水混凝土应采用机械振捣，并保证振捣密实。

4）防水混凝土应自然养护，养护时间不少于 14d。

5）喷射混凝土终凝 2h 后应采取喷水养护，养护时间不得少于 14d；当气温低于 5℃时，不得喷水养护。

6）防水混凝土结构的变形缝、施工缝、后浇带、穿墙管、埋设件等设置和构造必须符合设计要求。

73.【答案】ACE

【解析】洞室爆破：为使爆破设计断面内的岩体大量抛掷（抛坍）出路基，减少爆破后的清方工作量，保证路基的稳定性，可根据地形和路基断面形式，采用抛掷爆破、定向爆破、松动爆破方法。

74.【答案】ABCD

【解析】A 选项错，清底一般安排在插入钢筋笼之前进行。B 选项错，如果清底后到混凝土浇筑前的间隔时间较长，亦可在浇筑混凝土前利用混凝土导管再进行一次清底。C 选项错，清底后槽内泥浆的相对密度应在 1.15g/cm^3 以下。D 选项错，我国多采用置换法进行清底。

75.【答案】ABDE

【解析】浅埋暗挖法施工：浅埋暗挖法施工中必须坚持"管超前、严注浆、短开挖、强支护、快封闭、勤量测"的原则。

76.【答案】AE

【解析】独立基础平法施工图的注写方式：（1）集中标注包括基础形式和编号、截面竖向尺寸、配筋三项必注内容，以及基础底面标高（与基础底面基准标高不同时）和必要的文字注解两项选注内容。

① 基础形式和编号。独立基础的形式和编号按下表注写，阶形截面编号加下标 J，坡形截面编号加下标 P。如 DJ_J01 表示序号 01 的普通阶形截面独立基础，见答 76 表。

答 76 表　　独立基础的形式和编号

类型	基础底板截面形状	代号	序号
普通独立基础	阶形	DJ_J	××
	坡形	DJ_P	××
杯口独立基础	阶形	BJ_J	××
	坡形	BJ_P	××

③ 配筋。基础底板顶部配筋以 T 表示，T 后先注写受力筋，再注写分布筋，并用"/"分开。

（2）原位标注主要标注独立基础的平面尺寸。对相同编号的基础，可选择一个进行原位标注；当平面图形较小时，可将所选定进行原位标注的基础按比例适当放大；其他相同编号者仅注编号。

77. 【答案】AC

【解析】A 选项正确，有柱的室外连廊应按其柱或外围护结构外表面所围空间的水平投影面积计算。B 选项不正确，独立柱支撑的室外连廊应按其顶盖水平投影面积的 1/2 计算。C 选项正确，无柱的室外挑廊应按其围护设施外表面所围空间水平投影面积的 1/2 计算。D 选项不正确，无柱雨篷不应计算建筑面积。E 选项不正确，室外场馆看台雨篷应按其顶盖水平投影面积的 1/2 计算。

78. 【答案】ABCE

【解析】下列空间与部位不应计算建筑面积：

1）结构层高或斜面结构板顶高度小于 2. 20m 的建筑空间。包括层高小于 2. 20m 的设备管道夹层、结构板顶高度小于 2. 20m 的坡屋顶等。

2）无顶盖的建筑空间。包括室外平台、室外挑台、露台、室外游泳池、室外台阶、坡道、建筑屋面、屋顶花园、花架；无顶盖架空通廊；各种操作平台、上料平台、设备平台等。

3）附属在建筑外围护结构上的构（配）件。指附属在外围护结构的装饰、遮阳、设备平台等构（配）件，如附属在外墙的装饰柱、门窗线脚、勒脚、突出墙面的装饰线条、空调机板、遮阳板、建筑挑檐、无柱雨篷等非建筑外围护结构系统的构（配）件。

4）建筑出挑部分的下部空间。建筑出挑部分的下部空间不计算建筑面积。

5）建筑物中用作城市街巷通行的公共交通空间。包括骑楼、建筑的过街通道等。

6）独立于建筑物之外的各类构筑物。包括烟筒、水塔、水（油）罐、栈桥、储仓、储油（水）池等。

79. 【答案】ACD

【解析】管沟土（石）方，按设计图示管底基础（含垫层）底面积另加工作面面积，乘以挖土（石）深度，以体积计算；无管底基础及垫层时，按管外径的水平投影面积另加工作面面积，乘以挖土（石）深度，以体积计算。管道线路上各类井的土（石）方并入管沟土（石）方。挖沟槽土（石）方项目特征描述同挖基坑土（石）方。

80. 【答案】CDE

【解析】地下室外墙、钢筋混凝土墙，按设计图示尺寸以体积计算。扣除门窗洞口及单个面积>0. 3m^2 的孔洞所占体积，墙柱、墙梁及突出墙面部分并入墙体体积内。选项 A、B 说法正确，选项 C、D、E 说法不正确。

专家权威详解

模拟题三答案与解析

一、单项选择题（共60题，每题1分，每题的备选项中，只有一个最符合题意）

1. **【答案】** C

【解析】 砂土是粒径大于2mm的颗粒含量不超过全重50%，且粒径大于0.075mm的颗粒含量超过全重50%的土。

2. **【答案】** C

【解析】 ①地层岩性对边坡稳定性影响很大，软硬相间，在有软化、泥化或易风化的夹层时，最易造成边坡失稳。②侵入岩、沉积岩以及片麻岩、石英岩等构成的边坡，一般稳定程度较高。喷出岩边坡原生的节理，尤其是柱状节理发育时，易形成直立边坡并易发生崩塌。③含有黏土质页岩、泥岩、煤层、泥灰岩、石膏等夹层的沉积岩边坡，最易发生顺层滑动，或因下部蠕滑而造成上部岩体的崩塌。

3. **【答案】** B

【解析】 风化、破碎岩层，岩体松散，强度低，整体性差，抗渗性差，有的不能满足建筑物对地基的要求。风化一般在地基表层，可以挖除。破碎岩层有的较浅，也可以挖除。有的埋藏较深，如断层破碎带，可以用水泥浆灌浆加固或防渗；风化、破碎影响边坡稳定的，可根据情况采用喷混凝土或挂网喷混凝土护面，必要时配合灌浆和锚杆加固，甚至采用砌体、混凝土和钢筋混凝土等格构方式的结构护坡。

4. **【答案】** A

【解析】 岩浆岩、厚层坚硬的沉积岩及变质岩，围岩的稳定性好，适于修建大型的地下工程。凝灰岩、黏土岩、页岩、胶结不好的砂砾岩、千枚岩及某些片岩，稳定性差，不宜用于修建大型地下工程。松散及破碎的岩石稳定性极差，选址时应尽量避开。

5. **【答案】** C

【解析】 裂隙（裂缝）对工程选址的影响：

裂隙（裂缝）对工程建设的影响主要表现在破坏岩体的整体性，促使岩体风化加快，增强岩体的透水性，使岩体的强度和稳定性降低。裂隙（裂缝）的主要发育方向与建筑边坡走向平行的，边坡易发生坍塌。裂隙（裂缝）的间距越小，密度越大，对岩体质量的影响越大。

断层对工程选址的影响：

由于岩层发生强烈的断裂变动，致使岩体裂隙增多、岩石破碎、风化严重、地下水发育，从而降低了岩石的强度和稳定性，对建筑造成了种种不利的影响。在公路工程建设中，应尽量避开大的断层破碎带。

对于研究路线布局来说，特别在安排河谷路线时，要注意河谷地貌与断层构造的关系。当路线与断层走向平行，路基靠近断层破碎带时，由于开挖路基，容易使边坡发生大规模坍塌，直接影响施工和公路的正常使用。在进行大桥桥位勘测时，要注意查明桥基部分有无断层存在，及其影响程度如何，以便根据不同的情况，在设计基础工程时采取相应的处理措施。

对于在断层发育地带修建隧道来说，由于岩层的整体性遭到破坏，加之地面水或地下水的侵入，其强度和稳定性都是很差的，容易产生洞顶塌落，影响施工安全。因此，当隧道轴线与断层走向平行时，应尽量避免与断层破碎带接触。隧道横穿断层时，虽然只是个别段落受断层影响，但因地质及水文地质条件不良，必须预先考虑措施，保证施工安全。特别当岩层破碎带规模很大，或者穿越断层带时，会使施工十分困难，在确定隧道平面位置时，应尽量设法避开。

6. **【答案】** A

【解析】 在水平层状围岩中，当岩层很薄或软硬相间时，顶板容易下沉弯曲折断。

7. **【答案】** B

【解析】 建筑高度大于 27.0m 的住宅建筑和建筑高度大于 24.0m 的非单层公共建筑，且高度不大于 100.0m 的，为高层民用建筑。

8. **【答案】** B

【解析】 A 选项错，钢框架-支撑结构体系属于双重抗侧力结构体系，钢框架部分是剪切型结构，支撑部分是弯曲型结构。CD 选项错，由于支撑斜杆仅承受水平荷载，当支撑产生屈曲或破坏后，不会影响结构承担竖向荷载的能力，框架继续承担荷载，不致危及建筑物的基本安全。

9. **【答案】** D

【解析】 横向剪力墙宜均匀对称布置在建筑物端部附近、平面形状变化处。纵向剪力墙宜布置在房屋两端附近。在水平荷载的作用下，剪力墙好比固定于基础上的悬臂梁，其变形为弯曲型变形，框架为剪切型变形。框架与剪力墙通过楼盖联系在一起，并通过楼盖的水平刚度使两者具有共同的变形。一般情况下，整个建筑的剪力墙至少承受 80% 的水平荷载。

10. **【答案】** A

【解析】 混凝土基础具有坚固、耐久、刚性角大，根据需要可任意改变形状的特点，常用于地下水位高、受冰冻影响的建筑物。混凝土基础台阶宽高比为 1∶1.5~1∶1，实际使用时可把基础断面做成锥形或阶梯形。对于锥形或阶梯形基础断面，应保证两侧有不小于 200mm 的垂直面。

11. **【答案】** A

【解析】 答 11 表为找平层厚度及技术要求。

答 11 表　　　　找平层厚度及技术要求

找平层分类	适用的基层	厚度（mm）	技术要求
水泥砂浆	整体现浇混凝土板	15~20	1∶2.5 水泥砂浆
	整体材料保温层	20~25	

续表

找平层分类	适用的基层	厚度（mm）	技术要求
细石混凝土	装配式混凝土板	30~35	C20 混凝土宜加钢筋网片
	板状材料保温板		C20 混凝土

12. 【答案】C

【解析】次干路应与主干路结合组成干路网，以集散交通功能为主，兼有服务功能。

13. 【答案】B

【解析】填土路基宜选用级配较好的粗粒土作填料。用不同填料填筑路基时，应分层填筑，每一水平层均应采用同类填料。

14. 【答案】C

【解析】桥塔是悬索桥最重要的构件。桥塔的高度主要由桥面标高和主缆索的垂跨比 f/L 确定，通常垂跨比 f/L 为 1/12~1/9。大跨度悬索桥的桥塔主要采用钢结构和钢筋混凝土结构。其结构形式可分为桁架式、刚架式和混合式三种。刚架式桥塔通常采用箱形截面。

15. 【答案】B

【解析】盖板涵的过水能力较圆管涵大，与同孔径的拱涵相接近，施工期限较拱涵短，但钢材用量比拱涵多，对地基承载力的要求较拱涵低。

16. 【答案】D

【解析】蛛网式，该路网由多条辐射状线路与环形线路组合，其运送能力很大，可减少旅客的换乘次数，又能避免客流集中堵塞，减轻多线式路网存在的市中心换乘负担问题。棋盘式地铁线路沿城市棋盘式的道路系统建设而成，线路网密度大，客流量分散，但乘客换乘次数增多，增加了车站设备的复杂性。

17. 【答案】C

【解析】按管线覆土深度分类：一般以管线覆土深度超过 1.5m 作为划分深埋和浅埋的分界线。在北方寒冷地区，由于冰冻线较深，给水、排水，以及含有水分的煤气管道，需深埋敷设；而热力管道、电力、电信线路不受冰冻的影响，可以采用浅埋敷设。在南方地区，由于冰冻线不存在或较浅，给水等管道也可以浅埋，而排水管道需要有一定的坡度要求，排水管道往往处于深埋状况。

18. 【答案】C

【解析】强屈比（R_m/R_{eL}）能反映钢材的利用率和结构安全可靠程度。

19. 【答案】D

【解析】细度是指硅酸盐水泥及普通水泥颗粒的粗细程度，用比表面积法表示。水泥的细度直接影响水泥的活性和强度。颗粒越细，与水反应的表面积越大，水化速度快，早期强度高，但硬化收缩较大，且粉磨时能耗大，成本高。但颗粒过粗，又不利于水泥活性的发挥，强度也低。

20. 【答案】A

【解析】结构混凝土用水泥的主要控制指标应包括凝结时间、安定性、胶砂强度和氯离子含量。水泥中使用的混合材料品种和掺量应在出厂文件中明示。

21. 【答案】B

【解析】混凝土在直接受拉时，很小的变形就会开裂。它在断裂前没有残余变形，是一种脆性破坏。混凝土的抗拉强度只有抗压强度的1/20~1/10，且强度等级越高，该比值越小。所以，混凝土在工作时，一般不依靠其抗拉强度。在设计钢筋混凝土结构时，不是由混凝土承受拉力，而是由钢筋承受拉力。但是混凝土的抗拉强度对减少裂缝很重要，有时也用来间接衡量混凝土与钢筋的粘结强度。

22. 【答案】B

【解析】在混凝土中掺入适量引气剂或引气减水剂，可以形成大量封闭微小气泡，这些气泡相互独立，既不渗水，又使水路变得曲折、细小、分散，可显著提高混凝土的抗渗性。

23. 【答案】B

【解析】大理石板材用于宾馆、展览馆、影剧院、商场、图书馆、机场、车站等公共建筑工程的室内柱面、地面、窗台板、服务台、电梯间门脸的饰面等，是理想的室内高级装饰材料。此外还可制作大理石壁画、工艺品、生活用品等。

24. 【答案】B

【解析】聚氯乙烯防水卷材是以聚氯乙烯树脂为主要原料，掺加填充料和适量的改性剂、增塑剂、抗氧化剂和紫外线吸收剂等，经混炼、压延或挤出成型、分卷包装而成的防水卷材。聚氯乙烯防水卷材根据其基料的组成与特性分为S型和P型。其中，S型是以煤焦油与聚氯乙烯树脂混熔料为基料的防水卷材；P型是以增塑聚氯乙烯树脂为基料的防水卷材。该种卷材的尺度稳定性、耐热性、耐腐蚀性、耐细菌性等均较好，适用于各类建筑的屋面防水工程和水池、堤坝等防水抗渗工程。

25. 【答案】C

【解析】岩棉及矿渣棉统称为矿物棉，由熔融的岩石经喷吹制成的称为岩棉，由熔融矿渣经喷吹制成的称为矿渣棉。最高使用温度约600℃。矿物棉与有机胶粘剂结合可以制成矿棉板、毡、筒等制品，也可制成粒状用作填充材料，其缺点是吸水性大、弹性小。矿渣棉可作为建筑物的墙体、屋顶、吊顶等处的保温隔热和吸声材料，以及热力管道的保温材料。燃烧性能为不燃材料。

26. 【答案】B

【解析】拆装式混凝土搅拌站是由几个大型组件拼装而成，投资少，比较经济，生产量小，在施工现场之间转移拆装方便，适用于混凝土用量不大的工地。

27. 【答案】C

【解析】地势平坦、土质较坚硬时，可采用推土机助铲法以缩短铲土时间。此法的关键是双机要紧密配合，否则达不到预期效果。一般每3~4台铲运机配1台推土机助铲。推土机在助铲的空隙时间，可作松土或其他零星的平整工作，为铲运机施工创造条件。

28. 【答案】A

【解析】沉桩的方式主要有锤击沉桩（打入桩）、静力压桩（压入桩）、射水沉桩（旋入桩）和振动沉桩（振入桩）。锤击沉桩是利用桩锤下落时的瞬时冲击机械能，克服土体对桩的阻力，使其静力平衡状态遭到破坏，导致桩体下沉，达到新的静压平衡状态，如此反复地锤击桩头，桩身也就不断地下沉。锤击沉桩是预制桩最常用的沉桩方法。

29. **【答案】** D

【解析】 A 选项错，套管成孔灌注桩施工可选用单打法、复打法或反插法。单打法适用于含水量较小的土层，复打法或反插法适用于饱和土层。B 选项错，管内灌满混凝土后应先振动，再拔管。C 选项错，桩身配钢筋笼时，第一次混凝土应先浇至钢筋笼笼底标高，然后放置钢筋笼，再浇混凝土到桩顶标高。

30. **【答案】** D

【解析】 A 选项错，注浆施工时先桩端注浆再桩周注浆。B 选项错，可用于素填土、淤泥、淤泥质土、黏性土、粉土、砂土、碎（砾）石土、全风化岩、强风化岩以及软质中风化岩，桩径不宜大于 1400mm。C 选项错，钻孔过程中，应根据地质情况边钻孔边注水，通过搅拌钻杆的搅拌作用使桩孔内土体分散形成流塑状态的泥浆。

31. **【答案】** A

【解析】 根据基坑平面的大小与深度、土质、地下水位高低与流向、降水深度要求，轻型井点可采用单排布置、双排布置以及环形布置；当土方施工机械需进出基坑时，也可采用 U 形布置。

单排布置适用于基坑、槽宽度小于 6m，且降水深度不超过 5m 的情况。井点管应布置在地下水的上游一侧，两端延伸长度不宜小于坑、槽的宽度。双排布置适用于基坑宽度大于 6m 或土质不良的情况。环形布置适用于大面积基坑。如采用 U 形布置，则井点管不封闭的一段应设在地下水的下游方向。

32. **【答案】** B

【解析】 ①下坡推土法。推土机顺地面坡势进行下坡推土，可以借机械本身的重力作用增加铲刀的切土力量，因而可增大推土机铲土深度和运土数量，提高生产效率，在推土丘、回填管沟时，均可采用。②分批集中、一次推送法。在较硬的土中，推土机的切土深度较小，一次铲土不多，可分批集中，再整批地推送到卸土区。应用此法，可使铲刀的推送数量增大，缩短运输时间，提高生产效率 12%~18%。③并列推土法。在较大面积的平整场地施工中，采用两台或三台推土机并列推土。能减少土的散失，因为两台或三台单独推土时，有四边或六边向外撒土，而并列后只有两边向外撒土，一般可使每台推土机的推土量增加 20%。并列推土时，铲刀间距 15~30cm。并列台数不宜超过四台，否则互相影响。④沟槽推土法。就是沿第一次推过的原槽推土，前次推土所形成的土埂能阻止土的散失，从而增加推运量。这种方法可以和分批集中、一次推送法联合运用。能够更有效地利用推土机，缩短运土时间。⑤斜角推土法。将铲刀斜装在支架上，与推土机横轴在水平方向形成一定角度进行推土。一般在管沟回填且无倒车余地时可采用这种方法。

33. **【答案】** B

【解析】 用于各种坡度的地面平整和摊铺物料的铲土运输机械是平地机。铲运机的特点是能独立完成铲土、运土、卸土、填筑、压实等工作。

34. **【答案】** B

【解析】A 选项错，抹灰用的水泥宜为硅酸盐水泥、普通硅酸盐水泥。C 选项错，抹灰用砂子宜选用中砂。D 选项错，用水泥砂浆和水泥混合砂浆抹灰时，应待前一抹灰层凝结后方可抹后一层；用石灰砂浆抹灰时，应待前一抹灰层七八成干后方可抹后一层。

35. 【答案】C

【解析】垂直排水固结法的原理是软土地基在路堤荷载作用下，水从空隙中慢慢排出，空隙比较小，地基发生固结变形，同时随着超静水压力逐渐扩散，土的有效应力增大，地基土强度逐步增长。常利用砂井、袋装砂井、塑料排水板增加土层竖向排水途径，缩短排水距离、加速地基固结。垂直排水法常用于解决软土地基的沉降问题，可使地基沉降在加载预压期间基本完成或大部分完成，使公路完工后在营运期间不发生过大的沉降和减少桥头段沉降差，垂直排水法是由排水系统和堆载系统两部分组成，排水系统可在天然地基中设置竖向排水体（如普通砂井、袋装砂井、塑料排水板等），其上铺设砂垫层。堆载系统为路堤填料的填筑，可以有欠载、等载、超载预压，也可以采用真空预压法用于软黏土地基，施工期间保证有足够的预压期。

36. 【答案】A

【解析】爆破作业的施工程序为：对爆破人员进行技术培训和安全教育→对爆破器材进行检查→试验→清除表土→选择炮位→凿孔→装药→堵塞→敷设起爆网路→设置警戒线→起爆→清方等。

37. 【答案】C

【解析】A 选项错，当拱圈支架未拆除，拱圈中砂浆强度达到设计强度的 70%时，可进行拱顶填土。B 选项错，当拱涵用混凝土预制拱圈安装时，成品达到设计强度的 70%时才允许搬运、安装。D 选项错，拱座石与拱圈石及拱座石与边墙砌石之间的错缝不得小于 100mm。

38. 【答案】B

【解析】地下连续墙是以专门的挖槽设备，沿着深基或地下构筑物周边，采用触变泥浆护壁，按设计的宽度、长度和深度开挖沟槽，待槽段形成后，在槽内设置钢筋笼，采用导管法浇筑混凝土，筑成一个单元槽段的混凝土墙体。依次继续挖槽、浇筑施工，并以某种接头方式将相邻单元槽段墙体连接起来形成一道连续的地下钢筋混凝土墙或帷幕，以作为防渗、挡土、承重的地下墙体结构。

39. 【答案】C

【解析】A 选项错，用轨道摊铺机铺筑时，最小摊铺宽度不宜小于 3. 75m。B 选项错，混凝土坍落度小，应用高频振动、低速度摊铺；混凝土坍落度大，应用低频振动、高速度摊铺。D 选项错，开放交通，在混凝土达到设计弯拉强度的 40%以后，可允许行人通过。

40. 【答案】B

【解析】正式进行喷射施工前，除做好配料、设备试运转、施工劳动组织等工作外，待喷面准备工作是保证顺利施工的关键。喷射前应对开挖尺寸认真检查，清除喷面松动危石，欠挖超标过多的先进行局部处理；喷射前应根据石质情况，用高压风或水冲洗待喷面，将开挖粉尘和杂物清理干净，以有利于混凝土粘结。受喷面有较集中渗水时，应做好排水引流处理；无集中渗水时，根据岩面潮湿程度，适当调整水灰比；喷射施工要按一定顺序有条不紊地进行。喷射作业区段的宽度，一般应以1.5~2.0m为宜。对水平坑道，其喷射顺序为先墙后拱、自下而上；侧墙应自墙基开始，拱应自拱脚开始，封拱区宜沿轴线由前向后；其他准备，主要是检查喷射面尺寸、几何形状是否符合设计要求；作业区应安装足够照明设施，灯具应有保护措施；对有涌水的部位，要做好排水；喷射面上若有冻结，应清扫掉融化的水分；当喷射面具有较强的吸水性时，要预先洒水进行养护。

41. **【答案】** D

【解析】 工程量计算的基本基准是图纸和规范，非设计因素不作为工程量计算的依据，这是工程量计算的一大原则。包括：图纸与规范为基准的计量原则、非设计要求不计量原则、履约计量原则。

42. **【答案】** A

【解析】 B选项错，清单项目的工作内容作为工程量计算标准的重要组成内容，是编制工程量清单时需考虑的重要因素，不应将工作内容中已经包含的工作拆分再列清单。C选项错，工作内容不同于项目特征。D选项错，工作内容主要体现“施工工序”，而质量和安全要求通常包含在施工规范、验收标准或技术条款中。

43. **【答案】** D

【解析】 A选项错，在编制工程量清单时，对于标准中未包括的项目，编制人可以补充。B选项错，一个房屋建筑与装饰工程有3个单位工程，每一单位工程中都有项目特征相同的实心砖墙砌体，在工程量清单中又需反映3个不同单位工程的实心砖墙砌体工程量时，则第一个单位工程的实心砖墙的项目编码应为010401002001，第二个单位工程的实心砖墙的项目编码应为010401002002，第三个单位工程的实心砖墙的项目编码应为010401002003，并分别列出各单位工程实心砖墙的工程量。C选项错，工程量清单的分部分项工程和措施项目的项目名称应按工程量计算标准附录中的项目名称结合拟建工程实际确定。

44. **【答案】** D

【解析】 层高：指建筑物各层之间以楼（地）面面层（设计完成面）计算的垂直距离，屋顶层由该层楼面面层（设计完成面）至平屋面的结构面层或至坡屋顶的结构梁顶与外墙结构面延长线的交点计算的垂直距离。

45. **【答案】** B

【解析】 平屋顶建筑高度应按室外设计地坪至建筑物女儿墙顶点的高度计算，无女儿墙的建筑应按至其屋面檐口顶点的高度计算。该屋面的楼梯间占屋面面积1/10，小于1/4，所以屋面楼梯间不计入建筑高度。则该工程的建筑高度=25.2−(−0.3)=25.5（m）。

46. **【答案】** B

【解析】 历史建筑、历史文化名城名镇名村、历史文化街区、文物保护单位、风景名胜区、自然保护区的保护规划区内的建筑，建筑高度应按建筑物室外设计地坪至建（构）筑物最高点计算。

47. **【答案】** D

【解析】基础沟槽土（石）方，按照设计图示基础（含垫层）底面积另加工作面面积，乘以挖土（石）深度，以体积计算。

48.【答案】B

【解析】A 选择不正确，水泥粉煤灰碎石桩复合地基，按设计桩截面面积乘以桩长以体积计算。B 选择正确，褥垫层，按设计图示尺寸以体积计算。C 选择不正确，注浆加固地基，按设计加固地基尺寸以体积计算。D 选择不正确，旋喷桩复合地基，按设计图示尺寸以桩长计算。

49.【答案】B

【解析】A 选项不正确，型钢桩、钢板桩，按设计图示尺寸以质量计算。B 选项正确，咬合灌注桩、木质桩、预制钢筋混凝土板桩，按设计图示尺寸以桩长计算。C 选项不正确，型钢水泥土搅拌墙，按设计图示成墙截面尺寸乘以桩长以体积计算。D 选项不正确，地下连续墙，按设计图示墙体尺寸以体积计算。

50.【答案】D

【解析】钢管桩，按设计图示尺寸以质量计算。项目特征需描述：地层类别；送桩深度、桩长；材质；管径、壁厚。

51.【答案】C

【解析】项目特征需描述：砖品种、规格、强度等级；墙体类型；墙体厚度；砂浆强度等级。工作内容中综合了刮缝，墙面勾缝按“墙、柱面装饰与隔断、幕墙工程”中“墙、柱面勾缝”列项。

52.【答案】B

【解析】A 选项正确，梁高：梁顶部与板相交时，梁高算至板顶；B 选项错误，梁中部、底部与板相交时，梁高不扣除板厚。C 选项正确，梁长：梁与柱相交时，梁长算至柱侧面。D 选项正确，梁长：主梁与次梁相交时，次梁长算至主梁侧面。

53.【答案】C

【解析】C 选项正确，项目特征需描述：结构形式、跨度；杆件钢材品种、规格；节点形式、连接方式；节点钢材品种、规格；构件涂（镀）层要求；探伤要求。钢网架“结构形式”可描述为平面桁架、四角锥、三角锥等，钢网壳“结构形式”可描述为圆柱面、球面、椭圆抛物面、双曲抛物面等；钢网架“节点形式”可描述为焊接钢板节点、焊接空心球节点、螺栓球节点等，钢网壳“节点形式”可描述为焊接空心球节点、螺栓球节点、嵌入式毂节点等。

54.【答案】A

【解析】A 选项正确，工程量按设计图示数量以“榀”计算。B 选项错误，木柱、木梁、木檩，按设计图示尺寸以体积计算。C 选项错误，木楼梯，按设计图示尺寸以水平投影面积计算。D 选项错误，屋面木基层，按设计图示尺寸以斜面积计算。

55.【答案】C

【解析】选项 A 错误，外挑天沟（檐沟）防水，按设计图示尺寸以展开面积计算。选项 B 错误，屋面排（透）汽管，按设计图示尺寸以长度计算。选项 C 正确，屋面卷材防水、屋面涂膜防水、屋面柔性隔离层，按设计图示尺寸以面积计算。屋面的女儿墙、伸缩缝、设备基础和天窗等处的上翻部分，并入屋面工程量内。选项 D 错误，屋面排水管，按设计图示尺寸以长度计算。如设计未标注尺寸，以檐口至设计室外散水上表面垂直距离计算。

56.【答案】B

【解析】防腐混凝土面层、防腐砂浆面层、防腐胶泥面层、玻璃钢防腐面层、聚氯乙烯板面层、块料防腐面层，按设计图示尺寸以面积计算。

57.【答案】D

【解析】A 选项不正确，石材零星项目、拼碎石材零星项目、块料零星项目、水泥砂浆零星项目，按设计图示尺寸以面积计算。B 选项不正确，标识按设计图形以外接矩形面积计算。C 选项不正确，标线按设计图示尺寸以面积计算。D 选项正确，面积≤0.5m^2 的少量分散的楼地面装饰应按“零星装饰”项目编码列项。

58.【答案】B

【解析】清单项目设置包括墙（柱）面一般抹灰、墙（柱）面装饰抹灰、墙（柱）面勾缝、立面砂浆找平层等。工程量按设计图示尺寸以面积计算。扣除墙裙、门窗洞口面积；不扣除单个面积≤0.3m^2 的孔洞面积，不扣除挂镜线、墙与构件交接处的面积；附墙柱、梁、垛、烟囱侧壁并入相应的墙面面积内；门窗洞口和孔洞的侧壁及顶面不增加面积。

59.【答案】C

【解析】平面吊顶天棚，按设计图示尺寸以水平投影面积计算。扣除与天棚相连的窗帘盒所占的面积；不扣除检查口、附墙烟囱、柱垛和管道以及单个面积≤0.3m^2 的独立柱、孔洞所占面积。

60.【答案】B

【解析】A 选项不正确，木材构件喷刷防火涂料，按设计图示尺寸以面积计算。B 选项正确，金属构件喷刷防火涂料，按设计图示尺寸以构件质量计算。C 选项不正确，空花格、栏杆刷涂料，按设计图示尺寸以单面外围面积计算。D 选项不正确，线条刷涂料，按设计图示尺寸以中心线长度计算。

79.【答案】BCDE

【解析】A 选项不正确，基础土石方中，底宽≤3m 且底长>3 倍底宽的为沟槽，超出上述范围的为基坑。B 选项正确，管道线路上各类井的土（石）方并入管沟土（石）方。C 选项正确，基础土方的开挖深度，自预设标高算至基础（含垫层）底标高，下有石方的算至土石分界线。D 选项正确，单独土石方和基础土石方由同一承包人连续施工，不再单列平整场地清单项目。E 选项正确，计算土石方的开挖、回填工程量时，均不考虑不同密实状态的土、石体积折算。

80.【答案】CDE

【解析】选项 A 不正确，预制桩项目工作内容均包括预制桩的场内堆放、场内转运，还包括使用成品预制桩时的成品桩购置工作及使用现场预制桩时的桩制作全部工序。选项 B 不正确，预制钢筋混凝土实心桩、预制钢筋混凝土空心桩应按相应截面形式分别编码列项，其项目特征中的“桩截面形式”“混凝土强度等级”“桩尖类型”等可直接用标准图集的相关代号或设计桩型描述。

二、多项选择题（共 20 题，每题 2 分。每题的备选项中，有 2 个或 2 个以上符合题意，至少有 1 个错项。错选，本题不得分；少选，所选的每个选项得 0.5 分）

61. **【答案】** ACD

【解析】 喷出岩是指喷出地表形成的岩浆岩。一般呈原生孔隙和节理发育，产状不规则，厚度变化大，岩性很不均匀，比侵入岩强度低，透水性强，抗风能力差，如流纹岩、粗面岩、安山岩、玄武岩、火山碎屑岩。

62. **【答案】** CE

【解析】 松散、软弱土层强度、刚度低，承载力低，抗渗性差。对不满足承载力要求的松散土层，如砂和砂砾石地层等可挖除，也可采用固结灌浆、预制桩或灌注桩、地下连续墙或沉井等加固；对不满足抗渗要求的，可灌水泥浆或水泥黏土浆，或地下连续墙防渗；对于影响边坡稳定的，可喷混凝土护面和打土钉支护。

63. **【答案】** ABDE

【解析】 由于地基土层松散软弱或岩层破碎等工程地质原因，不能采用条形基础，而要采用片筏基础甚至箱形基础。对较深松散地层有的要采用桩基础加固。还要根据地质缺陷的不同程度，加大基础的结构尺寸。

64. **【答案】** ABCE

【解析】 房屋中跨度较小的房间（如厨房、厕所、贮藏室、走廊）及雨篷、遮阳等常采用现浇钢筋混凝土板式楼板。无梁楼板的底面平整，增加了室内的净空高度，有利于采光和通风，但楼板厚度较大，这种楼板比较适用于荷载较大、管线较多的商店和仓库等。

65. **【答案】** AC

【解析】（1）为了保证瓦屋面的防水性，防水等级为一级、二级的瓦屋面下必须至少做 1 道防水垫层，与瓦屋面共同组成防水层。

（2）瓦屋面工程的防水做法，见下表

答 65 表　　瓦屋面工程的防水做法

<table>
<tr><th rowspan="2">防水等级</th><th rowspan="2">防水做法</th><th colspan="3">防水层</th></tr>
<tr><th>屋面瓦</th><th>防水卷材</th><th>防水涂料</th></tr>
<tr><td>一级</td><td>不应少于 3 道</td><td>为 1 道，应选</td><td colspan="2">卷材防水层不应少于 1 道</td></tr>
<tr><td>二级</td><td>不应少于 2 道</td><td>为 1 道，应选</td><td colspan="2">不应少于 1 道；任选</td></tr>
<tr><td>三级</td><td>不应少于 1 道</td><td>为 1 道，应选</td><td colspan="2"></td></tr>
</table>

为保证有效排水，烧结瓦、混凝土瓦屋面的坡度不得小于 30%，沥青瓦屋面的坡度不得小于 20%。

66. **【答案】** ADE

【解析】 根据桥梁主跨结构所用材料，桥梁可划分为木桥、圬工桥（包括砖、石、混凝土桥）、钢筋混凝土桥、预应力混凝土桥和钢桥。

67. **【答案】** ABC

【解析】钢结构常用热轧型钢有：工字钢、H 型钢、T 型钢、槽钢、等边角钢、不等边角钢等。

68.【答案】ADE

【解析】引气剂及引气减水剂，除用于抗冻、防渗、抗硫酸盐混凝土外，还宜用于泌水严重的混凝土、贫混凝土以及对饰面有要求的混凝土和轻骨料混凝土，不宜用于蒸养混凝土和预应力混凝土。

69.【答案】DE

【解析】沥青混合料按矿质骨架的结构状况，其组成结构分为以下三个类型：①悬浮密实结构。当采用连续密级配矿质混合料与沥青组成的沥青混合料时，矿料由大到小形成连续级配的密实混合料，由于粗集料的数量较少，细集料的数量较多，较大颗粒被小一档颗粒挤开，使粗集料以悬浮状态存在于细集料之间，不能直接互相嵌锁形成骨架，因此该结构具有较大的黏聚力，但内摩擦角较小，高温稳定性较差，如普通沥青混合料（AC）属于此种类型。②骨架空隙结构。当采用连续开级配矿质混合料与沥青组成的沥青混合料时，粗集料较多，彼此紧密相接，细集料的数量较少，不足以充分填充空隙，形成骨架空隙结构。沥青碎石混合料（AM）多属此类型。这种结构的沥青混合料，粗骨料能充分形成骨架，骨料之间的嵌挤力和内摩阻力起重要作用。因此，这种沥青混合料内摩擦角较高，但黏聚力较低，受沥青材料性质的变化影响较小，因而热稳定性较好，但沥青与矿料的粘结力较小、空隙率大、耐久性较差。③骨架密实结构。采用间断型级配矿质混合料与沥青组成的沥青混合料时，是综合以上两种结构之长的一种结构。既有一定数量的粗骨料形成骨架，又根据粗集料空隙的多少加入细集料，形成较高的密实度。这种结构的沥青混合料不仅内摩擦角较高，黏聚力较高，密实度、强度和稳定性都较好，是一种较理想的结构类型。如沥青玛蹄脂混合料（SMA）属于此类型。

70.【答案】AC

【解析】对外墙涂料、内墙涂料、地面涂料的基本要求如下表所示。

答 70 表　　对外墙涂料、内墙涂料和地面涂料的基本要求

外墙涂料	内墙涂料	地面涂料
（1）装饰性良好 （2）耐水性良好 （3）耐候性良好 （4）耐污染性好 （5）施工及维修容易	（1）色彩丰富、细腻、调和 （2）耐碱性、耐水性、耐粉化性良好 （3）透气性良好 （4）涂刷方便，重涂容易	（1）耐碱性良好 （2）耐水性良好 （3）耐磨性良好 （4）抗冲击性良好 （5）与水泥砂浆有好的粘结性能 （6）涂刷施工方便，重涂容易

71.【答案】ADE

【解析】见答 71 图预应力混凝土工程施工先张法工艺流程。

72.【答案】DE

【解析】A 选项错，当卷材防水层上有重物覆盖或基层变形较大时，应优先采用空铺法、点粘法、条粘法或机械固定法。B 选项错，合成高分子防水卷材的施工方法一般有冷粘法、自粘法、焊接法和机械固定法。C 选项错，立面或大坡面铺贴卷材时，应采用满

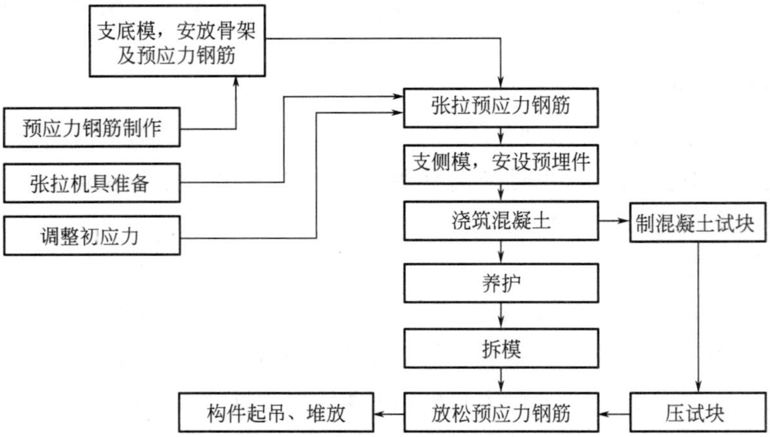

答 71 图　先张法工艺流程

粘法。

73. 【答案】CE

【解析】浅孔爆破通常用手提式凿岩机凿孔，深孔爆破常用冲击式钻机或潜孔钻机凿孔。分散药包：炸药沿孔深的高度分散安装，爆炸后可以使岩石均匀地破碎。集中药包：炸药完全装在炮孔的底部，爆炸后对于工作面较高的岩石崩落效果较好，但不能保证岩石均匀破碎。药壶药包：将炮孔底部打成葫芦形，集中埋置炸药，以提高爆破效果。它适用于结构均匀致密的硬土、次坚石和坚石、量大而集中的石方施工。分层压实法（碾压法）：自下而上水平分层，逐层填筑，逐层压实，是普遍采用并能保证填石路堤质量的方法。清方：当石方爆破后，必须按爆破次数分次清理。

74. 【答案】ABE

【解析】岩石为倾斜或齿状等时，锚杆的方向要尽可能与岩层层面垂直相交，以达到较好的锚固效果。粘结砂浆应拌合均匀，随拌随用，一次拌合的砂浆应在初凝前用完。采用树脂药包时，还应注意：搅拌时间应根据现场气温决定。安设锚杆前应吹孔，并核对孔深是否符合设计要求，安设前应检查风压，不得<0.4MPa。若作为永久支护，则应作防锈处理，并灌注有膨胀性的砂浆。

75. 【答案】ADE

【解析】地下连续墙的优缺点：施工全盘机械化，速度快、精度高，并且振动小、噪声低，适用于城市密集建筑群及夜间施工。具有多功能用途，如防渗、截水、承重、挡土、防爆等，由于采用钢筋混凝土或素混凝土，强度可靠，承压力大。开挖基坑无须放坡，土方量小，浇混凝土无须支模和养护，并可在低温下施工，降低成本，缩短施工时间。制浆及处理系统占地较大，管理不善易造成现场泥泞和污染。由于地下连续墙优点多，适用范围广，广泛应用在建筑物的地下基础、深基坑支护结构、地下车库、地下铁道、地下城、地下电站及水坝防渗等工程中。

76. 【答案】ADE

【解析】φ10@100/200（φ12@100），表示柱中箍筋为HPB300钢筋，直径为10mm，

加密区间距为 100mm，非加密区间距为 200mm。框架节点核心区箍筋为 HPB300 钢筋，直径为 12mm，间距为 100mm。

77. 【答案】AD

【解析】无围护结构、以柱围合，或部分围护结构与柱共同围合，不封闭的建筑空间，应按其柱或外围护结构外表面所围空间的水平投影面积计算。包括由墙、柱围合的雨篷、车棚、货棚、站台、有顶盖平台、有顶盖空中花园；门廊、门斗；室外楼梯；地下车库出入口；室外场馆看台下部空间；有柱的室外连廊；建筑物架空层及吊脚架空层；结构转换层等。B 选项，独立柱支撑的室外楼梯应按其顶盖水平投影面积的 1/2 计算。C 选项，出挑的无柱室外楼梯应按其围护设施外表面所围空间水平投影面积的 1/2 计算。E 选项，出挑的有顶盖空中花园应按其围护设施外表面所围空间水平投影面积的 1/2 计算。

78. 【答案】BCDE

【解析】下列空间与部位不应计算建筑面积：

1）结构层高或斜面结构板顶高度小于 2. 20m 的建筑空间。包括层高小于 2. 20m 的设备管道夹层、结构板顶高度小于 2. 20m 的坡屋顶等。

2）无顶盖的建筑空间。包括室外平台、室外挑台、露台、室外游泳池、室外台阶、坡道、建筑屋面、屋顶花园、花架；无顶盖架字通廊；各种操作平台、上料平台、设备平台等。

3）附属在建筑外围护结构上的构（配）件。指附属在外围护结构的装饰、遮阳、设备平台等构（配）件，如附属在外墙的装饰柱、门窗线脚、勒脚、突出墙面的装饰线条、空调机板、遮阳板、建筑挑檐、无柱雨篷等非建筑外围护结构系统的构（配）件。

4）建筑出挑部分的下部空间。建筑出挑部分的下部空间不计算建筑面积。

5）建筑物中用作城市街巷通行的公共交通空间。包括骑楼、建筑的过街通道等。

6）独立于建筑物之外的各类构筑物。包括烟筒、水塔、水（油）罐、栈桥、储仓、储油（水）池等。

79. 【答案】BCDE

【解析】A 选项不正确，基础土石方中，底宽≤3m 且底长>3 倍底宽的为沟槽，超出上述范围的为基坑。B 选项正确，管道线路上各类井的土（石）方并入管沟土（石）方。C 选项正确，基础土方的开挖深度，自预设标高算至基础（含垫层）底标高，下有石方的算至土石分界线。D 选项正确，单独土石方和基础土石方由同一承包人连续施工，不再单列平整场地清单项目。E 选项正确，计算土石方的开挖、回填工程量时，均不考虑不同密实状态的土、石体积折算。

80. 【答案】CDE

【解析】选项 A 不正确，预制桩项目工作内容均包括预制桩的场内堆放、场内转运，还包括使用成品预制桩时的成品桩购置工作及使用现场预制桩时的桩制作全部工序。选项 B 不正确，预制钢筋混凝土实心桩、预制钢筋混凝土空心桩应按相应截面形式分别编码列项，其项目特征中的“桩截面形式”“混凝土强度等级”“桩尖类型”等可直接用标准图集的相关代号或设计桩型描述。

模拟题四答案与解析

一、单项选择题（共60题，每题1分，每题的备选项中，只有一个最符合题意）

1.【答案】D

【解析】由于成分和结构的不同，每种矿物都有自己特有的物理性质，如颜色、光泽、硬度等。物理性质是鉴别矿物的主要依据。矿物的颜色分为自色、他色和假色，自色可以作为鉴别矿物的特征，而他色和假色则不能。例如，依据颜色鉴定矿物的成分和结构，依据光泽鉴定风化程度，依据硬度鉴定矿物类别。

2.【答案】B

【解析】风化裂隙水分布在风化裂隙中，多数为层状裂隙水，多属潜水。成岩裂隙水分布在成岩裂隙中，可以是潜水，也可以是承压水，当成岩裂隙的岩层出露地表时，常赋存成岩裂隙潜水。

3.【答案】C

【解析】对落水洞及浅埋的溶沟（槽）、溶蚀（裂隙、漏斗）等，宜采用跨越法、充填法进行处理。

4.【答案】D

【解析】对于千枚岩、板岩及片岩，岩性较软弱且易风化，在产状陡立的地段，临近斜坡表部容易出现蠕动变形现象。当受节理切割遭风化后，常出现顺层（或片理）滑坡。

5.【答案】A

【解析】对于地下工程的选址，工程地质的影响要考虑区域稳定性的问题。对区域性深大断裂交汇、近期活动断层和现代构造运动较为强烈的地段，要给予足够的注意。也要注意避免工程走向与岩层走向交角太小甚至近乎平行。

6.【答案】C

【解析】由于岩层发生强烈的断裂变动，致使岩体裂隙增多、岩石破碎、风化严重、地下水发育，从而降低了岩石的强度和稳定性，对工程建筑造成了种种不利的影响。在公路工程建设中，应尽量避开大的断层破碎带。

7.【答案】C

【解析】剪力墙体系是利用建筑物的墙体（内墙和外墙）来抵抗水平力。因为剪力墙既承受垂直荷载，也承受水平荷载。高层建筑主要荷载为水平荷载，墙体既受剪又受弯，所以称剪力墙。剪力墙一般为钢筋混凝土墙，厚度不小于160mm，剪力墙的墙段长度一般不超过8m，适用于小开间的住宅和旅馆等。在180m高的范围内都可以适用。剪力墙结构的优点是侧向刚度大，水平荷载作用下侧移小；缺点是间距小，建筑平面布置不灵活，不适用于大空间的公共建筑，另外结构自重也较大。

8.【答案】C

【解析】悬索结构，是比较理想的大跨度结构形式之一。目前，悬索屋盖结构的跨度已达160m，主要用于体育馆、展览馆中。悬索结构的主要承重构件是受拉的钢索，钢索是用高强度钢绞线或钢丝绳制成。

9. 【答案】A

【解析】厂房、仓库、食堂等空旷单层房屋应按下列规定设置圈梁：砖砌体结构房屋，檐口标高为5~8m时，应在檐口标高处设置一道圈梁，檐口标高大于8m时，应增加设置数量。

10. 【答案】C

【解析】构造柱一般在外墙四角、错层部位、横墙与外纵墙交接处、较大洞口两侧等处设置。

11. 【答案】C

【解析】支撑系统构件：支撑系统包括柱间支撑和屋盖支撑两大部分。支撑构件设置在屋架之间的称为屋盖支撑；设置在纵向柱列之间的称为柱间支撑。支撑构件主要传递水平荷载，起保证厂房空间刚度和稳定性的作用。

12. 【答案】C

【解析】刚性路面：行车荷载作用下产生板体作用，抗弯拉强度大，弯沉变形很小，呈现出较大的刚性，它的破坏取决于极限弯拉强度。刚性路面的主要代表是水泥混凝土路面。

13. 【答案】D

【解析】A选项错，填土路基宜选用级配较好的粗粒土作填料。用不同填料填筑路基时，应分层填筑，每一水平层均应采用同类填料。B选项错，砌石路基应每隔15~20m设伸缩缝一道。当基础地质条件变化时，应分段砌筑，并设沉降缝。C选项错，快速路、主干路的路基路面不宜分期修建，原因主要是快速路、主干路的交通量大，对路面性能要求高，分期修建不仅影响交通运营及行车安全，而且易造成路面的损坏，产生不良社会影响。

14. 【答案】C

【解析】框架式桥台是一种在横桥向呈框架式结构的桩基础轻型桥台，它所承受的土压力较小，适用于地基承载力较低、台身较高、跨径较大的梁桥。其构造形式有柱式、肋墙式、半重力式和双排架式、板凳式等。

15. 【答案】D

【解析】冷弯试验能揭示钢材是否存在内部组织不均匀，内应力、夹杂物未熔合和微裂缝等缺陷，而这些缺陷在拉力试验中常因塑性变形导致应力重分布而得不到反映，因此冷弯试验是一种比较严格的试验，对钢材的焊接质量也是一种严格的检验，能揭示焊件在受弯表面存在的未熔合、裂纹和夹杂物等问题。

16. 【答案】C

【解析】蛛网式路网由多条辐射状线路与环形线路组成，其运送能力很强，可减少旅客的换乘次数，又能避免客流集中堵塞，还能减轻多线式存在的市中心区换乘负担。

17. 【答案】B

【解析】地下道路的建筑限界包括车道、路肩、路缘带、人行道等的宽度以及车道、人行道的净高。道路隧道的横断面净空，除了包括建筑限界之外，还包括通过管道、照明、防灾、监控、运行管理等附属设备所需的空间，以及富裕量和施工允许误差等。

18. 【答案】A

【解析】引气剂是在混凝土搅拌过程中，能引入大量分布均匀的稳定而封闭的微小气泡，以减少拌合物泌水离析、改善和易性，同时显著提高硬化混凝土抗冻融耐久性的外加剂。

19. 【答案】C

【解析】碾压混凝土的特点：①内部结构密实、强度高。碾压混凝土使用的骨料级配孔隙率低，经振动碾压内部结构骨架十分稳定，因此能够充分发挥骨料的强度，使混凝土表现出较高的抗压强度。②干缩性小、耐久性好。振动碾压后，一方面内部结构密实且稳定性好，使其抵抗变形的能力增加；另一方面，由于用水量少，混凝土的干缩减少，水泥石结构中易被腐蚀的氢氧化钙等物质含量也很少，这些都为其改善耐久性打下了良好的基础。③节约水泥、水化热低。因为碾压混凝土的孔隙率很低，填充孔隙所需胶结材料比普通混凝土明显减少；振动碾压工艺对水泥有良好的强化分散和塑化作用，对混凝土流动性要求低，多为干硬性混凝土，需要起润滑作用的水泥浆量减少，所以碾压混凝土的水泥用量大为减少。这不仅节约水泥，而且使水化热大为减少，使其特别适用于大体积混凝土工程。

20. 【答案】A

【解析】泵送剂是指能改善混凝土拌合物的泵送性能，使混凝土具有能顺利通过输送管道，不阻塞，不离析，黏塑性良好的外加剂。其组分包含缓凝及减水组分、增稠组分(保水剂)、引气组分及高比表面无机掺合料。应用泵送剂温度不宜高于35℃，掺泵送剂过量可能造成堵泵现象。泵送剂不宜用于蒸汽养护混凝土和蒸压养护的预制混凝土。

21. 【答案】D

【解析】A选项错，AC属于密级配混合料，适用于支路及以下道路施工。B选项错，AM属半开级配混合料，适用于多雨地区或需要快速排水的路段。C选项错，高黏高弹改性沥青混合料（OGFC）属于开级配混合料，适用于排水降噪路面。

22. 【答案】A

【解析】合成树脂是塑料的主要组成材料，在塑料中的含量为30%~60%，在塑料中起胶粘剂的作用。按合成树脂受热时的性质不同，可分为热塑性树脂和热固性树脂。热塑性树脂刚度小，抗冲击韧性好，但耐热性较差；热固性树脂耐热性好，刚度较大，但质地脆硬。

23. 【答案】C

【解析】氯化聚乙烯-橡胶共混型防水卷材兼有塑料和橡胶的特点。它不仅具有氯化聚乙烯所特有的高强度和优异的耐臭氧、耐老化性能，而且具有橡胶类材料所特有的高弹性、高延伸性和良好的低温柔性。因此，该类卷材主要适用于寒冷地区或变形较大的土木建筑防水工程。

24. 【答案】D

【解析】高强混凝土的延性比普通混凝土差；高强混凝土致密坚硬，其抗渗性、抗冻性、耐蚀性、抗冲击性等诸方面性能均优于普通混凝土。高强混凝土的水泥用量大，早期强度发展较快，特别是加入高效减水剂促进水化，早期强度更高，早期强度高的后期强度增长较小，掺高效减水剂的混凝土后期强度增长幅度要低于没有掺减水剂的混凝土。

25. 【答案】B

【解析】对固体声最有效的隔绝措施是隔断其声波的连续传递，即采用不连续的结构处理，如在墙壁和梁之间、房屋的框架和隔墙及楼板之间加弹性垫，如毛毡、软木、橡胶等材料。

26. 【答案】B

【解析】在土的渗透系数大、地下水量大的土层中，宜采用管井井点降水。管井直径为 150~250mm。管井的间距，一般为 20~50m。

27. 【答案】C

【解析】预压地基又称排水固结法地基，在建筑物建造前，直接在天然地基或在设置有袋状砂井、塑料排水带等竖向排水体的地基上先行加载预压，使土体中孔隙水排出，提前完成土体固结沉降，逐步增加地基强度的一种软土地基加固方法。适用于处理道路、仓库、罐体、飞机跑道、港口等各类大面积淤泥质土、淤泥及冲填土等饱和黏性土地基。预压荷载是其中的关键问题，因为施加预压荷载后才能引起地基土的排水固结。

28. 【答案】C

【解析】水泥土搅拌桩复合地基适用于处理正常固结的淤泥、淤泥质土、素填土、黏性土（软塑、可塑）、粉土（稍密、中密）、粉细砂（松散、中密）、中粗砂（松散、稍密）、饱和黄土等土层。不适用于含大孤石或障碍物较多且不易清除的杂填土、欠固结的淤泥和淤泥质土、硬塑及坚硬的黏性土、密实的砂类土，以及地下水渗流影响成桩质量的土层。

29. 【答案】C

【解析】长度在 10m 以下的短桩，一般多在工厂预制，较长的桩，因不便于运输，通常就在打桩现场附近露天预制。现场预制桩多用重叠法预制，重叠层数不宜超过 4 层。桩堆放时应设置垫木，垫木的位置与吊点位置相同，各层垫木应上下对齐。不同规格的桩应分别堆放。

30. 【答案】B

【解析】锤击沉桩法适用于桩径较小（一般桩径 0.6m 以下），地基土土质为可塑性黏土、砂性土、粉土、细砂以及松散的碎卵石类土的情况。静力压桩施工适用于软土地区、城市中心或建筑物密集处的桩基础工程，以及精密工厂的扩建工程。射水沉桩法适用于砂土和碎石土。振动沉桩主要适用于砂土、砂质黏土、亚黏土层。

31. 【答案】B

【解析】一般当基坑不大时，打桩应从中间分头向两边或四周进行；当基坑较大时，应将基坑分为数段，而后在各段范围内分别进行。打桩应避免自外向内，或从周边向中间进行。当桩基的设计标高不同时，打桩顺序易先深后浅；当桩的规格不同时，打桩顺序宜先大后小、先长后短。

32. 【答案】C

【解析】射水沉桩法的选择应视土质情况而异，在砂夹卵石层或坚硬土层中，一般以射水为主，锤击或振动为辅；在亚黏土或黏土中，为避免降低承载力，一般以锤击或振动为主，射水为辅，并应适当控制射水时间和水量；下沉空心桩，一般用单管内射水。

33. 【答案】D

【解析】套管成孔灌注桩成桩过程：桩机就位→锤击（振动）沉管→上料→边锤击（振动）边拔管，并继续浇筑混凝土→下钢筋笼，继续浇筑混凝土及拔管→成桩。

34. 【答案】C

【解析】调整混凝土的配合比提高密实度。一般应在保证混凝土拌合物和易性的前提下，减小水灰比，降低孔隙率，减少渗水通道。适当提高水泥用量、砂率和灰砂比，在粗骨料周围形成质量良好的、足够厚度的砂浆包裹层，阻断沿粗骨料表面的渗水孔隙。改善骨料颗粒级配，降低混凝土孔隙率。

35. 【答案】B

【解析】见答35图。

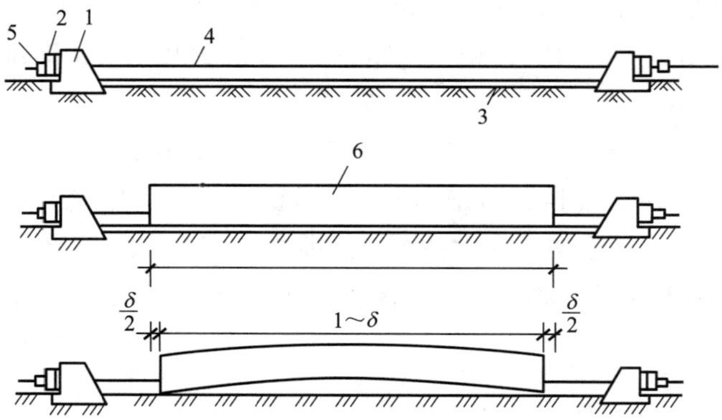

答35图　先张法生产示意图

1—台座承力结构；2—横梁；3—台面；4—预应力筋；
5—锚固夹具；6—混凝土构件

36. 【答案】C

【解析】路堤下层用竖向填筑，而上层用水平分层填筑，使路堤上部经分层压实获得需要的压实度。如因地形限制或堤身较高时，不宜采用水平分层填筑或横向填筑法进行填筑时，可采用混合填筑法。在施工中，单机或多机作业均可，一般沿线路分段进行，每段距离以20~40m为宜，多在地势平坦，或两侧有可利用的山地土场等场合采用。沿线的土质经常在变化，为避免将不同性质的土任意混填，而造成路基病害，应确定正确的填筑方法。

37. 【答案】A

【解析】分段纵挖法是沿路堑纵向选择一个或几个适宜处，将较薄一侧路堑横向挖穿，使路堑分成两段或数段，各段再进行纵向开挖的方法，如教材图4.2.6（c）。该法适用于弃土运距过长的傍山路堑，其一侧堑壁不厚的路堑开挖。

38. 【答案】C

【解析】基坑侧壁安全等级宜为二、三级；水泥土墙施工范围内地基承载力不宜大于150kPa；基坑深度不宜大于7m；基坑周围具备水泥土墙的施工宽度。

39. 【答案】D

【解析】A选项错，混凝土浇灌前应按作业设计规定的位置安装好混凝土导管。导管的数量与槽段长度有关，槽段长度小于4m时，可使用一根导管。B选项错，混凝土浇灌前，应利用混凝土导管进行15min以上的泥浆循环，以改善泥浆质量。C选项错，在钢筋笼入槽后须尽快浇灌混凝土，混凝土要连续浇灌，不能长时间中断，一般可允许中断5~10min，最长也只允许中断20~30min，以保持混凝土的均匀性。

40. 【答案】A

【解析】浅埋暗挖法与明挖法相比，具有灵活多变，对地面建筑、道路和地下管网影响小，拆迁占地少，不扰民，不干扰交通，不污染城市；与盾构法相比，具有简单易行，不需太多专用设备，灵活多变，适用范围广等特点。

41. 【答案】C

【解析】工程量计算规则指向设计已知条件，包含设计图纸及规范规定的范围，不考虑应由施工因素考虑的内容。工程量中不计算放坡工程量，而土方放坡则会与工程的坐落位置、土质情况、开挖方式、边坡支护等各种实际情况有关，其方式方法并不唯一，是应由投标人自行考虑的施工方式，所以在计算规则中不再考虑放坡因素，需由投标人在投标报价中综合考虑。

42. 【答案】A

【解析】见下表。

答42表　　基础编号

类型	基础底板截面形状	代号	序号
普通独立基础	阶形	DJ_J	××
	锥形	DJ_Z	××
杯口独立基础	阶形	BJ_J	××
	锥形	BJ_Z	××

43. 【答案】C

【解析】A选项错误，当轴网向心布置时，切向为X向，径向为Y向。B选项错误，对于普通楼面，两向均以一跨为一板块。D选项错误，板支座上部非贯通筋自边线向跨内的伸出长度，注写在线段的上方位置。

44. 【答案】C

【解析】围护结构是指围合建筑空间的墙体、门、窗。栏杆是围护设施，不属于围护结构。

45. 【答案】A

【解析】功能空间使用面积应按功能空间墙体内表面所围合空间的水平投影面积计算。功能空间使用面积即房间净面积，这里“墙体内表面”是指围合功能空间的墙体基层表面，不包含墙体饰面层。

46. 【答案】D

【解析】机场、广播电视、电信、微波通信、气象台、卫星地面站、军事要塞等设施的技术作业控制区内及机场航线控制范围内的建筑高度，应按建筑物室外设计地坪至建（构）筑物最高点计算。

47. 【答案】B

【解析】A 选项不正确，基础回填，按设计图示基础（含垫层）底面积另加工作面面积，乘以回填深度，减去回填范围内建筑物（构筑物）、基础（含垫层）、管道，以体积计算。B 选项正确，回填方的“材料品种”可描述为就地取土、素土、灰土等。如同时采用多种材料回填，应分别编码列项。C 选项不正确，房心回填，按回填区的净体积计算。D 选项不正确，回填方，按设计图示尺寸以体积计算。

48. 【答案】C

【解析】旋喷桩复合地基，按设计图示尺寸以桩长计算。

49. 【答案】C

【解析】A 选项不正确，喷射混凝土（水泥砂浆），按设计图示尺寸以面积计算。B 选项不正确，型钢桩、钢板桩，按设计图示尺寸以质量计算。C 选项正确，型钢水泥土搅拌墙，按设计图示成墙截面尺寸乘以桩长以体积计算。D 选项不正确，钢支撑、钢腰梁（冠梁），按设计图示尺寸以质量计算。

50. 【答案】A

【解析】A 选择不正确，干作业机械成孔灌注桩是指在不用泥浆护壁和套管护壁的情况下，用钻机成孔后下钢筋笼并灌注混凝土的桩，适用于地下水位以上的土层。

51. 【答案】C

【解析】实心砖柱、多孔砖柱，按设计图示尺寸以体积计算。扣除混凝土及钢筋混凝土梁垫、梁头、板头所占体积。

52. 【答案】A

【解析】A 选项不正确，坡道，按设计图示尺寸以斜面积计算。B 选项不正确，挡土墙，按设计图示尺寸以体积计算，不扣除泄水孔所占体积，墙垛及突出墙面部分并入墙体体积内。C 选项不正确，电缆沟、地沟，按设计图示尺寸以中心线长度计算。D 选项正确，化粪池、检查井，按设计图示数量计算（单位：座）。

53. 【答案】B

【解析】清单项目设置包括实腹钢柱、空腹钢柱、钢管柱等。工程量按设计图示尺寸以质量计算。不扣除孔眼的质量，焊条、铆钉、普通螺栓等不另增加质量，钢柱上的节点板、加强环、内衬管、牛腿及悬臂梁等并入钢柱工程量内。

54. 【答案】D

【解析】选项 A 不正确，木质门带套项目的工作内容中综合了门套安装，不另列项计算工程量。选项 B 不正确，选项 D 正确，木门框，按设计图示尺寸以框中心线长度计算；

单独制作、安装木门框应按“木门框”项目编码列项。选项 C 不正确，木质门、木质门带套、木质连窗门、木质防火门，按设计图示洞口尺寸以面积计算。

55.【答案】D

【解析】楼（地）面卷材防水、楼（地）面涂膜防水、楼（地）面砂浆防水（防潮），按设计图示尺寸以主墙间净面积计算，扣除凸出地面的构筑物、设备基础及单个面积>0.3m^2 的柱、垛、烟囱和孔洞等所占面积。楼（地）面防水上翻高度≤300mm 时，工程量并入楼地面防水工程量内。

56.【答案】D

【解析】A 选项错误，保温隔热层屋面，按设计图示尺寸以面积计算。B 选项错误，保温隔热层天棚，按设计图示尺寸以面积计算。不扣除单个面积≤0.3m^2 的柱、垛、孔洞所占面积，与天棚相连的梁按展开面积并入天棚工程量内。C 选项错误，保温隔热层楼地面，按设计图示尺寸以面积计算。不扣除单个面积≤0.3m^2 的柱、垛、孔洞所占面积。门洞、空圈暖气包槽、壁龛的开口部分不增加面积。D 选项正确，保温梁按设计图示梁断面保温层中心线展开长度乘保温层长度以面积计算。

57.【答案】A

【解析】选项 A 正确，水泥砂浆楼梯面层工程量按设计图示尺寸以面层展开面积计算。选项 B 错误，石材楼地面按设计图示尺寸以面积计算。门洞、空圈、暖气包槽、壁龛的开口部分并入相应的工程量内。选项 C 错误，金属复合地板按设计图示尺寸以面积计算。门洞、空圈、暖气包槽、壁龛的开口部分并入相应的工程量内。选项 D 错误，水泥砂浆楼地面、细石混凝土楼地面、自流平楼地面、耐磨楼地面、塑胶地面，按设计图示尺寸以面积计算。扣除凸出地面构筑物、设备基础、室内管道、地沟、柱、垛、附墙烟囱及孔洞所占面积。门洞、空圈、暖气包槽、壁龛的开口部分并入相应的工程量内。

58.【答案】C

【解析】A 选项正确，B 选项错误，轻质隔墙、轻质隔断，按设计图示框外围尺寸以面积计算，不扣除单个小于或等于 0.3m^2 的孔洞所占面积；浴厕门的材质与隔断相同时，门的面积并入隔断面积内。C 选项错误，轻质隔墙、轻质隔断，按设计图示框外围尺寸以面积计算，不扣除单个小于或等于 0.3m^2 的孔洞所占面积。D 选项正确，骨架及边框制作、安装包含在工作内容中，不另列项计算工程量。

59.【答案】B

【解析】A 选项正确，抹灰面油漆，按设计图示尺寸以面积计算。B 选项错误，抹灰线条油漆，按设计图示尺寸以中心线长度计算。C 选项正确，金属窗油漆，按设计图示洞口尺寸以面积计算。D 选项正确，木地板油漆、木地板烫硬蜡面，按设计图示尺寸以面积计算。

60.【答案】C

【解析】选项 A，镜面玻璃，按设计图示尺寸以边框外围面积计算。选项 B，装饰柜，按设计图示尺寸以正投影面积计算。选项 C，竖式标箱、灯箱、信报箱，按设计图示数量计算（单位：个）。选项 D，箱式招牌，按设计图示尺寸以正立面边框外围面积计算。

二、多项选择题（共 20 题，每题 2 分。每题的备选项中，有 2 个或 2 个以上符合题意，至少有 1 个错项。错选，本题不得分；少选，所选的每个选项得 0.5 分）

61. **【答案】** AC

【解析】 扭（剪）性裂隙，一般多是平直闭合的裂隙，分布较密、走向稳定，延伸较深、较远，裂隙面光滑，常有擦痕，一般出现在褶曲的翼部和断层附近。

62. **【答案】** ABC

【解析】 当基坑底为隔水层且层底作用有承压水时，应进行坑底突涌验算，必要时可采取水平封底隔渗或钻孔减压措施，保证坑底土层稳定。

63. **【答案】** ABD

【解析】 例如，按功能要求可以选用砖混结构的、框架结构的，因工程地质原因造成的地基承载力、承载变形及其不均匀性的问题，要采用框架结构、筒体结构；可以选用钢筋混凝土结构的，要采用钢结构；可以选用砌体的，要采用混凝土或钢筋混凝土。

64. **【答案】** ABCE

【解析】 钢结构的特点是强度高、自重轻、整体刚性好、变形能力强、抗震性能好，适用于建造大跨度和超高、超重型的建筑物。

65. **【答案】** CE

【解析】 A 选项错，钢筋混凝土屋面梁构造简单、高度小、重心低、较稳定、耐腐蚀、施工方便。B 选项错，两铰或三铰拱屋架都可现场集中预制，现场组装，用料省，自重轻，构造简单。但其刚度较差，尤其是屋架平面的刚度更差，对有重型吊车和振动较大的厂房不宜采用。D 选项错，一般是中型以上特别是重型厂房，因其对厂房的横向刚度要求较高，采用无檩方案比较合适。

66. **【答案】** CE

【解析】 A 选项错，碾压混凝土基层应设置与混凝土面层相对应的接缝。B 选项错，中、轻交通道路宜选择水泥或石灰粉煤灰稳定粒料或级配粒料。D 选项错，贫混凝土、碾压混凝土属于刚性基层。

67. **【答案】** CE

【解析】 热轧光圆钢筋由碳素结构钢或低合金结构钢经热轧而成，其强度较低，但具有塑性好、伸长率高、便于弯折成形、容易焊接等特点，可用于中小型混凝土结构的受力钢筋或箍筋，以及作为冷加工（冷拉、冷拔、冷轧）的原料。热轧带肋钢筋采用低合金钢热轧而成，具有较高的强度，塑性和可焊性较好。钢筋表面有纵肋和横肋，从而加强了钢筋与混凝土中间的握裹力，可用于混凝土结构受力筋，以及预应力钢筋。

68. **【答案】** ACD

【解析】 热处理钢筋强度高，用材省，锚固性好，预应力稳定，主要用作预应力钢筋混凝土轨枕，也可以用于预应力混凝土板、吊车梁等构件。

69. **【答案】** ABD

【解析】 细度是指硅酸盐水泥及普通水泥颗粒的粗细程度，用比表面积法表示。水泥的细度直接影响水泥的活性和强度。颗粒越细，与水反应的表面积越大，水化速度快，早期强度高，但硬化收缩较大，且粉磨时能耗大，成本高。但颗粒过粗，又不利于水泥活性的发挥，强度也低。《通用硅酸盐水泥》GB 175 规定，硅酸盐水泥比表面积不小于 $300m^2/kg$。

70. 【答案】BD

【解析】混凝土的密实度、孔隙的构造特征是影响抗冻性的重要因素。

71. 【答案】BCD

【解析】答 71 表为各种井点的适用范围。

答 71 表　　各种井点的适用范围

井点类别	土的渗透系数（m/d）	降低水位深度（m）
单级轻型井点	0.005～20	<6
多级轻型井点	0.005～20	<20
喷射井点	0.005～20	<20
电渗井点	<0.1	根据选用的井点确定
管井井点	0.1～200	不限
深井井点	0.1～200	>15

72. 【答案】AD

【解析】中小型爆破可用雷管、引火剂或导火索等从炮孔的外部引入炮孔的药室使炸药爆炸。导爆线起爆爆速快（6800～7200m/s），主要用于深孔爆破和药室爆破，使几个药室能同时起爆，可以提高爆破效果。塑料导爆管起爆具有抗杂电、操作简单、使用安全可靠、成本较低等优点，有逐渐取代导火索和导爆线起爆的趋势。

73. 【答案】AE

【解析】隧道施工方法分类如答 73 图所示。

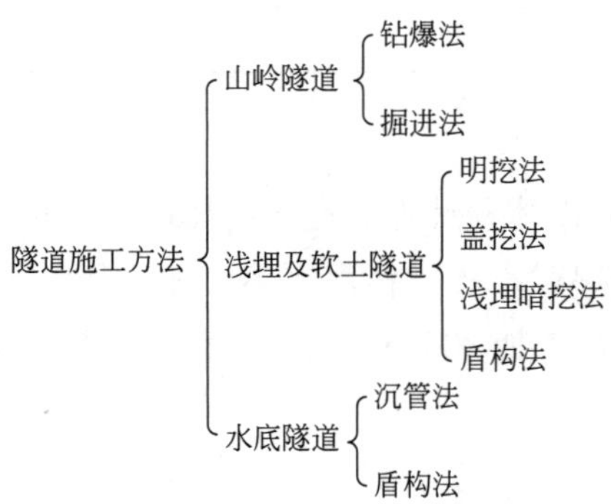

答 73 图　隧道施工方法分类

74. 【答案】ADE

【解析】B 选项错，有顶盖无围护结构的场馆看台应按其顶盖水平投影面积的 1/2 计算面积。C 选项错，出入口外墙外侧坡道有顶盖的部位，应按其外墙结构外围水平面积的 1/2 计算面积。

75. 【答案】ABDE

【解析】C 选项错，骑楼、过街楼底层的开放公共空间和建筑物通道不计算建筑面积。

76.【答案】AE

【解析】DZ 4Φ20/5Φ18/5Φ18，φ10@100，-2.500～-0.050。表示独立基础的短柱设置在-2.500～-0.050m高度范围内，配置HRB400竖向纵筋和HPB300箍筋。其竖向纵筋为：角筋4Φ20、x边中部筋5Φ18、y边中部筋5Φ18；其箍筋直径为10mm，间距100mm。

77.【答案】BCE

【解析】下列空间与部位不应计算建筑面积：

1）结构层高或斜面结构板顶高度小于2.20m的建筑空间。2）无顶盖的建筑空间。3）附属在建筑外围护结构上的构（配）件。4）建筑出挑部分的下部空间。5）建筑物中用作城市街巷通行的公共交通空间。6）独立于建筑物之外的各类构筑物。A选项不正确。D选项，无柱的室外檐廊应按其围护设施外表面所围空间水平投影面积的1/2计算。因此，答案为BCE。

78.【答案】ABD

【解析】见下表。

答78表　　基础施工所需工作面宽度计算表

基础材料	每边各增加工作面宽度（mm）
砖基础	200
浆砌毛石、条石基础	250
混凝土基础、垫层（支模板）	600
基础垂直面做砂浆防潮层	400（自防潮层面）
基础垂直面做防水层或防腐层	1000（自防水层或防腐层面）
支挡土板	100（在上述宽度外另加）

79.【答案】ABE

【解析】按设计图示尺寸以体积计算。嵌入砌体墙内的部分并入楼梯体积内。

楼梯包括楼梯梯段、楼梯梁、楼梯休息平台、平台梁；当楼梯与楼板无楼梯梁连接时，以楼梯的最上一级踏步边缘加300mm为界。架空式混凝土台阶应按"楼梯"项目编码列项。

80.【答案】CDE

【解析】A选项不正确，国家标准《房屋建筑与装饰工程工程量计算标准》GB/T 50854—2024中规定了措施项目的项目编码、项目名称和工作内容，不再区分"能计量"和"不能计量"的项目，均按"项"计算。B选项不正确，"垂直运输"仅包括工程施工过程中的大型垂直运输机械。使用其他吊装机械及人力辅助工器具进行的垂直运输，包含在相应分部分项工作内容中。

模拟题五答案与解析

一、单项选择题（共 60 题，每题 1 分，每题的备选项中，只有一个最符合题意）

1.【答案】D

【解析】答 1 表为裂隙发育程度分级及对工程的影响。

答 1 表　　裂隙发育程度分级及对工程的影响

发育程度等级	基本特征	对工程的影响
裂隙不发育	裂隙 1~2 组，规则，构造型，间距在 1m 以上，多为密闭裂隙。岩体被切割成巨块状	对基础工程无影响，在不含水且无其他不良因素时，对岩体稳定性影响不大
裂隙较发育	裂隙 2~3 组，呈 X 形，较规则，以构造型为主，多数间距大于 0.4m，多为密闭裂隙，少有填充物。岩体被切割成大块状	对基础工程影响不大，对其他工程可能产生相当影响
裂隙发育	裂隙 3 组以上，不规则，以构造型或风化型为主，多数间距小于 0.4m，大部分为张开裂隙，部分有填充物。岩体被切割成小块状	对工程建筑物可能产生很大影响
裂隙很发育	裂隙 3 组以上，杂乱，以风化型和构造型为主，多数间距小于 0.2m，以张开裂隙为主，一般均有填充物。岩体被切割成碎石状	对工程建筑物产生严重影响

2.【答案】C

【解析】A 选项错，包气带水埋藏浅，分布区和补给区一致；水量与水质受气候控制，季节性明显，变化大，雨季水量多，旱季水量少，甚至干涸。B 选项错，风化裂隙水由于风化裂隙彼此相连通，因此在一定范围内形成的地下水也是相互连通的。水平方向透水性均匀，垂直方向随深度而减弱，多属潜水，有时也存在上层滞水。如果风化壳上部的覆盖层透水性很差时，其下部的裂隙带有一定的承压性。D 选项错，在岩溶地区进行工程建设，特别是地下工程，必须弄清岩溶的发育与分布规律，因为岩溶的发育可能使工程地质条件恶化。

3.【答案】A

【解析】当地下水的动水压力大于土粒的浮容重或地下水的水力坡度大于临界水力坡度时，就会产生流砂。

4.【答案】C

【解析】A 选项错，隧洞进出口不应选在排水困难的低洼处，也不应选在冲沟、傍河山嘴及谷口等易受水流冲刷的地段。B 选项错，坚硬完整岩层中开挖，围岩稳定、进度快、造价低。C 选项错，工程施工选址时最好选在地下水位以上的干燥岩体内。

5. 【答案】D

【解析】锚杆有楔缝式金属锚杆、钢丝绳砂浆锚杆、普通砂浆金属锚杆、预应力锚杆及木锚杆等。目前在大中型工程中，常用的是楔缝式金属锚杆和砂浆金属锚杆两种。为了防止锚杆之间的碎块塌落，可采用喷层和钢丝网来配合。

6. 【答案】D

【解析】工程地质是建设工程地基及其一定影响区域的地层性质。

7. 【答案】D

【解析】砖混结构是指建筑物中竖向承重结构的墙、柱等采用砖或砌块砌筑，横向承重的梁、楼板、屋面板等采用钢筋混凝土结构。砖混结构是以小部分钢筋混凝土及大部分砖墙承重的结构。适合开间进深较小、房间面积小、多层或低层的建筑物。

8. 【答案】A

【解析】拱式结构体系：拱是一种有推力的结构，其主要内力是轴向压力，因此可利用抗压性能良好的混凝土建造大跨度的拱式结构。由于拱式结构受力合理，在建筑和桥梁中被广泛应用。它适用于体育馆、展览馆等建筑中。按照结构的组成和支承方式，拱可分为三铰拱、两铰拱和无铰拱。

9. 【答案】A

【解析】倒置式做法即把传统屋面中防水层和隔热层的层次颠倒一下，防水层在下面，保温隔热层在上面。

10. 【答案】C

【解析】房屋中跨度较小的房间（如厨房、厕所、贮藏室、走廊）及雨篷、遮阳等常采用现浇钢筋混凝土板式楼板。

11. 【答案】C

【解析】冷摊瓦屋面是一种构造简单的瓦屋面，在檩条上钉上断面 35mm×60mm，中距 500mm 的椽条，在椽条上钉挂瓦条（注意挂瓦条间距符合瓦的标志长度），在挂瓦条上直接铺瓦。由于构造简单，它只用于简易或临时建筑。

12. 【答案】C

【解析】基层应满足强度、扩散荷载的能力以及水稳定性和抗冻性的要求且不透水性好。

13. 【答案】C

【解析】简支板桥主要用于小跨度桥梁。跨径在 4~8m 时，采用钢筋混凝土实心板桥；跨径在 6~13m 时，采用钢筋混凝土空心倾斜预制板桥；跨径在 8~16m 时，采用预应力混凝土空心预制板桥。

14. 【答案】B

【解析】见答 14 图。

15. 【答案】B

【解析】常用的洞口建筑形式有端墙式、八字式、井口式；涵洞与路线斜交分为斜洞口与正洞口。八字翼墙泄水能力较端墙式洞口好，多用于较大孔径的涵洞。

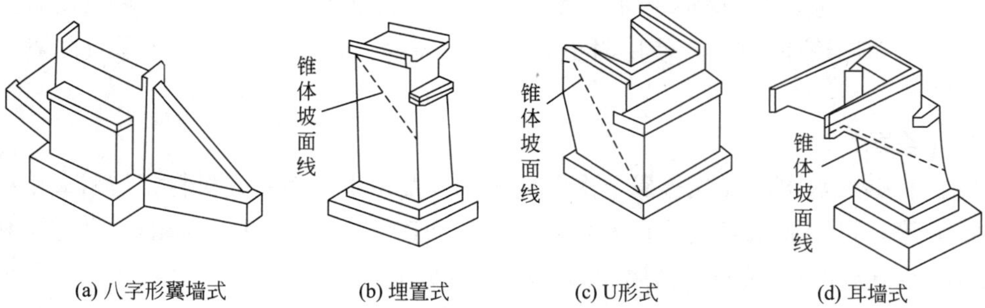

答 14 图　桥台形式示意图

16. 【答案】A

【解析】地下工业工程可以分为地下轻工业与机械工业工程、地下能源工业工程、地下食品工业工程和地下电力工业工程等四类。

17. 【答案】B

【解析】一些常规做法是：建筑物与红线之间的地带，用于敷设电缆；人行道用于敷设热力管网或通行式综合管道；分车带用于敷设自来水、污水、煤气管及照明电缆；街道宽度超过 60m 时，自来水和污水管道都应设在街道内两侧；在小区范围内，地下工程管网多数应走专门的地方。此外，地下管网的布置，还应符合相应的建筑规范要求。

18. 【答案】B

【解析】A 选项错，钢材主要化学成分是铁和碳元素，此外，还有少量的硅、锰、硫、磷等，在不同情况下往往还需考虑氧、氮及各种合金元素。C 选项错，氧有促进时效倾向的作用，还能使热脆性增加，焊接性能较差。D 选项错，硫化物造成的低熔点使钢在焊接时易于产生热裂纹，加大钢材的热脆性，显著降低焊接性能。

19. 【答案】C

【解析】沥青脂胶中绝大部分属于中性树脂，中性树脂能溶于三氯甲烷、汽油和苯等有机溶剂，但在酒精和丙酮中难溶解或溶解度低，赋予沥青以良好的粘结性、塑性和可流动性。沥青树脂中还含有少量的酸性树脂，是沥青中的表面活性物质，改善了石油沥青对矿物材料的浸润性，特别是提高了对碳酸盐类岩石的黏附性，并有利于石油沥青的可乳化性。

20. 【答案】A

【解析】对高强混凝土组成材料的要求：①应选用质量稳定的硅酸盐水泥或普通硅酸盐水泥；②粗骨料应采用连续级配，其最大公称粒径不应大于 25.0mm，岩石抗压强度应比混凝土强度等级标准值高 30%；③细骨料的细度模数 2.6~3.0 的 2 区中砂，含泥量不大于 2.0%；④高强度混凝土的水泥用量不应大于 550kg/m^3。

21. 【答案】A

【解析】缓凝剂用于大体积混凝土、炎热气候条件下施工的混凝土或长距离运输的混凝土，不宜单独用于蒸养混凝土。最常用的缓凝剂是糖蜜和木质素磺酸钙，糖蜜的效果最好。

22. 【答案】D

【解析】与普通混凝土小型空心砌块相比，轻骨料混凝土小型空心砌块密度较小、热工性能较好，但干缩值较大，使用时更容易产生裂缝，目前主要用于非承重的隔墙和围护墙。

23. 【答案】B

【解析】铝酸盐水泥（又称矾土水泥）可用于配制不定型耐火材料；与耐火粗细集料（如铬铁矿等）可制成耐高温的耐热混凝土；用于工期紧急的工程，如国防、道路和特殊抢修工程等；也可用于抗硫酸盐腐蚀的工程和冬期施工的工程。

24. 【答案】B

【解析】防水涂料按成膜物质的主要成分可分为高聚物改性沥青防水涂料和合成高分子防水涂料两类：

（1）高聚物改性沥青防水涂料。指以沥青为基料，用合成高分子聚合物进行改性，制成的水乳型或溶剂型防水涂料。这类涂料在柔韧性、抗裂性、拉伸强度、耐高低温性能、使用寿命等方面比沥青基涂料有很大改善。品种有再生橡胶改性防水涂料、氯丁橡胶改性沥青防水涂料、SBS 橡胶改性沥青防水涂料、聚氯乙烯改性沥青防水涂料等。

（2）合成高分子防水涂料。指以合成橡胶或合成树脂为主要成膜物质制成的单组分或多组分的防水涂料。这类涂料具有高弹性、高耐久性及优良的耐高低温性能，品种有聚氨酯防水涂料、丙烯酸酯防水涂料、环氧树脂防水涂料和有机硅防水涂料等。

25. 【答案】C

【解析】泡沫玻璃以碎玻璃、发泡剂在 800℃烧成，具有闭孔结构，气孔直径 0.1 ~ 5mm，表观密度 150 ~ 600kg/m^3，热导率 0.058 ~ 0.128W/（m·K），抗压强度 0.8 ~ 15MPa，最高使用温度 500℃，是一种高级保温绝热材料，可用于砌筑墙体或冷库隔热。

26. 【答案】A

【解析】采用明排水开挖基坑时，集水坑应设置在基础范围以外，地下水走向的上游（答 26 图）。

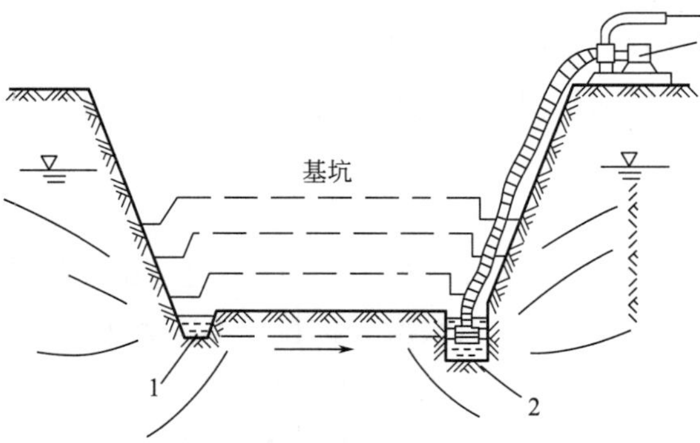

答 26 图 集水坑降水法

1—排水沟；2—集水坑；3—水泵

27. 【答案】C

【解析】砂和砂石地基（垫层）系采用砂或砂砾石（碎石）混合物，经分层夯（压）实，作为地基的持力层，提高基础下部地基强度，并通过垫层的压力扩散作用，降低地基的压应力，减小变形量；同时垫层可起排水作用，地基土中孔隙水可通过垫层快速地排出，能加速下部土层的沉降和固结。适于处理3m以内的软弱、透水性强的黏性土地基，包括淤泥、淤泥质土；不宜用于加固湿陷性黄土地基及渗透系数小的黏性土地基。

28. 【答案】A

【解析】硬聚氯乙烯（PVC-U）管道内壁光滑、阻力小、不结垢、无毒、无污染、耐腐蚀。抗老化性能好、难燃，可采用橡胶圈柔性接口安装。主要应用于给水管道（非饮用水）、排水管道、雨水管道。

29. 【答案】C

【解析】A选项错，钢管抽芯法只可留设直线孔道。B选项错，预埋波纹管法中波纹管与混凝土有良好的粘结力，波纹管预埋在构件中，浇筑混凝土后永不抽出。D选项错，孔道应平顺，端部的预埋锚垫板应垂直于孔道中心线。

30. 【答案】D

【解析】钢结构采用喷涂防火涂料保护时，应符合下列规定：室内隐蔽构件，宜选用非膨胀型防火涂料；设计耐火极限大于1.50h的构件，不宜选用膨胀型防火涂料；室外、半室外钢结构采用膨胀型防火涂料时，应选用符合环境对其性能要求的产品。

31. 【答案】C

【解析】反铲挖掘机的特点是：后退向下，强制切土。其挖掘力比正铲小，能开挖停机面以下的Ⅰ~Ⅲ级的砂土或黏土，适宜开挖深度4m以内的基坑，对地下水位较高处也适用。反铲挖掘机的开挖方式，可分为沟端开挖与沟侧开挖。

32. 【答案】D

【解析】升板结构及其施工特点：柱网布置灵活，设计结构单一；各层板叠浇制作，节约大量模板；提升设备简单，不用大型机械；高空作业减少，施工较为安全；劳动强度减轻，机械化程度提高；节省施工用地，适宜狭窄场地施工；但用钢量较大，造价偏高。

33. 【答案】B

【解析】静力压桩施工时无冲击力，噪声和振动较小，桩顶不易损坏，且无污染，对周围环境的干扰小，适用于软土地区、城市中心或建筑物密集处的桩基础工程，以及精密工厂的扩建工程。

34. 【答案】C

【解析】填料的选择：路堤通常是利用沿线就近土石作为填筑材料。选择填料时应尽可能选择当地强度高、稳定性好并利于施工的土石作路堤填料。一般情况下，碎石、卵石、砾石、粗砂等具有良好透水性，且强度高、稳定性好，因此可优先采用。亚砂土、亚黏土等经压实后也具有足够的强度，故也可采用。粉性土水稳定性差，不宜作路堤填料。重黏土、黏性土、捣碎后的植物土等由于透水性差，作路堤填料时应慎重采用。

35. 【答案】C

【解析】轮胎起重机的优点是行驶速度较高，能迅速地转移工作地点，对路面破坏小。但这种起重机不适合在松软或泥泞的地面上工作。

36. 【答案】C

【解析】药壶药包是将炮孔底部打成葫芦形，集中埋置炸药，以提高爆破效果。它适用于结构均匀致密的硬土、次坚石和坚石、量大而集中的石方施工。

37. 【答案】A

【解析】选项 B 错误，当墩台高度大于或等于 30m 时常用滑动模板施工；选项 C 错误，墩台混凝土特别是实体墩台均为大体积混凝土，水泥应优先选用矿山渣水泥、火山灰水泥，采用普通水泥时强度等级不宜过高；选项 D 错误，较高的墩台可用悬吊脚手架，6m 以下的一般用固定式轻型脚手架。

38. 【答案】C

【解析】导墙是地下连续墙挖槽之前修筑的导向墙，两片导墙之间的距离即为地下连续墙的厚度。导墙宜采用混凝土结构，且混凝土强度等级不宜低于 C20。导墙底面不宜设置在新近填土上，且埋深不宜小于 1.5m。导墙的强度和稳定性应满足成槽设备和顶拔接头管施工的要求。虽属于临时结构，但它除了引导挖槽方向之外，还起着多方面的重要作用。

导墙作用：在施工过程中，导墙有作为挡土墙、测量的基准、重物的支承、存储泥浆等作用。此外，导墙还可以防止雨水等地面水流入槽内。

39. 【答案】B

【解析】在钢筋笼入槽后须尽快浇灌混凝土，混凝土要连续浇灌，不能长时间中断，一般可允许中断 5~10min，最长也只允许中断 20~30min，以保持混凝土的均匀性。混凝土搅拌好之后，以 1.5h 内浇筑完毕为原则。在夏天由于混凝土凝结较快，所以必须在搅拌好之后 1h 内尽快浇完，否则应掺入适量的缓凝剂。多根导管进行混凝土浇灌时，应注意浇灌的同步性，保持混凝土面呈水平波状上升，波状峰谷高差不得大于 300mm。

40. 【答案】C

【解析】C 选项错，同一基坑内当深浅不同时，土方开挖宜先从浅基坑处开始。

41. 【答案】A

【解析】单价合同中，分部分项工程量清单缺陷责任由招标人（承包人）承担；总价合同中，分部分项工程量清单缺陷责任由投标人（承包人）承担。措施项目清单缺陷责任不论总价合同还是单价合同均由投标人（承包人）承担。

42. 【答案】A

【解析】“010102007 回填方”，项目特征不需要描述“运距”和“来源”等由投标人根据现场情况确定的内容，但“填方部位、材料品种、密实度”需要描述。

43. 【答案】B

【解析】A 选项错，把大量的结构尺寸和钢筋数据标注在结构平面图上，并且在一个结构平面图上，同时进行梁、柱、墙、板等各种构件尺寸和钢筋数据的标注。C 选项错，平法标准图集内容包括两个主要部分：一是平法制图规则，二是标准构造详图。D 选项错，适用于抗震设防烈度为 6~9 度地区的现浇混凝土结构施工图的设计。

44. 【答案】B

【解析】阳台建筑面积应按围护设施外表面所围空间水平投影面积的 1/2 计算；当阳台封闭时，应按其外围护结构外表面所围空间的水平投影面积计算。阳台是指附设于建筑物外墙，可供人活动的室外空间，设有安全防护措施。此处阳台必须有顶盖，无盖阳台按露台考虑，不计算建筑面积。B 选项描述不正确，当阳台封闭时，应按其外围护结构外表面所围空间的水平投影面积计算。因此，答案为 B。

45. **【答案】** A

【解析】 当室外设计地坪位于建筑空间的中间时，若该建筑空间的楼（地）面低于室外设计地坪的高度大于该空间建筑层高的 1/2，应计入地下建筑面积；若其楼（地）面低于室外设计地坪的高度小于或等于该空间建筑层高的 1/2，则计入地上建筑面积。

46. **【答案】** A

【解析】 当同一座建筑物有多种屋面形式，或台地建筑有多个室外设计地坪（地面面层）的情形（不包含地下室的下沉庭院），建筑高度应分别计算后取其中最大值。选项 A 说法正确。

47. **【答案】** C

【解析】 基础石方开挖深度，按石方开挖前标高至基础（含垫层）底标高计算。挖基坑土（石）方，按设计图示基础（含垫层）底面积另加工作面面积，乘以挖土（石）深度，以体积计算。挖基坑土方项目特征需描述：土类别、开挖深度、基底处理方式。

48. **【答案】** A

【解析】 水泥土搅拌桩复合地基，按设计图示桩体尺寸以体积计算。

49. **【答案】** B

【解析】 A 选项不正确，型钢桩、钢板桩，按设计图示尺寸以质量计算。B 选项正确，咬合灌注桩、木质桩、预制钢筋混凝土板桩，按设计图示尺寸以桩长计算。C 选项不正确，钢支撑、钢腰梁（冠梁），按设计图示尺寸以质量计算。D 选项不正确，钢支撑、钢腰梁（冠梁），按设计图示尺寸以质量计算。

50. **【答案】** A

【解析】 截（凿）桩头，按设计图示数量计算（单位：根）。

51. **【答案】** D

【解析】 石地沟、明沟，按设计图示尺寸以中心线长度计算。

52. **【答案】** C

【解析】 A 选项正确，散水、地坪，按设计图示尺寸以水平投影面积计算。B 选项正确，坡道，按设计图示尺寸以斜面积计算。C 选项错误，台阶，按设计图示尺寸以水平投影面积计算。D 选项正确，后浇带，按设计图示尺寸以体积计算。

53. **【答案】** D

【解析】 清单项目设置包括实腹钢柱、空腹钢柱、钢管柱等。工程量按设计图示尺寸以质量计算。不扣除孔眼的质量，焊条、铆钉、普通螺栓等不另增加质量，钢柱上的节点板、加强环、内衬管、牛腿及悬臂梁等并入钢柱工程量内。

54. **【答案】** D

【解析】 门五金包含合页、铰链、拉手、锁具、插销、门吸、闭门器、滑轮滑轨、地弹簧、角码、螺钉等完成门安装所需的各类配件。木门、门锁安装，按设计图示数量计算（单位：套）。单独安装门锁按“门锁安装”项目编码列项。

55. 【答案】D

【解析】A、B 选项不正确，瓦屋面，按设计图示尺寸以斜面积计算。不扣除房上烟囱、风帽底座、风道、小气窗、斜沟等所占面积，小气窗的出檐部分、瓦搭接重叠部分不增加面积。C 选项不正确，膜结构屋面，按设计图示尺寸以需要覆盖的水平投影面积计算。D 选项正确，阳光板屋面、玻璃钢屋面，按设计图示尺寸以斜面积计算。不扣除屋面面积≤0.3m^2 的孔洞所占面积，搭接重叠部分不增加面积。

56. 【答案】A

【解析】保温隔热墙面，按设计图示尺寸以面积计算。扣除门窗洞口所占面积，不扣除单个面积≤0.3m^2 的梁、孔洞所占面积；门窗洞口侧壁以及与墙相连的柱，并入墙面工程量内。

57. 【答案】B

【解析】标识按设计图形以外接矩形面积计算。

58. 【答案】B

【解析】清单项目设置包括墙（柱）面一般抹灰、墙（柱）面装饰抹灰、墙（柱）面勾缝、立面砂浆找平层等。工程量按设计图示尺寸以面积计算。扣除墙裙、门窗洞口面积；不扣除单个面积≤0.3m^2 的孔洞面积，不扣除挂镜线、墙与构件交接处的面积；附墙柱、梁、垛、烟囱侧壁并入相应的墙面面积内；门窗洞口和孔洞的侧壁及顶面不增加面积。

59. 【答案】A

【答案解析】选项 A 不正确，跌级吊顶天棚、艺术造型吊顶天棚，按设计图示尺寸以水平投影面积计算。扣除与天棚相连的窗帘盒所占的面积。选项 B 不正确，天棚面中的灯槽及跌级天棚面积不展开计算。选项 C 不正确，板式楼梯底面抹灰按斜面积计算；锯齿形楼梯底板抹灰按展开面积计算。选项 D 正确，带梁天棚的梁两侧抹灰面积并入天棚面积内计算。

60. 【答案】D

【解析】在特殊地区（高温、高寒、高原、沙漠、戈壁、沿海、海洋等）及特殊施工环境（邻公路、邻铁路等）下施工时，弥补施工降效所需增加的内容。选项 A、B、C 均属于特殊地区，选项 D 属于特殊施工环境。

二、多项选择题（共 20 题，每题 2 分。每题的备选项中，有 2 个或 2 个以上符合题意，至少有 1 个错项。错选，本题不得分；少选，所选的每个选项得 0.5 分）

61. 【答案】AC

【解析】正断层是上盘沿断层面相对下降，下盘相对上升的断层。它一般是受水平张应力或垂直作用力使上盘相对向下滑动而形成的，所以在构造变动中多垂直于张应力的方向上发生，但也有沿已有的剪节理发生。

62. 【答案】CD

【解析】①对于深成侵入岩、厚层坚硬的沉积岩以及片麻岩、石英岩等构成的边坡，一般稳定程度是较高的。只有在节理发育、有软弱结构面穿插且边坡高陡时，才易发生崩塌或滑坡现象。②对于喷出岩边坡，如玄武岩、凝灰岩、火山角砾岩、安山岩等，其原生的节理，尤其是柱状节理发育时，易形成直立边坡并易发生崩塌。③对于含有黏土质页岩、泥岩、煤层、泥灰岩、石膏等夹层的沉积岩边坡，最易发生顺层滑动，或因下部蠕滑而造成上部岩体的崩塌。④对于千枚岩、板岩及片岩，岩性较软弱且易风化，在产状陡立的地段，邻近斜坡表部容易出现蠕动变形现象。当受节理切割遭风化后，常出现顺层（或片理）滑坡。⑤对于黄土，当具有垂直节理、疏松透水，浸水后易崩解湿陷。当受水浸泡或作为水库岸边时，极易发生崩塌或塌滑现象。⑥对于崩塌堆积、坡积及残积层地区，其下伏基岩面常常是一个倾向河谷的斜坡面。当有地下水在此受阻，并有黏土质成分沿其分布时，极易形成滑动面，从而使上部松散堆积物形成滑坡。

63. **【答案】** CE

【解析】 A 选项错，混合层数厂房：同一厂房内既有单层又有多层的厂房称为混合层数的厂房。多用于化学工业、热电站的主厂房等。B 选项错，如水泵房、污水处理站等属于其他建筑。D 选项错，纺织车间属于恒温恒湿车间。

64. **【答案】** BCDE

【解析】 门的最小宽度一般为 700mm，常用于住宅中的厕所、浴室。住宅中卧室、厨房、阳台的门应考虑一人携带物品通行，卧室常取 900mm，厨房可取 800mm。住宅入户门考虑家具尺寸增大的趋势，常取 1000mm。普通教室、办公室等的门应考虑一人正在通行，另一人侧身通行，常采用 1000mm。

65. **【答案】** BC

【解析】 为了防止屋面防水层出现龟裂现象，一是阻断来自室内的水蒸气，构造上常采取在屋面结构层上的找平层表面做隔汽层，阻断水蒸气向上渗透。在北纬 40°以北地区，室内湿度大于 75%或其他地区室内空气湿度常年大于 80%时，保温屋面应设隔汽层。二是在屋面防水层下保温层内设排汽通道，并使通道开口露出屋面防水层，使防水层下水蒸气能直接从透气孔排出。

66. **【答案】** BDE

【解析】 沥青路面面层可由一层或数层组成，表面层应根据使用要求设置抗滑耐磨、密实稳定的沥青层；中间层、下面层应根据公路等级、沥青层厚度、气候条件等选择适当的沥青结构。

67. **【答案】** ABE

【解析】 C 选项错，作业脚手架剪刀撑斜杆与水平面的倾角应在 45°~60°之间。D 选项错，当搭设高度在 24m 及以上时，应在全外侧立面上由底至顶连续设置。

68. **【答案】** ABC

【解析】 改善混凝土耐久性的外加剂，包括引气剂、防水剂、防冻剂和阻锈剂等。

69. **【答案】** CDE

【解析】 磷、硫是有害元素。硅在钢中是有益元素。氧是冶炼氧化过程中进入钢水，经脱氧处理后残留下来的，是钢中的有害杂质。氧含量增加使钢的力学性能降低，塑性和韧性降低。氧有促进时效倾向的作用，还能使热脆性增加，焊接性能较差。

70. **【答案】** ACE

【解析】 沥青混合料是一种黏弹塑性材料，具有良好的力学性能，一定的高温稳定性和低温柔性，修筑路面不需设置接缝，行车较舒适。而且，施工方便、速度快，能及时开放交通，因此，是高等级道路修筑中的一种主要路面材料。

71.【答案】ABCD

【解析】E 选项错，在抗压强度相同的条件下，其干表观密度比普通混凝土低25%~50%。

72.【答案】BCD

【解析】铺贴卷材应采用搭接法，卷材搭接缝应符合下列规定：①平行屋脊的搭接缝应顺流水方向，搭接缝宽度应符合现行国家标准《屋面工程质量验收规范》GB 50207 的规定。②同一层相邻两幅卷材短边搭接缝错开不应小于 500mm。③上下层卷材长边搭接缝应错开，且不应小于幅宽的 1/3。④叠层铺贴的各层卷材，在天沟与屋面的交接处，应采用叉接法搭接，搭接缝应错开；搭接缝宜留在屋面与天沟侧面，不宜留在沟底。

73.【答案】ACE

【解析】B 选项错，在超高路段和坡道上由低处向高处碾压。D 选项错，黏层油宜采用快裂或中裂乳化沥青、改性乳化沥青，也可采用快凝或中凝液体石油沥青作黏层油。

74.【答案】BCDE

【解析】采用移动模架逐孔施工的主要特点：①移动模架法不需设置地面支架，不影响通航和桥下交通，施工安全、可靠；②有良好的施工环境，保证施工质量，一套模架可多次周转使用，具有在预制场生产的优点；③机械化、自动化程度高，节省劳力，降低劳动强度，上下部结构可以平行作业，缩短工期；④通常每一施工梁段的长度取用一孔梁长，接头位置一般可选在桥梁受力较小的部位；⑤移动模架设备投资大，施工准备和操作都较复杂；⑥移动模架逐孔施工宜在桥梁跨径小于 50m 的多跨长桥上使用。

75.【答案】BCDE

【解析】普通水泥砂浆锚杆，是以普通水泥砂浆作为胶粘剂的全长粘结式锚杆。①砂浆强度等级不低于 M20；砂浆配合比一般为水泥：砂：水＝1：(1~15)：(0.45~0.50)。水灰比宜为 0.45~0.50，砂的粒径≥3mm。②杆体材料宜用 HRB335 钢筋，一般采用 HPB300 钢筋；直径 14~22mm 为宜，长度 2.0~3.5m，为增加锚固力，杆体内端可以劈口叉开。③钻孔方向宜尽量与岩层主要结构面垂直。孔钻好后用高压水将孔眼冲洗干净，并用塞子塞紧孔口，以防止石渣或泥土掉入钻孔内。④锚杆及胶粘剂的材料制作，应符合设计要求，锚杆应按实际要求尺寸截取，外端不用垫板的锚杆应先弯制弯头。⑤粘结砂浆应拌合均匀，随拌随用，一次拌合的砂浆应在初凝前用完。

76.【答案】AB

【解析】一般常遇到的几种情况及采用的方法如下：①分段计算法。当基础断面不同，在计算基础工程量时，应分段计算。②分层计算法。如遇多层建筑物，各楼层的建筑面积或砌体砂浆强度等级不同时，均可分层计算。③补加计算法。即在同一分项工程中，遇到局部外形尺寸或结构不同时，为便于利用基数进行计算，可先将其看作相同条件计算，然后再加上多出部分的工程量。如基础深度不同的内外墙基础、宽度不同的散水等工程。④补减计算法。与补加计算法相似，只是在原计算结果上减去局部不同部分工程量。如在楼地面工程中，各层楼面除每层盥洗间为水磨石面层外，其余均为水泥砂浆面层，则可先按各楼层均为水泥砂浆面层计算，然后补减盥洗间的水磨石地面工程量。

77.【答案】ACE

【解析】B 选项，室外楼梯应按其柱或外围护结构外表面所围空间的水平投影面积计算。D 选项，室外场馆看台下部空间应按其柱或外围护结构外表面所围空间的水平投影面积计算。

78.【答案】ABE

【解析】挖沟槽石方的工作内容包括：开挖、放坡（若有）、挡土板围护（若有）；装车；场内运输；检底修边。

79.【答案】BD

【解析】钢筋笼，按设计图示钢筋中心线长度乘单位理论质量计算。设计（包括规范规定）标明的搭接应计算在内，灌注桩允许超灌长度内的钢筋应并入计算。

选项 A 不正确，钢筋笼，按设计图示钢筋中心线长度乘单位理论质量计算。

选项 C，钢筋笼单独列项计算，不并入钢筋网片计算。

选项 E，灌注桩允许超灌长度内的钢筋应并入计算。

80.【答案】ACE

【答案解析】木板条、线条油漆，按设计图示尺寸以中心线长度计算。木板条、线条油漆包括木扶手、窗帘盒、封檐板、顺水板、挂衣板、黑板框、挂镜线、窗帘棍、木线条油漆。木材面油漆，按设计图示尺寸以面积计算。木材面油漆包括木护墙、木墙裙、窗台板、筒子板、盖板、门窗套、踢脚线、清水板条天棚、檐口、木方格吊顶天棚、吸音板墙面、天棚面、暖气罩、其他木材面等。空花格、栏杆刷涂料，按设计图示尺寸以单面外围面积计算。金属窗油漆，按设计图示洞口尺寸以面积计算。

专家权威详解

模拟题六答案与解析

一、单项选择题（共 60 题，每题 1 分，每题的备选项中，只有一个最符合题意）

1. **【答案】**C

【解析】选项 A 错，岩石中裂隙的面积与岩石总面积的百分比，裂隙率越大，表示岩石中的裂隙越发育。选项 B 错，褶皱构造是组成地壳的岩层，受构造力的强烈作用，使岩层形成一系列波状弯曲而未丧失其连续性的构造，它是岩层产生的塑性变形。选项 D 错，在云母片岩、绿泥石片岩、滑石片岩、千枚岩等松散岩石分布地区，坡面易发生风化剥蚀，产生严重碎落坍塌，对路基边坡及路基排水系统会造成经常性的危害。

2. **【答案】**A

【解析】B 选项错，体波经过反射、折射而沿地面附近传播的波称为面波，面波的传播速度最慢。C 选项错，体波分为纵波和横波，纵波的质点振动方向与震波传播方向一致，周期短、振幅小、传播速度快。D 选项错，横波的质点振动方向与震波传播方向垂直，周期长、振幅大、传播速度较慢。

3. **【答案】**C

【解析】脉状构造裂隙水，多赋存于张开裂隙中，由于裂隙分布不连续，所以形成的裂隙各有自己独立的系统、补给源及排泄条件，水位不一致，有一定压力，压力分布不均，水量少，水位、水量变化大。

4. **【答案】**C

【解析】如果喷混凝土再配合锚杆加固围岩，则会更有效地提高围岩自身的承载力和稳定性。锚杆有楔缝式金属锚杆、钢丝绳砂浆锚杆、普通砂浆金属锚杆、预应力锚杆及木锚杆等。目前在大中型工程中，常用的是楔缝式金属锚杆和砂浆金属锚杆两种。为了防止锚杆之间的碎块塌落，可采用喷层和钢丝网来配合。

5. **【答案】**C

【解析】为了防止大气降水向岩体中渗透，一般是在滑坡体外围布置截水沟槽，以截断流至滑坡体上的水流。

6. **【答案】**B

【解析】A 选项错，一般中小型建设工程的选址，工程地质的影响主要是在工程建设一定影响范围内，地质构造和地层岩性形成的土体松软、湿陷、湿胀、岩体破碎、岩石风化和潜在的斜坡滑动、陡坡崩塌、泥石流等地质问题对工程建设的影响和威胁。大型建设工程的选址，工程地质的影响还要考虑区域地质构造和地质岩性形成的整体滑坡，地下水的性质、状态和活动对地基的危害。C 选项错，对于道路选线，避免路线与主要裂隙发育方向平行。D 选项错，道路选线过程中，避开岩层倾向与坡面倾向一致的顺向坡，尤其是岩层倾角小于坡面倾角。

7.【答案】B

【解析】生产辅助厂房是指为生产厂房服务的厂房，如机械制造厂房的修理车间、工具车间等。

8.【答案】B

【解析】根据建筑物的建造材料及高度、荷载等要求，主要分为砌体墙承重的混合结构系统和钢筋混凝土墙承重系统。前者由于抗震主要用于限定高度下的建筑，而后者则适用于各种高度的建筑，特别是高层建筑。

9.【答案】D

【解析】挡板式遮阳板主要适用于东、西向以及附近朝向的窗口，该种形式的遮阳的不足之处是容易挡住室内人的视线，对眺望和通风影响大，使用时应慎重。

10.【答案】B

【解析】在墙身中设置防潮层的目的是防止土壤中的水分沿基础墙上升和勒脚部位的地面水影响墙身，其作用是提高建筑物的耐久性，保持室内干燥卫生。当室内地面均为实铺时，外墙墙身防潮层在室内地坪以下 60mm 处；当建筑物墙体两侧地坪不等高时，在每侧地表下 60mm 处，防潮层应分别设置，并在两个防潮层间的墙上加设垂直防潮层；当室内地面采用架空木地板时，外墙防潮层应设在室外地坪以上，地板木搁栅垫木之下。墙身防潮层一般有油毡防潮层、防水砂浆防潮层、细石混凝土防潮层和钢筋混凝土防潮层等。

11.【答案】C

【解析】当柱间需要通行、需设置设备或柱距较大，采用交叉式支撑有困难时，可采用门架式支撑。

12.【答案】C

【解析】坚硬岩石地段陡山坡上的半填半挖路基，当填方不大，但边坡伸出较远不易修筑时，可修筑护肩。

13.【答案】B

【解析】交通标志应设置在驾驶人员和行人易于见到，并能准确判断的醒目位置。一般安设在车辆行进方向道路的右侧或车行道上方。

14.【答案】C

【解析】柔性墩是桥墩轻型化的途径之一，它是在多跨桥的两端设置刚性较大的桥台，中墩均为柔性墩。同时，全桥除在一个中墩上设置活动支座外，其余墩台均采用固定支座。典型的柔性墩为柔性排架桩墩，是由成排的预制钢筋混凝土沉入桩或钻孔灌注桩顶端连以钢筋混凝土盖梁组成。多用在墩台高度 5~7m，跨径一般不宜超过 13m 的中、小型桥梁上。柔性排架桩墩分单排架和双排架墩。单排架墩一般适用高度不超过 5m。桩墩高度大于 5.0m 时，为避免行车时可能发生的纵向晃动，宜设置双排架墩；当受桩上荷载或支座布置等条件限制不能采用单排架墩时，也可采用双排架墩。

15.【答案】B

【解析】在要求通过较大的排洪量、地质条件较差、路堤高度较小的设涵处，常采用盖板涵，且常采用明涵。

16.【答案】C

【解析】中层地下工程是指-30～-10m深度空间内建设的地下工程，主要用于地下交通、地下污水处理厂及城市水、电、气、通信等公用设施。

17.【答案】C

【解析】建筑物与红线之间的地带，用于敷设电缆；人行道用于敷设热力管网或通行式综合管道；分车带用于敷设自来水、污水、煤气管及照明电缆；街道宽度超过60m时，自来水和污水管道都应设在街道两侧；在小区范围内，地下工程管网多数应走专门的地方。此外，地下管网的布置，还应符合相应的建筑规范要求。

18.【答案】B

【解析】冷轧带肋钢筋克服了冷拉、冷拔钢筋握裹力低的缺点，具有强度高、握裹力强、节约钢材、质量稳定等优点，但塑性降低，强屈比变小。

19.【答案】A

【解析】铝酸盐水泥可用于配制不定型耐火材料；与耐火粗细集料（如铬铁矿等）可制成耐高温的耐热混凝土；用于工期紧急的工程，如国防、道路和特殊抢修工程等；也可用于抗硫酸盐腐蚀的工程和冬期施工的工程。

20.【答案】B

【解析】建筑石油沥青针入度较小（黏性较大），软化点较高（耐热性较好），但延伸度较小（塑性较小），主要用作制造油纸、油毡、防水涂料和沥青嵌缝膏。绝大部分用于屋面及地下防水、沟槽防水防腐蚀及管道防腐等工程。

21.【答案】A

【解析】低温抗裂性：沥青混合料不仅应具备高温的稳定性，同时，还要具有低温的抗裂性，以保证路面在冬季低温时不产生裂缝。沥青混合料的低温开裂是由混合料的低温脆化、低温收缩和温度疲劳引起的。混合料的低温脆化一般用不同温度下的弯拉破坏试验来评定。低温收缩可采用低温收缩试验评定。而温度疲劳则可以用低频疲劳试验来评定。

22.【答案】B

【解析】烧结多孔砖主要用于六层以下建筑物的承重墙体。

23.【答案】C

【解析】民用建筑工程根据控制室内环境污染的不同要求，划分为以下两类：Ⅰ类民用建筑工程包括住宅、医院、老年建筑、幼儿园、学校教室等；Ⅱ类民用建筑工程包括办公楼、商店、旅馆、文化娱乐场所、书店、图书馆、展览馆、体育馆、公共交通等候室、餐厅、理发店等。但绝大多数的天然石材中所含放射物质极微，不会对人体造成任何危害。但部分花岗石产品放射性指标超标，会在长期使用过程中对环境造成污染，因此有必要给予控制。

24.【答案】A

【解析】单面镀膜玻璃在安装时，应将膜层面向室内，以提高膜层的使用寿命和取得节能的最大效果。

25.【答案】B

【解析】聚氨酯密封胶弹性、粘结性及耐候性特别好，与混凝土的粘结性也很好，同时不需要打底。聚氨酯密封材料可以作屋面、墙面的水平或垂直接缝。尤其适用于游泳池工程。它还是公路及机场跑道补缝、接缝的好材料，也可用于玻璃、金属材料的嵌缝。

26. 【答案】B

【解析】井点系统的安装顺序是：挖井点沟槽、铺设集水总管；冲孔，沉设井点管，灌填砂滤料；弯联管将井点管与集水总管连接；安装抽水设备；试抽。

27. 【答案】C

【解析】①碾压法：羊足碾一般用于碾压黏性土，不适于砂性土。②夯实法：夯实法主要用于小面积回填土。可以夯实黏性土或非黏性土。夯实法分人工夯实和机械夯实两种。③振动压实法：这种方法用于振实填料为爆破石渣、碎石类土、杂填土和粉土等非黏性土，效果较好。

28. 【答案】D

【解析】A、B 选项错，振冲碎石桩桩体材料可采用含泥量不大于 5%的碎石、卵石、矿渣或其他性能稳定的硬质材料，不宜使用风化易碎的石料。C 选项错，饱和黏土地基，如对变形控制不严格，可采用砂石桩置换处理。

29. 【答案】A

【解析】锤击沉桩法适用于桩径较小（一般桩径 0. 6m 以下），地基土土质为可塑性黏土、砂性土、粉土、细砂以及松散的碎卵石类土的情况，此方法施工速度快，机械化程度高，适用范围广，现场文明程度高，但施工时有挤土、噪声和振动等公害，对城市中心和夜间施工有所限制。

30. 【答案】A

【解析】B 选项错，剪刀撑、斜撑杆等加固杆件应随架体同步搭设。C 选项错，构件组装类脚手架的搭设应自一端向另一端延伸，应自下而上按步逐层搭设，并应逐层改变搭设方向。D 选项错，每搭设完一步距架体后，应及时校正立杆间距、步距、垂直度及水平杆的水平度。

31. 【答案】C

【解析】A 选项错，砌筑普通混凝土小型空心砌块砌体，不需对小砌块浇水湿润，如遇天气干燥炎热，宜在砌筑前对其喷水湿润；对轻骨料混凝土小砌块，应提前浇水湿润，块体的相对含水率宜为 40%～50%。B 选项错，单排孔小砌块的搭接长度应为块体长度的 1/2；多排孔小砌块的搭接长度可适当调整，但不宜小于小砌块长度的 1/3，且不应小于 90mm。D 选项错，砌体水平灰缝和竖向灰缝的砂浆饱满度，按净面积计算不得低于 90%

32. 【答案】B

【解析】需铺设胎体增强材料时，屋面坡度小于 15%时，可平行屋脊铺设，屋面坡度大于 15%时应垂直于屋脊铺设。胎体长边搭接宽度不应小于 50mm，短边搭接宽度不应小于 70mm。采用二层胎体增强材料时，上下层不得相互垂直铺设，搭接缝应错开，其间距不应小于幅宽的 1/3。

33. 【答案】B

【解析】采取防火构造措施后，胶粉聚苯颗粒复合型外墙外保温系统可适用于建筑高度在 100m 以下的住宅建筑和 50m 以下的非幕墙建筑，基层墙体可以是混凝土或砌体结构。

34. **【答案】** B

【解析】 浮雕涂饰的中层涂料应颗粒均匀，用专用塑料辊蘸煤油或水均匀滚压，厚薄一致，待完全干燥固化后，才可进行面层涂饰，面层为水性涂料时应采用喷涂，溶剂型涂料时应采用刷涂。

35. **【答案】** B

【解析】 分层压实法施工中填方和挖方作业面形成台阶状，选项 A 错误。强力夯实法有效解决了大块石填筑地基厚层施工的夯实难题，选项 C 错误。冲击压实法缺点是在周围有建筑物时，使用受到限制，选项 D 错误。

36. **【答案】** A

【解析】 砌石时所采用的施工脚手架应环绕墩台搭设，主要用以堆放材料。轻型脚手架有适用于 6m 以下墩台的固定式轻型脚手架、适用于 25m 以下墩台的简易活动脚手架；较高的墩台可用悬吊脚手架。

37. **【答案】** B

【解析】 地下连续墙槽段内的混凝土浇筑过程，具有一般水下混凝土浇筑的施工特点。混凝土强度等级一般为 C30～C40。混凝土的级配除了满足结构强度要求外，还要满足水下混凝土施工的要求。其配合比应按重力自密式流态混凝土设计，水与胶凝材料比不应大于 0.55，水泥用量不宜小于 400kg/m^3，入槽坍落度不宜小于 180mm。混凝土应具有良好的和易性和流动性。

38. **【答案】** D

【解析】 排桩与板墙式适于基坑侧壁安全等级一、二、三级；悬臂式结构在软土场地中不宜大于 5m。

39. **【答案】** B

【解析】 A 选项错，钻机是液压电动操作的，钻杆直径 200～300min，中空，每一节长 1.0～1.5m。C 选项错，由上向下掘进时，用泥浆循环，带出石渣碎屑。D 选项错，天井钻开挖直径可达 1.5～3.5m，甚至更大，开挖深度可由几十米至二三百米不等。

40. **【答案】** A

【解析】 本题考查的是隧道工程施工技术。当围岩是软弱破碎带时，若用常规的掘进，常会因围岩塌落，造成事故，要采用带盾构的 TBM 掘进法。

41. **【答案】** A

【解析】 项目编码的十二位数字的含义是：一、二位为专业工程代码（01-房屋建筑与装饰工程；02-仿古建筑工程；03-通用安装工程；04-市政工程；05-园林绿化工程；06-矿山工程；07-构筑物工程；08-城市轨道交通工程；09-爆破工程。以后进入国标的专业工程代码以此类推）；三、四位为附录分类顺序码（如房屋建筑与装饰工程中的“土石方工程”为 0101）；五、六位为分部工程顺序码（如房屋建筑与装饰工程中的“土方工程”为 010101）；七、八、九位为分项工程项目名称顺序码（如房屋建筑与装饰工程中的“挖一般土方”为 010101002）；十至十二位为清单项目名称顺序码。

42. **【答案】** B

【解析】梁编号由梁类型代号、序号、跨数及有无悬挑代号组成。梁的类型代号有楼层框架梁（KL）、楼层框架扁梁（KBL）、屋面框架梁（WKL）、框支梁（KZL）、托柱转换梁（TZL）、非框架梁（L）、悬挑梁（XL）、井字梁（JZL），A 为一端悬挑，B 为两端悬挑，悬挑不计跨数。如 KL7（5A）表示 7 号楼层框架梁，5 跨，一端悬挑。

43. 【答案】A

【解析】每个专业工程由前向后，按“先平面→再立面→再剖面；先基本图→再详图”的顺序计算。

44. 【答案】D

【解析】功能单元墙体面积为功能单元各功能空间周围的围护或承重墙体，或其他承重支撑体的水平投影面积。其中，功能单元之间的分隔墙和功能单元与公共建筑空间的分隔墙等公共墙，按其水平投影面积的一半计入功能单元墙体面积；外墙（包括山墙）按其水平投影面积计入功能单元墙体面积。D 选项表述不正确。

45. 【答案】C

【解析】无围护结构、以柱围合，或部分围护结构与柱共同围合，不封闭的建筑空间，应按其柱或外围护结构外表面所围空间的水平投影面积计算，包括由墙、柱围合的雨篷、车棚、货棚、站台、有顶盖平台、有顶盖空中花园；门廊、门斗；室外楼梯；地下车库出入口；室外场馆看台下部空间；有柱的室外连廊；建筑物架空层及吊脚架空层；结构转换层等。C 选项正确。因此，答案为 C。

46. 【答案】B

【解析】阳台建筑面积应按围护设施外表面所围空间水平投影面积的 1/2 计算；当阳台封闭时，应按其外围护结构外表面所围空间的水平投影面积计算。阳台是指附设于建筑物外墙，可供人活动的室外空间，设有安全防护措施。此处阳台必须有顶盖，无顶盖阳台按露台考虑，不计算建筑面积。

47. 【答案】B

【解析】B 选项说法不正确，基础回填应按设计图示基础（含垫层）底面积另加工作面面积，乘以回填深度，减去回填范围内建筑物（构筑物）、基础（含垫层）、管道，以体积计算。

48. 【答案】A

【解析】旋喷桩复合地基，项目特征中“喷射注浆类型”可描述为单重管、双重管、三重管等。

49. 【答案】D

【解析】土钉，按设计图示尺寸以土钉置入深度计算。

50. 【答案】A

【解析】预制钢筋混凝土实心桩项目特征需描述：地层类别；送桩深度、桩长；桩截面形式、尺寸；混凝土强度等级。预制钢筋混凝土空心桩项目特征需描述：地层类别；送桩深度、桩长；桩截面形式、尺寸；桩尖类型；混凝土强度等级。

51. 【答案】B

【解析】石护坡、石台阶、石坡道，按设计图示尺寸以体积（不含垫层）计算。石台阶项目包括石梯带（垂带），不包括石梯膀。石台阶工作内容中综合了铺设垫层。因此，答案为 B。

52. 【答案】B

【解析】加密区的范围：抗震等级为一级的≥2.0h_b 且≥500mm，抗震等级为二～四级的≥1.5h_b 且≥500mm；h_b 为梁截面高度。此题中抗震等级为二级，（1.5×400）mm>500mm，故箍筋的加密区范围最小为 600mm。

53. 【答案】B

【解析】金属百页护栏、金属栅栏、金属网栏，按设计图示尺寸以框外围展开面积计算。

54. 【答案】D

【解析】木柱、木梁、木檩，按设计图示尺寸以体积计算。木楼梯，按设计图示尺寸以水平投影面积计算。不扣除宽度≤300mm 的楼梯井，伸入墙内部分不计算。

55. 【答案】C

【解析】防护铁丝门、金属格栅门、钢质花饰大门按设计图示门框尺寸以面积计算。无门框时以扇面积计算。

56. 【答案】A

【解析】屋面卷材防水、屋面涂膜防水、屋面柔性隔离层，按设计图示尺寸以面积计算。斜屋顶（不包括平屋顶找坡）按斜面积计算，平屋顶按水平投影面积计算；不扣除房上烟囱、风帽底座、风道、屋面小气窗和斜沟所占面积，相应上述部位上翻不增加；屋面的女儿墙、伸缩缝、设备基础和天窗等处的上翻部分，并入屋面工程量内。

57. 【答案】B

【解析】平面防腐面层需扣除凸出地面的构筑物、设备基础所占面积，不扣除单个面积≤0.3m^2 的柱、垛、孔洞所占面积，门洞、空圈、暖气包槽、壁龛的开口部分不增加面积；立面防腐面层需扣除门窗洞口所占面积，不扣除单个面积≤0.3m^2 的梁、孔洞所占面积，门窗洞口侧壁、垛突出部分按展开面积并入墙面积内。池、槽块料防腐面层，按设计图示尺寸以展开面积计算。

58. 【答案】D

【解析】选项 A 错误：橡塑板楼地面、橡塑卷材楼地面、塑胶运动地板，按设计图示尺寸以面积计算。门洞、空圈、暖气包槽、壁龛的开口部分并入相应的工程量内。选项 B 错误：地毯楼地面、竹/木（复合）地板、金属复合地板，按设计图示尺寸以面积计算。门洞、空圈、暖气包槽、壁龛的开口部分并入相应的工程量内。选项 C 错误：水泥砂浆楼地面、细石混凝土楼地面、自流平楼地面、耐磨楼地面、塑胶地面，按设计图示尺寸以面积计算。门洞、空圈、暖气包槽、壁龛的开口部分并入相应的工程量内。选项 D 正确，平面砂浆找平层、细石混凝土找平层、自流平找平层，按设计图示尺寸以面积计算。门洞、空圈、暖气包槽、壁龛的开口部分不增加面积。

59. 【答案】B

【解析】A 选项不正确，无天棚的独立梁抹灰按“天棚抹灰”项目编码列项。B 选项正确，圆弧形、拱形等造型天棚按“艺术造型吊顶天棚”项目编码列项。C 选项不正确，天棚面层不在同一标高的一般直线型吊顶天棚，高差≤400mm 且跌级≤3 级时，按“跌级吊顶天棚”项目编码列项；高差>400mm 或跌级>3 级时，按“艺术造型吊顶天棚”项目编码列项。D 选项不正确，跌级吊顶天棚、艺术造型吊顶天棚，按设计图示尺寸以水平投影面积计算。天棚面中的灯槽及跌级天棚面积不展开计算。

60. 【答案】C

【解析】C 选项，暖气罩、成品暖气罩等工程量按设计图示尺寸以垂直投影面积（不展开）计算。

二、多项选择题（共 20 题，每题 2 分。每题的备选项中，有 2 个或 2 个以上符合题意，至少有 1 个错项。错选，本题不得分；少选，所选的每个选项得 0.5 分）

61. 【答案】ABD

【解析】岩体结构是指岩体中结构面与结构体的组合方式。岩体结构的基本类型可分为整体块状结构、层状结构、碎裂结构和散体结构。①整体块状结构。岩体结构面稀疏、延展性差、结构体块度大且常为硬质岩石，整体强度高、变形特征接近于各向同性的均质弹性体，变形模量、承载能力与抗滑能力均较高，抗风化能力一般也较强。因而，这类岩体具有良好的工程地质性质，往往是较理想的各类工程建筑地基、边坡岩体及地下工程围岩。②层状结构。岩体中结构面以层面与不密集的节理为主，结构面多闭合微张状、一般风化微弱、结合力一般不强，结构体块度较大且保持着母岩岩块性质，故这类岩体总体变形模量和承载能力均较高。作为工程建筑地基时，其变形模量和承载能力一般均能满足要求。但当结构面结合力不强，有时又有层间错动面或软弱夹层存在，则其强度和变形特性均具各向异性特点，一般沿层面方向的抗剪强度明显比垂直层面方向的更低，特别是当有软弱结构面存在时，更为明显。这类岩体作为边坡岩体时，一般来说，当结构面倾向坡外时要比倾向坡里时的工程地质性质差得多。③碎裂结构。岩体中节理、裂隙发育，常有泥质充填物质，结合力不强，其中层状岩体常有平行层面的软弱结构面发育，结构体块度不大，岩体完整性破坏较大。其中镶嵌结构岩体结构体为硬质岩石，具有较高的变形模量和承载能力，工程地质性能尚好。而层状碎裂结构和碎裂结构岩体变形模量、承载能力均不高，工程地质性质较差。④散体结构。岩体节理、裂隙很发育，岩体十分破碎，岩石手捏即碎，属于碎石土类。

62. 【答案】ADE

【解析】对塌陷或浅埋溶（土）洞宜采用挖填夯实法、跨越法、充填法、垫层法进行处理；对深埋溶（土）洞宜采用充填法进行处理。对落水洞及浅埋的溶沟（槽）、溶蚀（裂隙、漏斗）等，宜采用跨越法、充填法进行处理。

63. 【答案】BE

【解析】框架结构是利用梁、柱组成的纵、横两个方向的框架形成的结构体系，同时承受竖向荷载和水平荷载。其主要优点是建筑平面布置灵活，可形成较大的建筑空间，建筑立面处理也比较方便；缺点是侧向刚度较小，当层数较多时，会产生较大的侧移，易引起非结构性构件（如隔墙、装饰等）破坏，而影响使用。

64. 【答案】ABC

【解析】在墙身中设置防潮层的目的是防止土壤中的水分沿基础墙上升和勒脚部位的

地面水影响墙身，其作用是提高建筑物的耐久性，保持室内干燥卫生。当室内地面均为实铺时，外墙墙身防潮层在室内地坪以下 60mm 处；当建筑物墙体两侧地坪不等高时，在每侧地表下 60mm 处，防潮层应分别设置，并在两个防潮层间的墙上加设垂直防潮层；当室内地面采用架空木地板时，外墙防潮层应设在室外地坪以上，地板木搁栅垫木之下。

65. **【答案】** BCD

【解析】 无檩钢屋架是将大型屋面直接支承在钢屋架上，屋架间距就是大型屋面板的跨度。一般为 6m。特点是：构件的种类和数量少，安装效率高，施工进度快，易于进行铺设保温层等屋面工序的施工。其突出的优点是屋盖横向刚度大、整体性好、屋面构造简单、较为耐久。但因屋面自重较重，对抗震不利。一般是中型以上特别是重型厂房，因其对厂房的横向刚度要求较高，采用无檩方案比较合适。

66. **【答案】** ABE

【解析】 机动车交通道路照明应以路面平均亮度（或路面平均照度）、路面亮度均匀度和纵向均匀度（或路面照度均匀度）、眩光限制、环境比和诱导性为评价指标。人行道路照明应以路面平均照度、路面最小照度和垂直照度为评价指标。曲线路段、平面交叉、立体交叉、铁路道口、广场、停车场、桥梁、坡道等特殊地点应比平直路段连续照明的亮度（照度）高、眩光限制严、诱导性好。

67. **【答案】** CD

【解析】 石油沥青的黏滞性是反映沥青材料内部阻碍其相对流动的一种特性，以绝对黏度表示。黏滞性的大小与组分及温度有关。地沥青质含量较高，同时又有适量树脂，而油分含量较少时，则黏滞性较大。在一定温度范围内，当温度升高时，则黏滞性随之降低，反之则随之增大。工程上常用相对黏度（条件黏度）来衡量石油沥青的黏滞性。测定相对黏度的主要方法是用标准黏度计和针入度仪。对于黏稠石油沥青的相对黏度是用针入度仪测定的针入度来表示，反映石油沥青抵抗剪切变形的能力。针入度值越小，表明黏度越大。对于液体石油沥青或较稀的石油沥青的相对黏度，可用标准黏度计测定的标准黏度表示。石油沥青的塑性用延度（伸长度）表示。延度愈大，塑性愈好。

68. **【答案】** BD

【解析】 烧结多孔砖是以黏土、页岩、煤矸石、粉煤灰等为主要原料烧制的主要用于结构承重的多孔砖。烧结空心砖是以黏土、页岩、煤矸石、粉煤灰等为主要原料烧制的主要用于非承重部位的空心砖。普通混凝土小型空心砌块作为烧结砖的替代材料，可用于承重结构和非承重结构。轻骨料混凝土小型空心砌块密度较小、热工性能较好，但干缩值较大，使用时更容易产生裂缝，目前主要用于非承重的隔墙和围护墙。加气混凝土砌块广泛用于一般建筑物墙体，还用于多层建筑物的非承重墙及隔墙，也可用于低层建筑的承重墙。

69. **【答案】** ABE

【解析】 常用于内墙的涂料有聚乙烯醇水玻璃涂料（106 内墙涂料）、聚醋酸乙烯乳液涂料、醋酸乙烯-丙烯酸酯有光乳液涂料、多彩涂料等。

70. **【答案】** ABD

【解析】 不得在下列墙体或部位设置脚手眼：（1）120mm 厚墙、清水墙、料石墙、独立柱和附墙柱；(2) 过梁上与过梁成60°角的三角形范围及过梁净跨度1/2的高度范围内；(3) 宽度小于1m的窗间墙；(4) 门窗洞口两侧石砌体300mm，其他砌体200mm范围内；转角处石砌体600mm，其他砌体450mm范围内；(5) 梁或梁垫下及其左右500mm范围内；(6) 设计不允许设置脚手眼的部位；(7) 轻质墙体；(8) 夹心复合墙外叶墙。

71. **【答案】** ABC

【解析】 钻孔压灌桩的优点：①振动小，噪声低。②由于钻孔后的土柱和钻杆是被孔底的高压水泥浆置换后提出孔外的，所以能在流砂、淤泥、砂卵石、易塌孔和地下水的地质条件下，采用水泥浆护壁而顺利地成孔成桩。③由于高压注浆对周围的地层有明显的渗透、加固挤密作用，可解决断桩、缩颈、桩底虚土等问题，还有局部膨胀扩径现象。④不用泥浆护壁，没有因大量泥浆制备和处理而带来的污染环境、影响施工速度和质量等弊端。⑤施工速度快、工期短。⑥单承载力较高。钻孔压灌桩的缺点：①因为桩身用无砂混凝土，故水泥消耗量较普通钢筋混凝土灌注桩多，其脆性比普通钢筋混凝土桩要大。②桩身上部的混凝土密实度比桩身下部差，静载试验时有发生桩顶压裂现象。③注浆结束后，地面上水泥浆流失较多。④遇到厚流砂层，成桩较难。

72. **【答案】** ABCE

【解析】 D选项错，该方法适用于软弱黏性土地基，但对于抗剪强度较低的软黏土采用本方法务必慎重。

73. **【答案】** ACE

【解析】 转体施工的主要特点：①可以利用地形，方便预制构件；②施工期间不断航，不影响桥下交通，并可在跨越通车线路上进行桥梁施工；③施工设备少，装置简单，容易制作并便于掌握；④节省木材，节省施工用料；采用转体施工与缆索无支架施工比较，可节省木材80%，节省施工用钢60%；⑤减少高空作业，施工工序简单，施工迅速，当主要结构先期合拢后，给后序施工带来方便；⑥转体施工适合于单跨和三跨桥梁，可在深水、峡谷中建桥采用，同时也适用于平原区以及城市跨线桥；⑦大跨径桥梁采用转体施工将会取得良好的技术经济效益，转体重量轻型化、多种工艺综合利用，是大跨及特大路桥施工有力的竞争方案。

74. **【答案】** AD

【解析】 边坡稳定式系用土钉或预应力锚杆加固的基坑侧壁土体与喷射钢筋混凝土护面组成的支护结构。具有结构简单、承载力较高、可阻水、变形小、安全可靠、适应性强、施工机具简单、施工灵活、污染小、噪声低、对周边环境影响小、支护费用低等特点。其适用条件如下：基坑侧壁安全等级宜为二、三级非软土场地；土钉墙基坑深度不宜大于12m；喷锚支护适用于无流砂、含水量不高、不是淤泥等流塑土层的基坑，开挖深度不大于18m；当地下水位高于基坑底面时，应采取降水或截水措施。

75. **【答案】** ACDE

【解析】 气动夯管锤具有以下特点：①地层适用范围广。夯管锤铺管几乎适用于除岩层以外的所有地层。②铺管精度较高。气动夯管锤铺管属不可控向铺管，但由于其以冲击方式将管道夯入地层，在管端无土楔形成，且在遇到障碍物时可将其击碎穿越，所以具有较好的目标准确性。③对地表的影响较小。夯管锤由于是将钢管开口夯入地层，除了钢管管壁部分需排挤土体之外，切削下来的土芯全部进入管内，因此即使钢管铺设深度很浅，地表也不会产生隆起或沉降现象。④夯管锤铺管适合较短长度的管道铺设，为保证铺管精度，在实际施工中，可铺管长度按钢管直径（以“mm”为单位）除以10就得到夯进长度（以“m”为单位）。⑤对铺管材料的要求。夯管锤铺管要求管道材料必须是钢管，若要铺设其他材料的管道，可铺设钢套管，再将工作管道穿入套管内。⑥投资和施工成本低。施工条件要求简单，施工进度快，材料消耗少，施工成本较低。⑦工作坑要求低。通常只需很小的施工深度，无须进行很复杂的深基坑支护作业。⑧穿越河流时，无须在施工中清理管内土体，无渗水现象，能确保施工人员安全。

76. **【答案】** ABDE

【解析】 △5⌀22@150+6⌀22@150×2，表示等腰三桩承台底边配置5根直径为22mm的HRB400级钢筋，间距为150mm；两对称斜边各配置6根直径为22mm的HRB400级钢筋，间距为150mm。

77. **【答案】** BD

【解析】 平屋顶建筑高度应按室外设计地坪至建筑物女儿墙顶点的高度计算，无女儿墙的建筑应按至其屋面檐口顶点的高度计算。B、D选项正确。因此，答案为B、D。

78. **【答案】** ABDE

【解析】 A选项正确，填料桩复合地基按设计桩截面面积乘以桩长以体积计算。B选项正确，水泥土搅拌桩复合地基，按设计图示桩体尺寸以体积计算。C选项不正确，旋喷桩复合地基，按设计图示尺寸以桩长计算。D选项正确，水泥粉煤灰碎石桩复合地基，按设计桩截面面积乘以桩长以体积计算。E选项正确，换填垫层，按设计图示尺寸以体积计算。

79. **【答案】** ABC

【解析】 砖基础，按设计图示尺寸以体积计算。扣除地梁（圈梁）、构造柱所占体积，不扣除基础大放脚T形接头处的重叠部分及嵌入基础内的钢筋、铁件、管道、基础砂浆防潮层和单个面积≤0.3m^2的孔洞所占体积。附墙垛基础宽出部分体积并入计算，靠墙暖气沟的挑檐不增加体积。

80. **【答案】** AE

【解析】 A选项正确，梁模板，按模板与现浇混凝土构件的接触面积计算。B选项不正确，柱帽模板另列项计算工程量，也是按模板与现浇混凝土构件的接触面积计算。C选项不正确，构造柱模板，按混凝土外露宽度乘以柱高以面积计算。D选项不正确，过梁模板，按模板与现浇混凝土构件的接触面积计算。E选项正确，过梁梁长设计无规定时，按梁下洞口宽度两端各加250mm，计算侧模面积。

模拟题七答案与解析

一、单项选择题（共 60 题，每题 1 分，每题的备选项中，只有一个最符合题意）

1. **【答案】** B

【解析】 裂隙宽度：密闭裂隙<1mm；微张裂隙为 1～3mm；张开裂隙为 3～5mm；宽张裂隙>5mm。

2. **【答案】** D

【解析】 岩石孔隙度的大小，主要取决于岩石的结构和构造，同时也受外力因素的影响。

3. **【答案】** C

【解析】 海滨砂丘水属于潜水。

4. **【答案】** C

【解析】 在我国的黄土层及岩溶地区的土层中，常有潜蚀现象产生。对潜蚀的处理可以采用堵截地表水流入土层、阻止地下水在土层中流动、设置反滤层、改良土的性质、减小地下水流速及水力坡度等措施。

5. **【答案】** B

【解析】 本题考查的是影响边坡稳定的因素。对于喷出岩边坡，如玄武岩、凝灰岩、火山角砾岩、安山岩等，其原生的节理，尤其是柱状节理发育时，易形成直立边坡并易发生崩塌。

6. **【答案】** C

【解析】 当隧道轴线与断层走向平行时，应尽量避免与断层破碎带接触。

7. **【答案】** B

【解析】 民用建筑分为居住建筑和公共建筑两类。居住建筑又分为住宅类和非住宅类，包含住宅、宿舍和民政建筑；公共建筑是供人们进行各类社会、文化、经济、政治等活动的建筑物，包含教育、办公科研、商业服务、公众活动、交通、医疗六类建筑。

8. **【答案】** C

【解析】 A 选项错，紧靠防火墙两侧的门、窗洞口之间最近边缘的水平距离不应小于 2. 0m。B 选项错，当建筑外墙为难燃烧体时，防火墙应突出墙的外表面 0. 4m 以上，且防火墙两侧的外墙应为宽度均不小于 2. 0m 的不燃烧体，其耐火极限不应低于该外墙的耐火极限。D 选项错，防火门、防火窗应划分为甲、乙、丙三级，其耐火极限：甲级应不低于 1. 5h。乙级应不低于 1. 0h，丙级应不低于 0. 5h。

9. **【答案】** D

【解析】 过梁可直接用砖砌筑，也可用木材、型钢和钢筋混凝土制作。钢筋混凝土过梁采用得最为广泛。

10.【答案】D

【解析】为避免落入阳台的雨水泛入室内，阳台地面应低于室内地面 30～50mm，并应沿排水方向做排水坡，阳台板的外缘设挡水边坎，在阳台的一端或两端埋设泄水管直接将雨水排出。泄水管可采用镀锌钢管或塑料管，管口外伸至少 80mm。对高层建筑应将雨水导入雨水管排出。

11.【答案】A

【解析】倒置式做法即把传统屋面中防水层和隔热层的层次颠倒一下，防水层在下面，保温隔热层在上面。

12.【答案】A

【解析】快速路是城市中有较高车速为长距离交通服务的重要道路，车行道间设中央分隔带。

13.【答案】D

【解析】保护性路肩横坡度可比路面横坡度加大 1.0%。路肩横向坡度一般应较路面横向坡度大 1%。

14.【答案】B

【解析】在简单体系拱桥中，拱桥的传力结构不与主拱形成整体共同承受荷载。桥上的全部荷载由主拱单独承受，它们是桥跨结构的主要承重构件。拱的水平推力直接由墩台或基础承受。

15.【答案】C

【解析】新建涵洞应采用无压力式涵洞；当涵前允许积水时，可采用压力式或半压力式涵洞；当路基顶面高程低于横穿沟渠的水面高程时，也可设置倒虹吸管涵。

16.【答案】D

【解析】半地下道路：该种道路有两种结构形式，即堑壕构造和 U 形构造。其主要特点是：有利于减少噪声和排放的废气；能得到充足的日照和上部的开敞空间；在绿化带有自然气息较足的地区，能与周围环境较好地和谐共存；造价介于全地下道路与地面道路之间。缺点主要是排水、除雪不易。

17.【答案】B

【解析】一些常规做法是：建筑物与红线之间的地带，用于敷设电缆；人行道用于敷设热力管网或通行式综合管道；分车带用于敷设自来水、污水、煤气管及照明电缆；街道宽度超过 60m 时，自来水和污水管道都应设在街道内两侧；在小区范围内，地下工程管网多数应走专门的地方。此外，地下管网的布置，还应符合相应的建筑规范要求。

18.【答案】C

【解析】CRB550 钢筋的公称直径范围为 4～12mm，CRB600H 钢筋的公称直径范围为 4～16mm，CRB650 及以上牌号钢筋的公称直径为 4mm、5mm、6mm，CRB600H 应为二面肋，CRB550、CRB650 应为三面肋。经供需双方协商，CRB800、CRB800H 准许采用其他外形。

19.【答案】A

【解析】水泥初凝时间不合要求，该水泥报废；终凝时间不合要求，视为不合格。

20. 【答案】A

【解析】滑石粉亲油性好（憎水），易被沥青润湿，可直接混入沥青中，以提高沥青的机械强度和抗老化性能，可用于具有耐酸、耐碱、耐热和绝缘性能的沥青制品中。

21. 【答案】B

【解析】当采用连续开级配矿质混合料与沥青组成的沥青混合料时，粗集料较多，彼此紧密相接，细集料的数量较少，不足以充分填充空隙，形成骨架空隙结构。沥青碎石混合料（AM）多属此类型。这种结构的沥青混合料，粗骨料能充分形成骨架，骨料之间的嵌挤力和内摩阻力起重要作用。因此，这种沥青混合料内摩擦角较高，但黏聚力较低，受沥青材料性质的变化影响较小，因而热稳定性较好，但沥青与矿料的粘结力较小、空隙率大、耐久性较差。

22. 【答案】B

【解析】与普通混凝土小型空心砌块相比，轻骨料混凝土小型空心砌块密度较小、热工性能较好，但干缩值较大，使用时更容易产生裂缝，目前主要用于非承重的隔墙和围护墙。

23. 【答案】B

【解析】烧结型人造石材是把斜长石、石英、辉石石粉和赤铁矿以及高岭土等混合成矿粉，再配以40%左右的黏土混合制成泥浆，经制坯、成型和艺术加工后，再经1000℃左右的高温焙烧而成。如仿花岗石瓷砖、仿大理石陶瓷艺术板等。

24. 【答案】B

【解析】影响木材物理力学性质和应用的最主要的含水率指标是纤维饱和点和平衡含水率。纤维饱和点是木材仅细胞壁中的吸附水达饱和而细胞腔和细胞间隙中无自由水存在时的含水率。其值随树种而异，一般为25%~35%，平均值为30%。它是木材物理力学性质是否随含水率而发生变化的转折点。平衡含水率是木材和木制品使用时避免变形或开裂而应控制的含水率指标。

25. 【答案】C

【解析】以碎玻璃、发泡剂在800℃烧成，具有闭孔结构，气孔直径0.1~5mm，表观密度150~600kg/m^3，热导率0.058~0.128W/（m·K），抗压强度0.8~15MPa，最高使用温度500℃，是一种高级保温绝热材料，可用于砌筑墙体或冷库隔热。

26. 【答案】D

【解析】开挖较窄的沟槽，多用横撑式土壁支撑。横撑式土壁支撑根据挡土板的不同，分为水平挡土板式［见教材图4.1.1（a）］以及垂直挡土板式［见教材图4.1.1（b）］两类。前者挡土板的布置又分间断式和连续式两种。湿度小的黏性土挖土深度小于3m时，可用间断式水平挡土板支撑；对松散、湿度大的土可用连续式水平挡土板支撑，挖土深度可达5m。对松散和湿度很高的土可用垂直挡土板式支撑，其挖土深度不限。挡土板、立柱及横撑的强度、变形及稳定等可根据实际布置情况进行结构计算。

27. 【答案】B

【解析】松土不宜用重型碾压机械直接滚压，否则土层有强烈起伏现象，效率不高。如果先用轻碾压实，再用重碾压实就会取得较好效果。

28. 【答案】B

【解析】褥垫层是保证桩和桩间土共同作用承担荷载，是水泥粉煤灰碎石桩形成复合地基的重要条件。褥垫层材料宜用中砂、粗砂、级配砂石和碎石，最大粒径不宜大于30mm。不宜采用卵石，由于卵石咬合力差，施工时扰动较大、褥垫厚度不容易保证均匀。褥垫层的位置位于 CFG 桩和建筑物基础之间，厚度可取 200～300mm。褥垫层不仅用于 CFG 桩，也用于碎石桩、管桩等，以形成复合地基，保证桩和桩间土的共同作用。

29. 【答案】C

【解析】灌注桩后注浆的施工流程：准备工作→管阀制作→灌注桩施工（注浆管埋设)→注浆设备选型及加筋软管与桩身注浆管连接安装→打开排气阀并开泵放气调试→关闭排气阀压清水开塞→按设计水灰比拌制水泥浆液→水泥浆经过滤至储浆桶（不断搅拌)→待注浆管道通畅后压注水泥浆液→桩检测。

30. 【答案】A

【解析】砖砌体的转角处和交接处应同时砌筑，严禁无可靠措施的内外墙分砌施工。在抗震设防烈度为 8 度及 8 度以上地区，对不能同时砌筑而又必须留置的临时间断处应砌成斜槎，普通砖砌体斜槎水平投影长度不应小于高度的 2/3，多孔砖砌体的斜槎长高比不应小于 1/2。斜槎高度不得超过一步脚手架的高度。

31. 【答案】C

【解析】A 选项错，钢筋配料是根据构件配筋图，先绘出各种形状和规格的单根钢筋简图并加以编号，然后分别计算钢筋下料长度、根数及重量，填写钢筋配料单，作为申请、备料、加工的依据。B 选项错，当构件按最小配筋率配筋时，或同钢号钢筋之间的代换，按钢筋代换前后面积相等的原则进行代换。D 选项错，钢筋代换时，应征得设计单位的同意并办理相应设计变更文件。

32. 【答案】D

【解析】本题考查的是屋面防水。上下层胎体增强材料的长边搭接缝应错开，且不得小于幅宽的 1/3；上下层胎体增强材料不得相互垂直铺设。

33. 【答案】D

【解析】倒置式屋面保温层要求：①倒置式屋面基本构造自下而上宜由结构层、找坡层、找平层、防水层、保温层及保护层组成。②倒置式屋面坡度不宜小于 3%。当大于 3%时，应在结构层采取防止防水层、保温层及保护层下滑的措施。坡度大于 10%时，应在结构层上沿垂直于坡度方向设置防滑条。③当采用两道防水设防时，宜选用防水涂料作为其中一道防水层；硬泡聚氨酯防水保温复合板可作为次防水层。④倒置式屋面保温层的厚度应根据《民用建筑热工设计规范》GB 50176 进行计算；其设计厚度应按照计算厚度增加 25%取值，且最小厚度不得小于 25mm；⑤低女儿墙和山墙的保温层应铺到压顶下；高女儿墙和山墙内侧的保温层应铺到顶部；保温层应覆盖变形缝挡墙的两侧；屋面设施基座与结构层相连时，保温层应包裹基座的上部；⑥保温层板材施工，坡度不大于 3%的不上人屋面可采用干铺法，上人屋面宜采用粘结法；坡度大于 3%的屋面应采用粘结法，并应采用固定防滑措施。

34. 【答案】B

【解析】种植屋面绝热材料可采用喷涂硬泡聚氨酯、硬泡聚氨酯板、挤塑聚苯乙烯泡沫塑料保温板、硬质聚异氰脲酸酯泡沫保温板、酚醛硬泡保温板等轻质绝热材料，不得采用散状绝热材料。

35. 【答案】A

【解析】砂垫层施工简便，不需特殊机具设备，占地较少。但需放慢填筑速度，严格控制加荷速率，使地基有充分时间进行排水固结。因此，表层处理法适用于施工期限不紧迫、材料来源充足、运距不远的施工环境。

36. 【答案】B

【解析】墩台混凝土特别是实体墩台均为大体积混凝土，水泥应优先选用矿渣水泥、火山灰水泥，采用普通水泥时强度等级不宜过高。

37. 【答案】C

【解析】管道接缝基本硬化后就进行护管，即浇捣管座。

38. 【答案】C

【解析】复合土钉墙支护具有轻型、复合、机动灵活、针对性强、适用范围广、支护能力强的特点，可作超前支护，并兼备支护、截水等效果。

39. 【答案】A

【解析】在寒冷或严寒地区所用石料及混凝土块，应符合冻融试验指标。采用混凝土块砌拱圈时，砌块应提前制作，宜比封顶时间提前4个月。混凝土块砌拱圈时，也应在拱脚处开始砌筑，向拱顶方向进行。

40. 【答案】C

【解析】若沉井穿过的土层中有较厚的亚砂土和粉砂土，地下水丰富，土层不稳定，有产生流砂的可能性时，沉井就宜采用不排水挖土下沉，下沉中要使井内水面高出井外水面1~2m，以防流砂。

41. 【答案】B

【解析】项目编码的十二位数字的含义是：一、二位为专业工程代码（01-房屋建筑与装饰工程；02-仿古建筑工程；03-通用安装工程；04-市政工程；05-园林绿化工程；06-矿山工程；07-构筑物工程；08-城市轨道交通工程；09-爆破工程。以后进入国标的专业工程代码以此类推）；三、四位为附录分类顺序码（如房屋建筑与装饰工程中的“土石方工程”为0101）；五、六位为分部工程顺序码（如房屋建筑与装饰工程中的“土方工程”为010101）；七、八、九位为分项工程项目名称顺序码（如房屋建筑与装饰工程中的“挖一般土方”为010101002）；十至十二位为清单项目名称顺序码。

42. 【答案】D

【解析】不同的计量单位汇总后的有效位数也不相同，根据工程量计算规范，工程计量时每一项目汇总的有效位数应遵守下列规定：

（1）以“t”为单位，应保留小数点后三位数字，第四位小数四舍五入；

（2）以“m、m^2、m^3、kg”为单位，应保留小数点后两位数字，第三位小数四舍五入；

（3）以“个、件、根、组、系统”为单位，应取整数。

43. 【答案】A

【解析】例如 AT1，h=120 表示梯板类型、编号，以及梯板板厚；1800/12 表示踏步段总高度/踏步级数；Φ10@200、Φ12@150 表示上部纵筋、下部纵筋；FΦ8@250 表示梯板分布筋。

44. 【答案】C

【解析】A 选项，有顶盖的采光井应按其外围护结构外表面所围空间的水平投影面积计算。B 选项，半地下室及其出入口应按其外围护结构外表面所围空间的水平投影面积计算。C 选项，由墙、柱围合的雨篷、车棚按其柱或外围护结构外表面所围空间的水平投影面计算。D 选项，出挑的有顶盖空中花园按其围护设施外表面所围空间水平投影面积的 1/2 计算。

45. 【答案】D

【解析】阳台建筑面积应按围护设施外表面所围空间水平投影面积的 1/2 计算；当阳台封闭时，应按其外围护结构外表面所围空间的水平投影面积计算：300×6+5×2.8×4/2=1828（m^2）。

46. 【答案】C

【解析】地下室：房间楼（地）面低于室外设计地坪的高度超过该房间建筑层高的 1/2 者为地下室。半地下室：房间楼（地）面低于室外设计地坪的高度超过该房间建筑层高的 1/3，且不超过 1/2 者为半地下室。

47. 【答案】C

【解析】见下表。

答 47 表　　管沟施工每侧所需工作面宽度计算表

管道材质	管道结构宽（mm）			
	≤500	≤1000	≤2500	>2500
混凝土及钢筋混凝土管道（mm）	400	500	600	700
其他材质管道（mm）	300	400	500	600

注：管道结构宽：有管座的按基础外缘，无管座的按管道外径。

48. 【答案】B

【解析】预压地基、强夯地基、振冲密实地基（不填料），按设计图示处理范围以面积计算。

49. 【答案】A

【解析】钢支撑、钢腰梁（冠梁），按设计图示尺寸以质量计算，不扣除孔眼质量，焊条、铆钉、螺栓等不另增加质量。

50. 【答案】D

【解析】泥浆护壁成孔灌注桩、沉管灌注桩、干作业机械成孔灌注桩、爆扩成孔灌注桩，按设计截面面积乘以设计桩长以体积计算，截面局部扩大部分体积并入计算。

51. 【答案】A

【解析】砖检查井，按设计图示数量计算（单位：座）。工作内容中综合了铺设垫层、底板混凝土、井盖安装、刮缝、抹防潮层等，不需要另列项计算。

52.【答案】B

【解析】箍筋根数=箍筋分部长度/箍筋间距+1=（10000−25×2）/250+1=40.8，取整为41。

53.【答案】A

【解析】清单项目设置包括钢网架、钢网壳等。工程量按设计图示尺寸以质量计算。不扣除孔眼的质量，焊条、螺钉（或销子）等不另增加质量。项目特征需描述：结构形式、跨度；杆件钢材品种、规格；节点形式、连接方式；节点钢材品种、规格；构件涂（镀）层要求；探伤要求。

54.【答案】A

【解析】门五金包含合页、铰链、拉手、锁具、插销、门吸、闭门器、滑轮滑轨、地弹簧、角码、螺钉等完成门安装所需的各类配件。门窗清单项目中门（窗）框、五金件应包含在相应清单项目的综合单价内，不另列项计算工程量。木门五金不含门锁，门锁安装单独列项计算。

因此，答案为A。

55.【答案】B

【解析】选项A错误，按设计图示尺寸以主墙间净面积计算。选项B正确，楼（地）面防水上翻高度≤300mm时，工程量并入楼地面防水工程量内。选项C错误，楼（地）面变形缝，按设计图示尺寸以长度计算。选项D错误，扣除凸出地面的构筑物、设备基础及单个面积>0.3m^2的柱、垛、烟囱和孔洞等所占面积。

56.【答案】D

【解析】保温柱、梁按设计图示尺寸以面积计算，柱按设计图示柱断面保温层中心线展开长度乘保温层高度以面积计算，不扣除单个面积≤0.3m^2的梁所占面积。梁按设计图示梁断面保温层中心线展开长度乘保温层长度以面积计算。因此，答案为D。

57.【答案】D

【解析】选项A，水泥砂浆楼地面、细石混凝土楼地面、自流平楼地面、耐磨楼地面、塑胶地面，按设计图示尺寸以面积计算。扣除凸出地面构筑物、设备基础、室内管道、地沟、柱、垛、附墙烟囱及孔洞所占面积。门洞、空圈、暖气包槽、壁龛的开口部分并入相应的工程量内。选项B，石材楼地面、拼碎石材楼地面、块料楼地面，按设计图示尺寸以面积计算，门洞、空圈、暖气包槽、壁龛的开口部分并入相应的工程量内。选项C，地毯楼地面、竹/木（复合）地板、金属复合地板，按设计图示尺寸以面积计算，门洞、空圈、暖气包槽、壁龛的开口部分并入相应的工程量内。选项D，清单项目设置包括水泥砂浆楼梯、石材楼梯、块料楼梯、地毯楼梯、木板（复合）楼梯、橡塑板楼梯、橡塑卷材楼梯等，工程量按设计图示尺寸以面层展开面积计算。

58.【答案】D

【解析】选项A、B不正确，墙、柱面装饰板，按设计图示饰面外围尺寸以面积计算；扣除门窗洞口面积，不扣除单个面积≤0.3m^2的孔洞所占面积。选项C不正确，墙、柱面装饰浮雕，按设计图示尺寸以面积计算；选项D正确，墙、柱面装配式装饰板，按设计图示饰面外围尺寸以面积计算。

59. 【答案】B

【解析】天棚抹灰按设计图示尺寸以水平投影面积计算，不扣除垛、柱、附墙烟囱、检查口和管道所占的面积，带梁天棚、梁两侧抹灰面积并入天棚面积内，板式楼梯底面抹灰按斜面积计算，锯齿形楼梯底板抹灰按展开面积计算。

60. 【答案】B

【解析】成品带扶手栏杆、栏板，按设计图示以栏杆、栏板中心线长度计算。

二、多项选择题（共 20 题，每题 2 分。每题的备选项中，有 2 个或 2 个以上符合题意，至少有 1 个错项。错选，本题不得分；少选，所选的每个选项得 0.5 分）

61. 【答案】ABD

【解析】由于软土的生成环境及其粒度、矿物组成和结构特征，结构性显著且处于形成初期，故具有高含水量、高孔隙性、低渗透性、高压缩性、低抗剪强度、较显著的触变性和蠕变性等特性。

62. 【答案】ADE

【解析】B 选项错，土的饱和度越大，表明土孔隙中充水愈多。C 选项错，孔隙比小于 0.6 的土是密实的低压缩性土。

63. 【答案】BCDE

【解析】A 选项错，绿色建筑评价应在建筑工程竣工后进行。

64. 【答案】BCDE

【解析】与内保温墙体比较，外保温墙体有下列优点：一是外墙外保温系统不会产生热桥，因此具有良好的建筑节能效果。二是外保温对提高室内温度的稳定性有利。三是外保温墙体能有效减少温度波动对墙体的破坏，保护建筑物的主体结构，延长建筑物的使用寿命。四是外保温墙体构造可用于新建的建筑物墙体，也可以用于旧建筑外墙的节能改造。在旧房的节能改造中，外保温结构对居住者影响较小。五是外保温有利于加快施工进度，室内装修不致破坏保温层。

65. 【答案】CE

【解析】A 选项错，水磨石地面坚硬、耐磨、光洁，不透水，不起灰，它的装饰效果也优于水泥砂浆地面，但造价高于水泥砂浆地面，施工较复杂，无弹性，吸热性强，常用于人流量较大的交通空间和房间。B 选项错，细石混凝土楼地面的强度高、干缩性小，与水泥砂浆楼地面相比其耐久性和防水性更好，且不易起砂，一般 35~40mm 厚。D 选项错，塑胶地面是由各种颜料橡胶颗粒或 EPDM 颗粒为面层，黑色橡胶颗粒为底层，由胶粘剂经过高温硫化热压所制成。

66. 【答案】ACE

【解析】桥梁及其引道的平、纵、横技术指标应与路线总体布设相协调，各桥面车行道应按现行行业标准《城市道路工程设计规范》CJJ 37 的规定设置横坡，在快速路和主干路桥上，横坡宜为 2%；在次干路和支路桥上，横坡宜为 1.5%~2.0%，人行道上宜设置 1%~2%向车行道的单向横坡。

67. 【答案】AE

【解析】A 选项对，碳还可显著降低钢材的可焊性，增加钢的冷脆性和时效敏感性，降低抗大气腐蚀能力。B选项错，硅在钢中是有益元素，是我国钢筋用钢的主要合金元素，炼钢时起脱氧作用。当硅在钢中的含量较低（小于1%）时，随着含量的加大可提高钢材的强度、疲劳极限、耐腐蚀性和抗氧化性，而对塑性和韧性影响不明显。C选项错，磷是有害元素，含量提高，钢材的强度提高，塑性和韧性显著下降，特别是温度愈低，对韧性和塑性的影响愈大。D选项错，氮对钢材性质的影响与碳、磷相似，可使钢材的强度提高，但塑性特别是韧性明显下降。氮还会加剧钢的时效敏感性和冷脆性，使其焊接性能变差。E选项对，钛是强脱氧剂，可显著提高钢的强度，但稍降低塑性。由于钛能细化晶粒，故可改善韧性。钛能减少时效倾向，改善焊接性能。

68.【答案】ABC

【解析】混凝土早强剂是指能提高混凝土早期强度，并对后期强度无显著影响的外加剂。若外加剂兼有早强和减水作用则称为早强减水剂。早强剂多用于抢修工程和冬期施工的混凝土。目前常用的早强剂有氯盐、硫酸盐、三乙醇胺和以它们为基础的复合早强剂。早强剂宜用于蒸养、常温、低温和最低温度不低于-5℃环境中施工的有早强要求的混凝土工程。炎热条件以及环境温度低于-5℃时不宜使用早强剂。早强剂不宜用于大体积混凝土。

69.【答案】BCE

【解析】夹丝玻璃具有安全性、防火性和防盗抢性。①安全性：夹丝玻璃由于钢丝网的骨架作用，不仅提高了玻璃的强度，而且遭受到冲击或温度骤变而破坏时，碎片也不会飞散，避免了碎片对人的伤害作用。②防火性：当遭遇火灾时，夹丝玻璃受热炸裂，但由于金属丝网的作用，玻璃仍能保持固定，可防止火焰蔓延。③防盗抢性：当遇到盗抢等意外情况时，夹丝玻璃虽玻璃碎但金属丝仍可保持一定的阻挡性，起到防盗、防抢的安全作用。

夹丝玻璃应用于建筑的天窗、采光屋顶、阳台及须有防盗、防抢功能要求的营业柜台的遮挡部位。当用作防火玻璃时，要符合相应耐火极限的要求。夹丝玻璃可以切割，但断口处裸露的金属丝要作防锈处理，以防锈体体积膨胀，引起玻璃“锈裂”。

70.【答案】DE

【解析】正铲挖掘机的挖土特点是：前进向上，强制切土。其挖掘力大，生产率高，能开挖停机面以内的Ⅰ~Ⅳ级土，开挖大型基坑时需设下坡道，适宜在土质较好、无地下水的地区工作。根据挖掘机与运输工具的相对位置不同，正铲挖土和卸土的方式有以下两种：正向挖土、侧向卸土；正向挖土、后方卸土。

71.【答案】BDE

【解析】A选项错，当在使用中对水泥质量有怀疑或水泥出厂超过三个月（快硬硅酸盐水泥超过一个月）时，应复查试验，并按复验结果使用。C选项错，沉淀池中储存的石灰膏，其熟化时间应防止干燥、冻结和污染，严禁采用脱水硬化的石灰膏；建筑生石灰粉、消石灰粉不得替代石灰膏配制水泥石灰砂浆。

72.【答案】CE

【解析】A选项错，不同直径钢筋焊接时，接头面积百分率按较小直径计算。同一构件纵向受力钢筋直径不同时，连接区段长度按较大直径计算。B选项错，焊接钢筋骨架，较小钢筋直径不大于 10mm 时，大小钢筋直径之比不宜大于 3。D 选项错，梁、板受弯构件，按一侧纵向受拉钢筋面积计算搭接接头面积百分率，即上部、下部钢筋分别计算。

73. **【答案】** AD

【解析】 A 选项错，禁止用薄层贴补的方法进行找平。D 选项错，直线和不设超高的平曲线段，应由曲线的两侧向中心碾压；设超高的平曲线段，应由内侧向外侧碾压。

74. **【答案】** BD

【解析】 悬臂浇筑施工的主要特点：①悬臂浇筑施工宜在营运状态的结构受力与施工阶段的受力状态比较近的桥梁中选用，如预应力混凝土 T 形刚构桥、变截面连续梁桥和斜拉桥等；②非墩梁固接的预应力混凝土梁桥，采用悬臂浇筑施工时应采取措施，使墩、梁临时固结；③采用悬臂浇筑施工的机具设备种类较多，可根据实际情况选用；④悬臂浇筑施工简便，结构整体性好，施工中可不断调整位置，常在跨径大于 100m 的桥梁上选用；悬臂拼装法施工速度快，桥梁上下部结构可平行作业，但施工精度要求比较高，可在跨径 100m 以下的大桥中选用；⑤悬臂浇筑施工法可不用或少用支架，施工不影响通航或桥下交通。

75. **【答案】** BCDE

【解析】 A 选项错，泥浆要与地下水、砂和混凝土接触，并一同返回泥浆池，经过处理后再继续使用。

76. **【答案】** BCE

【解析】 纵筋加强带代号为 JQD、悬挑板阴角附加筋代号为 Cis。

77. **【答案】** ACDE

【解析】 建筑的室内净高应满足各类型功能场所空间净高的最低要求，地下室、局部夹层、公共走道、建筑避难区、架空层等有人员正常活动的场所最低处室内净高不应小于 2.00m。室内净高是指室内有效使用空间的垂直距离。室内净高是满足建筑功能的基本要素，也是保证安全、人身健康、公众权益和公共利益的控制性底线要求。B 选项，室内净高应为室内楼（地）面面层（设计完成面）至上部吊顶或楼板、屋面板底面之间有效使用空间的垂直距离。

78. **【答案】** ABC

【解析】 选项 D 不正确，管沟土（石）方，按设计图示管底基础（含垫层）底面积另加工作面面积，乘以挖土（石）深度，以体积计算；无管底基础及垫层时，按管外径的水平投影面积另加工作面面积，乘以挖土（石）深度，以体积计算。选项 E 不正确，基础回填，按设计图示基础（含垫层）底面积另加工作面面积，乘以回填深度，减去回填范围内建筑物（构筑物）、基础（含垫层）、管道，以体积计算。

79. **【答案】** BDE

【解析】 地基处理与边坡支护工程的清单项目工作内容均包括无法自行移动的大型施工机械的场内就位及移位，也包括各清单项目全面实施前的试夯、试打等现场试验工序。除另有说明外，清单项目中均包括施工过程中所必须的土石方挖填。

80. **【答案】** ABCD

【解析】 现浇钢筋混凝土构件，均不扣除构件内钢筋、螺栓、预埋铁件、张拉孔道所占体积，但应扣除劲性骨架的型钢所占体积。

模拟题八答案与解析

一、单项选择题（共 60 题，每题 1 分，每题的备选项中，只有一个最符合题意）

1. **【答案】** C

【解析】 A 选项错，花岗斑岩是岩浆岩，岩浆岩（火成岩）是岩浆通过地壳运动，沿地壳薄弱地带上升冷却凝结后形成的岩石。B 选项错，深成岩常被选为理想的建筑基础，而辉绿岩属于浅成岩。D 选项错，石英岩矿物多具片理构造。

2. **【答案】** D

【解析】 组成岩石的矿物比重大，或岩石的孔隙性小，则岩石的重度就大。在相同条件下的同一种岩石，重度大就说明岩石的结构致密、孔隙性小，岩石的强度和稳定性也较高。

3. **【答案】** B

【解析】 地下水分类参见答 3 表。

答 3 表　　地下水分类表

基本类型	亚类			水头性质	补给区与分布区关系	动态特点	成因
	孔隙水	裂隙水	岩溶水				
包气带水	土壤水、沼泽水、不透水透镜体上的上层滞水。主要是季节性存在的地下水	基岩风化壳（黏土裂隙）中季节性存在的水	垂直渗入带中季节性及经常性存在的水	无压水	补给区与分布区一致	一般为暂时性水	基本上是渗入成因，局部才能凝结成因
潜水	坡积、洪积、冲积、湖积、冰碛和冰水沉积物中的水；当经常出露或接近地表时，成为沼泽水、沙漠和海滨砂丘水	基岩上部裂隙中的水	裸露岩溶化岩层中的水	常为无压水	补给区与分布区一致	水位升降决定于地表水的渗入和地下蒸发，并在某些地方决定于水压的传递	基本上是渗入成因，局部才能凝结成因
承压水	松散沉积物构成的向斜和盆地—自流盆地中的水、松散沉积物构成的单斜和山前平原—自流斜地中的水	构成盆地或向斜中基岩的层状裂隙水、单斜岩层中层状裂隙水、构造断裂带及不规则裂隙中的深部水	构造盆地或向斜中岩溶化岩层中的水，单斜岩溶化岩层中的水	承压水	补给区与分布区不一致	水位的升降决定于水压的传递	渗入成因或海洋成因

4. 【答案】A

【解析】对于裂隙发育影响地基承载能力和抗渗要求的，可以用水泥浆灌浆加固或防渗。

5. 【答案】A

【解析】B 选项错，C 选项错，渗流水力坡度小于临界水力坡度，虽然不会产生流砂现象，但是土中细小颗粒仍有可能穿过粗颗粒之间的孔隙被渗流携带而走。D 选项错，潜蚀的处理可以采用堵截地表水流入土层、阻止地下水在土层中流动、设置反滤层、改良土的性质、减小地下水流速及水力坡度等措施。

6. 【答案】A

【解析】对工程造价的影响可归结为三个方面：一是选择工程地质条件有利的路线，对工程造价起着决定作用；二是勘察资料的准确性直接影响工程造价；三是由于对特殊不良工程地质问题认识不足导致的工程造价增加。

7. 【答案】B

【解析】A 选项错，一级耐火等级建筑的构件均应采用不燃材料制作，其承重墙、柱和防火墙的耐火极限不得低于 3.00h。C 选项错，在公共建筑中，设置防火墙确有困难的场所，可采用防火卷帘作防火分区分隔。D 选项错，砌体材料的防火性能较好，普通黏土砖墙、加气混凝土砌块墙、轻质混凝土砌块墙等均为不燃烧体，其中普通黏土砖墙作为承重墙达到 180mm 的厚度或者作为非承重墙只要达到 120mm 的厚度；轻质混凝土砌块墙作为承重墙达到 240mm 的厚度或者作为非承重墙只要达到 100mm 的厚度，其耐火极限均可达到或超过 3.00h，均能满足不同耐火等级建筑防火墙的燃烧性能和耐火极限的要求，而且材料来源及施工均较为方便。

8. 【答案】C

【解析】油毡防潮层是在防潮层部位先抹 20mm 厚砂浆找平，然后干铺油毡一层或用热沥青粘贴油毡一层。油毡防潮层具有一定的韧性、延伸性和良好的防潮性能，但降低了上下砖砌体之间的粘结力，且降低了砖砌体的整体性，对抗震不利，故油毡防潮层不宜用于下端按固定端考虑的砖砌体和有抗震要求的建筑中。

9. 【答案】C

【解析】填充块与肋和面板相接触的部位带有凹槽，用来与现浇肋或板咬接，使楼板的整体性更好。

10. 【答案】B

【解析】平屋顶倒置式保温材料可采用：挤塑聚苯板、泡沫玻璃保温板等。平屋顶正置式保温材料可采用：膨胀聚苯板、挤塑聚苯板、硬泡聚氨酯、石膏玻璃棉板、水泥聚苯板、加气混凝土等。

11. 【答案】C

【解析】当柱较高，自重较重，因受吊装设备的限制，为减轻柱重量时一般采用钢-钢筋混凝土组合柱。其组合形式为上柱为钢柱，下柱为钢筋混凝土双肢柱。

12. 【答案】C

【解析】路面结构的设计使用年限见答 12 表。

答 12 表　　路面结构的设计使用年限

路面等级	路面结构类型（年）		
	沥青路面	水泥混凝土路面	砌块路面
快速路	15	30	—
主干路	15	30	—
次干路	15	20	—
支路	10	20	混凝土预制块路面：10 年 石材路面：20 年

13. **【答案】** B

【解析】 A 选择错，地下水位高、排水不良，路基处于潮湿或过湿状态的路段需设置垫层。C 选择错，在季节性冰冻地区路面结构厚度小于最小防冻厚度要求时，设置防冻垫层可以使路面结构免除或减轻冻胀和翻浆病害。D 选择错，排水垫层应与边缘排水系统相连接，厚度宜大于 150mm，宽度不宜小于基层底面的宽度。

14. **【答案】** C

【解析】 简支梁桥是梁式桥中应用最早、使用最广泛的桥形之一。它受力明确、设计计算较容易，且构造简单、施工方便。简支梁桥是静定结构，其各跨独立受力。

15. **【答案】** D

【解析】 石盖板涵适用于石料丰富且过水流量较小的小型涵洞。

16. **【答案】** C

【解析】 城市具有几条方向各异或客流量大的街道，可设置多线路网，这几条线路往往在市中心交会，这样，便于乘客自一条线路换乘另一条线路，也有利于线路的延长扩建。

17. **【答案】** C

【解析】 A 选项错，收容的各种管线是综合管廊的核心和关键。B 选项错，综合管廊由于管线不接触土壤和地下水，避免了酸碱物质的腐蚀，延长了使用寿命。D 选项错，小型综合管廊主要容纳小规模管网或末端配给工程管线。

18. **【答案】** C

【解析】 本题考查冷拔低碳钢丝。低碳钢热轧圆盘条或热轧光圆钢筋经一次或多次冷拔制成的光圆钢丝，在使用中应符合《冷拔低碳钢丝应用技术规程》JGJ 19 规定。冷拔低碳钢丝宜作为构造钢筋使用，作为结构构件中纵向受力钢筋使用时应采用钢丝焊接网。冷拔低碳钢丝不得作预应力钢筋使用。

19. **【答案】** B

【解析】 A 选项错，地沥青质为深褐色至黑色固态无定形物质（固体粉末），不溶于酒精、正戊烷，但溶于三氯甲烷和二硫化碳，染色力强，对光的敏感性强，感光后就不能溶解。C 选项错，沥青脂胶中绝大部分属于中性树脂。D 选项错，石油沥青中还含有蜡，会降低石油沥青的粘结性和塑性，同时对温度特别敏感（即温度稳定性差）。

20. **【答案】** A

【解析】只能在空气中硬化，也只能在空气中保持和发展其强度的称气硬性胶凝材料，如石灰、石膏等；既能在空气中，还能更好地在水中硬化、保持和继续发展其强度的称水硬性胶凝材料，如各种水泥。气硬性胶凝材料一般只适用于干燥环境中，而不宜用于潮湿环境，更不可用于水中。

21. 【答案】D

【解析】沥青路面的抗滑性能与集料的表面结构（粗糙度）、级配组成、沥青用量等因素有关。

22. 【答案】C

【解析】加气混凝土砌块广泛用于一般建筑物墙体，还用于多层建筑物的非承重墙及隔墙，也可用于低层建筑的承重墙。体积密度级别低的砌块还用于屋面保温。

23. 【答案】A

【解析】镜面板材主要用于室内外地面、墙面、柱面、台面、台阶等，特别适宜做大型公共建筑大厅的地面。

24. 【答案】D

【解析】丁烯管（PB 管）具有较高的强度，韧性好，无毒，易燃，热胀系数大，价格高。主要应用于饮用水、冷热水管。特别适用于薄壁小口径压力管道，如地板辐射采暖系统的盘管。

25. 【答案】B

【解析】APP 改性沥青防水卷材广泛适用于各类建筑防水、防潮工程，尤其适用于高温或有强烈太阳辐射地区的建筑物防水。

26. 【答案】B

【解析】重力式支护结构是指主要通过加固基坑周边土形成一定厚度的重力式墙，以达到挡土的目的。水泥土搅拌桩（或称深层搅拌桩）支护结构是近年来发展起来的一种重力式支护结构。它是用搅拌机械将水泥、石灰等和地基土相搅拌，形成相互搭接的格栅状结构形式，也可相互搭接成实体结构形式，这种支护墙具有防渗和挡土的双重功能。

27. 【答案】C

【解析】根据现场土质条件，应能保持开挖边坡的稳定。边坡坡面上如有局部渗出地下水时，应在渗水处设置过滤层，防止土粒流失，并设置排水沟，将水引出坡面。

28. 【答案】B

【解析】强夯法适用于加固碎石土、砂土、低饱和度粉土、黏性土、湿陷性黄土、高填土、杂填土以及“围海造地”地基、工业废渣、垃圾地基等的处理；也可用于防止粉土及粉砂的液化，消除或降低大孔隙土的湿陷性；对于高饱和度淤泥、软黏土、泥炭、沼泽土，如采取一定技术措施也可采用，还可用于水下夯实。强夯不得用于不允许对工程周围建筑物和设备有一定振动影响的地基加固，必需时，应采取防振、隔振措施。

29. 【答案】C

【解析】柱锤冲扩桩法是指反复将柱状重锤提到高处使其自由下落冲击成孔，然后分层填料夯实形成扩大桩体，与桩间土组成复合地基的处理方法。该方法施工简便，振动及噪声小。适用于处理杂填土、粉土、黏性土、素填土、黄土等地基，对地下水位以下的饱和松软土层应通过现场试验确定其适用性。地基处理深度不宜超过 6m，复合地基承载力特征值不宜超过 160kPa。

30. 【答案】D

【解析】升板结构及其施工特点：柱网布置灵活，设计结构单一；各层板叠浇制作，节约大量模板；提升设备简单，不用大型机械；高空作业减少，施工较为安全；劳动强度减轻，机械化程度提高；节省施工用地，适宜狭窄场地施工；但用钢量较大，造价偏高。

31. 【答案】C

【解析】A 选项错，柱、墙混凝土设计强度等级比梁、板混凝土设计强度等级高一个等级时，柱、墙位置梁、板高度范围内的混凝土经设计单位确认，可采用与梁、板混凝土设计强度等级相同的混凝土进行浇筑。B 选项错，当柱、墙混凝土设计强度等级比梁、板混凝土设计强度等级高两个及以上等级时，应在交界区域采取分隔措施；分隔位置应在低强度等级的构件中，距离高强度等级构件边缘不应小于 500mm，且不应小于 1/2 梁高。D 选项错，钢丝网板两侧混凝土虽然分别浇筑，但应保证在一侧混凝土浇筑后的初凝前，完成另一侧混凝土的覆盖。

32. 【答案】C

【解析】卷材防水层完工并经验收合格后应及时做保护层。保护层应符合下列规定：①顶板的细石混凝土保护层与防水层之间宜设置隔离层。细石混凝土保护层厚度：机械回填时不宜小于 70mm，人工回填时不宜小于 50mm。②底板的细石混凝土保护层厚度不应小于 50mm。③侧墙宜采用软质保护材料或铺抹 20mm 厚 1：2. 5 水泥砂浆。

33. 【答案】D

【解析】种植平屋面的基本构造层次包括（从下而上）：基层、绝热层、找（坡）平层、普通防水层、耐根穿刺防水层、保护层、排（蓄）水层、过滤层、种植土层和植被层等。可根据各地区气候特点、屋面形式、植物种类等情况，增减构造层次。

34. 【答案】B

【解析】A 选项错，跨度大于 3m 的叠合板，宜采用桁架钢筋混凝土叠合板。C 选项错，当采用凹口截面预制梁时，凹口深度不宜小于 50mm，凹口边厚度不宜小于 60mm。D 选项错，叠合梁可采用对接连接，连接处应设置后浇段。

35. 【答案】A

【解析】正铲挖掘机的挖土特点是：前进向上，强制切土。其挖掘力大，生产率高，能开挖停机面以内的Ⅰ~Ⅳ级土，开挖大型基坑时需设下坡道，适宜在土质较好、无地下水的地区工作。

36. 【答案】B

【解析】射水沉桩法的选择应视土质情况而异，在砂夹卵石层或坚硬土层中，一般以射水为主，锤击或振动为辅；在亚黏土或黏土中，为避免降低承载力，一般以锤击或振动为主，射水为辅，并应适当控制射水时间和水量；下沉空心桩，一般用单管内射水。

37. 【答案】A

【解析】涵管需用吊车下管。中小型涵管可采用外壁边线排管，大型涵管须用中心线法排管。

38.【答案】C

【解析】逆作拱墙式，系在平面上将支护墙体或排桩做成的闭合拱形支护结构。该种结构主要承受压应力，可充分发挥材料特性，结构截面小，底部不用嵌固，可减小埋深，具有受力安全可靠、变形小、外形简单、施工方便快速、质量易保证、费用低等特点。其适用条件如下：基坑侧壁安全等级宜为二、三级；淤泥和淤泥质土场地不宜采用；基坑平面尺寸近似方形或圆形，施工场地适合拱圈布置；拱墙轴线的矢跨比不宜小于1/8，坑深不宜大于12m；地下水位高于基坑底面时，应采取降水或截水措施。

39.【答案】C

【解析】A选项错，防水等级为一级的框架填充或砌体结构外墙，应设置2道及以上防水层。B选项错，涂料饰面和块材饰面宜采用聚合物水泥防水砂浆或普通防水砂浆作为防水层。D选项错，外墙防水层施工前，宜先做好节点处理，再进行大面积施工。

40.【答案】A

【解析】独臂钻是另一种形式的掘进机，它是在一个悬管上装设一个可以切削岩土的大钻头，这个大钻头可以上下左右运动。大钻头切削开挖的同时，皮带扒料机将石渣装上后面的斗车，开挖速度很快。该种设备适宜于开挖软岩，不适宜于开挖地下水较多、围岩不太稳定的地层。

41.【答案】D

【解析】按"先横后竖、先上后下、先左后右"计算法。即在平面图上从左上角开始，按"先横后竖、从上而下、自左到右"的顺序计算工程量。例如房屋的条形基础土方、砖石基础、砖墙砌筑、门窗过梁、墙面抹灰等分部分项工程，均可按这种顺序计算工程量。

42.【答案】C

【解析】梁编号由梁类型代号、序号、跨数及有无悬挑代号组成。梁的类型代号有楼层框架梁（KL）、楼层框架扁梁（KBL）、屋面框架梁（WKL）、框支梁（KZL）、托柱转换梁（TZL）、非框架梁（L）、悬挑梁（XL）、井字梁（JZL），A为一端悬挑，B为两端悬挑，悬挑不计跨数。如KL7（5A）表示7号楼层框架梁，5跨，一端悬挑。

43.【答案】A

【解析】现代建设工程将更加注重分工的专业化、精细化和协作，一是由于建筑单体的体量大、复杂度高，其三维信息量巨大，在自动计算工程量时会消耗巨大的计算机资源，计算效率差；二是智能建筑、节能设施各类专业工程越来越复杂，其技术更新越来越快，可以通过协作来高速完成复杂工程的精细计量，如：可以通过云技术将钢筋计量、装饰工程计量、电气工程计量、智能工程计量、幕墙工程计量等分别放入"云端"，进行多方配合，协作完成，不仅可保证计量质量，提高计算速度，也能减少对本地资源的需求，显著提高计算的效率，降低成本。

44.【答案】A

【解析】A选项说法不正确，建筑面积应是建筑每个自然层楼（地）面处外围护结构外表面所围空间水平投影的面积。首先，工程建设的技术经济指标大多数以建筑面积为基数，建筑面积是核定估算、概算、预算等工程造价的一个重要基础数据，是计算和确定工程造价，并分析工程造价和工程设计合理性的一个基础指标；其次，建筑面积是国家进行建设工程数据统计、固定资产宏观调控的重要指标；最后，建筑面积还是房地产交易、工程发承包交易、建筑工程有关运营费用核定等的一个关键指标。

45. 【答案】B

【解析】无围护结构、有围护设施、无柱、附属在建筑外围护结构、不封闭的建筑空间，应按其围护设施外表面所围空间水平投影面积的 1/2 计算，包括无柱的室外挑廊、连廊、檐廊；出挑的无柱室外楼梯；出挑的有顶盖空中花园等，不包含无柱雨篷。

46. 【答案】D

【解析】选项 A，如基础土石方采用逆作法等特殊工艺时，应增加相应特征描述；选项 B，挖基坑土方项目特征需描述：土类别、开挖深度、基底处理方式；挖基坑石方项目特征需描述：开挖深度、岩石类别；选项 C，基础土方的开挖深度，自预设标高算至基础（含垫层）底标高，下有石方的算至土石分界线；基础石方开挖深度，按石方开挖前标高至基础（含垫层）底标高计算。

47. 【答案】D

【解析】挖单独土（石）方、单独土石方回填，按原始地貌与预设标高之间的挖填尺寸，以体积计算。

48. 【答案】D

【解析】选项 A，换填垫层按照设计图示尺寸以体积计算；选项 B，填料桩复合地基，按设计桩截面面积乘以桩长以体积计算；选项 C，预压地基按设计图示处理范围以面积计算。

49. 【答案】B

【解析】石基础、石勒脚、石墙的划分：基础与勒脚应以设计室外地坪为界。勒脚与墙身应以设计室内地面为界。石围墙以设计室外地坪为界，两侧地坪标高不同时，应以较低地坪标高为界，以下为基础，以上为墙身；当两侧标高之差为挡土墙时，挡土墙以上为墙身。

50. 【答案】B

【解析】选项 A，过梁，按设计图示截面面积乘以梁长以体积计算；选项 C，圈梁，按设计图示截面面积乘以梁长以体积计算；选项 D，圈梁与构造柱连接时，梁长算至构造柱（不含马牙槎）的侧面。

51. 【答案】B

【解析】A 选项错，盖板按设计图示数量计算。C 选项错，实心条板不扣除单个面积 $\leq 0.3m^2$ 的孔洞。D 选项错，不扣除单个面积 $\leq 0.3m^2$ 的孔洞及宽度 $\leq 40mm$ 的板缝所占的体积。

52. 【答案】C

【解析】选项 A，焊条、铆钉、普通螺栓等不另增加质量；选项 B，节点板、加强肋、制动梁、制动板、制动桁架、车挡并入钢梁及吊车梁工程量内；选项 D，钢板墙板，按设计图示尺寸以铺挂展开面积计算，扣除门窗洞口所占面积。

53. 【答案】A

【解析】选项 B，木门框按设计图示尺寸以框中心线长度计算；选项 C，金属纱窗按纱扇框的外围尺寸以面积计算；选项 D，金属门窗套按设计图示尺寸以展开面积计算。

54. 【答案】C

【解析】选项 A，屋面的女儿墙、伸缩缝、设备基础和天窗等处的上翻部分，并入屋面工程量内；选项 B，斜屋顶（不包括平屋顶找坡）按斜面积计算；选项 D，种植屋面过滤层按"屋面柔性隔离层"项目编码列项。

55. 【答案】A

【解析】选项 B，保温隔热屋面按设计图示尺寸以面积计算；选项 C，设有龙骨的保温隔热墙面，龙骨含在工作内容中，不另列项计算工程量；选项 D，保温柱、梁，按设计图示尺寸以面积计算：梁按设计图示梁断面保温层中心线展开长度乘保温层长度以面积计算。

56. 【答案】B

【解析】选项 A，细石混凝土楼地面扣除凸出地面构筑物、设备基础、室内管道、地沟、柱、垛、附墙烟囱及孔洞所占面积；选项 C，门洞、空圈、暖气包槽、壁龛的开口部分并入相应的工程量内；选项 D，清单项目设置包括水泥砂浆楼梯、石材楼梯、块料楼梯、地毯楼梯、木板（复合）楼梯、橡塑板楼梯、橡塑卷材楼梯等。工程量按设计图示尺寸以面层展开面积计算。

57. 【答案】A

【解析】广角镜安装、车挡，按设计图示数量计算（单位：个）。

58. 【答案】B

【解析】选项 A，墙、柱面装饰板，按设计图示饰面外围尺寸以面积计算；选项 C，墙、柱面保温装饰一体板，按设计图示饰面外围尺寸以面积计算；选项 D，构件式金属板幕墙按设计图示外表面积计算。

59. 【答案】A

【解析】选项 B，天棚面中的灯槽及跌级天棚面积不展开计算；选项 C，锯齿形楼梯底板抹灰按展开面积计算；选项 D，平面吊顶天棚，按设计图示尺寸以水平投影面积计算。扣除与天棚相连的窗帘盒所占的面积。

60. 【答案】D

【解析】在特殊地区（高温、高寒、高原、沙漠、戈壁、沿海、海洋等）及特殊施工环境（邻公路、邻铁路等）下施工时，弥补施工降效所需增加的内容。

二、多项选择题（共 20 题，每题 2 分。每题的备选项中，有 2 个或 2 个以上符合题意，至少有 1 个错项。错选，本题不得分；少选，所选的每个选项得 0.5 分）

61. 【答案】ACDE

【解析】震级与地震烈度既有区别，又相互联系。一般情况下，震级越高、震源越浅，距震中越近，地震烈度就越高。一次地震只有一个震级，但震中周围地区的破坏程度，随距震中距离的加大而逐渐减小，形成多个不同的地震烈度区，它们由大到小依次分布。但因地质条件的差异，可能出现偏大或偏小的烈度异常区。

62. 【答案】BC

【解析】A 选项错，脆性破裂，经常产生于高地应力地区。D 选项错，碎裂结构岩体在张力和振动力作用下容易松动、解脱。E 选项错，一般强烈风化、强烈构造破碎或新近堆积的土体，在重力、围岩应力和地下水作用下常产生冒落及塑性变形。

63. 【答案】CE

【解析】网架结构体系：网架是由许多杆件按照一定规律组成的网状结构，是高次超静定的空间结构。网架结构可分为平板网架和曲面网架。其中，平板网架采用较多，其优点是空间受力体系，杆件主要承受轴向力，受力合理，节约材料，整体性能好，刚度大，抗震性能好。网架结构体系杆件类型较少，适于工业化生产。

64. 【答案】ABE

【解析】地下室防水做法根据材料的不同常用的有防水混凝土防水、水泥砂浆防水、卷材防水、涂料防水、防水板防水、膨润土防水等。选用何种材料防水，应根据地下室的使用功能、结构形式、环境条件等因素合理确定。一般处于侵蚀介质中的工程应采用耐腐蚀的防水混凝土、防水砂浆或卷材、涂料；结构刚度较差或受振动影响的工程应采用卷材、涂料等柔性防水材料。

65. 【答案】ACE

【解析】B 选项错，矩形柱仅适用于小型厂房。D 选项错，平腹杆双肢柱的外形简单，施工方便，腹杆上的长方孔便于布置管线，但受力性能和刚度不如斜腹杆双肢柱。

66. 【答案】ABD

【解析】桥梁工程常用沉井作为墩台的基础。沉井是一种井筒状结构物，依靠自身重量克服井壁摩擦阻力下沉至设计标高而形成基础。通常用混凝土或钢筋混凝土制成。它既是基础，又是施工时的挡土和挡土围堰结构物。当桥梁结构上部荷载较大，而表层地基土的容许承载力不足，但在一定深度下有好的持力层，扩大基础开挖工作量大，施工围堰支撑有困难，或采用桩基础受水文地质条件限制时，采用沉井基础与其他深基础相比，经济上较为合理。

67. 【答案】ABCD

【解析】对于泵送混凝土应选用硅酸盐水泥、普通硅酸盐水泥、矿渣硅酸盐水泥和粉煤灰硅酸盐水泥，不宜采用火山灰质硅酸盐水泥。道路工程一般应采用强度高、收缩小、耐磨性强、抗冻性好的水泥。

68. 【答案】ABC

【解析】悬浮密实结构：当采用连续密级配矿质混合料与沥青组成的沥青混合料时，矿料由大到小形成连续级配的密实混合料，由于粗集料的数量较少，细集料的数量较多，较大颗粒被小一档颗粒挤开，使粗集料以悬浮状态存在于细集料之间，不能直接互相嵌锁形成骨架，因此该结构具有较大的黏聚力，但内摩擦角较小，高温稳定性较差，如普通沥青混合料（AC）属于此种类型。

69. 【答案】ABCD

【解析】E 选项错，经轧制或冷弯成异形（V 形、U 形、梯形或波形）后，板材的抗弯刚度大大提高，受力合理、自重减轻。

70.【答案】ACDE

【解析】硬泡聚氨酯防水性能优异，吸水率很低；硬泡聚氨酯燃烧性能等级不低于 B_2 级；硬泡聚氨酯耐化学腐蚀性好；硬泡聚氨酯使用方便，可现场喷涂为任意形状，板材具有良好的可加工性，使用方便。硬泡聚氨酯板材广泛应用于屋面和墙体保温。可代替传统的防水层和保温层，具有一材多用的功效。

71.【答案】ABCD

【解析】E 选项错，盥洗池盆等用水处墙面防水层翻起高度不应小于 1200mm。

72.【答案】ABCE

【解析】D 选项错，固定半隐框、隐框玻璃幕墙玻璃板块的压块或勾块，其规格和间距应符合设计要求。固定幕墙玻璃板块，不得采用自攻螺钉固定。

73.【答案】DE

【解析】当日平均气温达到 30℃及以上时，应按高温施工要求采取措施。

（1）高温施工宜采用低水泥用量的原则，并可采用粉煤灰取代部分水泥，宜选用水化热较低的水泥。

（2）混凝土坍落度不宜小于 70mm。

（3）混凝土宜采用白色涂装的混凝土搅拌运输车运输，对混凝土输送管应进行遮阳覆盖，并应洒水降温。

（4）混凝土浇筑入模温度不应高于 35℃。

（5）混凝土浇筑宜在早间或晚间进行，且宜连续浇筑。当水分蒸发速率大于 1kg/(m^2·h）时，应在施工作业面采取挡风、遮阳、喷雾等措施。

（6）混凝土浇筑前，施工作业面宜采取遮阳措施，并应对模板、钢筋和施工机具采用洒水等降温措施，但浇筑时模板内不得有积水。

（7）混凝土浇筑完成后，应及时进行保湿养护，侧模拆除前宜采用带模湿润养护。

74.【答案】ABDE

【解析】移动模架逐孔施工特点：①移动模架法不需设置地面支架，不影响通航和桥下交通，施工安全、可靠；②有良好的施工环境，保证施工质量，一套模架可多次周转使用，具有在预制场生产的优点；③机械化、自动化程度高，节省劳力，降低劳动强度，上下部结构可以平行作业，缩短工期；④通常每一施工梁段的长度取用一孔梁长，接头位置一般可选在桥梁受力较小的部位；⑤移动模架设备投资大，施工准备和操作都较复杂；⑥移动模架逐孔施工宜在桥梁跨径小于 50m 的多跨长桥上使用。

75.【答案】ABCD

【解析】冻结排桩法适用于大体积深基础开挖施工、含水量高的地基基础和软土地基基础施工以及地下水丰富的地基基础施工。

76.【答案】ABCD

【解析】15Φ20，15Φ18/6000，表示采用通长变截面配筋方式，桩通长纵筋为 15Φ20；桩非通长纵筋为 15Φ18，从桩顶起算的入桩长度为 6000mm。实际桩上段纵筋为 15Φ20+15Φ18，通长纵筋与非通长纵筋间隔均匀布置于桩周。

77.【答案】ACD

【解析】坡屋顶建筑应分别计算檐口及屋脊高度，檐口高度应按室外设计地坪至屋面檐口或坡屋面最低点的高度计算，屋脊高度应按室外设计地坪至屋脊的高度计算。

78. 【答案】ABD

【解析】钢丝网单独列项，按设计（包括规范规定）要求以面积计算；结构抗（隔）震支座、阻尼器，按设计图示数量计算（单位：套）。

79. 【答案】DE

【解析】A 选项错，坡道按设计图示尺寸以斜面积计算。B 选项错，化粪池、检查井，按设计图示数量计算（单位：座）。C 选项错，电缆沟、地沟，按设计图示尺寸以中心线长度计算。

80. 【答案】ACE

【解析】B 选项错，措施项目不再区分“能计量”和“不能计量”的项目，均按“项”计算。D 选项错，措施项目清单缺陷责任不论总价合同还是单价合同均由发包人承担。

专家权威详解

模拟题九答案与解析

一、单项选择题（共60题，每题1分，每题的备选项中，只有一个最符合题意）

1. **【答案】** A

【解析】 矿物硬度表见答1表。

答1表　　　　矿物硬度表

硬度	1	2	3	4	5	6	7	8	9	10
矿物	滑石	石膏	方解石	萤石	磷灰石	长石	石英	黄玉	刚玉	金刚石

在实际工作中常用可刻划物品来大致测定矿物的相对硬度，如指甲为2~2.5度，小刀为5~5.5度，玻璃为5.5~6度，钢刀为6~7度。

2. **【答案】** C

【解析】 承压水也称为自流水，是地表以下充满两个稳定隔水层之间的重力水。承压水含水层上部的隔水层称为隔水顶板，下部的隔水层称为隔水底板。顶底板之间的距离为含水层厚度。

3. **【答案】** D

【解析】 支撑是在地下工程开挖过程中用以稳定围岩的临时性措施。按照选用材料的不同，有木支撑、钢支撑及混凝土支撑等。在不太稳定的岩体中开挖，需及时支撑以防止围岩早期松动。衬砌是加固围岩的永久性结构，其作用主要是承受围岩压力及内水压力，有混凝土及钢筋混凝土衬砌，也可以用浆砌条石衬砌。

4. **【答案】** B

【解析】 对不满足承载力的软弱土层，如淤泥及淤泥质土，浅层的挖除，深层的可以采用振冲等方法用砂、砂砾、碎石或块石等置换。

5. **【答案】** B

【解析】 向斜核部往往是承压水储存的场所，地下工程开挖时地下水会突然涌入洞室。

6. **【答案】** A

【解析】 工程选址的正确与否决定了工程建设的技术经济效果乃至工程建设的成败，是工程建设在工程技术方面最重要的决策。

7. **【答案】** B

【解析】 桁架是由杆件组成的结构体系。在进行内力分析时，节点一般假定为铰节点。屋架的弦杆外形和腹杆布置对屋架内力变化规律起决定性作用。同样高跨比的屋架，当上下弦成三角形时，弦杆内力最大；当上弦节点在拱形线上时，弦杆内力最小。屋架的高跨比一般为1/8~1/6较为合理。一般屋架为平面结构，平面外刚度非常弱。在制作运输安装过程中，大跨屋架必须进行吊装验算。

8. 【答案】D

【解析】梁板式肋形楼板由主梁、次梁（肋）、板组成。它具有传力线路明确、受力合理的特点。当房屋的开间、进深较大，楼面承受的弯矩较大时，常采用这种楼板。

9. 【答案】B

【解析】建筑遮阳是防止太阳直射光线进入室内从而导致夏季室内过热及避免产生眩光而采取的一种建筑措施。遮阳的效果用遮阳系数来衡量，建筑遮阳设计是建筑节能设计的一项重要内容。在建筑设计中，建筑物的挑檐、外廊、阳台都有一定的遮阳作用。在建筑外表面设置的遮阳板不仅可以遮挡太阳辐射，还可以起到挡雨和美观的作用。设置在建筑物外表面，长久性使用的遮阳板称为构件遮阳。窗户遮阳板根据其外形可分为水平遮阳、垂直遮阳、综合遮阳和挡板遮阳四种基本形式（答 9 图）。采用哪种形式遮阳，应根据建筑物窗口的朝向合理选择。

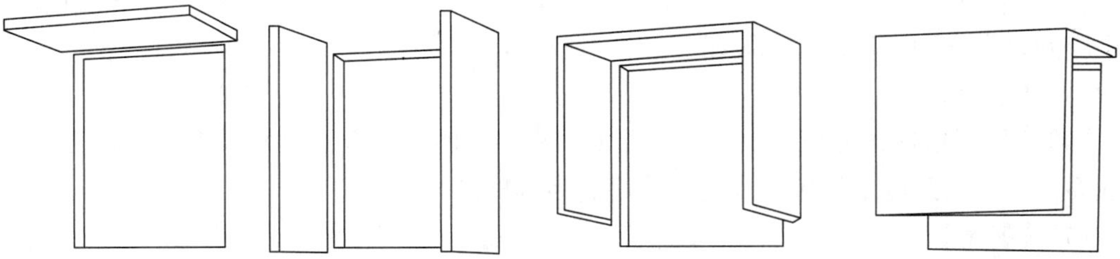

(a) 水平遮阳 (b) 垂直遮阳 (c) 综合遮阳 (d) 挡板遮阳

答 9 图 遮阳类型

（1）水平遮阳。水平遮阳是位于窗口上方水平状的遮阳板，它能够遮挡太阳高度角较大时从窗口上方照射下来的阳光，故水平遮阳板适合于南向及南向附近的窗口。北回归线以南低纬度地区的北向窗口也可用这种遮阳板。

（2）垂直遮阳。垂直遮阳是位于窗口两侧呈垂直状设置的遮阳板。这种遮阳板能够遮挡太阳高度角较小时从窗口两侧斜射下来的阳光，对太阳高度角较大时从窗口上方照射下来的阳光或接近日出日落时正射窗口的阳光，垂直遮阳不起遮挡作用。所以，垂直遮阳主要适用于东北、北和西北附近的窗口。

（3）综合遮阳。水平遮阳和垂直遮阳的结合就是综合遮阳。综合遮阳能够遮挡从窗口正上方和两侧斜射之阳光，主要用于南、东南及西南附近的窗口。

（4）挡板遮阳。挡板遮阳板是在窗口正前方一定距离处垂直悬挂一块挡板而形成的。由于挡板封堵于窗口前方，能够遮挡太阳高度角较小时正射窗口的阳光，主要适用于东、西向以及附近朝向的窗口，该种形式的遮阳的不足之处是容易挡住室内人的视线，对眺望和通风影响大，使用时应慎重。

上述四种形式是遮阳板的基本形式，在建筑工程中，可根据建筑物的窗口大小和立面造型的要求，把遮阳设计成更复杂、更具装饰效果的形式。

10. 【答案】B

【解析】平屋顶倒置式保温材料可采用挤塑聚苯板、泡沫玻璃保温板等。平屋顶正置式保温材料可采用膨胀聚苯板、挤塑聚苯板、硬泡聚氨酯、石膏玻璃棉板、水泥聚苯板、加气混凝土等。

11. 【答案】A

【解析】梯梁通常设两根，分别布置在踏步板的两端。梯梁与踏步板在竖向的相对位置有两种：一种为明步，即梯梁在踏步板之下，踏步外露；另一种为暗步，即梯梁在踏步板之上，形成反梁，踏步包在里面。梯梁也可以只设一根，通常有两种形式：一种是踏步板的一端设梯梁，另一端搁置在墙上；另一种是用单梁悬挑踏步板。当荷载或梯段跨度较大时，采用梁式楼梯比较经济。

12. 【答案】B

【解析】主干路以交通功能为主，为连接城市各主要分区的干路，是城市道路网的主要骨架。

13. 【答案】C

【解析】在路基土质较差、水温状况不好时，宜在基层（或底基层）之下设置垫层。垫层应满足强度和水稳定性的要求。

14. 【答案】C

【解析】索塔横截面根据设计要求可采用实心截面，当截面尺寸较大时采用工形或箱形截面，对于大跨度斜拉桥采用箱形截面更为合理。

15. 【答案】C

【解析】洞底应有适当的纵坡，其最小值为0.4%，一般不宜大于5%，特别是圆管涵的纵坡不宜过大，以免管壁受急流冲刷。当洞底纵坡大于5%时，其基础底部每隔3~5m设防滑横墙，或将基础做成阶梯形；当洞底纵坡大于10%时，涵洞洞身及基础应分段做成阶梯形，而且前后两段涵洞盖板或拱圈的搭接高度不得小于其厚度的1/4。

16. 【答案】C

【解析】中层地下工程是指-30~-10m深度空间内建设的地下工程，主要用于地下交通、地下污水处理厂及城市水、电、气、通信等公用设施。

17. 【答案】C

【解析】停车场的构造基准是设计的基础尺寸，包括直线车道宽度、净高、弯道处车道宽度、车道坡度等。

18. 【答案】A

【解析】热轧光圆钢筋由碳素结构钢或低合金结构钢经热轧而成，其强度较低，但具有塑性好、伸长率高、便于弯折成形、容易焊接等特点，可用于中小型混凝土结构的受力钢筋或箍筋，以及作为冷加工（冷拉、冷拔、冷轧）的原料。热轧带肋钢筋采用低合金钢热轧而成，具有较高的强度，塑性和可焊性较好。钢筋表面有纵肋和横肋，从而加强了钢筋与混凝土中间的握裹力，可用于混凝土结构受力筋以及预应力钢筋。

19. 【答案】A

20. 【答案】A

【解析】砂的粗细程度是指不同粒径的砂混合在一起时的平均粗细程度。在砂用量相同的情况下，若砂子过粗，则拌制的混凝土黏聚性较差，容易产生离析、泌水现象；若砂子过细，砂子的总表面积增大，虽然拌制的混凝土黏聚性较好，不易产生离析、泌水现象，但水泥用量增大。所以，用于拌制混凝土的砂，不宜过粗，也不宜过细。

21. **【答案】** C

【解析】 改善混凝土拌合物流变性能的外加剂，包括各种减水剂、引气剂和泵送剂等。

22. **【答案】** D

【解析】 与普通混凝土小型空心砌块相比，轻骨料混凝土小型空心砌块密度较小、热工性能较好，但干缩值较大，使用时更容易产生裂缝。

23. **【答案】** C

【解析】 真空玻璃具有光学性能良好、保温隔热、降低能耗、防结露、隔声性能好等优点。以6mm厚玻璃为原片，玻璃间隔（即空气层厚度）为9mm的普通中空玻璃，大体相当于100mm厚普通混凝土的保温效果。真空玻璃将两片平板玻璃四周密闭起来，将其间隙抽成真空并密封排气孔，两片玻璃之间的间隙仅为0.1~0.2mm，而且两片玻璃中一般至少有一片是低辐射玻璃。

24. **【答案】** B

【解析】 彩色涂层钢板还可作为排气管道、通风管道和其他类似的有耐腐蚀要求的构件及设备，也常用作家用电器的外壳。

25. **【答案】** A

【解析】 防火包又称耐火包或阻火包，是采用特选的纤维织物作包袋，装填膨胀性防火隔热材料制成的枕状物体，因此又称防火枕。使用时通过垒砌、填塞等方法封堵孔洞。适用于较大孔洞的防火封堵或电缆桥架防火分隔，施工操作和更换较为方便，因此尤其适合需经常更换或增减电缆、管道的场合。

26. **【答案】** A

【解析】 根据基坑开挖的深度及挡墙系统的截面性能可设置一道或多道支点。基坑较浅，挡墙具有一定刚度时，可采用悬臂式挡墙而不设支撑点。支撑或拉锚与挡墙系统通过围檩、冠梁等连接成整体。

27. **【答案】** D

【解析】 对于挖、填相邻，地形起伏较大，且工作地段较长的情况，可采用8字形路线。

28. **【答案】** D

【解析】 抓铲挖掘机的挖土特点是：直上直下，自重切土。其挖掘力较小，只能开挖Ⅰ~Ⅱ级土，可以挖掘独立基坑、沉井，特别适于水下挖土。

29. **【答案】** D

【解析】 冲击成孔灌注桩适用于黏性土、砂土、碎石土和各种岩层。对厚砂层软塑~流塑状态的淤泥及淤泥质土应慎重使用。

30. **【答案】** A

【解析】 B选项错，喷射混凝土的骨料最大粒径不应大于15mm。作业应分段分片依次进行，同一分段内应自下而上，一次喷射厚度不宜大于120mm。C选项错，土钉与加强钢筋宜采用焊接连接。D 选项错，预应力锚杆复合土钉墙宜采用钢绞线锚杆。

31. 【答案】C

【解析】后浇混凝土施工时，预制构件结合面疏松部分的混凝土应剔除并清理干净；模板应保证后浇混凝土部分形状、尺寸和位置准确，并应防止漏浆；在浇筑混凝土前应洒水润湿结合面，混凝土应振捣密实；浇筑用材料的强度等级应符合设计要求，设计无要求时，浇筑用材料的强度等级不应低于连接处构件混凝土强度设计等级的较大值；同一配合比的混凝土，每工作班且建筑面积不超过 1000m^2 应制作 1 组标准养护试件，同一楼层应制作不少于 3 组标准养护试件。构件连接部位后浇混凝土及灌浆料的强度达到设计要求后，方可拆除临时固定措施。

32. 【答案】B

【解析】涂膜防水层的施工应按“先高后低，先远后近”的原则进行。

33. 【答案】C

【解析】聚苯板薄抹灰外墙外保温系统是以阻燃型聚苯乙烯泡沫塑料板为保温材料，用聚苯板胶粘剂（必要时加设机械锚固件）安装于外墙外表面，用耐碱玻璃纤维网格布或者镀锌钢丝网增强的聚合物砂浆作防护层，用涂料、饰面砂浆或饰面砖等进行表面装饰，具有保温功能和装饰效果的构造总称。聚苯乙烯泡沫塑料板包括模塑聚苯板（EPS 板）和挤塑聚苯板（XPS 板）。采取防火构造措施后，聚苯板薄抹灰外墙外保温系统适用于各类气候区域的，按设计需要保温、隔热的新建、扩建、改建的，高度在 100m 以下的住宅建筑和 24m 以下的非幕墙建筑。为了保证聚苯板与外墙基层粘结牢固，高度在 20m 以上的建筑物，宜使用锚栓辅助固定。基层墙体可以是混凝土或砌体结构。

胶粉聚苯颗粒复合型外墙外保温系统可适用于建筑高度在 100m 以下的住宅建筑和 50m 以下的非幕墙建筑，基层墙体可以是混凝土或砌体结构。而单一胶粉聚苯颗粒外墙外保温系统不适用于严寒和寒冷地区。

聚苯板现浇混凝土外墙外保温系统，聚苯板与混凝土墙体连接成一体，在聚苯板表面薄抹抹面抗裂砂浆，同时铺设玻纤网格布，再做涂料饰面层。

34. 【答案】C

【解析】桩的制作、起吊、运输和堆放：

（1）桩的制作。长度在 10m 以下的短桩，一般多在工厂预制，较长的桩，因不便于运输，通常就在打桩现场附近露天预制。

制作预制桩有并列法、间隔法、重叠法、翻模法等。现场预制桩多用重叠法预制，重叠层数不宜超过 4 层，层与层之间应涂刷隔离剂，上层桩或邻近桩的灌注，应在下层桩或邻近桩混凝土达到设计强度等级的 30%以后方可进行。

（2）起吊和运输。钢筋混凝土预制桩应在混凝土达到设计强度的 70%方可起吊；达到 100%方可运输和打桩。如提前吊运，应采取措施并经验算合格后方可进行。桩在起吊和搬运时，吊点应符合设计要求，满足吊桩弯矩最小的原则。

（3）堆放。桩堆放时，地面必须平整、坚实，不得产生不均匀沉陷。桩堆放时应设置垫木，垫木的位置与吊点位置相同，各层垫木应上下对齐，堆放层数不宜超过 4 层。不同规格的桩应分别堆放。

沉桩。沉桩的施工方法为将各种预先制作好的桩（主要是钢筋混凝土或预应力混凝土实心桩或管桩）以不同的沉入方式沉至地基内达到所需要的深度。

沉桩的方式主要有锤击沉桩（打入桩）、静力压桩（压入桩）、射水沉桩（旋入桩）和振动沉桩（振入桩）。

锤击沉桩。锤击沉桩是利用桩锤下落时的瞬时冲击机械能，克服土体对桩的阻力，使其静力平衡状态遭到破坏，导致桩体下沉，达到新的静压平衡状态，如此反复地锤击桩头，桩身也就不断地下沉。锤击沉桩是预制桩最常用的沉桩方法。

（1）适用范围。锤击沉桩法适用于桩径较小（一般桩径 0.6m 以下），地基土土质为可塑性黏土、砂性土、粉土、细砂以及松散的碎卵石类土的情况，此方法施工速度快，机械化程度高，适用范围广，现场文明程度高，但施工时有挤土、噪声和振动等公害，对城市中心和夜间施工有所限制。

（2）锤击法施工。打桩机具的选择：打桩机具主要包括桩锤、桩架和动力装置三部分。桩锤是对桩施加冲击力，将桩打入土中的主要机具；桩架是将桩吊到打桩位置，并在打桩过程中引导桩的方向，保证桩锤能沿要求的方向冲击打桩设备；动力装置包括驱动桩锤及卷扬机用的动力设备。在选择打桩机具时，应根据地基土壤的性质、工程的大小、桩的种类、施工期限、动力供应条件和现场情况确定。

桩锤应先根据施工条件确定其类型，然后再决定锤重。要求锤重应有足够的冲击能，锤重应大于等于桩重。实践证明，当锤重大于桩重的 1.5~2.0 倍时，能取得良好的效果，但桩锤亦不能过重，过重易将桩打坏；当桩重大于 2t 时，可采用比桩轻的桩锤，但亦不能小于桩重的 75%。这是因为在施工中，宜采用“重锤低击”，即锤的重量大而落距小，这样，桩锤不易产生回跃，不致损坏桩头，且桩易打入土中，效率高；反之，若“轻锤高击”，则桩锤易产生回跃，易损坏桩头，桩难以打入土中。

35. **【答案】** A

【解析】 土质路堑横向挖掘可采用人工作业，也可采用机械作业，具体方法有单层横向全宽挖掘法和多层横向全宽挖掘法。单层横向全宽挖掘法适用于挖掘浅且短的路堑。多层横向全宽挖掘法适用于挖掘深且短的路堑。

36. **【答案】** A

【解析】 砂垫层施工简便，不需特殊机具设备，占地较少。但需放慢填筑速度，严格控制加荷速率，使地基有充分时间进行排水固结。因此，适用于施工期限不紧迫、材料来源充足、运距不远的施工环境。

37. **【答案】** C

【解析】 顶推法施工的特点：①顶推法可以使用简单的设备建造长大桥梁，施工费用低，施工平稳无噪声，可在水深、山谷和高桥墩上采用，也可在曲率相同的弯桥和坡桥上使用。②主梁分段预制，连续作业，结构整体性好；由于不需要大型起重设备，所以施工节段的长度一般可取用 10~20m。③桥梁节段固定在一个场地预制，便于施工管理，改善施工条件，避免高空作业。同时，模板、设备可多次周转使用，在正常情况下，节段的预制周期为 7~10d。④顶推施工时，用钢量较高。⑤顶推法宜在等截面梁上使用，当桥梁跨度过大时，选用等截面梁会造成材料用量的不经济，也增加施工难度，因此以中等跨径的桥梁为宜，桥梁的总长也以500~600m为宜。⑥移动模架逐孔施工法。逐孔施工是中等跨径预应力混凝土连续梁的一种施工方法，它使用一套设备从桥梁的一端逐孔施工，直到对岸。

38.【答案】B

【解析】转体施工适合于单跨和三跨桥梁，可在深水、峡谷中建桥采用，同时也适用于平原区以及城市跨线桥。

39.【答案】C

【解析】天井钻机是专门用来开挖竖井或斜井的大型钻具。

40.【答案】D

【解析】胀壳式内锚头预应力锚索，除钢绞线预应力锚索外，主要由机械胀壳式内锚头、锚杆外锚头以及灌注的粘结材料等组成，锚杆常用于中等以上的围岩中，可在较小的施工现场作业，常用于高边坡、大坝以及大跨度地下隧道洞室的抢修加固及支护。

41.【答案】C

【解析】A选项错，可行性研究和方案设计完成后招标的项目清单中装饰工程的计量单位为m^2。B选项错，可行性研究和方案设计完成后招标的项目清单中如为居住建筑，多层建筑编码为A01，小高层建筑编码为A02等。D选项错，施工图设计完成后招标的清单项目中多孔砖柱的计算规则是按设计图示尺寸以体积计算。扣除混凝土及钢筋混凝土梁垫、梁头、板头所占体积。

42.【答案】D

【解析】本题考查独立基础的平法标注。如DJ_J01表示序号01的普通阶形截面独立基础。

400/300表示基础的竖向尺寸为$h_1=400mm$、$h_2=300mm$，基础底板厚度或基础高度为：$h_j=400+300=700$（mm）。

43.【答案】B

【解析】剪力墙不是一个独立的构件，而是由墙身、墙梁和墙柱共同组成的。剪力墙构件的平面表达方式有列表注写和截面注写两种。

44.【答案】C

【解析】计算建筑面积的前提条件有以下三点：一是永久性结构的建筑空间，此永久性结构是相对临时性结构而言，即不包括临时房屋、活动房屋、简易房屋；二是要有永久性顶盖，不包括临时搭建的各类顶盖，如临时性遮阳篷等；三是结构层高或斜面结构板顶高度在2.20m及以上的建筑空间。

45.【答案】B

【解析】无围护结构、以柱围合，或部分围护结构与柱共同围合，不封闭的建筑空间，应按其柱或外围护结构外表面所围空间的水平投影面积计算，包括由墙、柱围合的雨篷、车棚、货棚、站台、有顶盖平台、有顶盖空中花园；门廊、门斗；室外楼梯；地下车库出入口；室外场馆看台下部空间；有柱的室外连廊；建筑物架空层及吊脚架空层；结构转换层等。

46.【答案】D

【解析】平整场地按设计图示尺寸以建筑物首层建筑面积计算。

47.【答案】C

【解析】土钉按设计图示尺寸以土钉置入深度计算。项目特征需描述：地层类别；土钉类型、深度、部位；杆体材料品种、规格、数量；浆液种类、强度等级。

48.【答案】A（无）

【解析】B 选项错，灌注桩后注浆，按设计图示以注浆孔数计算（单位：孔）。C 选项错，项目特征中的桩长应包括桩尖，空桩长度=孔深-桩长，孔深为自然地面至设计桩底的深度。D 选项错，钢管桩按设计图示尺寸以质量计算。

49.【答案】D

【解析】石护坡、石台阶、石坡道，按设计图示尺寸以体积（不含垫层）计算。

50.【答案】D

【解析】盖板、井圈，按设计图示数量计算（单位：套）。

51.【答案】B

【解析】A 选项错，独立基础、条形基础、筏形基础，按设计图示尺寸以体积计算。不扣除伸入桩承台的桩头所占体积。C 选项错，现浇钢筋混凝土构件，均不扣除构件内钢筋、螺栓、预埋铁件、张拉孔道所占体积，但应扣除劲性骨架的型钢所占体积。D 选项错，梁与柱相交时，梁长算至柱侧面；主梁与次梁相交时，次梁长算至主梁侧面。

52.【答案】A

【解析】钢屋架、钢托架、钢桁架等工程量按设计图示尺寸以质量计算。

53.【答案】C

【解析】压型钢板墙板，按设计图示尺寸以铺挂展开面积“m^2”计算。不扣除单个面积≤0.3m^2 的梁、孔洞所占面积，包角、包边、窗台泛水等不另加面积。

54.【答案】A

【解析】木屋架工程量按设计图示数量以“榀”计算。项目特征需描述：屋架种类；跨度；材料品种、规格；刨光要求；拉杆及夹板种类；防护材料种类。

55.【答案】D

【解析】A 选项错，项目特征需描述：屋架种类；跨度；材料品种、规格；刨光要求；拉杆及夹板种类；防护材料种类。B 选项错，木屋架，以“榀”计量时，按设计图示数量计算；以“m^3”计量时，按设计图示的规格尺寸以体积计算。C 选项错，带气楼的屋架和马尾、折角以及正交部分的半屋架，按屋架项目编码列项。木屋架工程量按设计图示数量以“榀”计算。项目特征需描述：屋架种类；跨度；材料品种、规格；刨光要求；拉杆及夹板种类；防护材料种类。

56.【答案】B

【解析】选项 A，金属（塑钢）窗、金属防火窗、金属百叶窗、金属格栅窗、彩板窗、复合材料窗，按设计图示洞口尺寸以面积计算。选项 B，金属门窗套、石材门窗套、成品门窗套等工程量按设计图示尺寸以展开面积计算。选项 C，窗帘盒、窗帘轨，按设计图示尺寸以长度计算。选项 D，窗帘盒、窗帘轨，按设计图示尺寸以长度计算。

57.【答案】C

【解析】选项 A，斜屋顶按斜面积计算；平屋顶按水平投影面积计算。选项 B，屋面的女儿墙、伸缩缝、设备基础和天窗等处的上翻部分，并入屋面工程量内。屋面的女儿墙、伸缩缝、设备基础和天窗等处的上翻部分，并入屋面工程量内。选项 C，屋面排水管，按设计图示尺寸以长度计算。如设计未标注尺寸，以檐口至设计室外散水上表面垂直距离计算。选项 D，天沟防水按设计图示尺寸以展开面积计算。

58. 【答案】B

【解析】当以消除地基土的湿陷性为主要目的时，可选用土挤密桩；当以提高地基土的承载力或增强其水稳性为主要目的时，宜选用灰土挤密桩。当地基土的含水量大于24%、饱和度大于65%时，应通过试验确定其适用性。石材零星项目、碎拼石材零星项目、块料零星项目、水泥砂浆零星项目，按设计图示尺寸以面积“m^2”计算。

59. 【答案】A

【解析】天棚抹灰，按设计图示尺寸以水平投影面积“m^2”计算。不扣除间壁墙、垛、柱、附墙烟囱、检查口和管道所占的面积，带梁天棚的梁两侧抹灰面积并入天棚面积内，板式楼梯底面抹灰按斜面积计算，锯齿形楼梯底板抹灰按展开面积计算。

60. 【答案】A

【解析】清单项目设置包括墙（柱）面一般抹灰、墙（柱）面装饰抹灰、墙（柱）面勾缝、立面砂浆找平层等。工程量按设计图示尺寸以面积计算。

二、多项选择题（共 20 题，每题 2 分。每题的备选项中，有 2 个或 2 个以上符合题意，至少有 1 个错项。错选，本题不得分；少选，所选的每个选项得 0.5 分）

61. 【答案】BD

【解析】岩石受力作用会产生变形，在弹性变形范围内用弹性模量和泊松比两个指标表示。弹性模量是应力与应变之比，以“帕斯卡”为单位，用符号 Pa 表示。相同受力条件下，岩石的弹性模量越大，变形越小。即弹性模量越大，岩石抵抗变形的能力越高。泊松比是横向应变与纵向应变的比。泊松比越大，表示岩石受力作用后的横向变形越大。

岩石并不是理想的弹性体，岩石变形特性的物理量也不是一个常数。通常所提供的弹性模量和泊松比，只是在一定条件下的平均值。

62. 【答案】ACDE

【解析】B 选项错，向斜核部岩层呈倒拱形，顶部被张裂隙切割的岩块上窄下宽，易于塌落。

63. 【答案】BCD

【解析】木结构是由木材或主要由木材承受荷载的结构，通过各种金属连接件或榫卯进行连接和固定。传统木结构主要由天然材料组成，受材料本身条件的限制，多用在民用和中小型工业厂房的屋盖中。现代木结构具有绿色环保、节能保温、建造周期短、抗震耐久等诸多优点，是我国装配式建筑发展的方向之一。所谓现代木结构建筑是指建筑的主要结构部分由木方、集成材、木质板材所构成的结构系统。主要结构构件采用工程木材（经过现代工业手段和先进技术，加工成适合于建筑用的梁、柱等部品部件），构件采用金属连接件连接。从结构形式上一般分为重型梁柱木结构和轻型桁架木结构。

64. 【答案】ABC

【解析】密肋填充块楼板的密肋小，梁有现浇和预制两种。现浇密肋填充块楼板以陶土空心砖、矿渣混凝土空心块等作为肋间填充块，然后现浇密肋和面板。填充块与肋和面板相接触的部位带有凹槽，用来与现浇肋或板咬接，使楼板的整体性更好。密肋填充块楼板底面平整，隔声效果好，能充分利用不同材料的性能，节约模板且整体性好。

65.【答案】BD

【解析】在相同条件下，采用钢筋混凝土基础比混凝土基础可节省大量的混凝土材料和挖土工程量。

66.【答案】ADE

【解析】悬索桥又称吊桥，是最简单的一种索结构。其特点是桥梁的主要承载结构由桥塔和悬挂在塔上的高强度柔性缆索及吊索、加劲梁和锚碇结构组成。现代悬索桥一般由桥塔、主缆索、锚碇、吊索、加劲梁及索鞍等主要部分组成。

（1）桥塔。桥塔是悬索桥最重要的构件。桥塔的高度主要由桥面标高和主缆索的垂跨比 f/L 确定，通常垂跨比 f/L 为 1/12～1/9。大跨度悬索桥的桥塔主要采用钢结构和钢筋混凝土结构。其结构形式可分为桁架式、刚架式和混合式三种。刚架式桥塔通常采用箱形截面。

（2）锚碇。锚碇是主缆索的锚固构造。主缆索中的拉力通过锚碇传至基础。通常采用的锚碇有两种形式：重力式和隧洞式。

（3）主缆索。主缆索是悬索桥的主要承重构件，可采用钢丝绳钢缆或平行丝束钢缆，大跨度吊桥的主缆索多采用后者。

（4）吊索。吊索也称吊杆，是将加劲梁等恒载和桥面活载传递到主缆索的主要构件。吊索可布置成垂直形式的直吊索或倾斜形式的斜吊索，其上端通过索夹与主缆索相连，下端与加劲梁连接。吊索与主缆索连接有两种方式：鞍挂式和销接式。吊索与加劲梁连接也有两种方式：锚固式和销接固定式。

（5）加劲梁。加劲梁是承受风载和其他横向水平力的主要构件。大跨度悬索桥的加劲梁均为钢结构，通常采用桁架梁和箱形梁。预应力混凝土加劲梁仅适用于跨径 500m 以下的悬索桥，大多采用箱形梁。

（6）索鞍。索鞍是支撑主缆索的重要构件。索鞍可分为塔顶索鞍和锚固索鞍。塔顶索鞍设置在桥塔顶部，将主缆索荷载传至塔上；锚固索鞍（亦称散索鞍），设置在锚碇的支架处，把主缆索的钢丝绳束在水平及竖直方向分散开来，并将其引入各自的锚固位置。

（7）组合式桥。组合式桥是由几个不同的基本类型结构所组成的桥。各种各样的组合式桥根据其所组合的基本类型不同，其受力特点也不同，往往是所组合的基本类型结构的受力特点的综合表现。常见的这类桥型有梁与拱组合式桥，如系杆拱、桁架拱及多跨拱梁结构等；悬索结构与梁式结构的组合式桥，如斜拉桥等。

67.【答案】BE

【解析】预应力筋张拉后，应随即进行孔道灌浆，孔道内水泥浆应饱满、密实，以防预应力筋锈蚀，同时增加结构的抗裂性和耐久性。当工程所处环境温度高于 35℃或连续 5d 环境日平均温度低于 5℃时，不宜进行灌浆施工。灌浆施工应符合下列规定：

① 宜先灌注下层孔道，后灌注上层孔道；

② 灌浆应连续进行，直至排气管排除的浆体稠度与注浆孔处相同且没有气泡后，再顺浆体流动方向将排气孔依次封闭；全部封闭后，宜继续加压 0.5~0.7MPa，并稳压 1~2min 后封闭灌浆口；

③ 当泌水较大时，宜进行二次灌浆或泌水孔重力补浆。

因故停止灌浆时，应用压力水将孔道内已注入的水泥浆冲洗干净。

68. 【答案】BCDE

【解析】钢管混凝土结构用钢材的选用应符合现行国家标准《钢结构设计规范》GB 50017 的有关规定。承重结构的圆钢管可采用焊接圆钢管、热轧无缝钢管，不宜选用输送流体用的螺旋焊管。矩形钢管可采用焊接钢管，也可采用冷成型矩形钢管。当采用冷成型矩形钢管时，应符合现行行业标准《建筑结构用冷弯矩形钢管》JG/T 178 中Ⅰ级产品的规定。直接承受动荷载或低温环境下的外露结构，不宜采用冷弯矩形钢管。多边形钢管可采用焊接钢管，也可采用冷成型多边形钢管。

69. 【答案】BCDE

【解析】掺合料是指为改善砂浆和易性而加入的无机材料，如石灰膏、电石膏、黏土膏、粉煤灰、沸石粉等。掺合料对砂浆强度无直接影响。消石灰粉不能直接用于砌筑砂浆。

70. 【答案】BD

【解析】聚氨酯泡沫塑料按所用材料的不同分为聚醚型和聚酯型两种，又有软质和硬质之分。按照成型方法又分为喷涂型硬泡聚氨酯和硬泡聚氨酯板材。喷涂型硬泡聚氨酯按其用途分为Ⅰ型、Ⅱ型、Ⅲ型三个类型，分别适用于屋面和外墙保温层、屋面复合保温防水层、屋面保温防水层。

硬泡聚氨酯防水性能优异，吸水率很低；硬泡聚氨酯燃烧性能等级不低于 B_2 级；硬泡聚氨酯耐化学腐蚀性好；硬泡聚氨酯使用方便，可现场喷涂为任意形状，板材具有良好的可加工性，使用方便。硬泡聚氨酯板材广泛应用于屋面和墙体保温。可代替传统的防水层和保温层，具有一材多用的功效。

71. 【答案】ACD

【解析】B 选项错，多立杆式脚手架由立杆、纵向水平杆、横向水平横杆、剪刀撑、横向斜撑、抛撑、连墙杆、脚手板等组成，脚手架应采用钢管搭设，禁止采用竹（木）材料搭设脚手架。E 选项错，常用的如折叠式里脚手架和支柱式里脚手架。

72. 【答案】CE

【解析】C 选项错，因为桩身用无砂混凝土，故水泥消耗量较普通钢筋混凝土灌注桩多，其脆性比普通钢筋混凝土桩要大。E 选项错，注浆结束后，地面上水泥浆流失较少。

73. 【答案】DE

【解析】堆载预压法对各类软弱地基均有效；使用材料、机具简单，施工操作方便。但堆载预压需要一定的时间，适合工期要求不紧的项目。砂垫层施工简便，不需特殊机具设备，占地较少。但需放慢填筑速度，严格控制加荷速率，使地基有充分时间进行排水固结。因此，适用于施工期限不紧迫、材料来源充足、运距不远的施工环境。

74. 【答案】BCD

【解析】桥梁混凝土墩台的混凝土具有自身的特点，施工时应特别注意，其特点为：

（1）墩台混凝土特别是实体墩台均为大体积混凝土，水泥应优先选用矿渣水泥、火山灰水泥，采用普通水泥时强度等级不宜过高。

（2）当墩台截面小于或等于 $100m^2$ 时应连续灌注混凝土，以保证混凝土的完整性；当墩台截面面积大于 $100m^2$ 时，允许适当分段浇筑。分块数量，墩台水平截面积在 $200m^2$ 内不得超过 2 块；在 $300m^2$ 以内不得超过 3 块。每块面积不得小于 $50m^2$。

（3）墩台混凝土宜水平分层浇筑，每层高度宜为 1.5~2.0m。

（4）墩台混凝土分块浇筑时，接缝应与墩台截面尺寸较小的一边平行，邻层分块接缝应错开，接缝宜做成企口形。

75. 【答案】CD

【解析】楼梯标注的内容有五项，具体规定如下：

① 梯板类型代号与序号，如 AT××。

② 梯板厚度，注写为 h=×××。当为带平板的梯板且梯段板厚度和平板厚度不同时，可在梯段板厚度后面括号内以字母 P 打头注写平板厚度。

例如 h=130（P150），130 表示梯段板厚度，150 表示梯板平板段的厚度。

③ 踏步段总高度和踏步级数，之间以“/”分隔。

④ 梯板支座上部纵筋、下部纵筋，之间以“;”分隔。

⑤ 梯板分布筋，以 F 打头注写分布钢筋具体值，该项也可在图中统一说明。

例如 AT1，h=120 表示梯板类型及编号、梯板板厚；1800/12 表示踏步段总高度/踏步级数；Φ10@200、Φ12@150 表示上部纵筋、下部纵筋；Fϕ8@250 表示梯板分布筋。

76. 【答案】BCDE

【解析】A 选项错，楼梯包含 AT~GT、ATa、ATb、ATc、BTb、CTa、CTb、DTb 共 14 种类型。

77. 【答案】CDE

【解析】A、B 选项说法不正确，《建筑设计防火规范》GB 50016—2014（2018 年版）规定，高层建筑的高度计算至建筑屋面，而非女儿墙顶部；并且，针对住宅建筑，首层高度不大于 2.2m，以及地下室高出室外设计地面不大于 1.5m 的部分，都不计算建筑高度，这两种情况在本规定中都要计算建筑高度。机场、广播电视、电信、微波通信、气象台、卫星地面站、军事要塞等设施的技术作业控制区内及机场航线控制范围内的建筑，建筑高度应按建筑物室外设计地坪至建（构）筑物最高点计算。历史建筑、历史文化名城名镇名村、历史文化街区、文物保护单位、风景名胜区、自然保护区的保护规划区内的建筑，建筑高度应按建筑物室外设计地坪至建（构）筑物最高点计算。对上述所列两种控制区的建筑，考虑航空、通信安全，以及减少对历史建筑保护区的风貌影响，建筑高度按建（构）筑物的最高点计算，包括建筑屋顶的局部突出物也要求计入建筑高度。除上述规定以外的建筑，屋顶设备用房及其他局部突出屋面用房的总面积不超过屋面面积的 1/4 时，不应计入建筑高度。本规定中屋顶设备用房及其他局部突出屋面用房是指屋顶楼梯间、电梯机房、水箱间、装饰塔等。

78. 【答案】AE

【解析】水泥砂浆楼地面、细石混凝土楼地面、自流平楼地面、耐磨楼地面、塑胶地面，按设计图示尺寸以面积计算。扣除凸出地面构筑物、设备基础、室内管道、地沟、柱、垛、附墙烟囱及孔洞所占面积。门洞、空圈、暖气包槽、壁龛的开口部分并入相应的工程量内。水泥砂浆踢脚线、石材踢脚线、块料踢脚线、塑料板踢脚线、木质踢脚线、金属踢脚线等工程量按设计图示尺寸以长度计算。项目特征均需要描述踢脚线高度。水泥砂浆台阶、石材台阶、拼碎块料台阶、块料台阶、剁假石台阶等工程量按设计图示尺寸以面层展开面积计算。

79. **【答案】**CD

【解析】选项 A，单独列项；B 选项错，墙面勾缝按设计图示尺寸以面积计算；选项 E，墙、柱面抹石灰砂浆、水泥砂浆、混合砂浆、聚合物水泥砂浆、麻刀石灰浆、石膏灰浆等按“墙、柱面一般抹灰”列项。

80. **【答案】**AC

【解析】选项 B，成品装饰带，按设计图示尺寸以中心线长度计算；选项 D，块料梁面，按设计图示镶贴后表面积计算。选项 E，平面吊顶天棚、跌级吊顶天棚、艺术造型吊顶天棚龙骨包含在工作内容中，天棚龙骨不需另外列项计算工程量。